U0156272

"十二五"普通高等教育本科国家级规划教材

普 通 高 等 教 育 精 品 教 材

国 家 精 品 课 程 配 套 教 材

国 家 级 精 品 资 源 共 享 课 程 配 套 教 材

21世纪大学本科计算机专业系列教材

丛书主编 李晓明

形式语言
与自动机理论

（第4版）　　蒋宗礼 姜守旭 编著

清華大學出版社

北京

内 容 简 介

形式语言与自动机理论是计算机类专业的一门重要课程。本书是作者结合其近 40 年来在大学讲授该门课程的经验和体会,选择和组织有关内容撰写而成。基于计算机问题求解的需要讨论正则语言和上下文无关语言的文法、识别模型及其性质,图灵机的基本知识。其内容特点是抽象和形式化,既有严格的理论证明,又具有很强的构造性。叙述中特别注意引导读者分析与解决问题,以培养学生的形式化描述和抽象思维能力,使学生了解和初步掌握"问题、形式化、自动化(计算机化)"的解题思路。为了便于学生对内容的掌握,附录 A 还给出了建议的教学设计。

本书配套出版有《形式语言与自动机理论教学参考书》(第 4 版),归纳各章知识点,解读主要内容,解析典型习题。

本书适合作为计算机学科研究生和高年级本科生的教材,也可供相关专业的学生、教师和科研人员参考。

本书封面贴有清华大学出版社防伪标签,无标签者不得销售。

版权所有,侵权必究。举报:010-62782989,beiqinquan@tup.tsinghua.edu.cn。

图书在版编目(CIP)数据

形式语言与自动机理论/蒋宗礼,姜守旭编著. —4 版. —北京:清华大学出版社,2023.6
21 世纪大学本科计算机专业系列教材
ISBN 978-7-302-63625-0

Ⅰ.①形⋯ Ⅱ.①蒋⋯ ②姜⋯ Ⅲ.①形式语言-高等学校-教材 ②自动机理论-高等学校-教材 Ⅳ.①TP301

中国国家版本馆 CIP 数据核字(2023)第 090162 号

责任编辑:张瑞庆
封面设计:常雪影
责任校对:李建庄
责任印制:朱雨萌

出版发行:清华大学出版社
　　　　　网　　址: http://www.tup.com.cn, http://www.wqbook.com
　　　　　地　　址: 北京清华大学学研大厦 A 座　　　　　　**邮　编:** 100084
　　　　　社 总 机: 010-83470000　　　　　　**邮　购:** 010-62786544
　　　　　投稿与读者服务: 010-62776969, c-service@tup.tsinghua.edu.cn
　　　　　质量反馈: 010-62772015, zhiliang@tup.tsinghua.edu.cn
　　　　　课件下载: http://www.tup.com.cn, 010-83470236
印 装 者: 三河市铭诚印务有限公司
经　　销: 全国新华书店
开　　本: 185mm×260mm　　　　**印　张:** 20　　　　**字　数:** 487 千字
版　　次: 2003 年 1 月第 1 版　 2023 年 6 月第 4 版　　　　**印　次:** 2023 年 6 月第 1 次印刷
定　　价: 59.90 元

产品编号:100956-01

21 世纪大学本科计算机专业系列教材编委会

主　　任：李晓明

副 主 任：蒋宗礼　卢先和

委　　员：(按姓氏笔画排序)

马华东　马殿富　王志英　王晓东　宁　洪

刘　辰　孙茂松　李仁发　李文新　杨　波

吴朝晖　何炎祥　宋方敏　张　莉　金　海

周兴社　孟祥旭　袁晓洁　钱乐秋　黄国兴

曾　明　廖明宏

秘　　书：张瑞庆

本书责任编委：宋方敏

第 4 版前言

本书出版以来,一直受到读者的厚爱,甚至被认为是国内"形式语言与自动机理论"课程最合适的教材。第 2 版和第 3 版先后入选普通高等教育"十一五"国家级规划教材和"十二五"普通高等教育本科国家级规划教材,第 2 版在 2008 年还被教育部评为国家级普通高等教育精品教材。尽管该教材是基础理论课程教材,按照需要,2013 年出版的第 3 版也到了修订的时候。另外,自 2013 年以来,作者在教学中也有了一些新的体会,加上我国高等教育正在跨入新的阶段,所以,在第 4 版出版前,还是有一些话想和大家交流。

首先,到 2020 年,我国全面建成了小康社会,目前中国共产党正在领导我们迈向第二个百年目标,把中国建成一个富强、民主、文明、和谐的社会主义现代化国家。这个新的发展时期的人才需求明显高了,这给高等教育提出了新的要求。我们必须为党和国家培养更多水平更高、质量更好、对未来高速度发展适应性更强、德智体美劳全面发展的社会主义建设者和接班人。他们需要有更强的创新能力、更强的可持续发展能力,要能更好地承担并高质量、高水平地完成发展之潮头的引领性工作。

其次,近些年来,随着人才培养标准的建立和质量意识的强化,我们进一步清晰地表达了本科教育的定位和要求,特别是将工科人才培养的基本定位具体准确地描述为解决复杂工程问题。而教育意义上的复杂工程问题的最基本特征是"能够运用深入的工程原理经过分析才有可能解决"。另一个重要特征是"需要通过建立抽象模型才能解决,而且在建模过程中体现出创造性"。这些使得我们对工科本科教育致力于未来工程师的培养所需的教学内容和基本追求有了更深刻的体会。不仅进一步明确了本科教育不能是产品教育,不能导致学生毕业后在谈到自己学了什么、有什么能力的时候,首先想到的是学了哪几种高级程序设计语言,这个说"我是学 Java 语言的",那个说"我是学 Python 语言的",或者说我学了 3 种或 4 种"编程"语言,而是要夯实学生的可持续发展基础,使他们能够创造性地综合运用数学、自然科学、计算机、工程基础和专业知识分析和解决问题。使得学生未来不会仅仅凭借记忆的知识去解决问题,去和机器抢饭碗。"形式语言与自动机理论"课程在这些方面有着天然的优势。要发挥这一优势,课程教学需要进一步在以下方面发力。

第一,努力为学生"能够运用深入的工程原理,经过分析解决问题"奠定坚实的基础。一是课程内容的选择和组织,要保证能够使学生学到"深入的工程原理",不仅教师要"讲到",重要的是学生要"学到"。所以,既不能"因难就删",也不是"越难、越多就越好",要使学生使劲"跳一跳",而且"跳一跳"后能够得到。二是要强调"分析"。不能只是简单地告诉学生有什么、是什么,而是要带着学生探讨出什么,更不能念 PPT、照本宣科。三是追求恰当的"运用"。就本课程而言,就是要首先保证适当、有效的习题。因为习题可以在课内最高效地获得对知识的适当运用。当然,如果学时比较充裕,安排学生依据一些基本结论设计实现相应的自动计算系统,也是非常有意义的。

一个重要的问题是,要破除学生认为这些抽象理论不是"编程"所以没有用的错误认识。

第二，要按照学生的培养需求强调恰当学科形态的内容。一定要将本课程的教学置于整个人才培养体系中，不能就课程说课程，更不能从定义到定理，将课程上得干巴巴的。就目前我国计算机类专业本科教育而言，虽然有 4200 多个专业点，但基本上都是面向工程和应用型人才培养的。所以，一般来说，强调"设计形态"的内容是本课程的基本取向。虽然本课程的数学特征非常明显，在统计中应该像集合与图论、近世代数、数理逻辑、组合数学一样，将其归入数学类课程，但对工科学生来说，不能简单地从定义到定理，不能简单地追求结论的常规证明。所以，需要重视模型的构造、等价变换，以及基于模型实现的构造性证明，引导学生学习如何基于模型实现问题的系统求解，并能够证明解的正确性，从而对工程的完备实现提供保证。

第三，一定要坚持理论指导下的实践。本科教育的实践，不是简单地动手，而是动脑为前提的动手。对本科教育而言，很多时候"动手能力差"实际是"动脑能力差"。有人错误地将考试分数比较高但设计开发能力较差的学生说成"理论学得好""动手能力差"的学生。分数高，不一定是理论学得好。实际上，既然这类学生"动手能力差"，那么他们肯定没有真正学懂这些理论，因为理论是源于实践又反过来指导新的实践的。他们之所以获得了"高分"，是评价体系出了问题，很可能是针对基本知识的集合简单理解进行的评价。

第四，本课程的"动手"鼓励学生认真求解适当、适量的习题，一般不安排到实验室做实验。而且在有效的习题求解"练习"中也不能是简单地"照猫画虎"，而是要综合地、创造性地解决问题。要注意体现基于基本原理的探索。所以，即使是习题课，也不能简单地告诉学生如何解题。要通过这类实践练习，使学生深入理解课程内容，亲口尝尝这个"梨子"的滋味。另外，要注意习题的难易搭配。防止全是比较简单的题导致无法达到训练的目的。还要防止给学生太多做不出来的题，这样会导致学生失去信心、失去兴趣。再者，在习题中，构造性题目的占比应该大一些。本书各章给出的习题总体上是按照这个想法设置的，教师还需要根据学生的具体情况，从中做出适当的选择。

第五，引导学生基于基本原理、通过分析去求解问题，而不是简单地追求解题技巧，更不是简单地追求"套用""模仿"。这有利于学生科学意识的培养，使得他们能够在高层次上解决问题。

授课的过程中，要引导和鼓励学生读书，特别是读经典图书。我们都知道"书中自有黄金屋，书中自有颜如玉"，书中尤其是经典图书中确实有，但是要把这些"黄金屋""颜如玉"变成学生的，唯有静下心来认真、深入读书。所以，教师不仅要努力为自己构建一个安静的书桌，也要为处于重要的打基础阶段的学生有一张安静的书桌而构建一个良好的生态环境。

第六，强化学生思维能力的培养。前面已经强调了课程要努力引导学生分析问题，教师要在对问题的研究中教，学生要在对未知的探讨中学，形成心灵的高层次互动，努力将课程上成思维体操课。只有让学生学会独立思考，他们才会逐渐形成解决复杂工程问题的能力和可持续发展的能力。

本书除了保持内容的严格叙述外，也试着探索对一些关键思路的描述，引导读者发现问题、分析问题、解决问题，以期对以上几点给出一些回应。当然，这些本身都是探索性的，一定有不妥当之处，还请读者毫无保留地指出来，希望教师也能结合自己的教学去探索，以便编写出更好、更适应新时期教学要求的教材，当然不仅仅是"形式语言与自动机理论"课程的教材。希望通过大家的共同努力，使本教材及其对应的课程能够在高水平科技人才，尤其是高水平计算机类专业人才的培养中发挥更多作用。

对书中的错误和有关建议，请读者不吝赐教。联系方式：jiangzl@bjut.edu.cn。

作　者

2023 年 1 月

第 3 版前言

　　培养创新人才，对本科教育来讲，主要是夯实基础、训练思维、养成探索之习惯。所以，创新能力(innovation ability)的培养不能着眼于眼前，简单追求立竿见影，必须面向未来，寻求可持续发展。因此，要追求雄厚的基础(fundaments)、有效的思维(thinking)、勤奋的实践(practice)。这 3 点简单归纳为"厚基础、善思维、常实践"，可以用如下公式表示：

$$I = F + T + P$$

　　首先是"厚基础"，包括知识基础和能力基础。对计算机类专业人才来说，重要的理论基础主要来自于理论课程的学习。认真深入地读几本基础性的书，深入理解其中的内容，使自己的思想水平上升到一个新的高度，是非常必要的。为了达到学习知识以提升能力的目的，就要在学习知识的同时，注重对其中蕴含的思想和方法的学习，培养主动探索意识与精神。其次是"善思维"。古人云："学而不思则罔，思而不学则殆。"要想将书中的知识转化成自己的知识和能力，就必须在认真读书的过程中勤奋地思考。在培养创新思维能力的过程中建立创新意识，形成创新能力。最后，"常实践"是手段。在实践中去加深理解，实践探索。"动手能力"不能是狭义的，它不仅仅简单地来自于下工厂、进企业、进实验室的活动，更不是简单地"编程序"。作为一名科技工作者，"动手"的关键在于"动脑"。

　　就计算学科而言，离开了理论的指导，就很难有高水平的实践。作者认为，"理论，可以使人'站到巨人的肩膀上'，并拥有一个'智慧的脑'"；"实践，需要用智慧的脑，练就一双灵巧的手，去开创一个新世界"。不应该将理论和实践教学割裂开，要有意识地将它们融在一起，这样会收到事半功倍的效果。这就是说，既要"动手"又要"动脑"，要用高水平的动脑去"指挥"高水平的动手，也就是"理性实践"。而且，不同的专业、不同的课程需要不同形式的实践。就本课程而言，认真地读书，思考一些问题，做一些各种难度的练习，就是一种常规的实践。在这个过程中领悟大师们的思维，从而达到训练思维、提升思维水平的目的，不断强化探索未知的意识，提升探索的能力。

　　这些能力导向教育的思想如何体现在教材中？如何引导读者去发现问题、分析问题、解决问题？如何使得这些引导既深入又简单？它们一直是作者努力探讨的问题。在本书的写作中，除了叙述基本的知识内容外，还努力进行着问题的分析，从而使这些分析在本书中占有很大的篇幅。建议读者不要简单地背定义、定理，要深入地理解，达到能够用自己的语言表达它们的程度。特别要注意认真地阅读分析部分，其中的某一句话可能会使读者产生"恍然大悟"之感，而某一句话可能会引导读者思考更深入的问题。希望读者能够仔细地阅读这些内容，相信会有更多的收获。

本套书自 2003 年 1 月出版以来,其第 1 版在 2004 年获北京市高等教育教学成果一等奖,2005 年被评为北京市精品教材。该套书的第 2 版是普通高等教育"十一五"国家级规划教材,2008 年被教育部评为国家级普通高等教育精品教材。本版作为"十二五"普通高等教育国家级规划教材出版。作者看到,10 年来,该教材一直受到读者的欢迎和鼓励,开设此课程的学校很多将其选为教材,使得该套教材成为国内同类教材中发行量和影响力最大的精品教材。另外,清华大学出版社对本套教材的建设,给予了很大的支持,特别是本书的责任编辑张瑞庆编审发挥了重要作用。在此,我们一并表示真诚的感谢。我们相信,随着计算机专业教育的发展,在大家的支持下,该课程在高水平人才的培养中将会进一步发挥作用。

对书中的错误,请读者不吝赐教。联系方式:jiangzl@bjut.edu.cn。

作 者

2013 年 2 月

第 2 版前言

"离散数学"和"形式语言与自动机理论"是计算机科学与技术专业本科两大专业基础理论课程,这两门课程不仅为学生提供本专业的基础知识,更肩负着培养学生计算思维能力的重要任务。在形式语言与自动机理论中,按照类研究问题的描述,并研究这些描述之间的关系、变换等,从而将问题的求解从实例计算推进到类计算和模型计算,这正是计算学科所追求的,也是本学科的工作者解决问题的着眼点和方法,以及所构建的系统的最大特点和优势。随着计算学科本科生和研究生教育的不断发展,这种优势将进一步凸现。

从 2002 年到 2003 年,作者以近 20 年教学积累和相应的教案为基础,辅以 10 余年对教育教学的思考撰写成了《形式语言与自动机理论》和配套的《形式语言与自动机理论教学参考书》。这套书出版后,受到了广大读者的欢迎,被选作本科生和研究生教材,成为国内相应课程发行最广的教材,一些相识的和不相识的读者对本书给予了充分的肯定。2004 年这套书被评为北京市精品教材,并且荣获 2004 年北京市高等教育教学成果奖一等奖,2006 年被评为教育部普通高等教育"十一五"国家级规划教材。

在这次修订中,又融进了近几年来作者在从事相关课程教学以及计算机科学与技术专业优秀教材建设中所获得的经验和体会。例如,进一步强调教材是写给读者的,不是写给自己的。而且强调教材的写作特征,认为在这些读者中,首先是学生,要考虑他们是初学者,不同类型的学生有不同的关注点,更需要强调用词和描述的准确性、一致性,语言表达的清晰性和叙述的完整性,杜绝陌生名词的突然出现和使用;其次是教师,面对他们,要考虑对现代教育思想的体现和课程的容量;最后是普通的读者,需要通俗易懂,可以提供一些问题的查阅。考虑到作为理论基础性课程教学所确定的内容的稳定性和相应课程关于人才培养的实际需要,本次修订没有追求对知识点及其讲述顺序的调整,主要是进一步提高其可读性、系统性、严密性,特别对一些不太容易掌握含义的地方做了更清楚、更确切的描述,进一步提高了可理解性。

我们必须承认,本课程的基本内容高度抽象,虽然在写作中按照理工科人才培养的实际需要,强调了构造、等价变化等设计形态的内容,但是与其他的课程相比,也难免有一些难度。如何更好地解决这些问题,我们渴望读者能够给出宝贵的建议。另外,书中难免有这样或那样的错误,也恳请读者不吝赐教。联系方式:jiangzl@bjut.edu.cn。

作　者
2007 年 4 月

第 1 版前言

当我们用计算机进行问题的求解时,首先需要建立模型并用适当的数据进行问题表示,然后再用适当的算法通过对这些数据进行变换来获得问题的求解结果。因此,首先对问题进行抽象和形式化表示,然后进行处理是进行计算机问题求解的基本途径。形式语言与自动机理论给出了一类基本问题的基本描述与计算模型——抽象表示,并通过研究这些模型的性质及其变化方法来对这些问题进行研究。这些模型都是问题模型化的典范,给计算机问题求解提供了一种优美而坚实的基础,而且也向人们展示了一种典型的方法和思想。另外,它还是研究算法及其理论的基础。

形式语言与自动机理论对计算机科学与技术工作者是非常重要的,它已经成为国际上计算机科学与技术专业本科生的一门重要课程。CC2001-CS 和 CCC2002 给出了明确的要求,里面不仅含有本学科最基本的知识内容,更涉及本学科方法论中所包含的三个学科形态。它们可以被用来引导学生站在更高的高度去看待问题,去伪存真,直击本质,从关键点上以"计算机"的方式解决问题。难怪作者在 1989 年到美国进修时被首先问到的两个问题之一就是"是否学过形式语言与自动机理论?"(另一个问题是"是否学习过算法设计与分析?")。据统计,在每年 GRE 的考题中,大约有 8~15 道题是关于本课程内容的。

本书包括了 CC2001-CS 和 CCC2002 规定的全部相关知识单元的内容,并且完全满足CC2001 建议的高级课程自动机理论教学大纲的要求。它不仅是后续课"编译原理"的理论基础,而且还广泛地用于一些新兴的研究领域。与国外现有的教材比较,本书主要突出如下特点:①充分考虑国内教学计划的容量,进行内容的取舍和组织;②在培养读者的计算思维能力上做进一步的尝试;③尽量照顾国内读者的特点,并且按照国内的教学风格讨论问题。

计算机科学与技术学科要求学生具有形式化描述和抽象思维能力,掌握逻辑思维方法。我们称这种能力为"计算思维"能力,或者称为"计算机思维"能力。当然,一种能力的培养绝不是一两门孤立的课程可以实现的,尤其是思维能力的培养更是如此。它需要一系列的课程,并且通过长期的修养来完成。本课程是这个系列课程中的一门,关于这个系列课程的具体讨论我们将放到 1.4 节进行。本书内容的主要特点是抽象和形式化,既有严格的理论证明,又具有很强的构造性,包含一些基本模型、模型的建立与性质等。通过对本课程的学习,除了使学生掌握有关正则语言、上下文无关语言的文法、识别模型及其基本性质、图灵机的基本知识外,更重要的是还能培养学生的形式化描述和抽象思维能力,同时使学生了解和初步掌握"问题、形式化描述、自动化(计算机化)"的解题思路。这样,我们就扣上"什么能被有效地自动化"这一计算学科的主题。

哈尔滨工业大学从 1977 级本科生开始,一直坚持在本科教学计划中设置此课程。为了给没有学过此课程的研究生提供机会，还从 1982 级工学硕士研究生开始，在其计算机科学与技术学科的硕士研究生的培养方案中安排了此门课程。与其他课程相配合，在对学生进行计算思维能力的培养上，取得了良好的效果。本书是作者根据其在该校进行 10 余年的"形式语言与自动机理论"课程教学的教案，并参考有关教材撰写而成的。促使作者将教案变成教材的另一个原因是，在国内的教材市场上，这类教材少之又少，根本无法与它在计算机学科的人才培养中的地位相匹配。另外，我们也希望将自己积累的经验和体会提供给大家参考。在本书中，我们希望通过对一些思想和方法的介绍，使读者在这门课程中享受其高度抽象和形式化所带来的美和乐趣。希望通过这些努力，能使这些看似抽象枯燥的内容活起来。许多都是我们自己的体会，其中也难免存在不完善的地方。为了帮助读者更好地学习，附录 A 提供了包括内容取舍、讲授要点等在内的教学设计。在每章的后面，我们都附有一定量的习题。这些习题用来深化对课程知识的理解，并为读者提供应用所学知识解决问题的机会，使读者亲身体验用相关方法和思想进行探索的乐趣。特别难的习题我们没有列出来，请感兴趣的读者查阅本书后面给出的参考文献。

虽然目前国内计算机科学与技术学科本科生的课程计划中，除了一些重点院校外，设置"形式语言与自动机理论"课程的学校还不是很普遍，甚至在一些学校的研究生的培养方案中也难以见到此课程。但是，我们相信，随着我国计算机学科教学的不断发展，条件的逐渐成熟，将会有越来越多的学校开设本课程。

本书共分 10 章。第 1 章绪论，带领读者回顾在离散数学中学过的本书将要用到的一些基础知识，包括集合及其表示，集合之间的关系，集合的运算，无穷集合，二元关系及其性质，等价关系与等价类，关系的合成，关系的闭包，无向图，有向图，树；另外，介绍形式语言及其相关的基本概念，为后续的章节做准备。第 2 章介绍文法，包括文法的直观意义与形式定义，推导，归约，文法产生的语言、句子、句型，文法的构造，乔姆斯基体系，左线性文法，右线性文法，空语句。第 3 章讨论有穷状态自动机，包括 DFA 作为对实际问题的抽象，直观物理模型，形式定义，DFA 接受的句子、语言，状态转移图，构造方法，NFA 与 DFA 的等价性，带空移动的 NFA 与 NFA 的等价性，正则文法与 FA 的等价性及其相互转换方法，基本问题的判定。第 4 章研究正则表达式，包括正则表达式的定义及其与 FA 的等价性证明。第 5 章讨论正则语言的性质，包括正则语言的泵引理的证明及其应用，正则语言的封闭性，Myhill-Nerode 定理与 FA 的极小化，判定算法。第 6 章讲述上下文无关语言，包括文法二义性，派生与派生树，上下文无关文法的化简，乔姆斯基范式，格雷巴赫范式。第 7 章叙述下推自动机，包括下推自动机的基本定义，下推自动机用终态接受的语言和用空栈接受的语言，构造方法，下推自动机与上下文无关文法的等价性。第 8 章研究上下文无关语言的性质，包括上下文无关语言的泵引理、Ogden 引理及其应用，上下文无关语言的封闭性，判定算法。第 9 章介绍图灵机，包括图灵机作为一个计算模型的基本定义，图灵机接受的语言，构造技术，通用图灵机，丘奇-图灵论题，图灵机的变形，可计算语言，不可判定性，P-NP 问题。第 10 章介绍上下文有关语言，包括图灵机与短语结构文法的等价性，线性有界自动机的定义及其与上下文有关语言的关系。

由于作者水平有限，书中的错误和不当之处在所难免，敬请读者批评指正。

作　者

2002 年 12 月

目　录

第 1 章

绪 论

计算机学科是以数学和电子学科为基础发展起来的,该学科主要包含三方面的内容:一方面是研究计算机领域中的一些普遍规律,描述计算的基本概念与模型,其重点是描述现象,解释规律;另一方面是包括计算机硬件、软件(系统软件和应用软件)在内的计算系统设计和实现的工程技术;第三方面是如何有效地应用计算机技术解决实际问题。因此,人们称这个学科为计算学科。随着软件工程和网络空间安全先后分别独立为一级学科,它们与计算机科学与技术学科统一称为计算机学科。该学科的研究与实践包括"理论""实验""计算"三大科学研究范型。对该学科的人才培养来说,理论和实践教学都非常重要。而其中的理论是基础。按照计算机学科方法论的"抽象""理论""设计"3个过程(形态)来看,实际工作通过理论得到升华,而在理论指导下的设计(实现)才可能是理性的、高水平的。

简单地说,计算机学科通过建立抽象模型并在计算机上模拟物理过程来进行科学调查和研究,它系统地研究信息描述和变换算法,主要包括信息描述和变换算法的理论、分析、效率、实现和应用。

随着计算机学科的发展,以及人们对该学科的认识的不断深化,我们认为,该学科的根本问题是:什么能且如何被(有效地)自动计算。

问题的计算机求解建立在高度抽象的基础上,问题的符号表示及处理过程的机械化等固有特性决定了数学是计算机学科的重要基础之一,数学及其形式化描述以及严密的表达和计算,使之成为计算机学科的重要工具。建立物理符号系统并对其实施变换是计算机学科进行问题描述和求解的重要手段。学科所要求的计算机问题求解的"可行性"限定了从问题抽象开始到根据适当理论的指导进行设计(实现)的科学实践过程,"可行性"所需要的"形式化"后呈现出的符号及其变换的"离散特征",实质上决定了计算机学科进行问题求解的重要特征,我们将其称为计算机学科抽象与自动计算两大基本特征。从而决定了离散数学对本学科的重要性。

本章简要回顾离散数学中的部分基本概念和方法,以使读者能够顺利地进行本书的学习。如果读者对这部分内容比较熟悉,建议快速地浏览 1.1 节~1.3 节,从而熟悉本书使用的符号和对问题的叙述方式。

另外,建议读者能较好地完成本章后面所列的习题,尤其是一些构造性题目,以及关于语言的所有题目,它们对后续内容的学习十分重要。

本章的主要内容分为两部分:一是有关集合、关系、图、证明方法的基本知识;二是形式语言及其相关的基本概念。

1.1 集合的基础知识

集合论（set theory）是德国数学家康托（Geog Cantor）于 1874 年创立的，至今已经历了两个阶段：1908 年以前称为朴素集合论，又称为康托集合论。在朴素集合论中，存在着严重的集合悖论问题。朴素集合论刚出现时，人们认为找到了数学的基础，而集合悖论的发现使得人们无比沮丧，觉得数学失去了重要的基础，甚至有人认为以严密为重要特征的数学是不可靠的。为了避免集合悖论，哲墨罗（E. Zermelo）于 1908 年提出了第一个集合论公理系统，后经富兰科尔（A. A. Fraenkel）和斯库利姆（A. T. Skolem）改进和补充，形成了 ZF 公理系统。同年，B.罗素（B. A. W. Russell）也给出了关于集合型的层次理论——类型论。

无论如何，人们还是公认集合论在数学中占有非常重要的地位，它的基本概念已经渗透到许多领域。计算机科学与技术学科出现后，也将集合论作为其重要基础之一，其许多基本概念和理论都采用了以集合论为基础的术语来描述。

1.1.1 集合及其表示

集合是集合论中最原始的概念。这里只能给出它的非形式描述，以说明它的意义：一定范围内确定的，并且彼此可以区分的对象汇集在一起形成的整体称为集合（set），简称为集。简单地说，集合是具有某种性质的对象的全体。构成集合的每一个对象称为这个集合的一个成员，它们可以是具体的东西，也可以是抽象的概念。通常称集合的成员为该集合的元素（element）。

例 1-1 集合的实际例子。

（1）北京市的所有交通工具汇集在一起构成一个集合。

（2）北京市的所有公共汽车是一个集合。

（3）中国所有高等院校构成一个集合。

（4）某高校的所有院系构成一个集合。

（5）全体自然数构成一个集合；全体有理数构成一个集合；全体实数构成一个集合。

（6）一个学校的所有班级的全体是一个集合；一个班的学生的全体是一个集合；一个学生的所有用品的全体是一个集合。

显然，对象和集合之间有这样一种关系：该对象要么是该集合的一个元素，要么不是该集合的元素，二者必居其一。一个集合中的元素可能都在另一个集合中，也可能部分在另一个集合中。一个对象可以是某一个集合的元素，它本身也可以是一个集合。

通常用大写的英文字母 $A,B,C,\cdots$ 和大写的希腊字母 $\Gamma,\Sigma,\varnothing,\cdots$ 表示集合；用小写字母 $a,b,c,\cdots$ 表示集合的元素。例如，一般地，

N——表示全体自然数集合。

Q——表示全体有理数集合。

R——表示全体实数集合。

Σ——表示字母的集合。

关于集合和元素，用如下记法：

如果 a 是集合 A 的一个元素,则记为 $a \in A$,读作 a 属于 A,或者 A 含有 a;否则记为 $a \notin A$,读作 a 不属于 A,或者 A 不含 a。

例 1-2　集合与元素。

(1) $0 \in \mathbf{N}, 6 \in \mathbf{N}, 1 \in \mathbf{N}, 1.5 \notin \mathbf{N}, 0.81 \notin \mathbf{N}, -2 \notin \mathbf{N}, \sqrt{2} \notin \mathbf{N}$。

(2) $4 \in \mathbf{Q}, 1.5 \in \mathbf{Q}, 4 \in \mathbf{R}, 1.5 \in \mathbf{R}, \pi \notin \mathbf{Q}, e \notin \mathbf{Q}, \pi \in \mathbf{R}, e \in \mathbf{R}$。

(3) 设 U 是中国所有高等院校组成的集合,则有

清华大学 $\in U$,北京大学 $\in U$,哈尔滨工业大学 $\in U$,北京工业大学 $\in U$

(4) 设北京工业大学表示该校所有院系组成的集合,则有

计算机学院 $\in$ 北京工业大学

集合可以用两种形式加以描述。

第一种形式称为列举法(listing):将所有的元素逐一地列举在大括号"{ }"中,读者能立即看出规律时,某些元素可用省略号表示。

例 1-3　集合的列举表示。

(1) $\{1, 3, 6, 9, 10\}$。

(2) $\{a, b, c, \cdots, z\}$。

(3) {本科生,硕士研究生,博士研究生,进修生}。

(4) $\{1, 2, 3, 4, 5, \cdots\}$。

(5) $\{0, 5, 10, 15, \cdots, 200\}$。

值得注意的是,在使用列举法时,集合中元素出现的先后顺序是没有意义的。例如,$\{1, 3, 6, 9, 10\}$ 与 $\{6, 3, 10, 9, 1\}$ 表示的是同一个集合。

集合的第二种表示形式称为命题法(proposition),其基本形式为

$$\{x \mid P(x)\}$$

其中,P 为谓词,表示此集合包括所有使 P 为真的 x。

例 1-4　集合的命题表示。

(1) $\{x \mid 0 \leqslant x \leqslant 200$ 且 $(\exists n \in \mathbf{N}(n \cdot 5 = x))\}$。

(2) $\{x \mid 3x^2 + 8x + 4 = 0\}$。

(3) $\{x \mid x \in [0,1]\}$,按照适当约定,该集合就是区间 $[0,1]$ 中所有实数构成的集合,可记为 $[0,1]$。

(4) $\{x \mid x \in \{$本科生,硕士研究生,博士研究生,进修生$\}\}$,也就是{本科生,硕士研究生,博士研究生,进修生}。

在有的集合中,一个元素可以重复出现,这种集合称为多重集合。本书不考虑多重集合的问题,所提到的集合均不允许元素重复出现。

由有限个元素构成的集合称为有限集(finite set),又称为有穷集。由无穷多个元素构成的集合称为无穷集(infinite set)。这是一个直观的描述,作为一个思考题,读者可以根据定义 1-1 分别给有穷集和无穷集一个比较严格的定义。

定义 1-1　如果集合 A 与集合 B 之间有一个一一对应,则称它们具有相同的基数(cardinality),通常用 $|A|$ 表示集合 A 的基数。

集合的基数又称为集合的势。

对有穷集来说,它的基数就是它所包含的元素的个数。

例 1-5 有穷集合的基数。

(1) $|\{x \mid 0 \leqslant x \leqslant 200$ 且 $(\exists n \in \mathbf{N}(n \cdot 5 = x))\}| = 41$。

(2) $|\{x \mid 3x^2 + 8x + 4 = 0\}| = 2$。

(3) $|\{a, b, c, \cdots, z\}| = 26$。

(4) $|\{$本科生,硕士研究生,博士研究生,进修生$\}| = 4$。

如果 $|A| = 0$,则称 A 为空集(null set),一般用 $\varnothing$ 表示。

无穷集可以分成可数集(countable infinite set 或 countable set)和不可数集(uncountable set)。

设 S 是一个无穷集,如果集合 S 与自然数集 $\mathbf{N}(\{0,1,2,3,4,\cdots\})$ 具有相同的基数,则称 S 是可数无穷的集合,简称 S 是可数集;否则,称 S 是不可数集。

例如,整数集、有理数集是可数集,实数集是不可数集。实数集的不可数性质可以用著名的对角线法(diagonalization)进行证明。在本书的后续章节中,有穷集和可数无穷集将是讨论的主要对象。如果读者不了解对角线法,建议查阅相应的参考书,因为该方法是计算机学科中的一个非常重要的方法。

1.1.2 集合之间的关系

前面曾经提到,一个集合中的元素可能都在另一个集合中,也可能部分含在另一个集合中。一个对象可以是某一个集合的元素,它本身也可以是一个集合。这就是说,集合之间有着不同的关系,显然,这些关系是集合所表示的对象之间关系的一种抽象,这就是子集和相等的概念。

定义 1-2 设 A,B 是两个集合,如果集合 A 中的元素都是集合 B 的元素,则称集合 A 是集合 B 的子集(subset),集合 B 是集合 A 的包集(container)。记作 $A \subseteq B$,也可记作 $B \supseteq A$。

$A \subseteq B$ 读作集合 A 包含在集合 B 中;$B \supseteq A$ 读作集合 B 包含集合 A。

由定义可知,$A \subseteq B$ 的充要条件是:对于 A 中的每一个元素 a,均有 $a \in B$。为了简洁起见,P_1 是 P_2 的充要条件记作

$$P_1 \Leftrightarrow P_2$$

或者

$$P_2 \text{ iff } P_1$$

此外,今后还会经常地使用如下全称量词和存在量词:

"$\forall x$"表示"对所有的 x";"$\exists x$"表示"存在一个 x"。

按照此约定,有

$$A \subseteq B \Leftrightarrow \forall x \in A, x \in B \text{ 成立},$$

也就是

$$A \subseteq B \text{ iff } \forall x \in A, x \in B \text{ 成立}。$$

例 1-6 子集。

(1) $\{1,3,6,9,10\} \subseteq \mathbf{N}$。

(2) $\{a,b,c,\cdots,z\}\subseteq\{a,b,c,\cdots,z,A,B,C,\cdots,Z\}$。

(3) $\{a,b,c,\cdots,z\}\subseteq\{a,b,c,\cdots,z\}$。

(4) 对任意集合 S，$\varnothing\subseteq S$，$S\subseteq S$。

在此例中，(2)与(3)是有差别的，$\{a,b,c,\cdots,z,A,B,C,\cdots,Z\}$中除了含有 26 个小写英文字母外，还含有 26 个大写英文字母，而这 26 个大写英文字母在$\{a,b,c,\cdots,z\}$中是没有的。直观上，$\{a,b,c,\cdots,z\}$是$\{a,b,c,\cdots,z,A,B,C,\cdots,Z\}$的真正子集。

定义 1-3　设 A,B 是两个集合，如果 $A\subseteq B$，且 $\exists x\in B$，但 $x\notin A$，则称 A 是 B 的真子集(proper subset)，记作 $A\subset B$。

例 1-7　真子集。

(1) $\{1,3,6,9,10\}\subset\mathbf{N}$。

(2) $\{a,b,c,\cdots,z\}\subset\{a,b,c,\cdots,z,A,B,C,\cdots,Z\}$。

(3) $\{-2\}\subset\{x\mid 3x^2+8x+4=0\}$。注意，$-2\in\{x\mid 3x^2+8x+4=0\}$也成立，但这种写法表达的意义不同。

(4) 对任意非空集合 S，$\varnothing\subset S$。

根据包含的定义，$\{a,b,c,\cdots,z\}$与$\{a,b,c,\cdots,z\}$有互相包含、互为子集的关系，而且，对任意的集合 S，S 与 S 也有互相包含、互为子集的关系，因为它们实际是同一个集合。

定义 1-4　如果集合 A,B 含有的元素完全相同，则称集合 A 与集合 B 相等(equivalence)，记作 $A=B$。

对于任意集合 A,B,C，不难得出如下结论：

(1) $A=B$ iff $A\subseteq B$ 且 $B\subseteq A$。

(2) 如果 $A\subseteq B$，则 $|A|\leqslant|B|$。

(3) 如果 $A\subset B$，则 $|A|\leqslant|B|$。

(4) 如果 A 是有穷集，且 $A\subset B$，则 $|A|<|B|$。

(5) 如果 $A\subseteq B$，则对 $\forall x\in A$，有 $x\in B$。

(6) 如果 $A\subset B$，则对 $\forall x\in A$，有 $x\in B$ 并且 $\exists x\in B$，但 $x\notin A$。

(7) 如果 $A\subseteq B$ 且 $B\subseteq C$，则 $A\subseteq C$。

(8) 如果 $A\subset B$ 且 $B\subset C$，则 $A\subset C$。

(9) 如果 $A=B$，则 $|A|=|B|$。

(10) 如果 $A\subset B$ 且 $B\subseteq C$，或者 $A\subseteq B$ 且 $B\subset C$，则 $A\subset C$。

1.1.3　集合的运算

某专业 2001 年招收了两个班的学生，其中一个班的学生用 C_1 表示，另一个班的学生用 C_2 表示，那么如何表示这两个班的学生呢？显然，这两个班的学生应该是 C_1 中的元素和 C_2 中的元素合并在一起构成的集合。为了解决类似的问题，和其他数学系统一样，在集合中引入若干种运算。引入运算的最初目的是为了由已知集合获取新的集合。除此之外，还能利用所引入的运算的特性掌握集合的构成、获取相关集合的特性、简化所得公式等。

本节简单介绍集合的几个基本运算。

1. 并

定义 1-5　设 A,B 是两个集合，A 与 B 的**并**(union)是一个集合，该集合中的元素要么是 A 的元素，要么是 B 的元素，记作 $A \cup B$。

$$A \cup B = \{a \mid a \in A \text{ 或者 } a \in B\}$$

"$\cup$"为并运算符，$A \cup B$ 读作 A 并 B（A 与 B 的并）。

例 1-8　集合的并。

(1) 设 $A = \{1,3,5,7,\cdots\}$，$B = \{2,4,6,8,\cdots\}$，则 $A \cup B = \{1,2,3,4,5,\cdots\}$。

(2) 设 $A = \{$红,黄,蓝,白$\}$，$B = \{$紫,青,绿,橙,黑$\}$，则 $A \cup B = \{$红,黄,蓝,白,紫,青,绿,橙,黑$\}$。

(3) 设 $A = \{1,2,3,4,\cdots\}$，$B = \{2,4,6,8,\cdots\}$，则 $A \cup B = \{1,2,3,4,5,\cdots\}$。

(4) 设 $A = \{$红,青,黄,蓝,绿,白$\}$，$B = \{$紫,蓝,青,绿,橙,黑$\}$，则 $A \cup B = \{$红,青,黄,蓝,绿,白,紫,橙,黑$\}$。

对任意集合 A,B,C，不难证明以下结论：

(1) $A \cup B = B \cup A$。

(2) $(A \cup B) \cup C = A \cup (B \cup C)$。

(3) $A \cup A = A$。

(4) $A \cup B = A$ iff $B \subseteq A$。

(5) $\varnothing \cup A = A$。

(6) $|A \cup B| \leqslant |A| + |B|$。

下面将集合的并推广到多个和无穷多个集合上。

定义 1-5′　设 $A_1, A_2, \cdots, A_n$ 是 n 个集合，则它们的并

$$A_1 \cup A_2 \cup \cdots \cup A_n = \{a \mid \exists i, 1 \leqslant i \leqslant n, \text{使得 } a \in A_i\}$$

可记为 $\displaystyle\bigcup_{i=1}^{n} A_i$。

设 $A_1, A_2, \cdots, A_n, \cdots$ 是集合的一个无穷序列，则它们的并

$$A_1 \cup A_2 \cup \cdots \cup A_n \cup \cdots = \{a \mid \exists i, i \in \mathbf{N}, \text{使得 } a \in A_i\}$$

可记为 $\displaystyle\bigcup_{i=1}^{\infty} A_i$。

当一个集合的元素都是集合时，这样的集合称为集族。设 S 是一个集族，则 S 中的所有元素的并为

$$\bigcup_{A \in S} A = \{a \mid \exists A \in S, a \in A\}$$

2. 交

定义 1-6　设 A,B 是两个集合，A 与 B 的**交**(intersection)是一个集合，该集合由既属于 A 又属于 B 的所有元素组成，记作 $A \cap B$。

$$A \cap B = \{a \mid a \in A \text{ 且 } a \in B\}$$

如果 $A \cap B = \varnothing$，则称 A 与 B 不相交。

"∩"为交运算符，$A \cap B$ 读作 A 交 B（A 与 B 的交）。

例 1-9　集合的交。

（1）设 $A=\{1,3,5,7,\cdots\}$，$B=\{2,4,6,8,\cdots\}$，则 $A \cap B=\varnothing$。

（2）设 $A=\{a \mid a$ 是哈尔滨工业大学 7742 班的来自南方的学生$\}$，$B=\{a \mid a$ 是哈尔滨工业大学 7742 班的当过工人或者农民的学生$\}$，则 $A \cap B=\{a \mid a$ 是哈尔滨工业大学 7742 班的来自南方的并且当过工人或者农民的学生$\}$。

（3）设 $A=\{1,2,3,4,\cdots\}$，$B=\{2,4,6,8,\cdots\}$，则 $A \cap B=\{2,4,6,8,\cdots\}=B$。

（4）设 $A=\{$红,青,黄,蓝,绿,白$\}$，$B=\{$紫,蓝,青,绿,橙,黑$\}$，则 $A \cap B=\{$青,蓝,绿$\}$。

对任意集合 A,B,C，不难证明以下结论：

（1）$A \cap B= B \cap A$。

（2）$(A \cap B) \cap C=A \cap (B \cap C)$。

（3）$A \cap A=A$。

（4）$A \cap B=A$ iff $A \subseteq B$。

（5）$\varnothing \cap A=\varnothing$。

（6）$|A \cap B| \leqslant \min\{|A|,|B|\}$。

（7）$A \cap (B \cup C)=(A \cap B) \cup (A \cap C)$。

（8）$A \cup (B \cap C)=(A \cup B) \cap (A \cup C)$。

（9）$A \cap (A \cup B)=A$。

（10）$A \cup (A \cap B)=A$。

根据交的基本定义，读者可以用与定义 1-5′ 类似的方式将集合的交推广到多个和无穷多个集合上。

3. 差

定义 1-7　设 A,B 是两个集合，A 与 B 的差（difference）是一个集合，该集合是由属于 A，但不属于 B 的所有元素组成，记作 $A-B$。

$$A-B=\{a \mid a \in A \text{ 且 } a \notin B\}$$

"$-$"为减（差）运算符，$A-B$ 读作 A 减 B（A 与 B 的差）。

例 1-10　集合的差。

（1）设 $A=\{1,3,5,7,\cdots\}$，$B=\{2,4,6,8,\cdots\}$，则 $A-B=A$。

（2）设 $A=\{a \mid a$ 是哈尔滨工业大学 7742 班的来自南方的学生$\}$，$B=\{a \mid a$ 是哈尔滨工业大学 7742 班的当过工人或者农民的学生$\}$，则 $A-B=\{a \mid a$ 是哈尔滨工业大学 7742 班的来自南方的并且没有当过工人或者农民的学生$\}$。

（3）设 $A=\{1,2,3,4,\cdots\}$，$B=\{2,4,6,8,\cdots\}$，则 $A-B=\{1,3,5,7,\cdots\}$。

（4）设 $A=\{$红,青,黄,蓝,绿,白$\}$，$B=\{$紫,蓝,青,绿,橙,黑$\}$，则 $A-B=\{$红,黄,白$\}$。

（5）设 $A=\{1,2,3,4\}$，$B=\{2,4,6,8,\cdots\}$，则 $A-B=\{1,3\}$。

（6）设 $A=\{1,2,3,4\}$，$B=\{6,7,8,9,\cdots,200\}$，则 $A-B=\{1,2,3,4\}$。

对任意集合 A,B,C，不难证明以下结论：

（1）$A-A=\varnothing$。

(2) $A-\varnothing=A$。

(3) $A-B\neq B-A$。

(4) $A-B=A$ iff $A\bigcap B=\varnothing$。

(5) $A\bigcap(B-C)=(A\bigcap B)-(A\bigcap C)$。

(6) $|A-B|\leqslant|A|$。

定义 1-8 设 A,B 是两个集合，A 与 B 的对称差(symmetric difference)是一个集合，该集合由属于 A 但不属于 B，以及属于 B 但不属于 A 的所有元素组成，记作 $A\oplus B$。

$$A\oplus B=\{a\mid a\in A\ \text{且}\ a\notin B\ \text{或者}\ a\notin A\ \text{且}\ a\in B\}$$

显然，对集合 A,B，有

$$A\oplus B=(A\bigcup B)-(A\bigcap B)=(A-B)\bigcup(B-A)$$

"$\oplus$"为对称差运算符，$A\oplus B$ 读作 A 对称减 B(A 与 B 的对称差)。

4. 笛卡儿积

定义 1-9 设 A,B 是两个集合，A 与 B 的笛卡儿积(Cartesian product)是一个集合，该集合由所有这样的有序对(a,b)组成，其中，$a\in A,b\in B$，记作 $A\times B$。

$$A\times B=\{(a,b)\mid a\in A\ \text{且}\ b\in B\}$$

"$\times$"为集合的笛卡儿积运算符，$A\times B$ 读作 A 叉乘 B(A 与 B 的笛卡儿积)。

例 1-11 集合的笛卡儿积。

(1) 设 $A=\{1,3,5,7,\cdots\}$，$B=\{2,4,6,8,\cdots\}$，则

$A\times B=\{(a,b)\mid a$ 是任意的正奇数，b 是任意的正偶数$\}$。

(2) 设 $A=\{1,2,3,4\}$，$B=\{红,绿,青\}$，则

$A\times B=\{(1,红),(1,绿),(1,青),(2,红),(2,绿),(2,青),(3,红),(3,绿),(3,青),(4,红),(4,绿),(4,青)\}$。

(3) 设 $A=\{1,2,3,4\}$，则

$A\times A=\{(1,1),(1,2),(1,3),(1,4),(2,1),(2,2),(2,3),(2,4),(3,1),(3,2),(3,3),(3,4),(4,1),(4,2),(4,3),(4,4)\}$。

(4) 设楼上、楼下共有两个开关控制同一个电灯，开关的状态有两种：开、关。设此状态集为集合 A：$A=\{开,关\}$，则系统开关的状态可用如下集合表示：

$A\times A=\{(开,开),(开,关),(关,开),(关,关)\}$。

对任意集合 A,B,C，不难证明以下结论：

(1) $A\times B\neq B\times A$。

(2) $(A\times B)\times C\neq A\times(B\times C)$。

(3) $A\times A\neq A$。

(4) $A\times\varnothing=\varnothing$。

(5) $A\times(B\bigcup C)=(A\times B)\bigcup(A\times C)$。

(6) $(B\bigcup C)\times A=(B\times A)\bigcup(C\times A)$。

(7) $A\times(B\bigcap C)=(A\times B)\bigcap(A\times C)$。

(8) $(B\bigcap C)\times A=(B\times A)\bigcap(C\times A)$。

(9) $A \times (B-C) = (A \times B) - (A \times C)$。

(10) $(B-C) \times A = (B \times A) - (C \times A)$。

(11) 当 A,B 为有穷集时，$|A \times B| = |A||B|$。

5. 幂集

定义 1-10 设 A 是一个集合，A 的幂集（power set）是一个集合，该集合由 A 的所有子集组成，记作 2^A。

$$2^A = \{B \mid B \subseteq A\}$$

2^A 读作 A 的幂集。

例 1-12 集合的幂集。

(1) 设 $A = \{1,2,3\}$，则 $2^A = \{\varnothing, \{1\}, \{2\}, \{3\}, \{1,2\}, \{1,3\}, \{2,3\}, \{1,2,3\}\}$。

(2) 设有红、绿、黄、白 4 种不同颜色的标志，问这些标志的不同取法有哪些。

为解决此问题，设 $A = \{红, 绿, 黄, 白\}$，则

$2^A = \{\varnothing, \{红\}, \{绿\}, \{黄\}, \{白\}, \{红, 绿\}, \{红, 黄\}, \{红, 白\}, \{绿, 黄\}, \{绿, 白\}, \{黄, 白\}, \{红, 黄, 白\}, \{红, 绿, 白\}, \{红, 绿, 黄\}, \{绿, 黄, 白\}, \{红, 绿, 黄, 白\}\}$。

2^A 中的每个元素对应一种取法，共有 16 种。例如，$\{红, 绿\}$ 表示取红、绿两种标志；$\{红, 绿, 黄, 白\}$ 表示取全部标志；$\varnothing$ 表示什么标志都不取。

对任意集合 A, B，不难证明以下结论：

(1) $\varnothing \in 2^A$。

(2) $\varnothing \subseteq 2^A$。

(3) $\varnothing \subset 2^A$。

(4) $2^\varnothing = \{\varnothing\}$。

(5) $A \in 2^A$。

(6) 如果 A 是有穷集，则 $|2^A| = 2^{|A|}$。

(7) $2^{A \cap B} = 2^A \bigcap 2^B$。

(8) 如果 $A \subseteq B$，则 $2^A \subseteq 2^B$。

6. 补集

在实际工作和生活中，人们都会在一定的范围内讨论问题，讨论问题的这个范围称为论域。如果集合 A 是论域 U 上的一个集合，则 $A \subseteq U$。在这里对集合的讨论均限于对 U 上的集合的讨论。

定义 1-11 设 A 是论域 U 上的一个集合，A 的补集（complementary set）是一个集合，该集合由在 U 中，但不在 A 中的所有元素组成，记作 $\overline{A}$。

$$\overline{A} = U - A$$

补集又称为余集。有的书上使用其他符号表示补运算，如 C_U 和 $\sim$ 等。$\overline{A}$ 读作 A（关于论域 U）的补集（U 中子集 A 的补集）。

例 1-13 集合的补集。

设 $U = \{1,2,3,4,5\}$，$A = \{4,2\}$，则 $\overline{A} = \{1,3,5\}$。

设 U 是论域, A, B 是 U 上的集合,则有下列结论:

(1) $\overline{\varnothing} = U$。

(2) $\overline{U} = \varnothing$。

(3) 如果 $A \subseteq B$,则 $\overline{B} \subseteq \overline{A}$。

(4) $A \cup \overline{A} = U$。

(5) $A \cap \overline{A} = \varnothing$。

(6) $B = \overline{A} \Leftrightarrow A \cup B = U$ 且 $A \cap B = \varnothing$。

(7) $\overline{A \cap B} = \overline{A} \cup \overline{B}$。

(8) $\overline{A \cup B} = \overline{A} \cap \overline{B}$。

其中,(7)和(8)是著名的 De Morgan 公式关于集合运算的简单形式。

1.2 关　系

具有某种性质的一些对象可以组成一个集合。这就是说,集合描述的是事物。但世界上的事物是运动的、变化的,它们既相互区别,又相互联系。关系这一概念被用来反映对象(集合元素)之间的联系和性质。

1.2.1　二元关系

关系的概念是建立在日常生活中存在的各种关系的基础上,用来形式化地表达这些关系。例如,一个班的学生中存在有同龄、同乡、成绩好、兴趣不同等各种关系;集合 $\{1,3,4,8\}$ 和集合 $\{0,3,5,7\}$ 的元素之间存在大于、大于或等于、小于或等关系。下面先从通常意义下的大于、小于关系的描述开始,逐步给出二元关系的描述。

集合 $\{1,3,4,8\}$ 和集合 $\{0,3,5,7\}$ 的元素之间存在的小于关系有

$$1 < 3, 1 < 5, 1 < 7, 3 < 5, 3 < 7, 4 < 5, 4 < 7$$

存在的大于关系有

$$1 > 0, 3 > 0, 4 > 0, 8 > 0, 4 > 3, 8 > 3, 8 > 5, 8 > 7$$

现在将小于关系换一种表示方法,如 $1 < 3$ 表示成 $(1,3)$,这样可以将集合 $\{1,3,4,8\}$ 和集合 $\{0,3,5,7\}$ 的元素之间存在的小于关系表示为

$$\{(1,3),(1,5),(1,7),(3,5),(3,7),(4,5),(4,7)\}$$

这是一个集合,可以将其记作 $R_<$。类似地,将集合 $\{1,3,4,8\}$ 和集合 $\{0,3,5,7\}$ 的元素之间存在的大于关系表示为

$$\{(1,0),(3,0),(4,0),(8,0),(4,3),(8,3),(8,5),(8,7)\}$$

并记为 $R_>$。显然,

$$R_< \subseteq \{1,3,4,8\} \times \{0,3,5,7\}, R_> \subseteq \{1,3,4,8\} \times \{0,3,5,7\}$$

可见,集合 $\{1,3,4,8\}$ 到集合 $\{0,3,5,7\}$ 的不同关系实际上是 $\{1,3,4,8\} \times \{0,3,5,7\}$ 的不同子集,而"$1 < 3, 1 < 5, 1 < 7, 3 < 5, 3 < 7, 4 < 5, 4 < 7$"和 $\{(1,3),(1,5),(1,7),(3,5),(3,7),(4,5),(4,7)\}$ 只是表现形式不同罢了。于是,有如下定义。

定义 1-12 设 A, B 是两个集合,任意的 $R \subseteq A \times B$, R 是 A 到 B 的二元关系(binary relation)。

$(a,b)\in R$,表示 a 与 b 满足关系 R,按照中缀形式,也可表示为 aRb。A 称为定义域(domain),B 称为值域(range)。当 $A=B$ 时,则称 R 是 A 上的二元关系。

定义 1-13　设 R 是 A 上的二元关系。

(1) 如果对任意 $a\in A$,有 $(a,a)\in R$,则称 R 是自反的(reflexive)。

(2) 如果对任意 $a\in A$,有 $(a,a)\notin R$,则称 R 是反自反的(irreflexive)。

(3) 如果对任意 $a,b\in A$,当 $(b,a)\in R$ 时,必有 $(a,b)\in R$,则称 R 是对称的(symmetric)。

(4) 如果对任意 $a,b\in A$,当 $(b,a)\in R$ 和 $(a,b)\in R$ 同时成立时,必有 $a=b$,则称 R 是反对称的(asymmetric)。

(5) 如果对任意 $a,b,c\in A$,当 $(a,b)\in R$ 和 $(b,c)\in R$ 同时成立时,必有 $(a,c)\in R$,则称 R 是传递的(transitive)。

条件(1)(3)(5)合并在一起称为关系的三歧性。

例 1-14　关系的性质。

(1) "="关系是自反的、对称的、传递的。

(2) ">"和"<"关系是反自反的、传递的。

(3) "≥"和"≤"关系是自反的、反对称的、传递的。

(4) 集合之间的包含关系是自反的、反对称的、传递的。

(5) 整数集上的模 n 同余关系是自反的、对称的、传递的。

(6) 通常意义下的父子关系是反自反的、非传递的。

(7) 通常意义下的兄弟关系是反自反的、传递的。

(8) 通常意义下的祖先关系是反自反的、传递的。

1.2.2　等价关系与等价类

定义 1-14　如果集合 A 上的二元关系 R 是自反的、对称的、传递的,则称 R 是**等价关系**(equivalence relation)。

例如,实数集上的"="关系,整数集上的模 n 同余关系,通常意义下的"在同一个学校工作"的关系,"户口在同一个省、市、自治区"的关系等都是等价关系。

在"在同一个学校工作"的限制下,将全国的教师分成不同的集合,每个集合对应一所学校。按照不考虑兼职问题和其他类似"不在册"等问题的假设,每个教师在且仅在一个学校对应的集合中。而在"户口在同一个省、市、自治区"的限制下,将全国人民分成不同的集合,每个集合对应一省、市、自治区。按照我国现行的户籍制度,每个人在且仅在一个省、市、自治区对应的集合中。由此,可以考虑利用集合 S 上的等价关系 R,将 S 划分成若干等价类。

定义 1-15　设 R 是集合 S 上的等价关系,则满足如下要求的 S 的划分 $S_1,S_2,S_3,\cdots,S_n\cdots$ 称为 S 关于 R 的等价划分,S_i 称为**等价类**(equivalence class)。它们满足以下各条。

(1) $S=S_1\cup S_2\cup S_3\cup\cdots\cup S_n\cup\cdots$。

(2) 如果 $i\neq j$,则 $S_i\cap S_j=\varnothing$。

(3) 对任意 i,S_i 中的任意两个元素 a,b,aRb 恒成立。

（4）对任意 $i,j,i\neq j$，S_i 中的任意元素 a 和 S_j 中的任意元素 b，aRb 恒不成立。

R 将 S 分成的等价类的个数称为 R 在 S 上的指数（index）。有时候，R 可将 S 分成有穷多个等价类，此时称 R 具有有穷指数；有时候，R 可将 S 分成无穷多个等价类，此时称 R 具有无穷指数。

例 1-15 等价类。

（1）"$=$"关系将自然数集 **N** 分成无穷多个等价类：$\{0\},\{1\},\{2\},\{3\},\{4\},\cdots$。

（2）非负整数集上的模 5 同余关系将 $\{0,1,2,3,\cdots\}$ 分成 5 个等价类：

$$\{0,5,10,15,20,\cdots\}$$
$$\{1,6,11,16,21,\cdots\}$$
$$\{2,7,12,17,22,\cdots\}$$
$$\{3,8,13,18,23,\cdots\}$$
$$\{4,9,14,19,24,\cdots\}$$

（3）某计算机学院 2001 年招收本科生 420 名，分成 12 个班，按同班学生的关系划分，这 420 名学生分成 12 个等价类，每个等价类对应一个班。

值得注意的是，给定集合 S 上的一个等价关系 R，R 就确定了 S 的一个等价划分。当给定另一个不同的等价关系时，它会确定 S 的一个新的等价划分。

例如，令 $S=\{1,2,3,4\}$，通常意义下的"$=$"将 S 分成 4 个等价类：$\{1\},\{2\},\{3\},\{4\}$。如果取 $R=\{(1,1),(2,1),(1,2),(2,2),(3,3),(3,4),(4,3),(4,4)\}$，则 R 将 S 分成两个等价类：$\{1,2\},\{3,4\}$。

1.2.3 关系的合成

在日常生活中，关系是可以合成的。例如，"父子"关系、"父女"关系就可以合成为"祖孙女"关系。张宏是张春的父亲，张春是张燕的父亲，所以，张宏是张燕的爷爷。形式上可以描述为

$$（张宏，张春）\in 父子$$
$$（张春，张燕）\in 父女$$
$$（张宏，张燕）\in 祖孙女$$

也就是说，关系"父子"与"父女"合成关系"祖孙女"，这个合成要求"父子"在前，"父女"在后。显然，"父女"在前，"父子"在后是无法合成的。而"父女"在前，"母子"在后是可以合成的。

定义 1-16 设 $R_1\subseteq A\times B$ 是 A 到 B 的关系，$R_2\subseteq B\times C$ 是 B 到 C 的关系，则 R_1 与 R_2 的合成（composition）$R_1\circ R_2$ 是 A 到 C 的关系。

$$R_1\circ R_2=\{(a,c)\mid \exists (a,b)\in R_1 \text{ 且 }(b,c)\in R_2\}$$

为了方便起见，约定在今后的叙述中，如果意义明确，关系的合成运算符"$\circ$"可以省略不写，如 $R_1\circ R_2$ 可以写成 R_1R_2。

例 1-16 设 R_1 和 R_2 是集合 $\{1,2,3,4\}$ 上的关系，其中

$$R_1=\{(1,1),(1,2),(2,3),(3,4)\}$$
$$R_2=\{(2,4),(4,1),(4,3),(3,1),(3,4)\}$$

则

$$R_1 \circ R_2 = \{(1,4),(2,1),(2,4),(3,1),(3,3)\}$$

设 R_1, R_2, R_3 分别是 S 上的二元关系,可以证明以下结论:

(1) $R_1 R_2 \neq R_2 R_1$。

(2) $(R_1 R_2) R_3 = R_1 (R_2 R_3)$。　　　　　　(结合律)

(3) $(R_1 \bigcup R_2) R_3 = R_1 R_3 \bigcup R_2 R_3$。　　　(合成对 $\bigcup$ 的右分配律)

(4) $R_3 (R_1 \bigcup R_2) = R_3 R_1 \bigcup R_3 R_2$。　　　(合成对 $\bigcup$ 的左分配律)

(5) $(R_1 \bigcap R_2) R_3 \subseteq R_1 R_3 \bigcap R_2 R_3$。　　　(合成对 $\bigcap$ 的右分配律)

(6) $R_3 (R_1 \bigcap R_2) \subseteq R_3 R_1 \bigcap R_3 R_2$。　　　(合成对 $\bigcap$ 的左分配律)

1.2.4　递归定义与归纳证明

在后续章节中,会用到一些递归定义及相关的表示方法。利用它们能够很方便地表达一些对象,也能够比较容易地处理相应方式下定义出来的对象,包括算法和证明。这里先介绍递归定义。

递归定义(recursive definition)又称为归纳定义(inductive definition),可以用来定义一个集合。通常一个集合的递归定义由以下 3 部分组成。

(1) 基础(basis):指出该集合最基本的元素。

(2) 归纳(induction):指出用集合中的元素来构造集合的新元素的规则。归纳的一般形式为:如果 $a,b,c,\cdots,d$ 是被定义集合的元素,则用某种运算、函数或者组合规则对这些元素进行处理后所得的结果也是集合中的元素。

(3) 极小性限定:指出一个对象是所定义的集合中的元素的充要条件是该对象可以通过有限次地使用基础和归纳条款中所给的规定构造出来。

上述定义中的前两条会因定义的对象不同而不同,但第三条基本上是一样的。所以,很多时候,人们只强调对第一条和第二条的叙述,而省略第三条,这通常是不会引起误解的。

例 1-17　著名的斐波那契(Fibonacci)数的定义。

(1) 基础:0 是第一个斐波那契数,1 是第二个斐波那契数。

(2) 归纳:如果 n 是第 i 个斐波那契数,m 是第 $i+1$ 个斐波那契数,则 $n+m$ 是第 $i+2$ 个斐波那契数,这里 i 为大于或等于 1 的正整数。

(3) 只有满足(1)和(2)的数才是斐波那契数。

根据上述定义,从第一个斐波那契数开始,将这些数依次排列,就构成了斐波那契数列:
$$0,1,1,2,3,5,8,13,21,34,55,\cdots$$

例 1-18　可以按下列方法定义算术表达式。

(1) 基础:常数是算术表达式,变量是算术表达式。

(2) 归纳:如果 E_1, E_2 是算术表达式,则 $+E_1, -E_1, E_1+E_2, E_1-E_2, E_1*E_2, E_1/E_2, E_1 \uparrow E_2, \text{Fun}(E_1)$ 是算术表达式,其中 Fun 为函数名,E_1*E_2 表示 E_1 与 E_2 的乘积,$E_1 \uparrow E_2$ 表示 E_1 的 E_2 次幂。

(3) 只有满足(1)和(2)的式子才是算术表达式。

下面用递归方式定义关系的 $n(n \geqslant 0)$ 次幂。

定义 1-17　设 R 是 S 上的二元关系,则 R^n 递归定义如下。

（1）$R^0 = \{(a,a) \mid a \in S\}$。

（2）$R^i = R^{i-1} R (i = 1,2,3,4,5,\cdots)$。

递归定义提供了一种良好的定义方式，使得集合中元素的构造规律明确地表现出来，这也给集合性质的归纳证明提供了良好的基础。归纳法证明与递归定义相对应，由以下三步组成。

（1）基础：证明该集合的最基本元素具有性质 P。

（2）归纳：证明如果被定义集合的元素 $a,b,c,\cdots,d$ 具有性质 P，则用某种运算、函数或组合规则对这些元素进行处理后所得的结果也具有性质 P。

（3）由归纳法原理，集合中的所有元素具有性质 P——集合具有性质 P。

例 1-19 对有穷集合 A，证明 $|2^A| = 2^{|A|}$。

证明：设 A 为一个有穷集合，现施归纳于 $|A|$。

（1）基础：当 $|A| = 0$ 时，由幂集定义，$2^A = \{\varnothing\}$，从而 $|2^A| = |\{\varnothing\}| = 1$，而 $2^{|A|} = 2^0 = 1$，所以有 $|2^A| = 2^{|A|}$ 对 $|A| = 0$ 成立。

（2）归纳：假设 $|A| = n$ 时结论成立，这里 $n \geqslant 0$，往证当 $|A| = n+1$ 时结论成立。

为此，不妨设 $A = B \cup \{a\}$，这里 $a \notin B$，即

$$|A| = |B \cup \{a\}| = |B| + |\{a\}| = |B| + 1$$

由幂集的定义知

$$2^A = 2^B \cup \{C \cup \{a\} \mid C \in 2^B\}$$

由于 $a \notin B$，所以

$$2^B \cap \{C \cup \{a\} \mid C \in 2^B\} = \varnothing$$

由 $\{C \cup \{a\} \mid C \in 2^B\}$ 的构造方法知道，可以按如下方法构造一个一一对应 $f: \{C \cup \{a\} \mid C \in 2^B\} \to 2^B$，使得

$$f(C \cup \{a\}) = C$$

所以

$$|\{C \cup \{a\} \mid C \in 2^B\}| = |2^B|$$

故

$$
\begin{aligned}
|2^A| &= |2^B \cup \{C \cup \{a\} \mid C \in 2^B\}| \\
&= |2^B| + |\{C \cup \{a\} \mid C \in 2^B\}| \\
&= |2^B| + |2^B| \\
&= 2|2^B|
\end{aligned}
$$

显然，$|B| = n$，由归纳假设知

$$|2^B| = 2^{|B|}$$

从而有

$$|2^A| = 2|2^B| = 2 \times 2^{|B|} = 2^{|B|+1} = 2^{|A|}$$

这就是说，结论对 $|A| = n+1$ 成立。

（3）由归纳法原理，结论对任意有穷集合成立。

例 1-20 表达式的前缀形式是指将运算符写在前面，后跟相应的运算对象。例如，$+E_1$ 的前缀形式为 $+E_1$，$E_1 + E_2$ 的前缀形式为 $+E_1 E_2$，$E_1 * E_2$ 的前缀形式为 $* E_1 E_2$，

$E_1 \uparrow E_2$ 的前缀形式为 $\uparrow E_1 E_2$，$\mathrm{Fun}(E_1)$ 的前缀形式为 $\mathrm{Fun}E_1$。证明例 1-18 所定义的算术表达式可以用这里定义的前缀形式表示。

证明：设 E 为例 1-18 所定义的算术表达式，现在对 E 中所含的运算符（包括函数引用）的个数实施归纳。为了叙述方便，设 E 中含 n 个运算符。

（1）基础：当 $n=0$ 时，表达式为一个常数或者变量，结论显然成立。

（2）归纳：假设 $n \leqslant k$ 时结论成立，这里 $k \geqslant 0$，往证当 $n=k+1$ 时结论成立。

由于 E 中含有 $k+1$ 个运算符，所以必是如下情况中的一种：

① 当 $E=+E_1$ 时，我们知道 E_1 中的运算符的个数为 k，由归纳假设，E_1 有对应的前缀形式 F_1，从而 E 的前缀形式为 $+F_1$。

② 当 $E=-E_1$ 时，用与①相同的方式进行讨论，可得 E 的前缀形式为 $-F_1$。

③ 当 $E=E_1+E_2$ 时，E_1 和 E_2 中所含的运算符的个数分别小于或等于 k，由归纳假设，E_1，E_2 对应的前缀形式分别为 F_1，F_2，从而 E 的前缀形式为 $+F_1F_2$。

④ 对 $E=E_1-E_2$，$E=E_1*E_2$，$E=E_1/E_2$，$E=E_1 \uparrow E_2$ 的情况进行类似的讨论，它们对应的前缀形式分别为 $-F_1F_2$，$*\ F_1F_2$，$/F_1F_2$，$\uparrow F_1F_2$。

⑤ 当 $E=\mathrm{Fun}(E_1)$ 时，我们知道 E_1 中的运算符的个数为 k，由归纳假设，E_1 有对应的前缀形式 F_1，从而 E 的前缀形式为 $\mathrm{Fun}F_1$。

综上所述，结论对 $n=k+1$ 成立。

（3）由归纳法原理，结论对例 1-18 中定义的所有算术表达式成立。

1.2.5 关系的闭包

定义 1-18 设 P 是关于关系的性质的集合，关系 R 的 P 闭包（closure）是包含 R 并且具有 P 中所有性质的最小关系。

定义 1-19 设 R 是 S 上的二元关系，R 的正闭包（positive closure）R^+ 定义为

（1）$R \subseteq R^+$。

（2）如果 $(a,b),(b,c) \in R^+$，则 $(a,c) \in R^+$。

（3）除（1）和（2）外，R^+ 不再含有其他任何元素。

可以证明，R^+ 具有传递性，因此又称其为传递闭包（transitive closure）。还可以证明，对任意二元关系 R，有

$$R^+ = R \cup R^2 \cup R^3 \cup R^4 \cup \cdots$$

且当 S 为有穷集时，有

$$R^+ = R \cup R^2 \cup R^3 \cup \cdots \cup R^{|S|}$$

定义 1-20 设 R 是 S 上的二元关系，R 的克林闭包（Kleene closure）R^* 定义为

（1）$R^0 \subseteq R^*$，$R \subseteq R^*$。

（2）如果 $(a,b),(b,c) \in R^*$，则 $(a,c) \in R^*$。

（3）除（1）和（2）外，R^* 不再含有其他任何元素。

可以证明，R^* 具有自反性、传递性，因此又称其为自反传递闭包（reflexive and transitive closure）。由定义 1-19 和定义 1-20 可知，对任意二元关系 R，有

$$R^* = R^0 \cup R^+$$

$$=R^0 \cup R \cup R^2 \cup R^3 \cup R^4 \cup \cdots$$

且当 S 为有穷集时，

$$R^* = R^0 \cup R \cup R^2 \cup R^3 \cup \cdots \cup R^{|S|}$$

设 R_1, R_2 是 S 上的两个二元关系，则

(1) $\varnothing^+ = \varnothing$。

(2) $(R_1^+)^+ = R_1^+$。

(3) $(R_1^*)^* = R_1^*$。

(4) $R_1^+ \cup R_2^+ \subseteq (R_1 \cup R_2)^+$。

(5) $R_1^* \cup R_2^* \subseteq (R_1 \cup R_2)^*$。

1.3 图

在现实世界中，有许多现象可以抽象成图来表示，且当这些现象抽象成图表示以后，其表达和相关问题的解决就变得清晰、直观。数学家欧拉(L.Euler)解决著名的哥尼斯堡七桥问题就是一个典型的代表。今天，当人们将一个实际问题表示成图以后，还可以用一些结论来指导问题的求解。

直观地，图是由一些顶点和连接顶点的边组成的。例如，用顶点表示城市，如果 A 城市和 B 城市之间有公路连接，则在表示 A 城市的顶点和表示 B 城市的顶点之间用一条边连接起来。当需要表示出连接的方向时，还可以定义边的方向。含无方向边的图为无向图，含有方向边的图为有向图。下面分别加以介绍。

1.3.1 无向图

定义 1-21 设 V 是一个非空有穷集合，$E \subseteq V \times V$，称 $G = (V, E)$ 为一个无向图 (undirected graph)。其中，V 中的元素称为顶点(vertex 或 node)，V 称为顶点集；E 中的元素称为无向边(undirected edge)，E 称为无向边集。顶点又称为结点。

注意，这里定义 $E \subseteq V \times V$，但对于 $\forall (v_1, v_2) \in E$，(v_1, v_2) 被认为是连接顶点 v_1 和 v_2 的边，该边没有方向。也就是说，在无向图中，(v_1, v_2) 与 (v_2, v_1) 表示的是同一条边。

例 1-21 设 $G = (V, E)$ 为一个无向图，其中，$V = \{v_1, v_2, v_3, v_4, v_5\}$，$E = \{(v_1, v_2), (v_1, v_3), (v_1, v_4), (v_2, v_3), (v_2, v_5), (v_3, v_4), (v_3, v_5), (v_4, v_5)\}$。

为了使表达更清晰和直观，用如下定义的"图表示"来表示图。

定义 1-22 设 $G = (V, E)$ 是一个无向图。图 G 的图表示是满足下列条件的"图"：其中，V 中称为顶点 v 的元素用标记为 v 的小圈表示，E 中的元素 (v_1, v_2) 用标记为 v_1, v_2 的顶点之间的连线表示。

为了简单起见，今后不再区分"图"与"图表示"，统称为"图"。

按照定义 1-22，例 1-21 所定义的图可以表示成图 1-1 的形式。

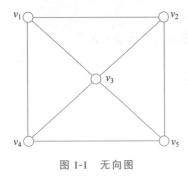

图 1-1　无向图

定义 1-23　设 $G=(V,E)$ 是一个无向图。如果对于 $0{\leqslant}i{\leqslant}k-1(k{\geqslant}1)$ 均有 (v_i,v_{i+1}) $\in E$，则称 $v_0,v_1,\cdots,v_k$ 是 G 的一条长为 k 的路(path)。当 $v_0=v_k$ 时，$v_0,v_1,\cdots,v_k$ 称为一个回路或圈(cycle)。

例 1-22　在例 1-21 中，下面所列都是路。

(1) v_1,v_2。

(2) v_1,v_3,v_4,v_1。

(3) v_1,v_2,v_3,v_5,v_4。

(4) v_4,v_3,v_2,v_1,v_4。

(5) v_1,v_2,v_3,v_5,v_4,v_1。

(6) $v_4,v_1,v_3,v_5,v_2,v_3,v_1,v_4,v_5$。

(7) v_2,v_5,v_4。

(8) v_2,v_1。

其中，(2)，(4)，(5)是回路，(3)是经过图中每个顶点一次且仅一次的路。

定义 1-24　设 $G=(V,E)$ 是一个无向图。对于 $v\in V$，$|\{w\mid(v,w)\in E\}|$ 称为顶点 v 的度数，记作 $\deg(v)$。

例 1-23　在例 1-21 中，各顶点的度数如下。

$$\deg(v_1)=3$$
$$\deg(v_2)=3$$
$$\deg(v_3)=4$$
$$\deg(v_4)=3$$
$$\deg(v_5)=3$$

有

$$\deg(v_1)+\deg(v_2)+\deg(v_3)+\deg(v_4)+\deg(v_5)=16$$

这个数正好是 $2|E|$：

$$\sum_{v\in V}\deg(v)=2\mid E\mid$$

事实上，由于图中的每条边正好连接两个顶点，它对这两个顶点的度数的贡献分别为 1，所以，图中所有顶点的度数之和为图中边数的 2 倍。

对于任何图，图中所有顶点的度数之和为图中边数的 2 倍，读者可以用数学归纳法证明这一结论。

定义 1-25　设 $G=(V,E)$ 是一个无向图。若对于 $\forall v,w\in V,v\neq w,v$ 与 w 之间至少有一条路存在，则称 G 是连通图。

显然，图 G 是连通的充要条件是：G 中存在一条包含图的所有顶点的路。

1.3.2　有向图

定义 1-26　设 V 是一个非空有穷集合，$E\subseteq V\times V$，称 $G=(V,E)$ 为一个有向图(directed graph)。其中，V 中的元素称为顶点(vertex 或 node)，V 称为顶点集；$\forall(v_1,v_2)\in E$ 称为从顶点 v_1 到顶点 v_2 的有向边(directed edge)或弧(arc)，v_1 称为前导(predecessor)，v_2 称为后

继(successor)。E 称为有向边集。顶点又称为结点。

注意,与无向图的定义不同,虽然这里仍取 $E \subseteq V \times V$,但对于 $\forall (v_1, v_2) \in E$,(v_1, v_2) 被认为是从顶点 v_1 到 v_2 的边,该边是有方向的。也就是说,在有向图中,(v_1, v_2) 与 (v_2, v_1) 是不同的两条边。

定义 1-27 设 $G = (V, E)$ 是一个有向图。如果对于 $0 \leqslant i \leqslant k - 1 (k \geqslant 1)$,均有 $(v_i, v_{i+1}) \in E$,则称 $v_0, v_1, \cdots, v_k$ 是 G 的一条长为 k 的有向路(directed path)。当 $v_0 = v_k$ 时,$v_0, v_1, \cdots, v_k$ 称为一个有向回路或有向圈(directed cycle)。

在讨论有向图时,如果不特殊说明,简单地将有向路称为路。与无向图类似,为了使表达更清晰和直观,用如下定义的"图表示"来表示有向图。

定义 1-28 设 $G = (V, E)$ 是一个有向图。图 G 的图表示是满足下列条件的"图":V 中称为顶点 v 的元素用标记为 v 的小圈表示,E 中的元素 (v_1, v_2) 用从标记为 v_1 的顶点到标记为 v_2 的顶点的弧表示。

"图"与"图表示"是图的两种表示形式,当需要时,读者通过上下文可以很容易地加以区分,为了简单起见,今后也不再区分,而统称为"图"。

例 1-24 设 $G_1 = (V, E_1)$ 为一个有向图,其中,$V = \{v_1, v_2, v_3, v_4, v_5\}$,$E_1 = \{(v_1, v_2), (v_1, v_3), (v_1, v_4), (v_2, v_3), (v_2, v_5), (v_3, v_4), (v_3, v_5), (v_4, v_5), (v_5, v_4)\}$。该图可以用图 1-2 表示。

图 1-3 表示的图(G_2)与图 1-2 表示的图(G_1)是不同的。按照定义 1-26,$G_2 = (V, E_2)$,其中 $V = \{v_1, v_2, v_3, v_4, v_5\}$,$E_2 = \{(v_1, v_2), (v_1, v_3), (v_4, v_1), (v_2, v_3), (v_5, v_2), (v_3, v_4), (v_3, v_5), (v_4, v_5), (v_5, v_4)\}$。

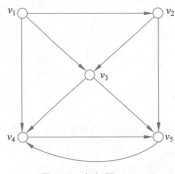

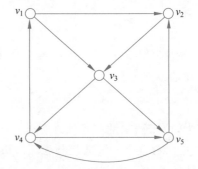

图 1-2　有向图(G_1)　　　　图 1-3　与图 1-2 不同的一个有向图(G_2)

与无向图中关于顶点的度数相对应,需要定义有向图中顶点的度数。考虑到有向图中边的方向性,一个有向边离开一个顶点,到达一个顶点,从而一个顶点可有两个度数,分别表示到达该顶点的边的条数和离开此顶点的边的条数。

定义 1-29 设 $G = (V, E)$ 是一个有向图。对于 $v \in V$,

$$\text{ideg}(v) = |\{w \mid (w, v) \in E\}|$$

$$\text{odeg}(v) = |\{w \mid (v, w) \in E\}|$$

其中,$\text{ideg}(v)$ 称为顶点 v 的入度,$\text{odeg}(v)$ 称为顶点 v 的出度。

例 1-25

G_1 各顶点的出度和入度如下：　　　　　G_2 各顶点的出度和入度如下：

$$\text{ideg}(v_1)=0 \qquad\qquad\qquad\qquad \text{ideg}(v_1)=1$$
$$\text{odeg}(v_1)=3 \qquad\qquad\qquad\qquad \text{odeg}(v_1)=2$$
$$\text{ideg}(v_2)=1 \qquad\qquad\qquad\qquad \text{ideg}(v_2)=2$$
$$\text{odeg}(v_2)=2 \qquad\qquad\qquad\qquad \text{odeg}(v_2)=1$$
$$\text{ideg}(v_3)=2 \qquad\qquad\qquad\qquad \text{ideg}(v_3)=2$$
$$\text{odeg}(v_3)=2 \qquad\qquad\qquad\qquad \text{odeg}(v_3)=2$$
$$\text{ideg}(v_4)=3 \qquad\qquad\qquad\qquad \text{ideg}(v_4)=2$$
$$\text{odeg}(v_4)=1 \qquad\qquad\qquad\qquad \text{odeg}(v_4)=2$$
$$\text{ideg}(v_5)=3 \qquad\qquad\qquad\qquad \text{ideg}(v_5)=2$$
$$\text{odeg}(v_5)=1 \qquad\qquad\qquad\qquad \text{odeg}(v_5)=2$$

在 G_1 中：

$$\text{ideg}(v_1)+\text{ideg}(v_2)+\text{ideg}(v_3)+\text{ideg}(v_4)+\text{ideg}(v_5)=9$$
$$\text{odeg}(v_1)+\text{odeg}(v_2)+\text{odeg}(v_3)+\text{odeg}(v_4)+\text{odeg}(v_5)=9$$

这个数正好是 $|E_1|$。

在 G_2 中：

$$\text{ideg}(v_1)+\text{ideg}(v_2)+\text{ideg}(v_3)+\text{ideg}(v_4)+\text{ideg}(v_5)=9$$
$$\text{odeg}(v_1)+\text{odeg}(v_2)+\text{odeg}(v_3)+\text{odeg}(v_4)+\text{odeg}(v_5)=9$$

这个数也正好是 $|E_2|$。

　　事实上，对于任何一个有向图，图中所有顶点的入度之和与图中所有顶点的出度之和正好是图中边的个数，因为每个有向边对图中所有顶点的入度之和以及图中所有顶点的出度之和的贡献分别是 1。读者可以用数学归纳法证明这一结论。

1.3.3　树

定义 1-30　设 $G=(V,E)$ 是一个有向图。当 G 满足如下条件时，称 G 为一棵（有序或有向）树（tree）：

（1）$\exists v\in V$，v 没有前导，且 v 到树中其他顶点均有一条有向路，称此顶点为树 G 的根（root）。

（2）每个非根顶点有且仅有一个前导。

（3）每个顶点的后继按其拓扑关系从左到右排序。

　　在树中，通常可以称顶点为结点，顶点的前导为该顶点的父亲（father），顶点的后继为它的儿子（son）。如果树中有一条从顶点 v_1 到顶点 v_2 的路，则称 v_1 是 v_2 的祖先（ancestor），v_2 是 v_1 的后代（descendant）。无儿子的顶点称为叶子（leaf），非叶顶点称为中间结点（interior）。

　　为了简洁起见，当画一棵树的时候，在图中并不画出边的方向，而是约定树根画在最上面，所有边的方向都是广义向下的——它要么是向下的，要么是向左下方或者向右下方的。

定义 1-31　设 $G=(V,E)$ 是一棵树（tree），则

(1) 根处在树的第 1 层(level)。

(2) 如果顶点 v 处在第 i 层($i \geqslant 1$),则 v 的儿子处在第 $i+1$ 层。

(3) 树的最大层号称为该树的高度(height)。

定义 1-32 设 $G=(V,E)$ 是一棵树,如果对于 $\forall v \in V$,v 最多只有两个儿子,则称 G 为二元树(binary tree)。

对一棵二元树,它的第 n 层最多有 2^{n-1} 个顶点。一棵 n 层二元树最多有 2^{n-1} 个叶子。

例 1-26 图 1-4 是一棵树。

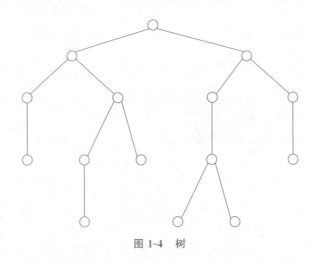

图 1-4 树

在图 1-4 所给的树中,没有标出每个顶点的标记——名字,而且在后面的叙述中,没有特殊需要时,也不去标出每个顶点的名字,但是要标出在问题的叙述中需要的顶点的名字。

图 1-4 是一棵二元树,该树的最大层号是 5,所以它的高度就是 5。其第 1~3 层的顶点数都达到了最大值,而第 4 层和第 5 层的顶点数分别是 5 和 3,这两层的最大顶点数分别为 8 和 16。

此二元树中共有 6 个叶子,从根结点到叶子的最大路长是 4。该二元树在"最满"的时候可有 16 个叶子。

一般地,一个高度为 $n+1$ 的二元树的根结点到叶子的最大路长是 n,该树最多含有 2^n 个叶子。

1.4 语　　言

本节将介绍形式语言与自动机理论中用到的一些最基本的概念,包括语言、字母表、句子、字母表的闭包等。

1.4.1 什么是语言

什么是语言呢? 它仅仅是由一些字组成的吗? 下面先来看一些自然情况。

现实世界中存在多种多样的语言,它们被一定的群体用作信息交流的工具,这种工具可以通过音,形(书面、口头、动作)来表达。语言必须有着一系列的生成规则、理解(语义)规则，只有当使用者按照这些规则来构造"句子"和理解"句子"时，才能达到交流信息之目的。

例如，大家都知道句子"我是一个大学生"所表达的含义。但是，又有谁能够说出"个生是学一大我"所表达的含义呢？通过分析不难发现，虽然它与句子"我是一个大学生"用的是同一组汉字，但"个生是学一大我"并没有按照人们共同的约定来组合这些汉字。所以，它不能表达人们能够懂得的含义。这就告诉我们，作为一种语言，除了需要组成句子的基本字之外，还需要组合这些字的规则，且这些规则应该是使用该语言的群体所共同遵守的。否则就难以实现意思的表达、传递和理解。

斯大林曾经从强调语言的作用出发，把语言定义成"为广大的人群所理解的字和组合这些字的方法"。语言学家韦波斯特（Webster）将语言定义成"为相当大的团体的人所懂得并使用的字和组合这些字的方法的统一体"。可以用图 1-5 表达这些定义的含义。在这里，强调的是"统一体"。

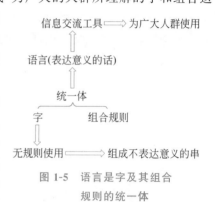

图 1-5　语言是字及其组合规则的统一体

用这些定义来建立语言的数学模型，以对语言的性质进行研究是不够精确的。为此，需要将语言抽象地定义成一个数学系统，其形式性可以使我们能够给出语言的严格描述，并将由此发展出的知识（理论）用到适当的模型中，使之能够在科学实践中起到良好的指导作用。按照计算学科方法论中强调的"抽象""理论""设计"3 个学科形态（也称为 3 个过程）来归纳，从对抽象方法的掌握，理论工具的使用，到不同级别的抽象层次上的设计，希望这些理论都能发挥出良好的指导作用，这就是形式语言。也就是通过抽象，对形式化的语言结构，描述（生成与识别）、性质、理论进行研究，以获取各种成果。

1.4.2　形式语言与自动机理论的产生与作用

语言学家乔姆斯基（Avram Noam Chomsky）最初从产生语言的角度研究语言。1956 年，通过抽象，他将语言形式地定义为由一个字母表中的字母组成的一些串的集合：对任何语言 L，有一个字母表 Σ，使得 $L \subseteq \Sigma^*$。可以在字母表上按照一定的规则定义一个文法（grammar），该文法产生的所有句子组成的集合就是该文法产生的语言。判断一个句子是否是某语言的句子，需要判断该句子是否能由该语言对应的文法产生出来，如果能，它就是；否则，它就不是。1959 年，乔姆斯基根据产生语言的文法的特性，又将语言划分成三大类。注意，这里所说的文法就是通常人们所说的语法。根据习惯，本书中主要用"文法"一词来表达这种对象，只是在个别情况下用"语法"一词。

1951—1956 年，克林（Kleene）在研究神经细胞中建立了自动机，从识别的角度研究语言，从而给出了语言的另一种描述模型：对于按照一定的规则构造的任一个自动机，该自动机就定义了一个语言，这个语言由该自动机所能识别的所有句子组成。

语言的文法与自动机这两种不同表示模型进一步引起人们的研究兴趣。按照通常的考虑，由于这两种模型描述的是同一种东西，所以，它们应该是等价的。但是，它们真的是等价的吗？如果它们确实是等价的，是否存在一种方法可以实现这两种表示模型的相互转换？当然，我们要求这种转换方法应是正确的，也就是得到了证明的。如果这种转换方法是有效的,可以自动地进行,将给我们带来更多的方便和新的结果。

1959 年,乔姆斯基通过深入研究,将他本人的研究成果与克林的研究成果结合,不仅确定了文法和自动机分别从生成和识别的角度去表达语言,而且证明了文法与自动机的等价性。此时形式语言才真正诞生,并被置于数学的光芒之下。

形式语言出现之后,很快就在计算机科学与技术领域中找到了应用。20 世纪 50 年代,人们用巴克斯范式(Backus-Naur Form 或 Backus Normal Form,BNF)成功地实现了对高级语言 ALGOL-60 的描述。实际上,巴克斯范式就是上下文无关文法(context free grammar)的一种表示形式。这一成功使得形式语言在 20 世纪 60 年代得到了很大的发展。尤其是上下文无关文法,被作为计算机程序设计语言文法的最佳近似描述得到了深入的研究。后来,人们又将该文法用到了模式匹配、模型化处理等方面,这些内容都是算法描述和分析、计算复杂性理论、可计算性等研究的基础。

实际上,形式语言与自动机理论除了在计算机科学与技术领域中的直接应用之外,更在计算机学科人才计算思维能力的培养中占有极其重要的地位,无怪乎美国推行的 GRE 考试中总有相当比例的题目与形式语言和自动机理论有关。此外,美国的一些计算机科学家还将一个人是否学习并掌握有关形式语言和自动机理论方面的知识、是否有相应的修养作为衡量他是否受到过良好的计算机科学学科训练的一个标准。

从计算机学科的人才来看,以下几方面的专业能力是非常重要的:

- 计算思维能力。
- 算法设计与分析能力。
- 程序设计与实现能力。
- 计算机系统的认知、分析、开发和应用能力,简称为系统能力。

计算思维能力的培养要求是计算机学科本身所决定的。计算机学科所要解决的根本问题是什么能被(有效地)自动计算。现代计算机技术要求,要想实现有效的自动化,必须经过抽象,进行形式化处理。这就要求相应的从业人员能够研究和理解形式化的对象,并用这一有力武器解决实际问题。所以,只有具备了"计算思维"能力,才能进行"什么能且如何被有效地自动计算"这一计算学科的根本问题所包含的工作,这些可用图 1-6 表示。

图 1-6　自动计算、形式化
与"计算思维"

基本的计算思维能力的培养主要是从基础理论系列课程开始的,该系列课程主要由数学类课程和抽象程度比较高的课程组成,包括数学分析、高等代数、数值分析、概率与数理统计、集合与图论、近世代数、数理逻辑,以及形式语言与自动机理论、数学建模等。它们构成的是一个梯级训练系统。在此系统中,连续数学、离散数学、计算模型 3 部分的内容按阶段分开,所形成的 3 个阶段对应于本学科的学生在学习期间思维方式和能力变化与提高过程的 3 个步骤。为达到学生思维能力逐步朝着"计算思维"不断进步的客观要求,就要完成学科特需的(抽象)思维能力培养和(逻辑)思维方法的学习。经验表明,这种一步一个台阶的分阶段的培养过程是必需的。图 1-7 表达出这样的培养过程。可以将此称为"朴素的计算思维"。随着计算技术的发展及其应用不断扩展,计算思维已经成为人们工作甚至生活的必需。可以将其称为狭义的计算思维或广义的计算思维。

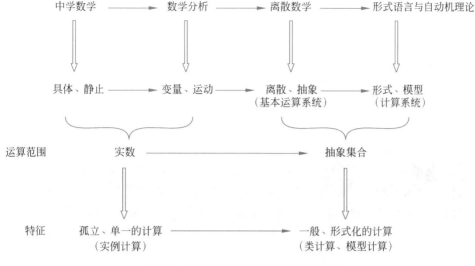

图 1-7　朴素"计算思维"梯级训练系统

　　学生在中学阶段所学的数学研究的是具体、静止对象的运算。到了数学分析阶段,通过连续变量和函数,把运动和变化带到了问题考虑的范围中。而到此为止,运算一直被限定在实数范围内,完成的计算可称为实例计算。根据计算机运算的"可行性"要求,到了离散数学阶段,开始考虑基本运算系统,该系统是更抽象、更一般的系统,它的运算对象呈现出更为明显的抽象和离散的特征。到了形式语言与自动机理论阶段,研究的是计算系统,它的运算对象呈现出的是在更高级别上抽象出来的形式化特征,而它的运算往往呈现出模型化的特征。可以将离散数学和形式语言与自动机理论的运算范围统一看作抽象的集合。到此,所考虑的运算对象就从具体、静止的对象变成了形式和模型化的对象,而计算则逐渐地从中学数学和数学分析阶段的孤立、单一的计算变成了一般、形式化的计算,而一般、形式化的计算正是计算机学科所研究的计算。从图 1-7 可以看出,离散数学中给出的是基本运算系统,而计算机学科的工作者应该构建类计算和模型计算系统,要培养这种能力,形式语言与自动机理论因其研究计算系统而成为最佳的知识载体。

　　考虑的对象不同,需要的思维方式和能力就不同。正是通过这一系统的教育,在不断升华的过程中,逐渐培养学生的抽象思维能力和逻辑思维能力。与此同时,创新意识的建立和创新能力的培养也在这个教育过程中不断进行着。此外,这组课程包含的内容还会在后续课程甚至今后的研究工作中使用。经验表明,这组课程是对本科生进行所要求的思维训练的最佳知识载体。

　　综上所述,形式语言与自动机理论不仅是计算机学科的重要的基础理论,有着广泛的应用,而且还在计算机学科的人才培养中占有十分重要的地位,是一个优秀的计算机科学工作者必修的一门课程。

1.4.3　基本概念

　　对语言的研究,包括以下 3 方面。

　　首先是如何给出语言的表示(representation)。如果语言只包含有穷多个句子,这个问题就比较简单了，因为只要简单地列出所有的句子就可以了（在后面会看到，有穷集是结构最简单的正则语言）。当语言含有无穷多个语句的时候，它的表示就成了问题，对人们来说，关心的是它的有穷描述。

第二个问题是一个给定的语言是否存在有穷描述（finite description）。是否所有的语言都存在有穷描述呢？答案是否定的。按照乔姆斯基的定义，语言是由字母表上的字符串组成的，对任意的一个字母表，该字母表的所有字符串组成的集合是可数无穷的。从而一个语言要么是有穷的，要么是可数无穷的——含可数无穷多个句子。根据集合论中关于可数无穷集合的子集的结论，这个可数无穷集的所有子集组成的集合（即它的幂集）是一个不可数的集合。这就是说，一个字母表上有不可数无穷多个语言。而有穷表示，无论它是什么样的，只能有可数无穷多个。众所周知，可数无穷集和不可数无穷集之间是不存在一一对应关系的。而且，按照不严格的说法，一个不可数无穷集中所含的元素"远远地多于"一个可数无穷集中所含的元素。因此，存在有这样的语言，它不存在有穷表示。

第三个问题是具有有穷表示的语言的**结构**（structure）是什么样的？它们有什么样的特性？对某一类语言来说，这是非常重要的。

本书将主要讨论正则语言和上下文无关语言的各种表示、表示的等价性，以及它们的性质。

为了便于相关的讨论，先定义以下基本概念。

定义 1-33 字母表（alphabet）是一个非空有穷集合，字母表中的元素称为该字母表的一个字母（letter），也可称为符号（symbol）或者字符（character）。

值得注意的是，字母表具有非空性和有穷性。本书通常用 Σ 表示字母表。

例 1-27 以下是不同的字母表。

(1) $\{a,b,c,d\}$。

(2) $\{a,b,c,\cdots,z\}$。

(3) $\{0,1\}$。

(4) $\{aa,ab,bb\}$。

(5) $\{a,a',b,b'\}$。

(6) $\{\infty,\wedge,\vee,\geqslant,\leqslant\}$。

字母表中的字母是组成字母表上的语言中的任何句子的最基本元素，所以，字母表中的字符必须具有如下两个特点：

(1) 整体性（monolith），也称为不可分性。例如，$\{aa,ab,bb\}$ 中的 aa、ab、bb 均是单个字符，aa 不能被拆分成两个 a，ab 不能被拆分成一个 a 和一个 b，bb 也不能被拆分成两个 b。

$\{a,a',b,b'\}$ 中的 a 和 a' 是两个不同的字符，b 和 b' 也是两个不同的字符。对字符 a' 来说，a 和 $'$ 是不可分的，同样 b 和 $'$ 也是不可分的。

为了简明起见，一般都不用类似 a' 和 aa 的字符作为字母表中的字母，尤其是在本书的讨论中，除非特殊需要，将不用这样的字符作为字母表中的字母，以免在讨论中引起不必要的麻烦。

(2) 可辨认性（distinguishable），也称为可区分性。这一点要求字母表中的字符是两两不相同的，必须明确区分。例如，$\{a,b,a\}$ 就不是字母表，因为其中的 a 和另一个 a 是无法区分的。换句话说，字母表不可以是多重集。

定义 1-34　设 Σ_1 和 Σ_2 是两个字母表，Σ_1 与 Σ_2 的乘积（product）：

$$\Sigma_1\Sigma_2=\{ab\mid a\in\Sigma_1,b\in\Sigma_2\}$$

例 1-28　字母表的乘积。

(1) $\{0,1\}\{0,1\}=\{00,01,10,11\}$。

(2) $\{0,1\}\{a,b,c,d\}=\{0a,0b,0c,0d,1a,1b,1c,1d\}$。

(3) $\{a,b,c,d\}\{0,1\}=\{a0,a1,b0,b1,c0,c1,d0,d1\}$。

(4) $\{aa,ab,bb\}\{0,1\}=\{aa0,aa1,ab0,ab1,bb0,bb1\}$。

显然，字母表的乘积不具有交换律。

定义 1-35　设 Σ 是一个字母表，Σ 的 n 次幂（power）递归地定义为

(1) $\Sigma^0=\{\varepsilon\}$。

(2) $\Sigma^n=\Sigma^{n-1}\Sigma,n\geqslant1$。

其中，ε 是由 Σ 中的 0 个字符组成的。

定义 1-36　设 Σ 是一个字母表，Σ 的正闭包：

$$\Sigma^+=\Sigma\cup\Sigma^2\cup\Sigma^3\cup\Sigma^4\cup\cdots$$

Σ 的克林闭包：

$$\Sigma^*=\Sigma^0\cup\Sigma^+=\Sigma^0\cup\Sigma\cup\Sigma^2\cup\Sigma^3\cup\cdots$$

例 1-29　字母表的闭包。

(1) $\{0,1\}^+=\{0,1,00,01,10,11,000,001,010,011,100,\cdots\}$。

(2) $\{0,1\}^*=\{\varepsilon,0,1,00,01,10,11,000,001,010,011,100,\cdots\}$。

(3) $\{a,b,c,d\}^+=\{a,b,c,d,aa,ab,ac,ad,ba,bb,bc,bd,\cdots,aaa,aab,aac,aad,$ $aba,abb,abc,\cdots\}$。

(4) $\{a,b,c,d\}^*=\{\varepsilon,a,b,c,d,aa,ab,ac,ad,ba,bb,bc,bd,\cdots,aaa,aab,aac,aad,$ $aba,abb,abc,\cdots\}$。

通常，有

$$\Sigma^*=\{x\mid x\ \text{是}\ \Sigma\ \text{中的若干（包括 0 个）字符连接而成的字符串}\}$$
$$\Sigma^+=\{x\mid x\ \text{是}\ \Sigma\ \text{中的至少一个字符连接而成的字符串}\}$$

定义 1-37　设 Σ 是一个字母表，$\forall x\in\Sigma^*$，x 称为 Σ 上的一个句子（sentence）。两个句子称为相等的，如果它们对应位置上的字符都对应相等。

句子还可以称为字（word）、（字符、符号）行（line）、（字符、符号）串（string）。

定义 1-38　设 Σ 是一个字母表，$x,y\in\Sigma^*$，$a\in\Sigma$，句子 xay 中的 a 称为 a 在该句子中的一个出现（appearance）。

设 $xay\in\Sigma^*$，则

(1) 当 $x=\varepsilon$ 时，a 的这个出现为字符串 xay 的首字符，也就是该字符串的第 1 个字符。

(2) 如果 a 的这个出现是字符串 xay 的第 n 个字符，则 y 的首字符是字符串 xay 的第 $n+1$ 个字符。

(3) 当 $y=\varepsilon$ 时，a 的这个出现是字符串 xay 的尾字符。

例 1-30 字母的出现。

设字母表 $\Sigma=\{a,b\}$,则 $abaabb$ 是 Σ 上的一个字符串。在这个字符串中,字母 a 有 3 个不同的出现:第 1 个出现是该字符串的首部,第 2 个出现是该字符串的第 3 个字符,第 3 个出现是该字符串的第 4 个字符。字母 b 也有 3 个不同的出现。

定义 1-39 设 Σ 是一个字母表,$\forall x\in\Sigma^{*}$,句子 x 中字符出现的总个数称为该句子的长度(length),记作 $|x|$。

长度为 0 的字符串称为空句子,将空句子记作 ε。

例 1-31 句子的长度。

字母表 $\Sigma=\{a,b\}$ 上的字符串 $abaabb$ 的长度为 6,$bbaa$ 的长度为 4,ε 的长度为 0,$bbabaabbbaa$ 的长度为 11,即

$$|abaabb|=6$$
$$|bbaa|=4$$
$$|\varepsilon|=0$$
$$|bbabaabbbaa|=11$$

注意:

(1) ε 是一个句子。

(2) $\{\varepsilon\}\neq\varnothing$。这是因为 $\{\varepsilon\}$ 不是一个空集,它是含有一个空句子 ε 的集合。$|\{\varepsilon\}|=1$,而 $|\varnothing|=0$。

定义 1-40 设 Σ 是一个字母表,$x,y\in\Sigma^{*}$,x,y 的并置(concatenation)是这样一个串,该串是由串 x 直接接串 y 所组成的,记作 xy。并置又称为连接。

对于 $n\geqslant0$,串 x 的 n 次幂递归地定义为

(1) $x^{0}=\varepsilon$。

(2) $x^{n}=x^{n-1}x$。

例如,$\{0,1\}$ 上的串 $x=001$,$y=1101$,则 $xy=0011101$;如果 $x=0101$,$y=110110$,则 $xy=0101110110$。

对 $x=001$,$y=1101$,有 $x^{0}=y^{0}=\varepsilon$,$x^{4}=001001001001$,$y^{4}=1101110111011101$。

对 $x=0101$,$y=110110$,有 $x^{2}=01010101$,$y^{2}=110110110110$,$x^{4}=0101010101010101$,$y^{4}=110110110110110110110110$。

不难证明,对 Σ^{*} 上的任意串 x,y,z,并置具有如下性质。

(1) 结合律:$(xy)z=x(yz)$。

(2) 左消去律:如果 $xy=xz$,则 $y=z$。

(3) 右消去律:如果 $yx=zx$,则 $y=z$。

(4) 唯一分解性:存在唯一确定的 $a_1,a_2,\cdots,a_n\in\Sigma$,使得 $x=a_1a_2\cdots a_n$。

(5) 单位元素:$\varepsilon x=x\varepsilon=x$。

定义 1-41 设 Σ 是一个字母表,$x,y,z\in\Sigma^{*}$,且 $x=yz$,则称 y 是 x 的前缀(prefix);如果 $z\neq\varepsilon$,则称 y 是 x 的真前缀(proper prefix)。z 是 x 的后缀(suffix),如果 $y\neq\varepsilon$,则称 z 是 x 的真后缀(proper suffix)。

例 1-32 句子的前缀、后缀、真前缀和真后缀。

字母表 $\Sigma = \{a,b\}$ 上的句子 $abaabb$ 的前缀、后缀、真前缀和真后缀如下。

前缀：$\varepsilon, a, ab, aba, abaa, abaab, abaabb$。

真前缀：$\varepsilon, a, ab, aba, abaa, abaab$。

后缀：$\varepsilon, b, bb, abb, aabb, baabb, abaabb$。

真后缀：$\varepsilon, b, bb, abb, aabb, baabb$。

显然，对于字母表上任意给定的句子 x：

（1）x 的任意前缀 y 有唯一的一个后缀 z 与之对应，使得 $x = yz$；反之亦然。

（2）x 的任意真前缀 y 有唯一的一个后缀 z 与之对应，使得 $x = yz$；反之亦然。

（3）$|\{w \mid w$ 是 x 的后缀$\}| = |\{w \mid w$ 是 x 的前缀$\}|$。

（4）$|\{w \mid w$ 是 x 的真后缀$\}| = |\{w \mid w$ 是 x 的真前缀$\}|$。

（5）$\{w \mid w$ 是 x 的前缀$\} = \{w \mid w$ 是 x 的真前缀$\} \bigcup \{x\}$，

　　　$|\{w \mid w$ 是 x 的前缀$\}| = |\{w \mid w$ 是 x 的真前缀$\}| + 1$。

（6）$\{w \mid w$ 是 x 的后缀$\} = \{w \mid w$ 是 x 的真后缀$\} \bigcup \{x\}$，

　　　$|\{w \mid w$ 是 x 的后缀$\}| = |\{w \mid w$ 是 x 的真后缀$\}| + 1$。

（7）对于任意字符串 w，w 是自身的前缀，但不是自身的真前缀；w 是自身的后缀，但不是自身的真后缀。

（8）对于任意字符串 w，$w \neq \varepsilon$，ε 是 w 的前缀，且是 w 的真前缀；ε 是 w 的后缀，且是 w 的真后缀。

另外，为了以后叙述方便，约定：

（1）用小写字母表中较为靠前的字母 $a, b, c, \cdots$ 表示字母表中的字母。

（2）用小写字母表中较为靠后的字母 $x, y, z, \cdots$ 表示字母表上的句子。

（3）用 x^{T} 表示 x 的倒序。例如，如果 $x = abc$，则 $x^{\mathrm{T}} = cba$。

定义1-41′ 设 Σ 是一个字母表，$x, y, z, w, v \in \Sigma^{*}$，且 $x = yz$，$w = yv$，则称 y 是 x 和 w 的公共前缀(common prefix)；如果 x 和 w 的任何公共前缀都是 y 的前缀，则称 y 是 x 和 w 的最大公共前缀。如果 $x = zy$，$w = vy$，则称 y 是 x 和 w 的公共后缀(common suffix)；如果 x 和 w 的任何公共后缀都是 y 的后缀，则称 y 是 x 和 w 的最大公共后缀。

定义 1-42 设 Σ 是一个字母表，$w, x, y, z \in \Sigma^{*}$，且 $w = xyz$，则称 y 是 w 的子串(substring)。

例如，$\{0,1\}$ 上的串 $x = 0101$ 的不同子串有 $\varepsilon, 0, 1, 01, 10, 010, 101, 0101$；字母表 $\Sigma = \{a, b, c\}$ 上的句子 $abacb$ 的不同子串有 $\varepsilon, a, b, c, ab, ba, ac, cb, aba, bac, acb, abac, bacb, abacb$。

根据这两个例子，任给一个字母表上的句子 x，读者都能够找出它的所有不同子串。

定义 1-42′ 设 Σ 是一个字母表，$t, u, v, w, x, y, z \in \Sigma^{*}$，且 $t = uyv$，$w = xyz$，则称 y 是 t 和 w 的公共子串(common substring)。如果 $y_1, y_2, \cdots, y_n$ 是 t 和 w 的公共子串，且 $\max\{|y_1|, |y_2|, \cdots, |y_n|\} = |y_j|$，则称 y_j 是 t 和 w 的最大公共子串。

显然，两个串的最大公共子串并不一定是唯一的。

定义 1-43 设 Σ 是一个字母表，$\forall L \subseteq \Sigma^{*}$，$L$ 称为字母表 Σ 上的一个语言(language)；$\forall x \in L$，x 叫作 L 的一个句子。

例如,$\{00,11\}$,$\{0,1,00,11\}$,$\{0,1,00,11,01,10\}$,$\{0,1\}$,$\{00,11\}^*$,$\{01,10\}^*$,$\{00,01,10,11\}^*$,$\{0,1\}^*$ 都是字母表$\{0,1\}$上的不同语言。

由于Σ的非空有穷性和Σ中字符的可区分性,从集合的基数角度分,Σ上的语言L可分为两类:L可以是含有有穷个句子的,也可以是含有可数无穷个句子的。当含有有穷个句子时,称L为有穷语言;当含有可数无穷个句子时,称L为无穷语言。

由此定义可以知道,一个字母表上的语言就是这个字母表上的一些句子的集合,这些句子都满足一个给定的条件。如果能用便于计算机处理的适当形式给出这些条件的有穷描述,则对语言的处理是非常有用的。就目前的计算机技术来讲,这个"适当形式"应该是形式化的。

定义 1-44 设Σ_1,Σ_2是字母表,$L_1 \subseteq \Sigma_1^*$,$L_2 \subseteq \Sigma_2^*$,语言L_1与L_2的乘积(product)是字母表$\Sigma_1 \cup \Sigma_2$上的语言:

$$L_1 L_2 = \{xy \mid x \in L_1, y \in L_2\}$$

例 1-33 令$\Sigma = \{0,1\}$,下面是Σ上的语言的例子。

(1) $L_1 = \{0,1\}$。

(2) $L_2 = \{00,01,10,11\}$。

(3) $L_3 = \{0,1,00,01,10,11,000,\cdots\} = \Sigma^+$。

(4) $L_4 = \{\varepsilon,0,1,00,01,10,11,000,\cdots\} = \Sigma^*$。

(5) $L_5 = \{0^n \mid n \geq 1\}$。

(6) $L_6 = \{0^n 1^n \mid n \geq 1\}$。

(7) $L_7 = \{1^n \mid n \geq 1\}$。

(8) $L_8 = \{0^n 1^m \mid n,m \geq 1\}$。

(9) $L_9 = \{0^n 1^n 0^n \mid n \geq 1\}$。

(10) $L_{10} = \{0^n 1^m 0^k \mid n,m,k \geq 1\}$。

(11) $L_{11} = \{x \mid x \in \Sigma^+,$ 且 x 中 0 和 1 的个数相同$\}$。

(12) $L_{12} = \{0^n 1^m 0^k \mid n,m,k \geq 0\}$。

为了了解一个语言的结构,下面来看上述几个语言的部分特点及相互关系。

上述所有语言都是L_4的子集(子语言)。

L_1和L_2是有穷语言,其他为无穷语言。L_1是Σ上的所有长度为 1 的句子组成的语言,L_2是Σ上的所有长度为 2 的句子组成的语言。

L_3和L_4分别是Σ的正闭包和克林闭包。

$L_5 L_7 \neq L_6$,$L_5 L_7 = L_8$;同样$L_9 \neq L_{10}$;但是有$L_6 \subset L_8$,$L_6 \subset L_{11}$,$L_7 \subset L_{12}$,$L_9 \subset L_{10}$。

L_6的句子中 0 和 1 的个数是相同的,并且所有的 0 在所有的 1 的前面。L_{11}句子中虽然保持着 0 的个数和 1 的个数相等,但它并没要求所有的 0 在所有的 1 的前面。例如,$0101,1100 \in L_{11}$,但是$0101,1100 \notin L_6$。而对$\forall x \in L_6$,有$x \in L_{11}$,所以,$L_6 \subset L_{11}$。

$L_1 \subset L_{12}$,$L_2 \subset L_{12}$,$L_5 \subset L_{12}$,$L_6 \subset L_{12}$,$L_7 \subset L_{12}$,$L_8 \subset L_{12}$,$L_9 \subset L_{12}$,$L_{10} \subset L_{12}$
但是

$$L_1 \not\subset L_{10},\ L_2 \not\subset L_{10},\ L_5 \not\subset L_{10},\ L_6 \not\subset L_{10},\ L_7 \not\subset L_{10},\ L_8 \not\subset L_{10},\ L_{12} \not\subset L_{10}$$

可见,条件的微小差别,会导致语言的很大差别。

实际上,后面会看到,按照乔姆斯基的分类方法,该例中的$L_1,L_2,L_3,L_4,L_5,L_7,L_8$,

L_{10}，L_{12} 为正则语言，L_6 和 L_{11} 为非正则语言的上下文无关语言，而 L_9 为非上下文无关语言的上下文有关语言。

例 1-34　对于任意一个字母表 Σ，下列语言具有不同的结构。

(1) $\{x \mid x = x^{\mathrm{T}}, x \in \Sigma\}$。

(2) $\{xx^{\mathrm{T}} \mid x \in \Sigma^+\}$。

(3) $\{xx^{\mathrm{T}} \mid x \in \Sigma^*\}$。

(4) $\{xwx^{\mathrm{T}} \mid x, w \in \Sigma^+\}$。

(5) $\{xx^{\mathrm{T}}w \mid x, w \in \Sigma^+\}$。

定义 1-45　设 Σ 是一个字母表，$\forall L \subseteq \Sigma^*$，$L$ 的 n 次幂是一个语言：

(1) 当 $n = 0$ 时，$L^n = \{\varepsilon\}$。

(2) 当 $n \geqslant 1$ 时，$L^n = L^{n-1}L$。

L 的正闭包 L^+ 是一个语言：
$$L^+ = L \cup L^2 \cup L^3 \cup L^4 \cup \cdots$$

L 的克林闭包 L^* 是一个语言：
$$L^* = L^0 \cup L \cup L^2 \cup L^3 \cup L^4 \cup \cdots$$

1.5　小　结

本章简单叙述了一些基础知识。一方面希望读者通过阅读本章熟悉集合、关系、图、形式语言等相关基本知识点，为以后学习各章做准备；另一方面也使读者熟悉本书中一些符号的意义。主要包括以下内容。

(1) 集合：集合的表示、集合之间的关系、集合的基本运算。

(2) 关系：二元关系、等价关系、等价分类、关系合成、关系闭包。

(3) 递归定义与归纳证明。

(4) 图：无向图、有向图、树。

(5) 语言与形式语言：自然语言的描述、形式语言和自动机理论的出现、形式语言和自动机理论对计算机学科人才能力培养的作用。

(6) 字母表、字母、句子、字母表上的语言、语言的基本运算。

习　题

1. 请用列举法给出下列集合。

(1) 你知道的各种颜色。

(2) 大学教师中的各种职称。

(3) 你所学过的课程。

(4) 你的家庭成员。

(5) 你知道的所有交通工具。

(6) 字母表 $\{a, b\}$ 上长度小于 4 的串的集合。

(7) 集合 $\{1,2,3,4\}$ 的幂集。

(8) 所有的非负奇数。

(9) 0～100 的所有正整数。

(10) 1～10 的和为 10 的整数集合的集合。

2. 请用命题法描述下列集合。

(1) 0～100 的所有正整数。

(2) 字母表 $\{a,b\}$ 上长度小于 4 的串的集合。

(3) 集合 $\{1,2,3,4\}$ 的幂集。

(4) 字母表 $\{a,b\}$ 上的所有语言。

(5) 所有的非负奇数。

(6) 区间 $[4,9]$ 中和为 10 的数对组成的序对集合。

(7) $\{0,1\}^*$ 中 0 的个数是 1 的个数的两倍的字符串的集合。

(8) $\{0,1\}^*$ 中 1 的个数为 10 的字符串的集合。

(9) $\{0,1\}^*$ 中倒数第 10 个字符为 1 的字符串的集合。

(10) 1～10 的和为 10 的整数集合的集合。

3. 给出下列集合的幂集。

(1) $\varnothing$。

(2) $\{\varnothing\}$。

(3) $\{\varnothing,\{\varnothing\}\}$。

(4) $\{\varepsilon,0,00\}$。

(5) $\{0,1\}$。

4. 列出集合 $\{0,1,2,3,4\}$ 中

(1) 所有基数为 3 的子集。

(2) 所有基数不大于 3 的子集。

5. 确定下列命题哪些是对的。

(1) $\varnothing \subseteq \varnothing$。

(2) $\varnothing \subset \varnothing$。

(3) $\varnothing \notin \varnothing$。

(4) $\varnothing \in \varnothing$。

(5) $\{\varepsilon\}$ 与 $\varnothing$ 是一样的。

(6) $\{\varepsilon\}$ 与 $\{\varnothing\}$ 是一样的。

(7) 对于任意一个非空集合 A，$\varnothing \in A$。

(8) 对于任意一个非空集合 A，$\varnothing \subset A$。

(9) 对于任意一个非空集合 A，$A \subseteq 2^A$。

(10) 对于任意一个非空集合 A，$\varnothing \subseteq 2^A$。

(11) 对于任意一个非空集合 A，$A = \{a \mid a \in A\}$。

(12) 对于任意一个非空集合 A，$A \in 2^A$。

(13) 如果 $A \neq B$，并且 $B \neq C$，则 $A \neq C$。

(14) 如果 $A \notin B$，并且 $B \notin C$，则 $A \notin C$。

(15) 如果 $A \not\subseteq B$，并且 $B \not\subseteq C$，则 $A \not\subseteq C$。

(16) 如果 $A \subset B$，并且 $B \subseteq C$，则 $A \in C$。

6. 证明下列各题。

(1) $A = B$ iff $A \subseteq B$ 且 $B \subseteq A$。

(2) 如果 $A \subseteq B$，则 $|A| \leqslant |B|$。

(3) 如果 $A \subset B$，则 $|A| \leqslant |B|$。

(4) 如果 A 是有穷集，且 $A \subset B$，则 $|A| < |B|$。

(5) 如果 $A \subseteq B$，则对 $\forall x \in A$，有 $x \in B$。

(6) 如果 $A \subset B$，则对 $\forall x \in A$，有 $x \in B$ 并且 $\exists x \in B$，但 $x \notin A$。

(7) 如果 $A \subseteq B$ 且 $B \subseteq C$，则 $A \subseteq C$。

(8) 如果 $A \subseteq B$ 且 $B \subset C$，则 $A \subset C$。

(9) 如果 $A \subset B$ 且 $B \subseteq C$，则 $A \subset C$。

(10) 如果 $A \subset B$ 且 $B \subseteq C$，则 $A \subset C$。

(11) 如果 $A = B$，则 $|A| = |B|$。

(12) 如果 $A \subset B$ 且 $B \subseteq C$，或者 $A \subseteq B$ 且 $B \subset C$，则 $A \subset C$。

(13) $|(0,1)| = |[0,1]|$。其中，$(0,1)$ 和 $[0,1]$ 分别表示 0 和 1 开区间和闭区间所有实数构成的集合。

7. 设 $A = \{1,2,3,4,5,6\}$，$B = \{1,3,5\}$，$C = \{2,4,6\}$ 是在论域 $U = \{0,1,2,3,4,5,6,7,8,9\}$ 上的集合，计算下列表达式。

(1) $A \bigcap B$。

(2) $(A \bigcap B) \bigcup C$。

(3) $(A \bigcap B) \bigcup (U - C)$。

(4) $A - B - C$。

(5) $A \times B \times C \times \varnothing$。

(6) $(A \bigcap B) \bigcup \overline{A} \bigcup C \bigcup \overline{A}$。

(7) $A \times B \times \overline{\overline{A \bigcap C}}$。

(8) $\overline{\overline{A \bigcup B}} \bigcap (A \bigcup B) \bigcup C$。

8. 对论域 U 上的集合 A,B,C，证明以下结论。

(1) $A \bigcup B = B \bigcup A$。

(2) $(A \bigcup B) \bigcup C = A \bigcup (B \bigcup C)$。

(3) $A \bigcup B = A$ iff $B \subseteq A$。

(4) $A \times (B \bigcup C) = (A \times B) \bigcup (A \times C)$。

(5) $(B \bigcap C) \times A = (B \times A) \bigcap (C \times A)$。

(6) $A \times (B - C) = (A \times B) - (A \times C)$。

(7) $(B - C) \times A = (B \times A) - (C \times A)$。

(8) 如果 $A \subseteq B$，则 $2^A \subseteq 2^B$。

(9) $2^{A \cap B} = 2^A \bigcap 2^B$。

(10) $|A \bigcup B| \leqslant |A| + |B|$。

(11) 如果 $A \subseteq B$,则 $\bar{B} \subseteq \bar{A}$。

(12) $B = \bar{A} \Leftrightarrow A \cup B = U$ 且 $A \cap B = \varnothing$。

(13) $\overline{A \cap B} = \bar{A} \cup \bar{B}$。

(14) $\overline{A \cup B} = \bar{A} \cap \bar{B}$。

9. 设 R 是集合 $\{a, b, c, d, e\}$ 上的二元关系,请给出满足下列条件的 R。

(1) R 是自反的。

(2) R 是反自反的。

(3) R 是对称的。

(4) R 是反对称的。

(5) R 是传递的。

(6) R 是一个包含 (a, b), (b, c) 的自反传递关系。

(7) R 是一个等价关系。

(8) R 是一个包含 (a, b), (b, c) 的等价关系。

10. 设 R_1 和 R_2 是集合 $\{a, b, c, d, e\}$ 上的二元关系,其中,

$$R_1 = \{(a, b), (c, d), (b, d), (b, b), (d, e)\}$$
$$R_2 = \{(a, a), (b, c), (d, c), (e, d), (c, a)\}$$

求 $R_1 R_2, R_2 R_1, R_1^+, R_2^+, R_1^*, R_2^*$。

11. 设 $R = \{(a, b), (c, d), (b, d)\}$ 是集合 $\{a, b, c, d, e\}$ 上的二元关系,求:

(1) R 的传递闭包。

(2) R 的自反传递闭包。

12. 设 R_1 和 R_2 是集合 $\{a, b, c, d, e\}$ 上的二元关系,请证明下列结论。

(1) $R_1 R_2 \neq R_2 R_1$。

(2) $(R_1 R_2) R_3 = R_1 (R_2 R_3)$。

(3) $(R_1 \cup R_2) R_3 = R_1 R_3 \cup R_2 R_3$。

(4) $R_3 (R_1 \cup R_2) = R_3 R_1 \cup R_3 R_2$。

(5) $(R_1 \cap R_2) R_3 \subseteq R_1 R_3 \cap R_2 R_3$。

(6) $R_3 (R_1 \cap R_2) \subseteq R_3 R_1 \cap R_3 R_2$。

13. 通常意义下的"="是自然数集上的一个等价关系,请按照该等价关系给出自然数集的等价类。

14. 在什么样的假设下,人与人之间的"同乡关系"是等价关系?当"同乡关系"在给定的限定下成为等价关系时,它将所有的中国人分成什么样的等价类?

15. 请定义集合 $\{a, b, c, d, e\}$ 上的一个等价关系,并按照你所定义的等价关系对集合 $\{a, b, c, d, e\}$ 进行等价分类。

16. 设 L 是 Σ 上的一个语言,Σ^* 上的二元关系 R_L 定义为:对任意 $x, y \in \Sigma^*$,如果对于 $\forall z \in \Sigma^*$,均有 $xz \in L$ 与 $yz \in L$ 同时成立或者同时不成立,则 $x R_L y$。请证明 R_L 是 Σ^* 上的一个等价关系。我们将 R_L 称为由语言 L 所确定的等价关系。实际上,R_L 还有另外一个性质:对任意 $x, y \in \Sigma^*$,当 $x R_L y$ 成立时,必有 $xz R_L yz$ 对 $\forall z \in \Sigma^*$ 都成立。这称为 R_L 的"右不变"性,你能证明此性质成立吗?

17. 设 $\{0, 1\}^*$ 上的语言 $L = \{0^n 1^m \mid n, m \geqslant 0\}$,请给出 $\{0, 1\}^*$ 关于 L 所确定的等价关系

R_L 的等价类。

18. 设 $\{0,1\}^*$ 上的语言 $L=\{0^n1^n \mid n\geqslant 0\}$，请给出 $\{0,1\}^*$ 关于 L 所确定的等价关系 R_L 的等价类。

19. 给出下列对象的递归定义。

（1）n 个二元关系的合成。

（2）无向图中路的长度。

（3）有向图中路的长度。

（4）n 个集合的乘积。

（5）字母 a 的 n 次幂。

（6）字符串 x 的倒序。

（7）字符串 x 的长度。

（8）自然数。

20. 使用归纳法证明下列各题。

（1）$\dfrac{1}{1\times 2}+\dfrac{1}{2\times 3}+\dfrac{1}{3\times 4}+\cdots+\dfrac{1}{n(n+1)}=\dfrac{n}{n+1}$。

（2）当 $n\geqslant 4$ 时，$2^n\geqslant n^2$。

（3）当 A,B 为有穷集时，$|A\times B|=|A||B|$。

（4）设 A,B 是有穷集合，则从 A 到 B 的映射有 $|B|^{|A|}$ 个。

（5）$G=(V,E)$ 为一个无向图，则 $\bigcup\limits_{v\in V}\deg(v)=2|E|$。

（6）$G=(V,E)$ 为一个有向图，则 $\bigcup\limits_{v\in V}\mathrm{ideg}(v)=\bigcup\limits_{v\in V}\mathrm{odeg}(v)=|E|$。

（7）一个高度为 $n+1$ 的二元树的根结点到叶子的最大路长是 n，该树最多含有 2^n 个叶子。

（8）根据 1.4.3 节中的相关定义，对字母表 Σ 中的任意字符串 a，$a^n a^m=a^{n+m}$。

（9）对字母表 Σ 中的任意字符串 x，x 的前缀有 $|x|+1$ 个。

21. 下列集合中，哪些是字母表？

（1）$\{1,2\}$。

（2）$\{a,b,c,\cdots,z\}$。

（3）$\varnothing$。

（4）$\{a,b,a,c\}$。

（5）$\{0,1,2,3,\cdots,n,\cdots\}$。

（6）$\{a,d,f\}\bigcap\{a,b,c,\cdots,z\}$。

22. 设 $\Sigma=\{a,b\}$，求字符串 $aaaaabbbba$ 的所有前缀的集合，后缀的集合，真前缀的集合，真后缀的集合。

23. 设 $\Sigma=\{aa,ab,bb,ba\}$，求字符串 $aaaaabbbba$ 的所有前缀的集合，后缀的集合，真前缀的集合，真后缀的集合。

24. 为什么要研究形式语言？为什么要学习形式语言？

25. 抽象为什么在计算机学科中占有特别重要的地位？

26. 为什么要求字母表是非空有穷集？

27. 为什么要研究句子的前缀、后缀？

28. 令 $\Sigma = \{1, 0\}$，下列语言在结构上有什么样的特点？

(1) $L_1 = \{0^n 1^n \mid n \geq 1\}$。

(2) $L_2 = \{0^n 1^m \mid n, m \geq 1\}$。

(3) $L_3 = \{0^n 1^n 0^n \mid n \geq 1\}$。

(4) $L_4 = \{0^n 1^m 0^k \mid n, m, k \geq 1\}$。

(5) $L_5 = \{0^n 1^n 1^n \mid n \geq 0\}$。

(6) $L_6 = \{x w x^T \mid x, w \in \Sigma^+\}$。

(7) $L_7 = \{x x^T w \mid x, w \in \Sigma^+\}$。

(8) $L_8 = \{awa \mid a \in \Sigma, w \in \Sigma^+\}$。

(9) $L_9 = \{\varepsilon, 0, 1, 00, 01, 10, 11, 000, \cdots\}$。

(10) $L_{10} = \{0, 1, 00, 01, 10, 11, 000, \cdots\}$。

29. 设 L_1, L_2, L_3, L_4 分别是 $\Sigma_1, \Sigma_2, \Sigma_3, \Sigma_4$ 上的语言，能否说 L_1, L_2, L_3, L_4 都是某个字母表 Σ 上的语言？如果能，请问这个字母表 Σ 是什么样的？

30. 设 L_1, L_2, L_3, L_4 分别是 $\Sigma_1, \Sigma_2, \Sigma_3, \Sigma_4$ 上的语言，证明下列等式成立。

(1) $L_1 \bigcup L_2 = L_2 \bigcup L_1$。

(2) $L_1 \bigcup (L_2 \bigcup L_3) = (L_1 \bigcup L_2) \bigcup L_3$。

(3) $(L_1^*)^* = L_1^*$。

(4) $(L_1^+)^+ = L_1^+$。

(5) $(L_1 L_2) L_3 = L_1 (L_2 L_3)$。

(6) $L_1 (L_2 \bigcup L_3) = L_1 L_2 \bigcup L_1 L_3$。

(7) $(L_2 \bigcup L_3) L_1 = L_2 L_1 \bigcup L_3 L_1$。

(8) $(L_2 \bigcup L_1)^* = (L_2^* L_1^*)^*$。

(9) $(L_1 \bigcup \{\varepsilon\})^* = L_1^*$。

(10) $\varnothing^* = \{\varepsilon\}$。

(11) $(L_1 \bigcup L_2 \bigcup L_3 \bigcup L_4)^* = (L_1^* L_2^* L_3^* L_4^*)^*$。

(12) $(L_1^* L_2^*)^* = (L_2^* L_1^*)^*$。

31. 设 L_1, L_2, L_3, L_4 分别是 $\Sigma_1, \Sigma_2, \Sigma_3, \Sigma_4$ 上的语言，证明下列等式成立否。

(1) $(L_1 L_2)^* = (L_2 L_1)^*$。

(2) $L_1^+ = L_1^+ L_1^+$。

(3) $L_1^* = L_1^* L_1^*$。

(4) $(L_1 \bigcup L_2)^* = L_2^* \bigcup L_1^*$。

(5) $(L_1 L_2 \bigcup L_1)^* L_1 = L_1 (L_2 L_1 \bigcup L_1)^*$。

(6) $L_2 (L_1 L_2 \bigcup L_2)^* L_1 = L_1 L_1^* L_2 (L_1 L_1^* L_2)^*$。

(7) $(L_1^+)^* = (L_1^*)^+ = L_1^*$。

(8) $L_1^* L_1^+ = L_1^+ L_1^* = L_1^+$。

32. 设 $\Sigma = \{0, 1\}$，请给出 Σ 上的下列语言的尽可能形式化的表示。

(1) 所有以 0 开头的串。

（2）所有以 0 开头，以 1 结尾的串。

（3）所有以 11 开头，以 11 结尾的串。

（4）所有最多有一对连续的 0 或者最多有一对连续的 1 的串。

（5）所有最多有一对连续的 0 并且最多有一对连续的 1 的串。

（6）所有长度为偶数的串。

（7）所有长度为奇数的串。

（8）所有包含子串 01011 的串。

（9）所有含有 3 个连续 0 的串。

（10）所有不包含 3 个连续 0 的串。

（11）所有正数第 10 个字符是 0 的串。

（12）所有倒数第 10 个字符是 0 的串。

第 2 章

文 法

第 1 章曾经提到，乔姆斯基最初从产生语言的角度研究语言。通过抽象，他将语言形式地定义为一个字母表中的字母组成的串的集合：对任何语言 L，有一个字母表 Σ，使得 $L \subseteq \Sigma^*$。而在实际应用中，很少会一次将一个语言的所有句子都产生出来，往往只需要考查一个给定的字符串是否为一个给定语言的句子。如果是，它的具体组成结构是什么样的？如果不是，它在什么地方出了错？进一步地，这个错是什么样的错？如何更正？……这些问题对有穷语言来说是比较容易解决的。但是，对一个无穷语言，即使它具有适当的有穷描述，处理起来也是比较困难的。其原因在于，对有穷语言来说，当判定一个字符串是否是该语言的一个句子时，至少可以顺序地扫描这个语言，用这个字符串去与语言中的句子分别进行匹配，一旦匹配成功，表明这是该语言的句子。如果扫描完所有的句子都未能找到匹配的，表明它不是该语言的句子。由于该语言是有穷的，所以，无论被考查的字符串是否为该语言的句子，这个过程都必定会结束，因此它是一个可行的算法。可以通过设置恰当的数据结构来存放语言中的所有句子，并配以适当的算法，以提高判定的效率。由于是逐个匹配的，所以，当这个字符串不是该语言的句子时，要想回答诸如"这个错是什么样的错""如何更正"之类的问题是比较容易的。但是，当语言是无穷的时候，这种方法就难以生效了。

然而，在实际工作中，遇到的大多数都是关于无穷语言的问题，或者语言所含的句子是如此之多，以至于把它当成有穷语言处理时难以获得有效的结果。例如，解决问题所需要的时间是如此之长，使得系统无法忍受；所需要的存储空间是如此之大，使得系统难以提供。这些都要求我们能从语言句子的一般特征去考虑问题，这就是语言的有穷描述。我们希望语言的有穷描述能够表达出语言的结构特征。对于一个具体的字符串，当判定它是否为一个给定语言的句子时，可以通过分析句子的"结构"，看它是否符合相应语言的有穷描述所表达出来的结构特征。如果符合，则该字符串是给定语言的句子；否则它就不是给定语言的句子。当它不是给定语言的句子时，仍然可以根据语言的有穷描述来判定出相应错误的类型，并且知道应该如何更正。

这种用语言的有穷描述来表达语言的方法对一般的语言都是有效的。尤其在用计算机系统去判断一个句子是否是某语言的句子时，从句子和语言的结构特征上着手更是非常重要的。一般可以通过看这个句子是否能由给定语言对应的文法产生来做出判断，如果能，它就是给定语言的句子；否则，它就不是给定语言的句子。对一类语言，可以在字母表上按照一定的规则，根据语言的结构特点定义一个文法。用文法作为相应语言的有穷描述，不仅可以描述出语言的结构特征,而且还可以产生这个语言的所有句子。

新的问题是,文法是什么样的? 对于给定的语言,如何根据该语言的特征构造出它的文法? 文法如何产生句子? 如何产生语言? 语言的文法有什么特征? 本章将讨论这一类问题。讨论将从问题的抽象及一般化的抽象处理开始,希望读者逐渐习惯这种新的方法。这些内容将是高级程序设计语言编译原理的重要基础。

2.1　启　　示

文法的概念最早是由语言学家们在研究自然语言的理解时完成形式化的。那时,他们不但关心如何准确地确定哪些是、哪些不是给定语言的句子,而且还关心如何提供句子结构特征的描述。因为,对一种自然语言,如果能够找到一个形式化的文法,则对这个语言的自动理解将是非常有用的。例如,可以用来帮助实现语言的机器翻译、文章摘要的提取、文稿的校对与更正等。

现在从结构特征来看文章的组成。为了简单起见,这里的句子都是受限的,它们只有主语、谓语、宾语。按照此约定,可以给出文章的如下描述:

文章由若干段组成,段由若干句子组成,句子由主语、谓语、宾语组成;主语可以是名词,主语可以是代词;谓语是动词;宾语可以是名词,宾语可以是代词;名词可以是北京,名词可以是汽车;代词可以是你,代词可以是我,代词可以是他;动词可以是制造,动词可以是建设。

显然,上述的“北京”“汽车”“你”“我”“他”“制造”“建设”指的是词本身,而“文章”“段”“句子”“主语”“谓语”“宾语”“名词”“动词”“代词”则代表的是一类对象的集合。例如,“代词”就代表了{你、我、他},“名词”就代表了{北京、汽车}。为了区分这两类对象,通常用<>把代表一个集合的词括起来。用符号“→”表示“是”“可以是”。这样,上一段对文章结构的刻画就可以用如下形式的“式子”表达。

$$<文章>→<段><段>……<段>$$
$$<段>→<句子><句子>……<句子>$$
$$<句子>→<主语><谓语><宾语>$$
$$<主语>→<名词>$$
$$<主语>→<代词>$$
$$<谓语>→<动词>$$
$$<宾语>→<名词>$$
$$<宾语>→<代词>$$
$$<名词>→北京$$
$$<名词>→汽车$$
$$<动词>→建设$$
$$<动词>→制造$$
$$<代词>→你$$
$$<代词>→我$$
$$<代词>→他$$

在上述这些“式子”中,<文章>→<段><段>……<段>表示的是<文章>→

<段>、<文章>→<段><段>、<文章>→<段><段><段>……这不符合前面曾提到的"有穷描述"的要求。<段>→<句子><句子>……<句子>也有类似的问题。递归是解决无穷描述的重要手段,而且以结构特征来看,这种描述也符合文章写作的过程:写一段是一篇文章(哪怕很短!),在这篇文章后再加一段还是一篇文章。同样,写一句是一段,在这一段后再加一句还是一段。由此,可得如下描述:

$$<文章>→<段>$$

$$<文章>→<文章><段>$$

$$<段>→<句子>$$

$$<段>→<段><句子>$$

下面再考虑如何表示高级程序设计语言中的只含加(+)、乘(*)、幂(↑)3 种运算的简单算术表达式的描述。这些表达式构成一个无穷集合,根据第 1 章的定义,这个集合就是一个语言,可以使用简单的术语给出如下递归定义:

<算术表达式>是<项>,<算术表达式>加上<项>还是<算术表达式>;

<项>是<因子>,<项>乘上<因子>还是<项>;

<因子>是<初等量>,<因子>的<初等量>次幂还是<因子>;

<初等量>是标识符,<初等量>是加括号的<算术表达式>。

简单起见,可以认为标识符就是变量名、常数。为了使描述更清晰,更符合计算机处理的规律,引入适当的符号表示这些对象:用 E(expression)表示<算术表达式>,用 T(term)表示<项>,用 F(factor)表示<因子>,用 P(primary)表示<初等量>,用 id 表示标识符。这样,就可以得到如下"式子":

$$E→T$$

$$E→E+T$$

$$T→F$$

$$T→T * F$$

$$F→P$$

$$F→F↑P$$

$$P→(E)$$

$$P→id$$

读者很容易将减(−)和除(/)加进去。根据这些表达<算术表达式>组成规则的"式子",不难得到一系列算术表达式。例如,得到 $a+b↑c$ 的过程如下:

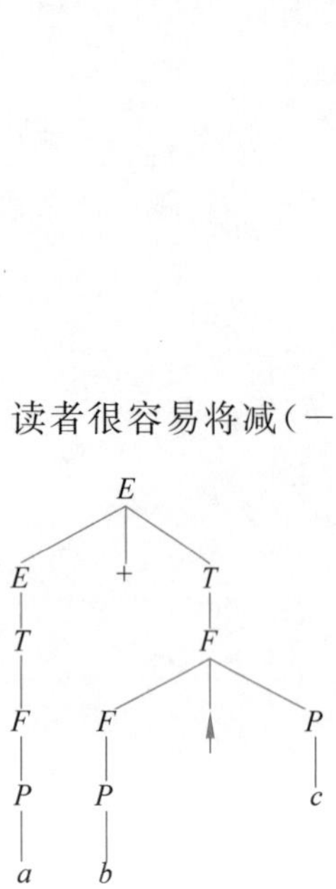

根据 $E→E+T$,得到 $E+T$;根据 $E→T$,可以将 $E+T$ 中的 E 变成 T(请读者考虑为什么)得到 $T+T$;根据 $T→F$,将 $T+T$ 中的第一个 T 变成 F 得到 $F+T$;根据 $F→P$,将 $F+T$ 中的 F 变成 P,得到 $P+T$;根据 $P→id$,将 $P+T$ 中的 P 变成第一个具体的标识符 a,得到 $a+T$;如此下去,根据这些"式子",最终可以得到 $a+b↑c$ 这个句子。这个过程可以用图 2-1 表示。

图 2-1 根据给定式子变换出 $a+b↑c$ 的过程图解

从这个例子可以得到如下的启发。

首先,要表示一个语言,需要有以下 4 类对象。

（1）有一系列的"符号",它们表示相应语言结构中某个位置上可以出现的一些内容。每个"符号"对应的是一个集合,在该语言的一个具体句子中,句子的这个位置上能且仅能出现相应集合中的某个元素。所以,这种"符号"代表的是一个语法范畴。上例中的<算术表达式>（E）、<项>（T）、<因子>（F）、<初等量>（P）就是这样的"符号"。它们在形成句子的过程中逐渐地被替换掉,不在最终的句子中出现。称这些表示语法范畴的"符号"为语法变量,或非终极符号。

（2）在被称为语法变量的"符号"中,<算术表达式>具有特殊的意义:所有的"式子"都是为了定义<算术表达式>的结构。也就是说,基本目标是定义<算术表达式>。

（3）有另外一系列"符号",它们是所定义语言的句子中将出现的"符号"。这些符号仅仅表示自身,如例子中的＋、＊、↑、(、)、id。称这样的符号为终极符号。

（4）所有的"式子"都呈 $\alpha \to \beta$ 的形式,它们在产生语言句子的过程中被使用,相当于是产生句子的"规则",称为产生式。

其次,可以从具有特殊意义的"符号"<算术表达式>开始,用这些"式子"逐步地对其中称为语法变量的"符号"进行替换,直到最终得到不含语法变量"符号"的符号串为止。到此就得到了所定义语言的一个句子。因此,称这个具有特殊意义的符号为开始符号。

2.2　形 式 定 义

根据 2.1 节所述,这里给出文法的形式定义。

定义 2-1　文法（grammar）G 是一个四元组:

$$G=(V,T,P,S)$$

其中,V——变量（variable）的非空有穷集。$\forall A \in V$,A 称为语法变量（syntactic variable）,简称变量,也可称为非终极符号（nonterminal）。它表示一个语法范畴（syntactic category）,记作 $L(A)$。所以,本书中有时又称之为语法范畴。

T——终极符（terminal）的非空有穷集。$\forall a \in T$,a 称为终极符。由于 V 中符号表示语法范畴,T 中的符号是语言的句子中出现的字符,所以,有 $V \cap T = \varnothing$。

P——产生式（production）的非空有穷集合。P 中的元素均具有形式 $\alpha \to \beta$,称为产生式,读作 α 定义为 β。其中 $\alpha \in (V \cup T)^{+}$,且 α 中至少有 V 中的一个元素出现。$\beta \in (V \cup T)^{*}$。α 称为产生式 $\alpha \to \beta$ 的左部,β 称为产生式 $\alpha \to \beta$ 的右部。产生式又称为定义式或者语法规则。

S——$S \in V$,文法 G 的开始符号（start symbol）。

文法的形式定义实际上给出的是语言描述的一种模型。在后面章节中,还将陆续给出其他一些模型,如有穷状态自动机、下推自动机、图灵机等。

例 2-1　以下四元组都是文法。

（1）$(\{A\},\{0,1\},\{A \to 01,A \to 0A1,A \to 1A0\},A)$。

（2）$(\{A\},\{0,1\},\{A \to 0,A \to 0A\},A)$。

（3）$(\{A,B\},\{0,1\},\{A \to 01,A \to 0A1,A \to 1A0,B \to AB,B \to 0\},A)$。

(4) $(\{A,B\},\{0,1\},\{A\rightarrow0,A\rightarrow1,A\rightarrow0A,A\rightarrow1A\},A)$。

(5) $(\{S,A,B,C,D\},\{a,b,c,d,\sharp\},\{S\rightarrow ABCD,S\rightarrow abc\sharp,A\rightarrow aaA,AB\rightarrow aabbB,$ $BC\rightarrow bbccC,cC\rightarrow cccC,CD\rightarrow ccd\sharp,CD\rightarrow d\sharp,CD\rightarrow\sharp d\},S)$。

(6) $(\{S\},\{0,1\},\{S\rightarrow00S,S\rightarrow11S,S\rightarrow00,S\rightarrow11\},S)$。

例 2-2　2.1 节给出的简单算术表达式的文法为

$$(\{E,T,F,P\},\{+、*、\uparrow、(,)\,,\text{id}\},\{E\rightarrow T,E\rightarrow E+T,T\rightarrow F,T\rightarrow T*F,F\rightarrow P,$$
$$F\rightarrow F\uparrow P,P\rightarrow(E),P\rightarrow\text{id}\},E)$$

在这个例子中,定义 E 的产生式有两个: $E\rightarrow T,E\rightarrow E+T$,它们表示 E 可以是 T,也可以是 $E+T$,不妨把它们简化成 $E\rightarrow T|E+T$,这样更简洁。按这种写法,这个文法的产生式可以写成

$$E\rightarrow T|E+T$$
$$T\rightarrow F|T*F$$
$$F\rightarrow P|F\uparrow P$$
$$P\rightarrow(E)|\text{id}$$

为方便起见,有如下约定。

(1) 对一组有相同左部的产生式:

$$\alpha\rightarrow\beta_1,\alpha\rightarrow\beta_2,\cdots,\alpha\rightarrow\beta_n$$

可以简单地记为

$$\alpha\rightarrow\beta_1|\beta_2|\cdots|\beta_n$$

读作 α 定义为 β_1,或者 β_2,$\cdots$,或者 β_n,其中的 $\beta_1,\beta_2,\cdots,\beta_n$ 称为候选式(candidate)。为了叙述方便,称文法中所有定义 α 的产生式为 α 产生式。

(2) 一般地,按如下方式使用符号:

英文字母表较为前面的大写字母,如 $A,B,C,\cdots$ 表示语法变量。

英文字母表较为前面的小写字母,如 $a,b,c,\cdots$ 表示终极符号。

英文字母表较为后面的大写字母,如 $X,Y,Z,\cdots$ 表示语法变量或者终极符号。

英文字母表较为后面的小写字母,如 $x,y,z,\cdots$ 表示由终极符号组成的行。

希腊字母 $\alpha,\beta,\gamma,\cdots$ 表示由语法变量和终极符号组成的行。

例 2-3　设有四元组

$$(\{A,B,C,E\},\{a,b,c\},\{S\rightarrow ABC|abc,D\rightarrow e|a,FB\rightarrow c,A\rightarrow A,E\rightarrow abc|\varepsilon\},S)$$

该四元组满足文法的要求吗?

要想判断这个四元组是否满足文法的要求,需要根据文法的定义来考查四元组中的每一项:

$\{A,B,C,E\}$ 看作语法变量的非空有穷集合,没有问题。此外,它还满足约定要求。

$\{a,b,c\}$ 看作终极符号的非空有穷集,也没有问题。

$\{S\rightarrow ABC|abc,D\rightarrow e|a,FB\rightarrow c,A\rightarrow A,E\rightarrow abc|\varepsilon\}$ 应该是文法的产生式集。按照文法的要求,每个产生式的右部应该是 $(\{A,B,C,E\}\bigcup\{a,b,c\})^*$ 中的串,而每个产生式的左部应该是 $(\{A,B,C,E\}\bigcup\{a,b,c\})^+$ 中的串。

A 产生式、E 产生式都满足要求。

产生式 $S{\to}ABC$、$D{\to}e|a$ 左部的符号 S 和 D 都不在 V 中,而且 $D{\to}e$ 的右部 e 也不在 $(\{A,B,C,E\}\bigcup\{a,b,c\})^*$ 中。所以,这些产生式不满足文法的要求。

产生式 $FB{\to}c$ 的左部虽然含有语法变量,但它不在 $(\{A,B,C,E\}\bigcup\{a,b,c\})^+$ 中。所以,这个产生式也不满足文法的要求。

四元组的第 4 项是 S,它应该是开始符号,但是 S 并不在 $\{A,B,C,E\}$ 中。这一点也不符合文法定义的要求。因此,应该将 S 放入集合 $\{A,B,C,E\}$ 中,使相应的语法变量集变为 $\{A,B,C,E,S\}$。当然也可以删除那些和 S 相关的产生式,另外从 $\{A,B,C,E\}$ 中找出真正的开始符号。

综上所述,可对该四元组进行如下修改,使得到的四元组都满足文法要求。

(1) 将产生式中出现的,但在变量集和终极符号集中没有出现的符号放入变量集或者终极符号集中。于是得到

$(\{A,B,C,E,S,D,F\},\{a,b,c,e\},\{S{\to}ABC|abc,D{\to}e|a,FB{\to}c,A{\to}A,E{\to}abc|\varepsilon\},S)$

(2) 保持 S 是开始符号,所以将 S 放入语法变量集,但将某些产生式去掉,这些产生式含有变量集和终极符号集不含的符号。于是得到

$(\{A,B,C,E,S\},\{a,b,c\},\{S{\to}ABC|abc,A{\to}A,E{\to}abc|\varepsilon\},S)$

(3) 去掉含有变量集中不含的变量或者终极符号集中不含的终极符的产生式,指定 A 为新的开始符号。于是得到

$(\{A,B,C,E\},\{a,b,c\},\{A{\to}A,E{\to}abc|\varepsilon\},A)$

(4) 去掉含有变量集中不含的变量或者终极符号集中不含的终极符的产生式,指定 E 为新的开始符号。于是得到

$(\{A,B,C,E\},\{a,b,c\},\{A{\to}A,E{\to}abc|\varepsilon\},E)$

(3)和(4)除了指定的开始符号不同外,其他的做法都一样,但得到的文法却是大不一样。以后会发现,(3)所定义的文法产生的语言为 $\varnothing$,而(4)所定义的文法产生的语言则为 $\{\varepsilon,abc\}$。

给定一个文法,文法中的每个语法变量都各自代表了一个语法范畴。那么语法范畴对应的集合是什么样的呢?如何得到这些集合呢?定义文法最初的目的是要用它定义语言,那么语法范畴对应的集合与语言又是什么样的关系呢?为此,先给出关于推导的定义。

定义 2-2 设 $G=(V,T,P,S)$ 是一个文法,如果 $\alpha{\to}\beta\in P$,$\gamma,\delta\in(V\bigcup T)^*$,则称 $\gamma\alpha\delta$ 在 G 中直接推导出 $\gamma\beta\delta$,记作 $\gamma\alpha\delta\underset{G}{\Rightarrow}\gamma\beta\delta$。读作 $\gamma\alpha\delta$ 在文法 G 中直接推导出 $\gamma\beta\delta$。

在不特别强调推导的直接性时,"直接推导"可以简称为推导(derivation),有时也称推导为派生。

与之相对应,也可以称 $\gamma\beta\delta$ 在文法 G 中直接归约成 $\gamma\alpha\delta$。在不特别强调归约的直接性时,"直接归约"可以简称为归约(reduction)。注意,这个归约是根据 $\alpha{\to}\beta$ 将 $\gamma\beta\delta$ 中的 β 变成了 α,所以通常又称 β 被直接归约为 α。

显然,$\underset{G}{\Rightarrow}$ 是 $(V\bigcup T)^*$ 上的二元关系。为方便起见,用 $\underset{G}{\overset{+}{\Rightarrow}}$ 代表 $(\underset{G}{\Rightarrow})^+$,用 $\underset{G}{\overset{*}{\Rightarrow}}$ 代表 $(\underset{G}{\Rightarrow})^*$,用 $\underset{G}{\overset{n}{\Rightarrow}}$ 代表 $(\underset{G}{\Rightarrow})^n$。

不难看出,按照二元关系合成的意义,有

$\alpha\underset{G}{\overset{n}{\Rightarrow}}\beta$ 表示 α 在 G 中经过 n 步推导出 β,β 在 G 中经过 n 步归约成 α,即存在 $\alpha_1,\alpha_2,\cdots,$

$\alpha_{n-1} \in (V \cup T)^{*}$,使得 $\alpha \underset{G}{\Rightarrow} \alpha_1, \alpha_1 \underset{G}{\Rightarrow} \alpha_2, \cdots, \alpha_{n-1} \underset{G}{\Rightarrow} \beta$。

当 $n=0$ 时,有 $\alpha = \beta$。即 $\alpha \underset{G}{\overset{0}{\Rightarrow}} \beta$。

$\alpha \underset{G}{\overset{+}{\Rightarrow}} \beta$ 表示 α 在 G 中经过至少 1 步推导出 β,β 在 G 中经过至少 1 步归约成 α。

$\alpha \underset{G}{\overset{*}{\Rightarrow}} \beta$ 表示 α 在 G 中经过若干步推导出 β,β 在 G 中经过若干步归约成 α。

当讨论的问题中只有唯一的文法 G 时,则所进行的推导只能是 G 中的推导而不会引起误解。为简洁起见,当意义清楚时,将符号 $\underset{G}{\Rightarrow}, \underset{G}{\overset{+}{\Rightarrow}}, \underset{G}{\overset{*}{\Rightarrow}}, \underset{G}{\overset{n}{\Rightarrow}}$ 中的 G 省去,分别用 $\Rightarrow, \overset{+}{\Rightarrow}, \overset{*}{\Rightarrow}, \overset{n}{\Rightarrow}$ 代表它们。

例 2-4 设 $G = (\{A\}, \{a\}, \{A \rightarrow a | aA\}, A)$。有

$$A \Rightarrow a, A \Rightarrow aA, AAaaAAA \Rightarrow aAaaAAA$$

$$A \Rightarrow aA \Rightarrow aaA \Rightarrow aaaA \Rightarrow aaaaA \Rightarrow \cdots \Rightarrow a \cdots aA \Rightarrow a \cdots aa$$

可见,从 A 出发,通过 n 步,可以推出 $aa \cdots a$ 和 $aa \cdots aA$ 两个不同的字符串。其中,字符串 $aa \cdots a$ 中有 n 个 a,字符串 $aa \cdots aA$ 中有 n 个 a 和一个 A。为了清楚起见,下面重新列出这两个字符串的推导,并用下画线标出每次推导被替换的符号。

字符串 $aa \cdots a$ 的推导为

$\underline{A} \Rightarrow a\underline{A}$	使用产生式 $A \rightarrow aA$
$\Rightarrow aa\underline{A}$	使用产生式 $A \rightarrow aA$
$\Rightarrow aaa\underline{A}$	使用产生式 $A \rightarrow aA$
$\Rightarrow aaaa\underline{A}$	使用产生式 $A \rightarrow aA$
$\vdots$	
$\Rightarrow a \cdots a\underline{A}$	使用产生式 $A \rightarrow aA$
$\Rightarrow a \cdots aa$	使用产生式 $A \rightarrow a$

字符串 $aa \cdots aA$ 的推导为

$\underline{A} \Rightarrow a\underline{A}$	使用产生式 $A \rightarrow aA$
$\Rightarrow aa\underline{A}$	使用产生式 $A \rightarrow aA$
$\Rightarrow aaa\underline{A}$	使用产生式 $A \rightarrow aA$
$\Rightarrow aaaa\underline{A}$	使用产生式 $A \rightarrow aA$
$\vdots$	
$\Rightarrow a \cdots a\underline{A}$	使用产生式 $A \rightarrow aA$
$\Rightarrow a \cdots aaA$	使用产生式 $A \rightarrow aA$

再看从字符串 $AAaaAAA$ 到字符串 $aaaaaaaaaa$ 的推导过程,仍然用下画线标出每次推导被替换的符号:

$AAaa\underline{A}AA \Rightarrow A\underline{A}aaAaAA$	使用产生式 $A \rightarrow aA$
$\Rightarrow AaAaaAa\underline{A}AA$	使用产生式 $A \rightarrow aA$
$\Rightarrow \underline{A}aAaaAaaA$	使用产生式 $A \rightarrow a$
$\Rightarrow aaAaaAaa\underline{A}$	使用产生式 $A \rightarrow a$
$\Rightarrow aa\underline{A}aaAaaa$	使用产生式 $A \rightarrow a$
$\Rightarrow aaa\underline{A}aaAaaa$	使用产生式 $A \rightarrow aA$

$$\Rightarrow aaaaaa\underline{A}aaa \qquad 使用产生式 A\rightarrow a$$
$$\Rightarrow aaaaaaaaaa \qquad 使用产生式 A\rightarrow a$$

从此例可以看出,根据产生式 $\alpha\rightarrow\beta$,有 $\gamma\alpha\delta\Rightarrow\gamma\beta\delta$。也就是将 $\gamma\alpha\delta$ 的子串 α 替换成 β,这种替换是根据句子分析的需要进行的,通常情况下替换的顺序是不受限制的。另外,与 α 被替换成 β 的过程相反,称 β(根据产生式 $\alpha\rightarrow\beta$)归约为 α。

例 2-5 设 $G=(\{S,A,B\},\{0,1\},\{S\rightarrow A\,|\,AB,A\rightarrow 0\,|\,0A,B\rightarrow 1\,|\,11\},S)$,则有如下一些推导:

$$S\Rightarrow A \qquad 使用产生式 S\rightarrow A$$
$$S\Rightarrow AB \qquad 使用产生式 S\rightarrow AB$$
$$A\Rightarrow 0 \qquad 使用产生式 A\rightarrow 0$$
$$A\Rightarrow 0A \qquad 使用产生式 A\rightarrow 0A$$
$$\Rightarrow 00A \qquad 使用产生式 A\rightarrow 0A$$
$$\vdots$$
$$\Rightarrow 0\cdots 0A \qquad 使用产生式 A\rightarrow 0A$$
$$\Rightarrow 0\cdots 00 \qquad 使用产生式 A\rightarrow 0$$

即对于 $n\geqslant 1$,有

$$A\overset{n}{\Rightarrow}0^n \qquad 首先连续 n-1 次使用产生式 A\rightarrow 0A,最后使用产生式 A\rightarrow 0$$
$$A\overset{n}{\Rightarrow}0^nA \qquad 连续 n 次使用产生式 A\rightarrow 0A$$
$$B\Rightarrow 1 \qquad 使用产生式 B\rightarrow 1$$
$$B\Rightarrow 11 \qquad 使用产生式 B\rightarrow 11$$

由此可知:

语法范畴 A 代表的集合 $L(A)$ 为 $\{0,00,000,0000,\cdots\}=\{0^n\,|\,n\geqslant 1\}$。

语法范畴 B 代表的集合 $L(B)$ 为 $\{1,11\}$。

由于 S 可以是 A,也可以是 A 后紧跟 B,所以,语法范畴 S 代表的集合为

$$L(S)=L(A)\bigcup L(A)L(B)$$
$$=\{0,00,000,0000,\cdots\}\bigcup\{0,00,000,0000,\cdots\}\{1,11\}$$
$$=\{0,00,000,0000,\cdots\}\bigcup\{01,001,0001,00001,\cdots\}$$
$$\bigcup\{011,0011,00011,000011,\cdots\}$$

上述关于 A 的推导告诉我们,对任意 $x\in T^+$,要使一个语法范畴 D 代表的集合 $L(D)$ 为 $\{x^n\,|\,n\geqslant 1\}$,可用产生式组 $\{D\rightarrow x\,|\,xD\}$ 来实现。

例 2-6 设 $G=(\{A\},\{0,1\},\{A\rightarrow 01,A\rightarrow 0A1\},A)$,则在 G 中有如下推导:

$$A\overset{n}{\Rightarrow}0^nA1^n \qquad n\geqslant 0$$
$$0^nA1^n\Rightarrow 0^{n+1}A1^{n+1} \qquad n\geqslant 0$$
$$0^nA1^n\Rightarrow 0^{n+1}1^{n+1} \qquad n\geqslant 0$$
$$0^nA1^n\overset{i}{\Rightarrow}0^{n+i}A1^{n+i} \qquad n\geqslant 0,i\geqslant 0$$
$$0^nA1^n\overset{i}{\Rightarrow}0^{n+i}1^{n+i} \qquad n\geqslant 0,i\geqslant 1$$
$$0^nA1^n\overset{*}{\Rightarrow}0^mA1^m \qquad n\geqslant 0,m\geqslant n$$

$$0^nA1^n \overset{+}{\Rightarrow} 0^m1^m \qquad\qquad n \geqslant 0, m \geqslant n+1$$

$$0^nA1^n \overset{*}{\Rightarrow} 0^mA1^m \qquad\qquad n \geqslant 0, m \geqslant n+1$$

$$0^nA1^n \overset{+}{\Rightarrow} 0^m1^m \qquad\qquad n \geqslant 0, m \geqslant n+1$$

由此可知，语法范畴 A 代表的集合 $L(A)$ 为

$$\{01, 0011, 000111, 00001111, \cdots\} = \{0^n1^n \mid n \geqslant 1\}$$

不难看出，对任意 $x, y \in T^+$，要使一个语法范畴 D 代表的集合为 $\{x^ny^n \mid n \geqslant 1\}$，可用产生式组 $\{D \to xy \mid xDy\}$ 来实现。

进而，对任意 $x \in T^+$，要使一个语法范畴 D 代表的集合为 $\{x^n \mid n \geqslant 0\}$，可用产生式组 $\{D \to \varepsilon \mid xD\}$ 来实现。

对任意 $x, y \in T^+$，要使一个语法范畴 D 代表的集合为 $\{x^ny^n \mid n \geqslant 0\}$，可用产生式组 $\{D \to \varepsilon \mid xDy\}$ 来实现。

对于任意文法 $G = (V, T, P, S)$，给开始符号 S 所表示的集合以特殊的意义。

定义 2-3 设文法 $G = (V, T, P, S)$，则称

$$L(G) = \{w \mid w \in T^* \text{ 且 } S \overset{*}{\Rightarrow} w\}$$

为文法 G 产生的语言（language）。$\forall w \in L(G)$，w 称为 G 产生的一个句子（sentence）。

显然，对于任意一个文法 G，G 产生的语言 $L(G)$ 就是该文法的开始符号 S 对应的语法范畴 $L(S)$。

定义 2-4 设文法 $G = (V, T, P, S)$，对于 $\forall \alpha \in (V \cup T)^*$，如果 $S \overset{*}{\Rightarrow} \alpha$，则称 α 是 G 产生的一个句型（sentential form）。

对于任意文法 $G = (V, T, P, S)$，G 产生的句子和句型的区别在于句子 $w \in T^*$，而句型 $\alpha \in (V \cup T)^*$。这就是说：

句子 w 是从 S 开始，在 G 中可以推导出来的终极符号行，它不含语法变量。

句型 α 是从 S 开始，在 G 中可以推导出来的符号行，它可能含有语法变量。

所以，句子一定是句型，但句型不一定是句子。

例如，对于文法 $G = (\{A\}, \{0, 1\}, \{A \to 01, A \to 0A1\}, A)$，$0^nA1^n (n \geqslant 0)$ 和 $0^n1^n (n \geqslant 1)$ 是句型，其中 $0^n1^n (n \geqslant 0)$ 是句子，$0^nA1^n (n \geqslant 0)$ 不是句子。

对于文法 $G = (\{S, A, B\}, \{0, 1\}, \{S \to A \mid AB, A \to 0 \mid 0A, B \to 1 \mid 11\}, S)$，$S$，$AB$，$0^nA (n \geqslant 0)$，$0^nAB (n \geqslant 0)$，$0^nB (n \geqslant 1)$，$0^nA11 (n \geqslant 0)$，$0^n (n \geqslant 1)$，$0^n1 (n \geqslant 1)$，$0^n11 (n \geqslant 1)$ 都是句型，$0^n (n \geqslant 1)$，$0^n1 (n \geqslant 1)$，$0^n11 (n \geqslant 1)$ 都是句子。

例 2-7 给定文法 $G = (\{S, A, B, C, D\}, \{a, b, c, d, \sharp\}, \{S \to ABCD \mid abc\sharp, A \to aaA, AB \to aabbB, BC \to bbccC, cC \to cccC, CD \to ccd\sharp, CD \to d\sharp, CD \to \sharp d\}, S)$，求句型 $aaaaaabbbbcccc\sharp d$ 和 $aaaaaaaaAbbccccd\sharp$ 的推导。

对 $aaaaaabbbbcccc\sharp d$，有如下推导过程，其中，下画线标出句型中被替换的字符串：

$$\underline{S} \Rightarrow \underline{A}BCD \qquad\qquad\qquad \text{使用产生式 } S \to ABCD$$

$$\Rightarrow aa\underline{A}BCD \qquad\qquad\qquad \text{使用产生式 } A \to aaA$$

$$\Rightarrow aaaa\underline{A}BCD \qquad\qquad\qquad \text{使用产生式 } A \to aaA$$

$$\Rightarrow aaaaaabb\underline{BC}D \qquad\qquad \text{使用产生式 } AB \to aabbB$$

$$\Rightarrow aaaaaabbbbcc\underline{CD} \qquad 使用产生式\ BC\rightarrow bbccC$$
$$\Rightarrow aaaaaabbbbcccc\underline{CD} \qquad 使用产生式\ cC\rightarrow cccC$$
$$\Rightarrow aaaaaabbbbcccc\ \sharp d \qquad 使用产生式\ CD\rightarrow\sharp d$$

对 $aaaaaaaaAbbccccd\ \sharp$，有如下推导过程：

$$\underline{S} \Rightarrow A\underline{BCD} \qquad 使用产生式\ S\rightarrow ABCD$$
$$\Rightarrow Abbcc\underline{CD} \qquad 使用产生式\ BC\rightarrow bbccC$$
$$\Rightarrow aa\underline{A}bbcc\ \underline{CD} \qquad 使用产生式\ A\rightarrow aaA$$
$$\Rightarrow aa\ \underline{A}bbccccd\ \sharp \qquad 使用产生式\ CD\rightarrow ccd$$
$$\Rightarrow aaaa\ \underline{A}bbccccd\ \sharp \qquad 使用产生式\ A\rightarrow aaA$$
$$\Rightarrow aaaaaa\ \underline{A}bbccccd\ \sharp \qquad 使用产生式\ A\rightarrow aaA$$
$$\Rightarrow aaaaaaaaAbbccccd\ \sharp \qquad 使用产生式\ A\rightarrow aaA$$

例 2-8 构造产生标识符的文法。

每个高级程序设计语言都有标识符，它们被用来表示一些对象。不同的高级程序设计语言定义的标识符可能不一样，但一般都是一些满足一定要求的符号组成的符号行。例如，在早期，由于计算机存储器的容量非常有限，人们不希望每个标识符太长。在当时 BASIC 语言最基本的实现中，用来表示简单变量的标识符只能是一个大写字母，或者是大写字母后跟一个阿拉伯数字，而数组名更被限定为一个大写英文字母后跟 $\$$。后来标识符发展到可以是字母开头的由字母和阿拉伯数字组成的长度被严格限定的字符串。再往后，才有了标识符今天的定义和实现。

现在假定标识符是以字母开头的字母数字串。为方便定义文法，将此标识符定义改为递归定义：

（1）大写英语字母表中的任意一个字母是一个标识符；小写英文字母表中的任意一个字母是一个标识符。

（2）如果 α 是一个标识符，则在 α 后接一个大写英文字母或一个小写英文字母，或者一个阿拉伯数字后仍然是一个标识符。

（3）只有满足（1）和（2）的才是标识符。

用<标识符>表示相应的语法范畴，用<大写字母>表示大写英文字母这一语法范畴，用<小写字母>表示小写英文字母这一语法范畴，用<阿拉伯数字>表示{0,1,2,3,4,5,6,7,8,9}。

根据"$A,B,\cdots,Z$ 是大写英文字母"，可有如下产生式组：

<大写字母>$\rightarrow A|B|C|D|E|F|G|H|I|J|K|L|M|N|O|P|Q|R|S|T|U|V|W|X|Y|Z$

根据"$a,b,\cdots,z$ 是小写英文字母"，可有如下产生式组：

<小写字母>$\rightarrow a|b|c|d|e|f|g|h|i|j|k|l|m|n|o|p|q|r|s|t|u|v|w|x|y|z$

根据"$0,1,\cdots,9$ 是阿拉伯数字"，可有如下产生式组：

<阿拉伯数字>$\rightarrow 0|1|2|3|4|5|6|7|8|9$

根据上面递归定义的第一条，有如下产生式组：

<标识符>$\rightarrow$<大写字母>$|$<小写字母>

根据定义的第二条，有如下产生式组：

<标识符>$\rightarrow$<标识符><大写字母>$|$<标识符><小写字母>$|$<标识符>

<大写字母>

从而得到产生标识符的文法：

$G=(\{<标识符>,<大写字母>,<小写字母>,<阿拉伯数字>\},\{0,1,\cdots,9,A,B,$
$C,\cdots,Z,a,b,c,\cdots,z\},P,<标识符>)$

$P=\{$

<标识符>→<大写字母>|<小写字母>,

<标识符>→<标识符><大写字母>|<标识符><小写字母>|<标识符>
<阿拉伯数字>,

<大写字母>→$A|B|C|D|E|F|G|H|I|J|K|L|M|N|O|P|Q|R|S|T|U|V|W|X|Y|Z$,

<小写字母>→$a|b|c|d|e|f|g|h|i|j|k|l|m|n|o|p|q|r|s|t|u|v|w|x|y|z$,

<阿拉伯数字>→$0|1|2|3|4|5|6|7|8|9$

$\}$

另外，按照以上定义，还可以得到标识符集合的如下表示：

$\{A,B,C,\cdots,Z\}\{0,1,2,\cdots,9,A,B,C,\cdots,Z,a,b,c,\cdots,z\}^* \bigcup \{a,b,c,\cdots,z\}\{0,$
$1,2,\cdots,9,A,B,C,\cdots,Z,a,b,c,\cdots,z\}^*$

它可以引导我们构造出标识符的另一个文法 G'：

$G'=(\{<标识符>,<头>,<尾>\},\{0,1,2,\cdots,9,A,B,C,\cdots,Z,a,b,c,\cdots,z\},P',$
<标识符>)

$P'=\{$

<标识符>→<头><尾>,

<头>→$A|B|C|D|E|F|G|H|I|J|K|L|M|N|O|P|Q|R|S|T|U|V|W|X|Y|Z$,

<头>→$a|b|c|d|e|f|g|h|i|j|k|l|m|n|o|p|q|r|s|t|u|v|w|x|y|z$,

<尾>→$\varepsilon|0<尾>|1<尾>|2<尾>|3<尾>|4<尾>|5<尾>|6<尾>|7<尾>$
$|8<尾>|9<尾>$,

<尾>→$A<尾>|B<尾>|C<尾>|D<尾>|E<尾>|F<尾>|G<尾>|H$
$<尾>|I<尾>|J<尾>|K<尾>$,

<尾>→$L<尾>|M<尾>|N<尾>|O<尾>|P<尾>|Q<尾>|R<尾>|S$
$<尾>|T<尾>|U<尾>|V<尾>$,

<尾>→$W<尾>|X<尾>|Y<尾>|Z<尾>|a<尾>|b<尾>|c<尾>|d$
$<尾>|e<尾>|f<尾>|g<尾>$,

<尾>→$h<尾>|i<尾>|j<尾>|k<尾>|l<尾>|m<尾>|n<尾>|o<尾>|$
$p<尾>|q<尾>|r<尾>$,

<尾>→$s<尾>|t<尾>|u<尾>|v<尾>|w<尾>|x<尾>|y<尾>|z<尾>$
$\}$

例如，对于标识符 $id8n23$，在文法 G 中有如下推导：

<标识符>⇒<标识符><阿拉伯数字>　　　使用产生式<标识符>→
　　　　　　　　　　　　　　　　　　　　　<标识符><阿拉伯数字>

　　　⇒<标识符>3　　　　　　　　　　使用产生式<阿拉伯数字>→3

　　　⇒<标识符><阿拉伯数字>3　　　　使用产生式<标识符>→

	＜标识符＞＜阿拉伯数字＞
⇒＜标识符＞23	使用产生式＜阿拉伯数字＞→2
⇒＜标识符＞＜小写字母＞23	使用产生式＜标识符＞→
	＜标识符＞＜小写字母＞
⇒＜标识符＞n23	使用产生式＜小写字母＞→n
⇒＜标识符＞＜阿拉伯数字＞n23	使用产生式＜标识符＞→
	＜标识符＞＜阿拉伯数字＞
⇒＜标识符＞8n23	使用产生式＜阿拉伯数字＞→8
⇒＜标识符＞＜小写字母＞8n23	使用产生式＜标识符＞→
	＜标识符＞＜小写字母＞
⇒＜标识符＞d8n23	使用产生式＜小写字母＞→d
⇒＜小写字母＞d8n23	使用产生式＜标识符＞→
	＜小写字母＞
⇒id8n23	使用产生式＜小写字母＞→i

除了上述推导外，$id8n23$ 在 G 中还有其他一些不同的推导，读者可以自己试着推导。

下面再看 $id8n23$ 在文法 G' 中的推导。同样，$id8n23$ 在 G' 中也还有其他一些不同的推导，读者也可以自己试着推导，进一步体会句子的推导过程。

＜标识符＞⇒＜头＞＜尾＞	使用产生式＜标识符＞→＜头＞＜尾＞
⇒i＜尾＞	使用产生式＜头＞→i
⇒id＜尾＞	使用产生式＜尾＞→d＜尾＞
⇒id8＜尾＞	使用产生式＜尾＞→8＜尾＞
⇒id8n＜尾＞	使用产生式＜尾＞→n＜尾＞
⇒id8n2＜尾＞	使用产生式＜尾＞→2＜尾＞
⇒id823＜尾＞	使用产生式＜尾＞→3＜尾＞
⇒id8n23	使用产生式＜尾＞→ε

2.3　文法的构造

为了能较好地掌握文法，本节将给出一些典型语言的文法及其构造。需要指出的是，除了几个典型语言的文法的典型构造方法外，千变万化的语言对应着各种各样的文法构造思路，使得根据语言构造文法没有太直接的方法可用，它需要的是构造者本人所具有的经验。反过来，当给定一个文法后，要清楚地说出该文法所定义的语言的特点也是比较困难的。

例 2-9　构造文法 G，使 $L(G)=\{0,1,00,11\}$。

这个文法所定义的语言有 4 个句子，最简单的方法是将文法的开始符号定义为这 4 个句子。按照这种做法，只需要一个语法变量。因此，可以用 S 表示这个变量。句子中所含的符号只有 0 和 1，所以有终极符号集 $\{0,1\}$。从而有

$$G_1=(\{S\},\{0,1\},\{S\rightarrow0,S\rightarrow1,S\rightarrow00,S\rightarrow11\},S)$$

另一种方法是，可先用变量 A 表示 0，用变量 B 表示 1。这样，可以得到文法：

$$G_2=(\{S,A,B\},\{0,1\},\{S\rightarrow A,S\rightarrow B,S\rightarrow AA,S\rightarrow BB,A\rightarrow0,B\rightarrow1\},S)$$

第三种考虑是基于 G_2 的。在 G_2 中，产生式 $A \to 0$ 和 $B \to 1$ 的右部的第一个符号为终极符号，考虑到"规范性"问题，也将产生式 $S \to A, S \to B, S \to AA, S \to BB$ 的右部的第一个符号改成终极符号，这样可以得到文法 G_3。通过后面的学习可以知道，这种形式的文法对相应语言的计算机处理是非常方便的。按照乔姆斯基文法分类体系，人们将这种形式的文法称为正则文法。

$$G_3 = (\{S, A, B\}, \{0, 1\}, \{S \to 0, S \to 1, S \to 0A, S \to 1B, A \to 0, B \to 1\}, S)$$

其实，还可以写出一系列的文法。例如，在文法的定义中，并没有要求 V, T 中的所有元素都一定要出现在某一个产生式中。所以，可以在 V, T 中增加一些元素，以获得"不同的"文法：

$$G_4 = (\{S, A, B, C\}, \{0, 1, 2\}, \{S \to A, S \to B, S \to AA, S \to BB, A \to 0, B \to 1\}, S)$$

增加的变量 C 和终极符号 2 在产生式中都未出现过，所以，它们不可能出现在该文法所定义的语言的任何句子的推导中。因此，它们对该文法所定义的语言是没有影响的。这种符号称为无用符号。实际上，即使 C 和 2 出现在文法的某个产生式中，它们也不一定会影响文法定义的语言。例如，C 和 2 虽然出现在文法 G_5 的产生式 $CACS \to 21, C \to 11, C \to 2$ 等中，但它们仍然不会因其存在而影响该文法产生的语言，其主要原因是从文法的开始符号出发，无法推出含有 C 或 2 的句型。

$$G_5 = (\{S, A, B, C\}, \{0, 1, 2\}, \{S \to A, S \to B, S \to AA, S \to BB, A \to 0, B \to 1,$$
$$CACS \to 21, C \to 11, C \to 2\}, S)$$

由于用文法的目的是定义语言，而语言是由句子组成的，所以即使能推出含有 C 或 2 的句型，如果这种句型最后无法推导出句子，则它们对文法来说仍然是没有用的。关于这个问题，将在关于文法化简的章节中详细论述。

按照约定，上面给出的 5 种文法可以简写成如下形式：

$G_1 = (\{S\}, \{0, 1\}, \{S \to 0 \mid 1 \mid 00 \mid 11\}, S)$

$G_2 = (\{S, A, B\}, \{0, 1\}, \{S \to A \mid B \mid AA \mid BB, A \to 0, B \to 1\}, S)$

$G_3 = (\{S, A, B\}, \{0, 1\}, \{S \to 0 \mid 1 \mid 0A \mid 1B, A \to 0, B \to 1\}, S)$

$G_4 = (\{S, A, B, C\}, \{0, 1, 2\}, \{S \to A \mid B \mid AA \mid BB, A \to 0, B \to 1\}, S)$

$G_5 = (\{S, A, B, C\}, \{0, 1, 2\}, \{S \to A \mid B \mid AA \mid BB, A \to 0, B \to 1, CACS \to 21, C \to 11,$
$C \to 2\}, S)$

这些文法所产生的语言都是 $\{0, 1, 00, 11\}$。也就是说，

$$L(G_1) = L(G_2) = L(G_3) = L(G_4) = L(G_5)$$

由此可见，一个语言可以由不同的文法产生。

定义 2-5 设有两个文法 G_1 和 G_2，如果 $L(G_1) = L(G_2)$，则称 G_1 与 G_2 等价(equivalence)。

此外，从上面的讨论中可以知道，无论是 V 还是 T，它们所含的符号如果在文法产生的语言的某个句子的推导中出现，该符号才真正有用。而一个符号要具有此性质，它必然要出现在某个产生式中。因此，当列出一个文法的所有产生式的时候，文法中所有可能有用的符号就被列出了。如果约定所列的第一个产生式的左部就是该文法的开始符号，则对于一个文法，只用列出它的所有产生式就可以了。

据此约定：对一个文法，只列出该文法的所有产生式，且所列的第一个产生式的左部是该文法的开始符号。

按照这个约定,上面所给出的具体文法 G_1, G_2, G_3, G_4, G_5,可以按如下形式给出:

$G_1: S \to 0 \mid 1 \mid 00 \mid 11$

$G_2: S \to A \mid B \mid AA \mid BB, A \to 0, B \to 1$

$G_3: S \to 0 \mid 1 \mid 0A \mid 1B, A \to 0, B \to 1$

$G_4: S \to A \mid B \mid AA \mid BB, A \to 0, B \to 1$

$G_5: S \to A \mid B \mid AA \mid BB, A \to 0, B \to 1, CACS \to 21, C \to 11, C \to 2$

例 2-10　我们很容易得到如下一些文法。

(1) 构造文法 G_6,使 $L(G_6) = \{0^n \mid n \geqslant 1\}$。

按照 2.2 节的讨论,有

$$G_6: S \to 0 \mid 0S$$

(2) 构造文法 G_7,使 $L(G_7) = \{0^n \mid n \geqslant 0\}$。

根据文法 G_6 的构造,有

$$G_7: S \to \varepsilon \mid 0S$$

(3) 构造文法 G_8,使 $L(G_8) = \{0^{2n} 1^{3n} \mid n \geqslant 0\}$。

按照 2.2 节的讨论,有

$$G_8: S \to \varepsilon \mid 00S111$$

例 2-11　构造文法 G_9,使 $L(G_9) = \{w \mid w \in \{a, b, \cdots, z\}^+\}$。

该语言的句子是由 $\{a, b, \cdots, z\}$ 中的符号组成的非空符号行。这就是说,w 或者是 a,或者是 b,$\cdots$,或者是 aa,或者是 ab,$\cdots$,或者是 az,$\cdots$,或者是 $abababab$,$\cdots$。照此分析,初学者可能首先会想到给出如下的产生式组:

$A \to a \mid b \mid c \mid d \mid e \mid f \mid g \mid h \mid i \mid j \mid k \mid l \mid m \mid n \mid o \mid p \mid q \mid r \mid s \mid t \mid u \mid v \mid w \mid x \mid y \mid z$

$A \to aa \mid ab \mid ac \mid ad \mid ae \mid af \mid ag \mid ah \mid ai \mid aj \mid ak \mid al \mid am \mid an \mid ao \mid ap \mid aq \mid ar \mid as \mid at \mid au \mid av \mid aw \mid ax \mid ay \mid az$

$\vdots$

按照这种方法,需要写无穷多个产生式。显然,它不是语言的有穷描述,也不符合文法的定义。顺便要指出的是,不可以用

$$A \to a \mid b \mid c \mid \cdots \mid z$$

去表示

$$A \to a \mid b \mid c \mid d \mid e \mid f \mid g \mid h \mid i \mid j \mid k \mid l \mid m \mid n \mid o \mid p \mid q \mid r \mid s \mid t \mid u \mid v \mid w \mid x \mid y \mid z$$

也不可以用

$$A \to a^8$$

去表示

$$A \to aaaaaaaa$$

更不能用

$$A \to a^n (n \geqslant 1)$$

去表示 A 可以产生任意多个 a。请读者考虑相应的原因。

那么,如何构造语言 $\{w \mid w \in \{a, b, \cdots, z\}^+\}$ 的文法呢?根据经验,该语言中的句子一般可以表示成如下形式:

$$w = a_1 a_2 \cdots a_n$$

其中,$a_1, a_2, \cdots, a_n$ 表示 $\{a, b, \cdots, z\}$ 中的任意一个符号,即 $a_1, a_2, \cdots, a_n \in \{a, b, \cdots, z\}$。当 w 的长度为 n 时,这 n 个位置中每个位置上的符号都可以是 $\{a, b, \cdots, z\}$ 中的任意一个。所以,可以考虑用一个变量表示这个位置上的符号,并让产生式先产生出所需个数的位置。例如,可以用变量 A 表示每一个位置,即先生成

$$A^n (n \geqslant 1)$$

根据 G_6 的构造经验,可以得到

$$S \rightarrow A \mid AS$$

这组产生式可以产生 $\{A^n \mid n \geqslant 1\}$ 中的所有行。然后,用这些句型中的每一个 A 去产生可能出现在这个位置上的符号,即

$$A \rightarrow a \mid b \mid c \mid d \mid e \mid f \mid g \mid h \mid i \mid j \mid k \mid l \mid m \mid n \mid o \mid p \mid q \mid r \mid s \mid t \mid u \mid v \mid w \mid x \mid y \mid z$$

从而得到

$G_9:\ S \rightarrow A \mid AS$

$\quad\ A \rightarrow a \mid b \mid c \mid d \mid e \mid f \mid g \mid h \mid i \mid j \mid k \mid l \mid m \mid n \mid o \mid p \mid q \mid r \mid s \mid t \mid u \mid v \mid w \mid x \mid y \mid z$

略作修改,不难得到和 G_9 等价的文法:

$G_9':\ S \rightarrow a \mid b \mid c \mid d \mid e \mid f \mid g \mid h \mid i \mid j \mid k \mid l \mid m \mid n \mid o \mid p \mid q \mid r \mid s \mid t \mid u \mid v \mid w \mid x \mid y \mid z$

$\quad\ S \rightarrow aS \mid bS \mid cS \mid dS \mid eS \mid fS \mid gS \mid hS \mid iS \mid jS \mid kS \mid lS \mid mS \mid nS \mid oS \mid pS \mid qS \mid rS \mid sS \mid tS \mid uS \mid vS \mid wS \mid xS \mid yS \mid zS$

一般地,对于任意字母表 Σ,当要产生语言 Σ^+ 时,只用在文法中对 Σ 中的每一个符号 a 安排如下形式的产生式即可:

$$S \rightarrow a \mid aS$$

对于任意给定的字母表 Σ,读者不难给出语言 Σ^* 的文法。

例 2-12 构造文法 G_{10},使 $L(G_{10}) = \{ww^{\mathrm{T}} \mid w \in \{0, 1, 2, 3\}^+\}$。

先看该语言中句子的特点:每个句子可以按照其长度从中间分成两部分,即 w 和 w^{T},如果

$$w = a_1 a_2 \cdots a_n$$

则

$$w^{\mathrm{T}} = a_n \cdots a_2 a_1$$

其中,$a_1, a_2, \cdots, a_n \in \{0, 1, 2, 3\}$。初学者可能会想到,是否可以先按照例 2-11 所给出的方法生成 w,然后再按照相反的顺序生成 w^{T}。也就是说,句子按照前、后两部分来生成。假设 w 部分由 H 生成,w^{T} 部分由 E 生成,则有

$$S \rightarrow HE$$

用如下产生式组生成 w:

$$H \rightarrow 0 \mid 1 \mid 2 \mid 3 \mid 0H \mid 1H \mid 2H \mid 3H$$

用如下产生式组生成 w^{T}:

$$E \rightarrow 0 \mid 1 \mid 2 \mid 3 \mid E0 \mid E1 \mid E2 \mid E3$$

合并在一起,得到如下产生式集:

$$S \rightarrow HE$$
$$H \rightarrow 0 \mid 1 \mid 2 \mid 3 \mid 0H \mid 1H \mid 2H \mid 3H$$
$$E \rightarrow 0 \mid 1 \mid 2 \mid 3 \mid E0 \mid E1 \mid E2 \mid E3$$

先将这个产生集所构成的文法记作 G'_{10}。事实上，G'_{10} 不产生语言 $\{ww^T|w\in\{0,1,2,3\}^+\}$，但却有如下关系：

$$\{ww^T|w\in\{0,1,2,3\}^+\}\subset L(G'_{10})$$

例如，在 G'_{10} 中，有如下推导：

$S\Rightarrow HE$	使用产生式 $S\rightarrow HE$
$\Rightarrow 0HE$	使用产生式 $H\rightarrow 0H$
$\Rightarrow 01HE$	使用产生式 $H\rightarrow 1H$
$\Rightarrow 010HE$	使用产生式 $H\rightarrow 0H$
$\Rightarrow 0101E$	使用产生式 $H\rightarrow 1$
$\Rightarrow 01010E$	使用产生式 $E\rightarrow 0E$
$\Rightarrow 010100E$	使用产生式 $E\rightarrow 0E$
$\Rightarrow 0101000$	使用产生式 $E\rightarrow 0$

此时读者也许会想，如果用下面的推导序列代替上述推导序列，就能得到"希望"的句子了。

$S\Rightarrow HE$	使用产生式 $S\rightarrow HE$
$\Rightarrow 0HE$	使用产生式 $H\rightarrow 0H$
$\Rightarrow 01HE$	使用产生式 $H\rightarrow 1H$
$\Rightarrow 010HE$	使用产生式 $H\rightarrow 0H$
$\Rightarrow 0101E$	使用产生式 $H\rightarrow 1$
$\Rightarrow 01011E$	使用产生式 $E\rightarrow 1E$
$\Rightarrow 010110E$	使用产生式 $E\rightarrow 0E$
$\Rightarrow 0101101E$	使用产生式 $E\rightarrow 1E$
$\Rightarrow 01011010$	使用产生式 $E\rightarrow 0$

遗憾的是，虽然确实可以按这个过程推导出句子 01011010，但它并不影响推导出句子 0101000。按照文法产生的语言的定义，$L(G'_{10})$ 包含从 G'_{10} 中推导出的所有句子，当然包括 0101000。要想使文法不产生如 0101000 这样的句子，就必须构造出适当的产生式集。

为了构造出 G_{10}，进一步分析语言 $\{ww^T|w\in\{0,1,2,3\}^+\}$ 的句子的特点。设 $w=a_1a_2\cdots a_n$，从而有 $w^T=a_n\cdots a_2a_1$，故

$$ww^T=a_1a_2\cdots a_na_n\cdots a_2a_1$$

设 f 为从 $\Sigma^+\times\{1,2,3,\cdots\}$ 到 Σ 的映射：对 $\forall w\in\Sigma^+$，$f(w,i)$ 为 w 中第 i 个符号，这里我们要求 $i\leqslant|w|$；当 $i>|w|$ 时，$f(w,i)=\varepsilon$。

对 $\forall w\in\Sigma^+$，有

$$f(ww^T,i)=f(ww^T,|ww^T|-i+1)\quad(1\leqslant i\leqslant|ww^T|)$$

上式所描述的 ww^T 的结构特点如图 2-2 所示。

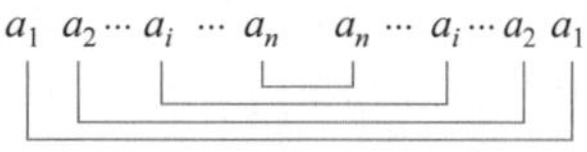

根据这个特点，递归地定义 L：

(1) 对 $\forall a\in\{0,1,2,3\}$，$aa\in L$。

(2) 如果 $x\in L$，则对 $\forall a\in\{0,1,2,3\}$，$axa\in L$。

(3) L 中不含不满足(1)和(2)的任何其他串。

$$a_1\ a_2\cdots a_i\ \cdots\ a_n\quad a_n\ \cdots\ a_i\cdots a_2\ a_1$$

图 2-2 ww^T 的结构特点

设 S 为文法的开始符号，由于文法定义的语言就是 S 对应的集合，所以，根据递归定义中的第一条，有如下产生式组：

$$S \rightarrow 00 \mid 11 \mid 22 \mid 33$$

再根据递归定义第二条，又可得到如下产生式组：

$$S \rightarrow 0S0 \mid 1S1 \mid 2S2 \mid 3S3$$

从而

$$G_{10}: S \rightarrow 00 \mid 11 \mid 22 \mid 33 \mid 0S0 \mid 1S1 \mid 2S2 \mid 3S3$$

对应于 G_{10} 的构造，请读者考虑

$$G_{11}: S \rightarrow 0 \mid 1 \mid 2 \mid 3 \mid 0S0 \mid 1S1 \mid 2S2 \mid 3S3$$

产生的语言是什么样的？如果使用与 $\{ww^{\mathrm{T}} \mid w \in \{0,1,2,3\}^{+}\}$ 类似的表达形式，$L(G_{11})$ 该如何表示？

例 2-13 构造文法 G_{12}，使 $L(G_{12}) = \{w \mid w$ 是十进制有理数$\}$。

有理数包括有符号有理数和无符号有理数，而且通常认为无符号有理数是有符号有理数中的正号"＋"缺省了。现用 S 作为开始符号，R 作为无符号有理数，从而有

$$S \rightarrow R \mid +R \mid -R$$

按照无符号有理数的结构，它又可以划分成无符号整数、无符号带小数（整数部分不为 0 且含有小数部分）和无符号纯小数。它们依次用符号 N,B,P 表示。这样，又可以得到如下一组产生式：

$$R \rightarrow N \mid B \mid P$$

带小数由用小数点"."隔开的整数部分和小数部分组成，其中的整数部分就是无符号整数。小数部分用 D 表示，从而得到如下一组产生式：

$$B \rightarrow N.D$$

无符号纯小数 P 是整数"0"后跟小数点"."再跟小数部分，从而又得到如下产生式：

$$P \rightarrow 0.D$$

下面要解决的是 N 和 D 的定义（表示）问题。

首先来考虑 N。N 应该对应字母表 $\{0,1,2,3,4,5,6,7,8,9\}$ 上的语言。也就是说，N 是由 $\{0,1,2,3,4,5,6,7,8,9\}$ 中的符号组成的符号行。按照前面的介绍，如果用 M 来生成字母表 $\{0,1,2,3,4,5,6,7,8,9\}$ 上的所有行，则

$$M \rightarrow \varepsilon \mid 0M \mid 1M \mid 2M \mid 3M \mid 4M \mid 5M \mid 6M \mid 7M \mid 8M \mid 9M$$

在 M 所生成的符号行中，存在一系列如 $0,00,012,000109,0190000$ 等以 0 开头的符号行，这些符号行中，除 0 外，按照通常的习惯都不合适——无符号非 0 整数不希望是以 0 开头的；当为 0 时，又不希望用多于 1 个的一串 0 表示。另外，M 还可以生成空符号行 ε，它也不应该在 N 对应的集合中。所以，对于 N 来说，需要解决这些问题。实际上，按照以上分析，可以将整数分成两大类：

$$\{0\}$$
$$\{an \mid a \in \{1,2,3,4,5,6,7,8,9\} \text{ 且 } n \in \{0,1,2,3,4,5,6,7,8,9\}^{*}\}$$

其中，n 对应的正是 M 所对应的集合，而 N 中除 0 外的其他数的首位 a 对应集合 $\{1,2,3,4,5,6,7,8,9\}$。所以，可以得到如下产生式组：

$$N \rightarrow 0 \mid AM$$
$$A \rightarrow 1 \mid 2 \mid 3 \mid 4 \mid 5 \mid 6 \mid 7 \mid 8 \mid 9$$

对于 D，它的要求与 N 相反：除 0 外，不希望以 0 结束；当为 0 时，也不希望用多于 1 个的一

串 0 表示。所以，与 N 类似，可以将 D 分成两大类：

$$\langle 0 \rangle$$
$$\{na \mid n \in \{0,1,2,3,4,5,6,7,8,9\}^* \text{ 且 } a \in \{1,2,3,4,5,6,7,8,9\}\}$$

于是，又得到如下产生式组：

$$D \rightarrow 0 \mid MA$$

到此，得到全部的产生式组：

$$S \rightarrow R \mid +R \mid -R$$
$$R \rightarrow N \mid B \mid P$$
$$B \rightarrow N.D$$
$$P \rightarrow 0.D$$
$$N \rightarrow 0 \mid AM$$
$$D \rightarrow 0 \mid MA$$
$$M \rightarrow \varepsilon \mid 0M \mid 1M \mid 2M \mid 3M \mid 4M \mid 5M \mid 6M \mid 7M \mid 8M \mid 9M$$
$$A \rightarrow 1 \mid 2 \mid 3 \mid 4 \mid 5 \mid 6 \mid 7 \mid 8 \mid 9$$

从上述定义可以看出，由于 N 代表的集合中含有 0，而 $B \rightarrow N.D, P \rightarrow 0.D$，所以，$P$ 所代表的集合包含在 B 所代表的集合中。因此，可以将与 P 有关的产生式去掉。从而得到 G_{12}。

$$G_{12}: S \rightarrow R \mid +R \mid -R$$
$$R \rightarrow N \mid B$$
$$B \rightarrow N.D$$
$$N \rightarrow 0 \mid AM$$
$$D \rightarrow 0 \mid MA$$
$$M \rightarrow \varepsilon \mid 0M \mid 1M \mid 2M \mid 3M \mid 4M \mid 5M \mid 6M \mid 7M \mid 8M \mid 9M$$
$$A \rightarrow 1 \mid 2 \mid 3 \mid 4 \mid 5 \mid 6 \mid 7 \mid 8 \mid 9$$

例 2-14 构造产生算术表达式的文法。

下面是曾经在第 1 章中给出的算术表达式的递归定义。

（1）基础：常数是算术表达式，变量是算术表达式。

（2）归纳：如果 E_1, E_2 是算术表达式，则 $+E_1, -E_1, E_1+E_2, E_1-E_2, E_1 * E_2, E_1/E_2, E_1 \uparrow E_2, \text{Fun}(E_1)$ 是算术表达式，其中 Fun 为函数名。

（3）只有满足（1）和（2）的式子才是算术表达式。

现在，用 id 表示标识符，也就是（1）中所说的"变量"；用 c 表示常数；用 E 表示算术表达式。有文法

$$G_{13}: E \rightarrow \text{id} \mid c \mid +E \mid -E \mid E+E \mid E-E \mid E * E \mid E/E \mid E \uparrow E \mid \text{Fun}(E)$$

实际上，上述算术表达式文法并没有表示出运算的优先级来。要想使此文法能表现出人们所习惯的优先级，还需要进一步地改造。不过，上述文法已经在形式上将算术表达式表示出来了。作为一个思考题，请读者参考 2.1 节中的例子，考虑如何构造算术表达式的文法，使它还能够将人们习惯的运算符的优先级表示出来。

例 2-15 构造产生语言 $\{a^n b^n c^n \mid n \geqslant 1\}$ 的文法。

根据 2.2 节对文法 $G=(\{A\},\{0,1\},\{A \to 01, A \to 0A1\}, A)$ 的讨论,该文法产生的语言为

$$\{01,0011,000111,00001111,\cdots\}=\{0^n1^n \mid n \geq 1\}$$

为了讨论方便,修改此文法中的有关符号:将变量 A 换成 S_1,将 0 换成 a,将 1 换成 b。从而可得到如下文法:

$$G=(\{S_1\},\{a,b\},\{S_1 \to ab \mid aS_1b\},S_1)$$

它产生的语言为

$$\{a^nb^n \mid n \geq 1\}$$

这个语言在形式上看起来与语言

$$\{a^nb^nc^n \mid n \geq 1\}$$

比较接近。而文法

$$G=(\{S_2\},\{c\},\{S_2 \to c \mid cS_2\},S_2)$$

产生的语言是

$$\{c^n \mid n \geq 1\}$$

但是,语言 $\{a^nb^nc^n \mid n \geq 1\}$ 并不是 $\{a^nb^n \mid n \geq 1\}$ 和 $\{c^n \mid n \geq 1\}$ 的乘积,即

$$\{a^nb^nc^n \mid n \geq 1\} \neq \{a^nb^n \mid n \geq 1\}\{c^n \mid n \geq 1\}$$

注意,$\{a^nb^n \mid n \geq 1\}\{c^n \mid n \geq 1\}=\{a^nb^nc^m \mid n \geq 1, m \geq 1\}$。所以,不可以用如下文法来产生语言 $\{a^nb^nc^n \mid n \geq 1\}$:

$$S \to S_1S_2$$
$$S_1 \to ab \mid aS_1b$$
$$S_2 \to c \mid cS_2$$

继续考虑文法 $G=(\{S_1\},\{a,b\},\{S_1 \to ab \mid aS_1b\},S_1)$ 和它产生的语言 $\{a^nb^n \mid n \geq 1\}$。该文法只产生形如 $a^nb^n(n \geq 1)$ 的串的原因主要是:在任何一个句子的推导过程中,能够使用的产生式要么是 $S_1 \to aS_1b$,要么是 $S_1 \to ab$。无论使用 $S_1 \to aS_1b$,还是使用 $S_1 \to ab$,每使用一次都是在句型的前半部分增加一个 a,并且"同时"在后半部分增加一个 b。产生式 $S_1 \to aS_1b$ 用来使句型的长度以"步长"2 增加,产生式 $S_1 \to ab$ 一旦被用,句子就产生了。也就是说,该文法中的所有推导都保证了"在句型的前半部分增加一个 a 的同时,在后半部分增加一个 b"。现在来修改这个文法,使它能够保证"在句型的前缀中增加一个 a 的同时,在相应的后缀中增加一个 b 和一个 c"。这样可以得到如下文法:

$$G: S \to abc \mid aSbc$$

读者不难看出,这个文法产生的语言为

$$\{a^n(bc)^n \mid n \geq 1\}$$

$aabcbc$,$aaabcbcbc$ 是它的句子。这些句子与所要求句子的差异是 b 和 c 的交替出现,而不是语言所要求的所有的 b 在中间。也就是说,终极符号 b 和终极符号 c 的位置应该换一换,使所有的 b 都出现在中间,所有的 c 都出现在尾部。因此,需要使用类似于产生式组 $S \to abc \mid aSbc$ 产生出前面有 n 个 a,后面跟有 n 个 b 和 n 个 c 的句型。再用一组产生式将不在正确位置上的 b 和不在正确位置上的 c 调整到正确的位置上。按照常规的理解,终极符号"不宜"被变动,所以,开始时需要用相应的语法变量去标记这些 b 和 c。自然会用 B 标记 b,用 C 标记 c。这样就得到如下一组产生式:

$$S \rightarrow aBC \mid aSBC$$

使用这一组产生式,对于任意 $n \geqslant 1$,能够产生如下句型:

$$aa \cdots aBCBC \cdots BC$$

该句型中有 n 个 a,n 个 B,n 个 C。不难证明,这组产生式也仅能产生出这样的句型。下面的任务是要让 B 在中间变成 b,让 C 到尾部变成 c。因此,需要交换 B 和 C 的位置。这个工作可用产生式

$$CB \rightarrow BC$$

完成。对句型 $aa \cdots aBCBC \cdots BC$ 多次使用产生式 $CB \rightarrow BC$,就可以得到如下句型:

$$aa \cdots aBB \cdots BC \cdots CC$$

此时,就可以将 B 变成 b,将 C 变成 c 了。为此,使用如下产生式组:

$$aB \rightarrow ab$$
$$bB \rightarrow bb$$
$$bC \rightarrow bc$$
$$cC \rightarrow cc$$

注意,在这里,不能用产生式组

$$B \rightarrow b$$
$$C \rightarrow c$$

来完成将 B 变成 b,将 C 变成 c 的任务,其中的原因请读者自己分析。这样就得到语言 $\{a^n b^n c^n \mid n \geqslant 1\}$ 的文法:

$$G_{14}: S \rightarrow aBC \mid aSBC$$
$$CB \rightarrow BC$$
$$aB \rightarrow ab$$
$$bB \rightarrow bb$$
$$bC \rightarrow bc$$
$$cC \rightarrow cc$$

根据 G_{14},还可以通过适当的修改而获得等价的文法。例如:

$$G_{14}': S \rightarrow abc \mid aSBc$$
$$bB \rightarrow bb$$
$$cB \rightarrow Bc$$

2.4　文法的乔姆斯基体系

在乔姆斯基体系中,根据产生式的形式文法被分成 4 类。

定义 2-6　设文法 $G = (V, T, P, S)$,则

(1) G 叫作 **0 型文法**(type 0 grammar),或短语结构文法(phrase structure grammar, PSG)。对应地,$L(G)$ 叫作 **0 型语言**或者短语结构语言(PSL)、递归可枚举集(recursively enumerable set,r.e.)。

(2) 如果对于 $\forall \alpha \rightarrow \beta \in P$,均有 $|\beta| \geqslant |\alpha|$ 成立,则称 G 为 **1 型文法**(type 1 grammar),或上下文有关文法(context sensitive grammar,CSG)。对应地,$L(G)$ 叫作 **1 型语言**(type 1

language)或者上下文有关语言(context sensitive language,CSL)。

（3）如果对于 $\forall \alpha \to \beta \in P$，均有 $|\beta| \geqslant |\alpha|$，并且 $\alpha \in V$ 成立，则称 G 为 **2 型文法**(type 2 grammar)，或**上下文无关文法**(context free grammar,CFG)。对应地，$L(G)$ 叫作 **2 型语言**(type 2 language)或者上下文无关语言(context free language,CFL)。

（4）如果对于 $\forall \alpha \to \beta \in P$，$\alpha \to \beta$ 均具有形式

$$A \to w$$

$$A \to wB$$

其中，$A,B \in V,w \in T^+$，则称 G 为 **3 型文法**(type 3 grammar)，也可称为**正则文法**(regular grammar,RG)或者正规文法。对应地，$L(G)$ 叫作 **3 型语言**(type 3 language)，也可称为正则语言或者正规语言(regular language,RL)。

例 2-16 文法的分类。

（1）下列文法是 RG,CFG,CSG 和短语结构文法。

$G_1 : S \to 0 | 1 | 00 | 11$

$G_3 : S \to 0 | 1 | 0A | 1B, A \to 0, B \to 1$

$G_6 : S \to 0 | 0S$

（2）下列文法是 CFG,CSG 和短语结构文法,但不是 RG。

$G_2 : S \to A | B | AA | BB, A \to 0, B \to 1$

$G_9 : S \to A | AS$

$\qquad A \to a | b | c | d | e | f | g | h | i | j | k | l | m | n | o | p | q | r | s | t | u | v | w | x | y | z$

$G_{10} : S \to 00 | 11 | 22 | 33 | 0S0 | 1S1 | 2S2 | 3S3$

$G_{11} : S \to 0 | 1 | 2 | 3 | 0S0 | 1S1 | 2S2 | 3S3$

$G'_{12} : S \to R | +R | -R$

$\qquad R \to N | B$

$\qquad B \to N.D$

$\qquad N \to 0 | AM$

$\qquad D \to 0 | MA$

$\qquad M \to 0M | 1M | 2M | 3M | 4M | 5M | 6M | 7M | 8M | 9M | 0 | 1 | 2 | 3 | 4 | 5 | 6 | 7 | 8 | 9$

$\qquad A \to 1 | 2 | 3 | 4 | 5 | 6 | 7 | 8 | 9$

$G_{13} : E \to \text{id} | c | +E | -E | E+E | E-E | E*E | E/E | E \uparrow E | \text{Fun}(E)$

$G_{16} : S \to aBC | aSBC$

$\qquad B \to BC$

$\qquad B \to ab$

$\qquad B \to bb$

$\qquad C \to bc$

$\qquad C \to cc$

（3）下列文法是 CSG 和短语结构文法,但不是 CFG 和 RG。

$G_{14} : S \to aBC | aSBC$

$\qquad CB \to BC$

$\qquad aB \to ab$

$$bB \to bb$$
$$bC \to bc$$
$$cC \to cc$$

（4）下列文法是短语结构文法,但不是 CSG,CFG 和 RG。

G_5：$S \to A \mid B \mid BB, A \to 0, B \to 1, CACS \to 21, C \to 11, C \to 2$

G_7：$S \to \varepsilon \mid 0S$

G_8：$S \to \varepsilon \mid 00S111$

G_{15}：$S \to aBC \mid aSBC$

$$CB \to BC$$
$$aB \to ab$$
$$bB \to bb$$
$$bB \to b$$
$$bC \to bc$$
$$cC \to c$$
$$cC \to cc$$

由定义 2-6 知:

（1）如果一个文法 G 是 RG,则它也是 CFG,CSG 和短语结构文法;反之不一定成立。

（2）如果一个文法 G 是 CFG,则它也是 CSG 和短语结构文法;反之不一定成立。

（3）如果一个文法 G 是 CSG,则它也是短语结构文法;反之不一定成立。

相应地,

（4）RL 也是 CFL,CSL 和短语结构语言;反之不一定成立。

（5）CFL 也是 CSL 和短语结构语言;反之不一定成立。

（6）CSL 也是短语结构语言;反之不一定成立。

另外,由于一个语言可以有多个不同的等价文法,所以

（7）当文法 G 是 CFG 时,$L(G)$ 可能是 RL。

（8）当文法 G 是 CSG 时,$L(G)$ 可能是 RL,CFL。

（9）当文法 G 是短语结构文法时,$L(G)$ 可能是 RL,CFL 和 CSL。

例如,语言$\{0,1,00,11\}$是 RL,但产生它的文法除了有 RG 的 G_1 和 G_3 外,还有非 RG 的 G_2。当然,还可以给出产生它的非 CFG 和非 CSG。

定理 2-1 L 是 RL 的充要条件是存在一个文法,该文法产生语言 L,并且它的产生式要么是形如 $A \to a$ 的产生式,要么是形如 $A \to aB$ 的产生式,其中 A 和 B 为语法变量,a 为终极符号。

证明:充分性。设有 G',$L(G') = L$,且 G' 的产生式形式满足定理要求。这种文法就是 RG。所以,G' 产生的语言就是 RL,故 L 是 RL。

必要性。首先,需要根据给定的 L 构造一个满足定理要求的文法 G';其次需要证明 $L(G') = L$。

（1）构造文法 G'。

设 L 是 RL,由定义 2-6,存在有 RG G,该文法产生 L。因此,不妨设 $G = (V, T, P, S)$。

由于 G 是 RG,所以,由定义 2-6,P 中的产生式要么是形如 $A \rightarrow w$ 的,要么是形如 $A \rightarrow wB$ 的。因此,只需要将这种产生式改造成满足定理要求的形式。为了讨论方便,不失一般性,可以设 $w = a_1 a_2 \cdots a_n$,其中 $n \geq 1$。对于 P 中的每一个产生式,按如下方法进行处理。

如果该产生式是形如 $A \rightarrow a_1 a_2 \cdots a_n$ 的产生式(暂时称为源产生式),则引入新变量 A_1,A_2,$\cdots$,A_{n-1},并将产生式组

$$A \rightarrow a_1 A_1$$
$$A_1 \rightarrow a_2 A_2$$
$$\vdots$$
$$A_{n-1} \rightarrow a_n$$

放入产生式集 P'。显然,当 $n = 1$ 时,并没有真正引入新的变量,且只是将产生式 $A \rightarrow a_1$ 放入了 P' 中。

类似地,如果该产生式是形如 $A \rightarrow a_1 a_2 \cdots a_n B$ 的产生式(也暂时称为源产生式),则引入新变量 A_1,A_2,$\cdots$,A_{n-1},并将产生式组

$$A \rightarrow a_1 A_1$$
$$A_1 \rightarrow a_2 A_2$$
$$\vdots$$
$$A_{n-1} \rightarrow a_n B$$

放入产生式集 P'。显然,当 $n = 1$ 时,也没有真正引入新的变量,且只是将产生式 $A \rightarrow a_1 B$ 放入了 P' 中。

由于语法变量是可以重新命名的,不失一般性,假设每次引入的变量都不在 V 中,并且每次引入的变量都是不相同的。令 V' 是由 P' 中所有产生式中的语法变量构成的集合,可以得到

$$G' = (V', T, P', S)$$

(2) 证明 $L(G') = L(G)$。

根据上面所给的 G' 的构造方法,P 中的产生式 $A \rightarrow a_1 a_2 \cdots a_n$ 的功能可以由 P' 中的产生式组

$$A \rightarrow a_1 A_1$$
$$A_1 \rightarrow a_2 A_2$$
$$\vdots$$
$$A_{n-1} \rightarrow a_n$$

来实现。P 中的产生式 $A \rightarrow a_1 a_2 \cdots a_n B$ 的功能可以由 P' 中的产生式组

$$A \rightarrow a_1 A_1$$
$$A_1 \rightarrow a_2 A_2$$
$$\vdots$$
$$A_{n-1} \rightarrow a_n B$$

来实现。由于在引入新变量时保证了它们是互不相同的,所以,它们对应的产生式仅在对应 P 中的"源产生式"的推导时才能用上。因此,它们的功能是相同的,所有这些相同就保证了 $L(G') = L(G)$。

形式地,要想证明 $L(G') = L(G)$,需证明对 $\forall x \in T^*$,$x \in L(G') \Leftrightarrow x \in L(G)$。也就是

$\forall x \in T^*, S \underset{G}{\overset{+}{\Rightarrow}} x \Leftrightarrow S \underset{G'}{\overset{+}{\Rightarrow}} x$。为此,施归纳于推导的步数,证明一个更一般的结论:对于 $\forall A \in V, A \underset{G}{\overset{+}{\Rightarrow}} x \Leftrightarrow A \underset{G'}{\overset{+}{\Rightarrow}} x$。因为 $S \in V$,所以结论自然对 S 成立。

首先证明,如果 $A \underset{G}{\overset{n}{\Rightarrow}} x$ 则 $A \underset{G'}{\overset{m}{\Rightarrow}} x$。

当 $n=1$ 时,必有 $A \rightarrow x \in P$。不妨设 $x = a_1 a_2 \cdots a_h$,由 G' 的定义,有产生式组

$$A \rightarrow a_1 A_1$$
$$A_1 \rightarrow a_2 A_2$$
$$\vdots$$
$$A_{h-1} \rightarrow a_h$$

故,在 P' 中有

$$A \underset{G'}{\Rightarrow} a_1 A_1$$
$$\underset{G'}{\Rightarrow} a_1 a_2 A_2$$
$$\vdots$$
$$\underset{G'}{\Rightarrow} a_1 a_2 \cdots a_{h-1} A_{h-1}$$
$$\underset{G'}{\Rightarrow} a_1 a_2 \cdots a_{h-1} a_h$$

所以,$n=1$ 时结论成立。设 $n=k$ 时结论成立,往证 $n=k+1$ 时结论成立。设 $n=k+1$, $x = x_1 x_2$,从而有

$$A \underset{G}{\Rightarrow} x_1 B \underset{G}{\overset{k}{\Rightarrow}} x_1 x_2$$

不妨设 $x_1 = a_1 a_2 \cdots a_h$。因为 $A \underset{G}{\Rightarrow} x_1 B$,所以 $A \rightarrow a_1 a_2 \cdots a_h B \in P$。由 G' 的定义,有产生式组

$$A \rightarrow a_1 A_1$$
$$A_1 \rightarrow a_2 A_2$$
$$\vdots$$
$$A_{h-1} \rightarrow a_h B$$

故,在 P' 中有

$$A \underset{G'}{\Rightarrow} a_1 A_1$$
$$\underset{G'}{\Rightarrow} a_1 a_2 A_2$$
$$\vdots$$
$$\underset{G'}{\Rightarrow} a_1 a_2 \cdots a_{h-1} A_{h-1}$$
$$\underset{G'}{\Rightarrow} a_1 a_2 \cdots a_{h-1} a_h B$$

而 $A \underset{G}{\Rightarrow} x_1 B \underset{G}{\overset{k}{\Rightarrow}} x_1 x_2$,所以 $B \underset{G}{\overset{k}{\Rightarrow}} x_2$。由归纳假设,存在 m,使得 $B \underset{G'}{\overset{m}{\Rightarrow}} x_2$。所以

$$A \underset{G'}{\Rightarrow} a_1 A_1$$
$$\underset{G'}{\Rightarrow} a_1 a_2 A_2$$
$$\vdots$$
$$\underset{G'}{\Rightarrow} a_1 a_2 \cdots a_{h-1} A_{h-1}$$
$$\underset{G'}{\Rightarrow} a_1 a_2 \cdots a_{h-1} a_h B$$

$$\underset{G'}{\overset{m}{\Rightarrow}} a_1 a_2 \cdots a_{h-1} a_h x_2$$

由归纳法原理,结论对所有的 $\forall A \in V$ 成立。

再证明,如果 $A \overset{n}{\underset{G'}{\Rightarrow}} x$ 则 $A \overset{m}{\underset{G}{\Rightarrow}} x$。

当 $n=1$ 时,必有 $A \rightarrow x \in P'$。注意到 $A \in V$ 以及 P' 中产生式的构造方法,必有 $A \rightarrow x \in P$,所以 $A \overset{n}{\underset{G}{\Rightarrow}} x$,即结论对 $n=1$ 成立。

假设结论对 $n<k$ 时成立。当 $n=k (k \geqslant 2)$ 时,必有

$$A \underset{G'}{\Rightarrow} a_1 A_1$$
$$\underset{G'}{\Rightarrow} a_1 a_2 A_2$$
$$\vdots$$
$$\underset{G'}{\Rightarrow} a_1 a_2 \cdots a_{h-1} A_{h-1}$$
$$\underset{G'}{\Rightarrow} a_1 a_2 \cdots a_{h-1} a_h$$

或者

$$A \underset{G'}{\Rightarrow} a_1 A_1$$
$$\underset{G'}{\Rightarrow} a_1 a_2 A_2$$
$$\vdots$$
$$\underset{G'}{\Rightarrow} a_1 a_2 \cdots a_{h-1} A_{h-1}$$
$$\underset{G'}{\Rightarrow} a_1 a_2 \cdots a_{h-1} a_h B$$
$$\underset{G}{\overset{m}{\Rightarrow}} a_1 a_2 \cdots a_{h-1} a_h x_2$$

其中,$A_1, A_2, \cdots, A_h$ 是构造 G' 时引入的新变量。当第一种情况出现时,$x = a_1 a_2 \cdots a_{h-1} a_h$。按照这种情况所进行的推导,除第一步外,全是因为构造 P' 中的产生式而引进的变量的推导。包括第一步的推导,这些推导对应的产生式依次为

$$A \rightarrow a_1 A_1$$
$$A_1 \rightarrow a_2 A_2$$
$$\vdots$$
$$A_{h-1} \rightarrow a_h$$

按照 P' 的构造法,必有 $A \rightarrow a_1 a_2 \cdots a_{h-1} a_h \in P$,所以

$$A \underset{G}{\Rightarrow} a_1 a_2 \cdots a_{h-1} a_h$$

当第二种情况出现时,$x = a_1 a_2 \cdots a_{h-1} a_h x_2$。同样地,除 a_1 外,$a_2, a_3, \cdots, a_h$ 全是因为构造 P' 中的产生式而引进的变量推导出来的。包括 a_1 在内,这些推导对应的产生式依次为

$$A \rightarrow a_1 A_1$$
$$A_1 \rightarrow a_2 A_2$$
$$\vdots$$
$$A_{h-1} \rightarrow a_h B$$

按照 P' 的构造法,必有 $A \rightarrow a_1 a_2 \cdots a_{h-1} a_h B \in P$,所以

$$A \underset{G}{\Rightarrow} a_1 a_2 \cdots a_{h-1} a_h B$$

而 B 在 G' 中,用不足 k 步推导出 x_2。由归纳假设,存在 m,B 在 G 中经过 m 步推导出 x_2。从而

$$A \underset{G}{\Rightarrow} a_1 a_2 \cdots a_{h-1} a_h B$$
$$\underset{G}{\overset{m}{\Rightarrow}} a_1 a_2 \cdots a_{h-1} a_h x_2$$

所以,无论是第一种情况还是第二种情况,对 $n=k$ 结论都成立。

由归纳法原理,结论对 $\forall A \in V$ 成立。

到此,已完成了定理的证明。在本证明中,以下几点应该引起读者的注意:

(1) 这里是按照 RG 的一般定义来构造与之等价的文法,这与读者熟悉的根据一个具体的对象构造另一个对象是不同的。在这里,可以使用的是非常一般的条件——一个一般模型。这也是这类问题的证明所要求的。而且在本书的后面,将会有更多这样的情况。

(2) 为了证明一个特殊的结论,可以通过证明一个更为一般的结论来完成。从表面上好像是增加了要证明的内容,但实际上它会使证明中能更好地使用归纳假设,以便顺利地获得所需要的结论。

(3) 施归纳于推导的步数是证明本书中不少问题的较为有效的途径。有时还会对字符串的长度实施归纳。

(4) 本证明的主要部分包含两方面,首先是构造,然后对构造的正确性进行证明。这是两个模型等价性证明非常重要的思路。

定义 2-7 设 $G = (V, T, P, S)$。如果对于 $\forall \alpha \to \beta \in P$,$\alpha \to \beta$ 均具有如下形式:

$$A \to w$$
$$A \to wBx$$

其中,$A, B \in V$,$w, x \in T^*$,则称 G 为线性文法(liner grammar)。对应地,$L(G)$ 称为线性语言(liner language)。

定义 2-8 设 $G = (V, T, P, S)$。如果对于 $\forall \alpha \to \beta \in P$,$\alpha \to \beta$ 均具有如下形式:

$$A \to w$$
$$A \to wB$$

其中,$A, B \in V$,$w \in T^+$,则称 G 为右线性文法(right liner grammar)。对应地,$L(G)$ 称为右线性语言(right liner language)。

如果对于 $\forall \alpha \to \beta \in P$,$\alpha \to \beta$ 均具有如下形式:

$$A \to w$$
$$A \to Bw$$

其中,$A, B \in V$,$w \in T^+$,则称 G 为左线性文法(left liner grammar)。对应地,$L(G)$ 称为左线性语言(left liner language)。

必须指出,线性文法不一定是左线性文法,同时也不一定是右线性文法。所以,线性语言不一定是左线性语言,同时也不一定是右线性语言。反之则是成立的。

与定理 2-1 类似,有以下定理。

定理 2-2 L 是左线性语言的充要条件是存在文法 G,G 中的产生式要么是形如 $A \to a$ 的产生式,要么是形如 $A \to Ba$ 的产生式,且 $L(G) = L$。其中,A, B 为语法变量,a 为终极符号。

该定理的证明与定理 2-1 的证明类似,读者可以自己作为一个练习,熟悉相应的证明过程。

显然,右线性文法就是在前面定义的 RG。所以,右线性语言也就是 RL。那么,左线性文法产生(定义)的语言是否也是 RL 呢? 如果是,则右线性文法和左线性文法必是等价的。也就是说,任意给定一个左线性文法,都有一个右线性文法与之等价;反过来,任意给定一个右线性文法,存在一个左线性文法与之等价。可以用如下定理回答此问题。

定理 2-3 左线性文法与右线性文法等价。

按照定理 2-1 的证明,要想证明本定理,需要完成如下工作:

(1) 对定义 2-8 中定义的任意右线性文法 G,能够构造出对应的左线性文法 G',使得 $L(G')=L(G)$。

(2) 对定义 2-8 中定义的任意左线性文法 G,能够构造出对应的右线性文法 G',使得 $L(G')=L(G)$。

当然,上述要求的构造都是类似定理 2-1 的证明中所做的构造,这些构造仅依据定义的模型。目前我们掌握的知识还不能有效地支持对该定理证明的理解。因此,暂时不证明它,而将该证明留到读者学习过有穷状态自动机及其与 RG 的等价后再行解决,相信那时候读者能够比较顺利地理解相应证明的思路及依据。这里只举一个例子进行适当的解释。如果读者能从此例子中发现定理证明的大体思路则更好。为了使读者将精力集中在左线性文法和右线性文法的本质差异上,下面选择只有一个句子的语言为例。

例 2-17 语言{0123456}的左线性文法和右线性文法的构造。

为了说明问题,这里限定所构造的文法的每个产生式的右部有且仅有一个终极符号。由于此时读者应该对右线性文法比较熟悉,所以先构造右线性文法。

句子 0123456 是由 7 个符号并置而成,这 7 个符号的出现顺序为:0,1,2,3,4,5,6。我们所构造的文法的每个产生式有且仅有一个终极符号,而每进行一次推导,恰好用一个产生式。在右线性文法的推导过程中,语法变量都是出现在句型的最右端,这就决定了句子 0123456 的 7 个符号在相应的推导中的出现顺序为:0,1,2,3,4,5,6,且当符号 6 被推导出来时,整个推导就完成了。因此,产生符号 6 的产生式的右部不再含有变量。这样,从文法的开始符号开始,每推出一个符号,就需要一个变量。变量与句子中的终极符号形成了一一对应的关系。从而有

$$G_r: S_r \to 0A_r$$
$$A_r \to 1B_r$$
$$B_r \to 2C_r$$
$$C_r \to 3D_r$$
$$D_r \to 4E_r$$
$$E_r \to 5F_r$$
$$F_r \to 6$$

句子 0123456 在文法 G_r 中的推导过程为

$$S_r \Rightarrow 0A_r \qquad \text{使用产生式 } S_r \to 0A_r$$
$$\Rightarrow 01B_r \qquad \text{使用产生式 } A_r \to 1B_r$$

$$\Rightarrow 012C_r \qquad 使用产生式\ B_r \rightarrow 2C_r$$
$$\rightarrow 0123D_r \qquad 使用产生式\ C_r \rightarrow 3D_r$$
$$\Rightarrow 01234E_r \qquad 使用产生式\ D_r \rightarrow 4E_r$$
$$\Rightarrow 012345F_r \qquad 使用产生式\ E_r \rightarrow 5F_r$$
$$\Rightarrow 0123456 \qquad 使用产生式\ F_r \rightarrow 6$$

下面再来构造相应的左线性文法。在左线性文法的推导过程中,语法变量都是出现在句型的最左端,这就决定了句子 0123456 的 7 个符号在相应的推导中的出现顺序正好与上面构造的文法 G_r 中进行的推导中的出现顺序相反。其他方面的分析类似。对应于 G_r,可以得到相应的左线性文法。

$$G_l: S_l \rightarrow A_l 6$$
$$A_l \rightarrow B_l 5$$
$$B_l \rightarrow C_l 4$$
$$C_l \rightarrow D_l 3$$
$$D_l \rightarrow E_l 2$$
$$E_l \rightarrow F_l 1$$
$$F_l \rightarrow 0$$

句子 0123456 在文法 G_l 中的推导过程为

$$S_l \Rightarrow A_l 6 \qquad 使用产生式\ S_l \rightarrow A_l 6$$
$$\Rightarrow B_l 56 \qquad 使用产生式\ A_l \rightarrow B_l 5$$
$$\Rightarrow C_l 456 \qquad 使用产生式\ B_l \rightarrow C_l 4$$
$$\Rightarrow D_l 3456 \qquad 使用产生式\ C_l \rightarrow D_l 3$$
$$\Rightarrow E_l 23456 \qquad 使用产生式\ D_l \rightarrow E_l 2$$
$$\Rightarrow F_l 123456 \qquad 使用产生式\ E_l \rightarrow F_l 1$$
$$\Rightarrow 0123456 \qquad 使用产生式\ F_l \rightarrow 0$$

一般地,按照阅读的习惯,当用计算机系统处理一个句子时,首先希望按照该句子的符号出现的前后顺序来对句子进行处理。在处理的任何时刻,被处理过的部分是该句子的前缀,待处理的部分是句子的后缀。也就是说,在处理过程中,系统从前向后逐个地扫描句子的每一个符号。当然,可以设计一个系统,它"坚持"用其他顺序去实现对句子中符号的扫描也是可以的。现在考虑计算机系统是如何按照文法 G_l,并依照从前到后的顺序扫描和处理句子 0123456 的。为了便于理解,使用归约记号 $\beta \Leftarrow \alpha$ 表示将 β 归约为 α。系统的处理过程如下:

扫描到的第 1 个符号是 0,按照文法 G_l,这个 0 是由 F_l 产生的。对应于产生式 $F_l \rightarrow 0$,有归约:

$$0 \Leftarrow F_l$$

此时系统将 0 归约成 F_l。系统扫描到的第 2 个符号是 1,按照文法 G_l,刚归约出来的 F_l 与 1 组成的串 $F_l 1$ 是由 E_l 产生的。所以,对应于产生式 $E_l \rightarrow F_l 1$,$F_l 1$ 被归约成 E_l:

$$F_l 1 \Leftarrow E_l$$

系统扫描到的第 3 个符号是 2,同样地,按照文法 G_l,这个 $E_l 2$ 是由 D_l 产生的。对应于产

生式 $D_l \rightarrow E_l 2$，$E_l 2$ 被归约成 D_l：

$$E_l 2 \Leftarrow D_l$$

如此下去，最后，系统扫描到的符号是 6，此时系统已经归约出 A_l，按照文法 G_l，这个 $A_l 6$ 是由 S_l 产生的。对应于产生式 $S_l \rightarrow A_l 6$，$A_l 6$ 被归约成 S_l：

$$A_l 6 \Leftarrow S_l$$

经过一系列的处理——归约，输入串 0123456 被归约成文法 G_l 的开始符号 S_l，这表明输入串是该文法的句子。为了更清楚，将这一归约过程集中描述如下，并用下画线标出每次被归约的字符串。

$$\underline{0}123456 \Leftarrow \underline{F_l 1}23456 \qquad \text{使用产生式 } F_l \rightarrow 0$$
$$\Leftarrow \underline{E_l 2}3456 \qquad \text{使用产生式 } E_l \rightarrow F_l 1$$
$$\Leftarrow \underline{D_l 3}456 \qquad \text{使用产生式 } D_l \rightarrow E_l 2$$
$$\Leftarrow \underline{C_l 4}56 \qquad \text{使用产生式 } C_l \rightarrow D_l 3$$
$$\Leftarrow \underline{B_l 5}6 \qquad \text{使用产生式 } B_l \rightarrow C_l 4$$
$$\Leftarrow \underline{A_l 6} \qquad \text{使用产生式 } A_l \rightarrow B_l 5$$
$$\Leftarrow S_l \qquad \text{使用产生式 } S_l \rightarrow A_l 6$$

由本例可以看出，在句子的分析过程中，右线性文法自然地对应于句子的推导过程，左线性文法自然地对应于句子的归约过程。这提醒我们，考虑一个语言的文法构造和分析处理时，适当地注意语言句子的分析过程及其和文法产生式的关系是有用的。

图 2-3 和图 2-4 给出了句子 0123456 在文法 G_r 中的推导过程和根据文法 G_l 所做的归约过程的图解。

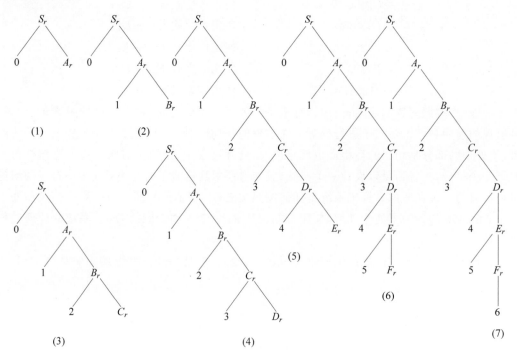

图 2-3　句子 0123456 的推导过程

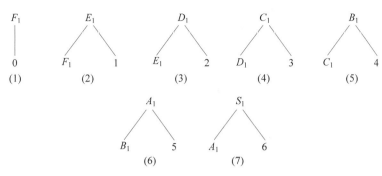

图 2-4　句子 0123456 的归约过程

根据定理 2-3,可以称左线性文法为 RG,左线性语言为 RL。根据定义 2-7,右线性文法和左线性文法都是线性文法,相应地,右线性语言和左线性语言都是线性语言。但是,读者应该注意,线性语言并不都是 RL。例如,设文法 G 的产生式组为 $S \rightarrow 0S1 \mid 01$,显然 G 是一个线性文法,但 $L(G) = \{0^n 1^n \mid n \geqslant 1\}$ 却不是 RL。关于 $L(G)$ 不是 RL 的证明要到第 5 章研究 RL 的性质时才能完成,在这里,基于 $L(G)$ 不是 RL,读者应特别注意下列定理所给出的结果。

定理 2-4　左线性文法的产生式与右线性文法的产生式混用所得到的文法不是 RG。

证明:设有文法

$$G_{16} : S \rightarrow 0A$$
$$A \rightarrow S1 \mid 1$$

不难看出,$L(G_{16}) = \{0^n 1^n \mid n \geqslant 1\}$。实际上,不存在 RG G,使得 $L(G) = L(G_{16}) = \{0^n 1^n \mid n \geqslant 1\}$。因为 $L(G_{16}) = \{0^n 1^n \mid n \geqslant 1\}$ 不是 RL。所以,G_{16} 不是 RG。

2.5　空　语　句

定义 2-9　形如 $A \rightarrow \varepsilon$ 的产生式称为空产生式,也可称为 ε 产生式。

根据关于文法分类的定义 2-6,在 RG,CFG,CSG 中,都不能含有空产生式。所以,任何 CSL 中都不含有空语句 ε,从而 CFL 和 RL 中都不能含空语句 ε。但是,实际上,空语句 ε 在一个语言中的存在并不影响该语言的有穷描述的存在。除了为生成空语句 ε 外,空产生式可以不被用于语言中其他任何句子的推导中。甚至当允许 CSL,CFL,RL 包含空语句 ε 后,还会给问题的处理提供一些方便。因此,本节专门讨论空语句 ε 的问题。今后,将允许在 RG,CFG,CSG 中含有空产生式,从而也就允许 CSL、CFL、RL 中包含空语句 ε。

定理 2-5　设 $G = (V, T, P, S)$ 为一文法,则存在与 G 同类型的文法 $G' = (V', T, P', S')$,使得 $L(G) = L(G')$,但 G' 的开始符号 S' 不出现在 G' 的任何产生式的右部。

证明:当文法 $G = (V, T, P, S)$ 的开始符号 S 不出现在 P 中任何产生式的右部时,G 就是所求。否则,取 $S' \notin V$,

$$G' = (V \cup \{S'\}, T, P', S')$$

其中,

$$P' = P \cup \{S' \to \alpha \mid S \to \alpha \in P\}$$

显然，G' 与 G 有相同的类型。按照集合相等的意义，为了证明 $L(G') = L(G)$，先证明 $L(G') \subseteq L(G)$，然后再证明 $L(G) \subseteq L(G')$。

（1）先证 $L(G') \subseteq L(G)$。

对任意 $x \in L(G')$，由文法产生的语言的定义知，在 G' 中存在如下推导：

$S' \Rightarrow \alpha$ 使用产生式 $S' \to \alpha$

$\quad \overset{*}{\Rightarrow} x$ 使用 P' 中除 $S' \to \alpha$ 以外的其他产生式

之所以说在推导 $\alpha \overset{*}{\Rightarrow} x$ 中使用的是 P' 中除 $S' \to \alpha$ 以外的其他产生式，是因为在 P' 中，S' 只出现在产生式的左部。所以，在 G' 中推导 x 时，当第一步使用产生式 $S' \to \alpha$ 将句型中唯一的 S' 换成 α 后，在后续的句型中不可能再次出现 S'。由 P' 的定义，除产生式 $S' \to \alpha$ 外，P' 含有 P 中的所有其他产生式。所以，在推导 $\alpha \overset{*}{\Rightarrow} x$ 中使用的产生式都是 P 中的产生式。因此，推导 $\alpha \overset{*}{\Rightarrow} x$ 在 G 中仍然成立。而且，由 P' 的定义知，必有 $S \to \alpha \in P$。所以

$S \Rightarrow \alpha$ 使用 P 中的产生式 $S \to \alpha$

$\quad \overset{*}{\Rightarrow} x$ 使用 P 中的产生式

故 $x \in L(G)$。也就是说，对任意 $x \in L(G')$，有 $x \in L(G)$。从而 $L(G') \subseteq L(G)$。

（2）再证 $L(G) \subseteq L(G')$。

对任意 $x \in L(G)$，由文法产生的语言的定义知，在 G 中存在如下推导：

$S \Rightarrow \alpha$ 使用 P 中的产生式 $S \to \alpha$

$\quad \overset{*}{\Rightarrow} x$ 使用 P 中的产生式

而 $P' = P \cup \{S' \to \alpha \mid S \to \alpha \in P\}$，所以在 G' 中，

$S' \Rightarrow \alpha$ 使用产生式 $S' \to \alpha$

$\quad \overset{*}{\Rightarrow} x$ 使用 P' 所包含的 P 中的产生式

故 $x \in L(G')$。也就是说，对任意 $x \in L(G)$，有 $x \in L(G')$。从而 $L(G) \subseteq L(G')$。

综上所述，有 $L(G') = L(G)$。从而定理得证。

定义 2-10 设 $G = (V, T, P, S)$ 是一个文法，如果 S 不出现在 G 的任何产生式的右部，则

（1）如果 G 是 CSG，则仍然称 $G = (V, T, P \cup \{S \to \varepsilon\}, S)$ 为 CSG。G 产生的语言仍然称为 CSL。

（2）如果 G 是 CFG，则仍然称 $G = (V, T, P \cup \{S \to \varepsilon\}, S)$ 为 CFG。G 产生的语言仍然称为 CFL。

（3）如果 G 是 RG，则仍然称 $G = (V, T, P \cup \{S \to \varepsilon\}, S)$ 为 RG。G 产生的语言仍然称为 RL。

定理 2-6 下列命题成立。

（1）如果 L 是 CSL，则 $L \cup \{\varepsilon\}$ 仍然是 CSL。

（2）如果 L 是 CFL，则 $L \cup \{\varepsilon\}$ 仍然是 CFL。

（3）如果 L 是 RL，则 $L \cup \{\varepsilon\}$ 仍然是 RL。

证明：对第（1）个命题，设 L 是 CSL，则存在一个 CSG $G = (V, T, P, S)$，使得 $L(G) = L$。由定理 2-5，我们不妨假设 S 不出现在 G 的任何产生式的右部。取

$$G' = (V, T, P \cup \{S \to \varepsilon\}, S)$$

由于 S 不出现在 G 的任何产生式的右部,所以,$S{\rightarrow}\varepsilon$ 不可能出现在任何长度不为 0 的句子的推导中。易证

$$L(G')=L(G)\bigcup\{\varepsilon\}$$

由于 G' 是 CSG,所以 $L(G)\bigcup\{\varepsilon\}$ 是 CSL。

同理可证第(2)和第(3)个命题。

定理 2-7　下列命题成立。

(1) 如果 L 是 CSL,则 $L-\{\varepsilon\}$ 仍然是 CSL。

(2) 如果 L 是 CFL,则 $L-\{\varepsilon\}$ 仍然是 CFL。

(3) 如果 L 是 RL,则 $L-\{\varepsilon\}$ 仍然是 RL。

证明:对第(1)个命题,设 L 是 CSL,则存在一个 CSG $G=(V,T,P,S)$,使得 $L(G)=L$。如果 $\varepsilon\notin L$,则 $L-\{\varepsilon\}=L$,所以 $L-\{\varepsilon\}$ 是 CSL。

如果 $\varepsilon\in L$,由定理 2-5,不妨假设 S 不出现在 G 的任何产生式的右部。取

$$G'=(V,T,P-\{S{\rightarrow}\varepsilon\},S)$$

由于 S 不出现在 G 的任何产生式的右部,所以,如果 $L(G)$ 中存在长度非 0 的句子,$S{\rightarrow}\varepsilon$ 不可能出现在它们的推导中。也就是说,将 $S{\rightarrow}\varepsilon$ 从 G 中去掉后,不会影响 $L(G)$ 中任何长度非 0 的句子的推导。所以,易证

$$L(G')=L(G)-\{\varepsilon\}$$

由于 G' 是 CSG,所以 $L(G)-\{\varepsilon\}$ 是 CSL。

同理可证其他两个命题。

实际上,对于任意文法 $G=(V,T,P,S)$,G 中的其他变量 A,出现形如 $A{\rightarrow}\varepsilon$ 的产生式是不会改变文法产生的语言类型的,而且这样一来,对文法的构造等工作还提供了很多方便。所以,约定:对于 G 中的任何变量 A,在需要时可以出现形如 $A{\rightarrow}\varepsilon$ 的产生式。

2.6　小　　结

本章讨论了语言的文法描述。介绍了文法的基本定义,以及推导,归约,文法定义的语言、句子、句型,文法的等价等重要概念。讨论了如何根据语言的特点和用语法变量去表示适当的集合(语法范畴)的方法进行文法构造,并按照乔姆斯基体系,将文法划分成 PSG,CSG,CFG,RG 4 类。

(1) 文法 $G=(V,T,P,S)$。任意 $A\in V$ 表示集合 $L(A)=\{w\,|\,w\in T^*\text{ 且 }A\overset{*}{\Rightarrow}w\}$。

(2) 推导与归约。文法中的推导是根据文法的产生式进行的。如果 $\alpha{\rightarrow}\beta\in P$,$\gamma,\delta,\in(V\bigcup T)^*$,则称 $\gamma\alpha\delta$ 在 G 中直接推导出 $\gamma\beta\delta$:$\gamma\alpha\delta\underset{G}{\Rightarrow}\gamma\beta\delta$,也称 $\gamma\beta\delta$ 在文法 G 中直接归约成 $\gamma\alpha\delta$,还称 β 直接归约为 α。

(3) 语言、句子和句型。文法 G 产生的语言 $L(G)=\{w\,|\,w\in T^*\text{ 且 }S\overset{*}{\Rightarrow}w\}$,$w\in L(G)$ 为句子。一般地,由开始符号推导出的任意符号行称为 G 的句型。

(4) 一个语言可以由多个文法产生,产生相同语言的文法称为是等价的。

(5) 右线性文法的产生式可以是形如 $A{\rightarrow}a$ 和 $A{\rightarrow}aB$ 的产生式,左线性文法的产生式可以是形如 $A{\rightarrow}a$ 和 $A{\rightarrow}Ba$ 的产生式。左线性文法与右线性文法是等价的。然而,左线性文法的产生式与右线性文法的产生式混用所得到的文法不是正则文法。

习　题

1. 回答下列问题。

(1) 在文法中,终极符号和非终极符号各起什么作用?

(2) 文法的语法范畴有什么意义? 开始符号所对应的语法范畴有什么特殊意义?

(3) 在文法中,除单个的变量可以对应一个终极符号行的集合外,按照类似的对应方法,一个字符串也可以对应一个终极符号行集合,这个集合表达什么意义?

(4) 文法中的推导和归约有什么不同?

(5) 为什么要求定义语言的字母表是一个非空有穷集合?

(6) 任意给定一个字母表 Σ,该字母表上的语言都具有有穷描述吗? 为什么?

(7) 在构造文法时可以从哪几方面入手?

(8) 按照文法的乔姆斯基体系,文法被分成几类? 各有什么样的特点?

(9) 什么叫左线性文法? 什么叫右线性文法? 什么叫线性文法?

(10) 既然已经在定义 2-10 中允许 RL 包含空语句 ε,那么定理 2-6 和定理 2-7 还有什么意义?

2. 设 $L=\{0^n \mid n\geqslant 1\}$,试构造满足要求的文法 G。

(1) G 是 RG。

(2) G 是 CFG,但不是 RG。

(3) G 是 CSG,但不是 CFG。

(4) G 是短语结构文法,但不是 CSG。

3. 设文法 G 的产生式集如下,试给出句子 id+id * id 的两个不同的推导和两个不同的归约。

$$E\rightarrow \text{id}\mid c\mid +E\mid -E\mid E+E\mid E-E\mid E*E\mid E/E\mid E{\uparrow}E\mid \text{Fun}(E)$$

4. 设文法 G 的产生式集如下,试给出句子 $aaabbbccc$ 的至少两个不同的推导和至少两个不同的归约。

$$
\begin{aligned}
S &\rightarrow aBC \mid aSBC \\
aB &\rightarrow ab \\
bB &\rightarrow bb \\
CB &\rightarrow BC \\
bC &\rightarrow bc \\
cC &\rightarrow cc
\end{aligned}
$$

5. 设文法 G 的产生式集如下,试给出句子 $abeebbeeba$ 的推导。你能给出句子 $abeebbeeb$ 的归约吗? 如果能,请给出它的一个归约;如果不能,请说明为什么。

$$
\begin{aligned}
S &\rightarrow aAa \mid bAb \mid e \\
A &\rightarrow SS \\
bB &\rightarrow bAb \\
bC &\rightarrow bc \\
B &\rightarrow bAbS
\end{aligned}
$$

6. 设文法 G 的产生式集如下,请给出 G 的每个语法范畴代表的集合。

$$S \rightarrow aSa \mid aaSaa \mid aAa$$
$$A \rightarrow bA \mid bbbA \mid bB$$
$$B \rightarrow cB \mid cC$$
$$C \rightarrow ccC \mid DD$$
$$D \rightarrow dD \mid d$$

7. 给定如下文法,请用自然语言描述它们定义的语言。

(1) $A \rightarrow aaA \mid aaB$

   $B \rightarrow Bcc \mid D \sharp cc$

   $D \rightarrow bbbD \mid \sharp$

(2) $A \rightarrow 0B \mid 1B \mid 2B$

   $B \rightarrow 0C \mid 1C \mid 2C$

   $C \rightarrow 0D \mid 1D \mid 2D \mid 0 \mid 1 \mid 2$

   $D \rightarrow 0B \mid 1B \mid 2B$

(3) $A \rightarrow 0B \mid 1B \mid 2B$

   $B \rightarrow 0C \mid 1B \mid 2B$

   $C \rightarrow 0E \mid 1D \mid 2D \mid 0 \mid 1 \mid 2$

   $D \rightarrow 0C \mid 1B \mid 2B$

   $E \rightarrow 0E \mid 1D \mid 2D \mid 0 \mid 1 \mid 2$

(4) $S \rightarrow aB \mid bA$

   $A \rightarrow a \mid aS \mid BAA$

   $B \rightarrow b \mid bS \mid ABB$

8. 设 $\Sigma = \{0, 1\}$,请给出 Σ 上的下列语言的文法。

(1) 所有以 0 开头的串。

(2) 所有以 0 开头,以 1 结尾的串。

(3) 所有以 11 开头,以 11 结尾的串。

(4) 所有最多有一对连续的 0 或者最多有一对连续的 1 的串。

(5) 所有最多有一对连续的 0 并且最多有一对连续的 1 的串。

(6) 所有长度为偶数的串。

(7) 所有包含子串 01011 的串。

(8) 所有含有 3 个连续 0 的串。

9. 设 $\Sigma = \{a, b, c\}$,构造下列语言的文法。

(1) $L_1 = \{a^n b^n \mid n \geqslant 0\}$。

(2) $L_2 = \{a^n b^m \mid n, m \geqslant 1\}$。

(3) $L_3 = \{a^n b^n a^n \mid n \geqslant 1\}$。

(4) $L_4 = \{a^n b^m a^k \mid n, m, k \geqslant 1\}$。

(5) $L_5 = \{awa \mid a \in \Sigma, w \in \Sigma^+\}$。

(6) $L_6 = \{xwx^{\mathrm{T}} \mid x, w \in \Sigma^+\}$。

(7) $L_7 = \{w \mid w = w^{\mathrm{T}}, w \in \Sigma^+\}$。

(8) $L_8 = \{xx^\mathrm{T}w \mid x, w \in \Sigma^+\}$。

(9) $L_9 = \{xx \mid x \in \Sigma^+\}$。

10. 给定文法

$$G_1 = (V_1, T_1, P_1, S_1)$$
$$G_2 = (V_2, T_2, P_2, S_2)$$

试分别构造满足下列要求的文法 G,并证明你的结论。

(1) $L(G) = L(G_1) L(G_2)$。

(2) $L(G) = L(G_1) \bigcup L(G_2)$。

(3) $L(G) = L(G_1)\{a, b\}L(G_2)$,其中 a, b 是两个不同的终极符号。

(4) $L(G) = L(G_1)^*$。

(5) $L(G) = L(G_1)^+$。

11. 给定 RG

$$G_1 = (V_1, T_1, P_1, S_1)$$
$$G_2 = (V_2, T_2, P_2, S_2)$$

试分别构造满足下列要求的 RG G,并证明你的结论。

(1) $L(G) = L(G_1) L(G_2)$。

(2) $L(G) = L(G_1) \bigcup L(G_2)$。

(3) $L(G) = L(G_1)\{a, b\}L(G_2)$,其中 a, b 是两个不同的终极符号。

(4) $L(G) = L(G_1)^*$。

(5) $L(G) = L(G_1)^+$。

(6) $L(G) = L(G_1) \bigcap L(G_2)$。

12. 设文法 G 有如下产生式:

$$S \to aB \mid bA$$
$$A \to a \mid aS \mid bAA$$
$$B \to b \mid bS \mid aBB$$

证明: $L(G) = \{w \mid w$ 中含有相同个数的 a 和 b,且 w 非空$\}$。

(提示:对字符串 w 的长度施归纳,同时证明以下 3 个命题成立。

(1) $S \overset{*}{\Rightarrow} w$ iff w 中含有相同个数的 a 和 b,且 w 非空。

(2) $A \overset{*}{\Rightarrow} w$ iff w 中含有 a 的个数比 b 的个数恰好多一个。

(3) $B \overset{*}{\Rightarrow} w$ iff w 中含有 a 的个数比 b 的个数恰好少一个。)

第 3 章

有穷状态自动机

在乔姆斯基体系中,根据文法的不同,语言被分成 4 类。在这里,语言的文法描述提供了生成语言的手段,但是,对语言句子的识别来说,还存在一些不方便。从本章开始,将按照语言的分类,介绍一些识别语言的模型。

3.1 语言的识别

第 2 章定义由正则文法产生的语言为正则语言。当给定一个正则文法 $G=(V,T,P,S)$,相应的正则语言 $L(G)$ 也就给定了。此时,任意给定一个字符串 w,w 是这个语言的句子吗?为回答这个问题,需要考查 $S\overset{*}{\Rightarrow}w$ 在 G 中是否成立。按照文法的要求,如果 w 能由给定文法产生,就必须找出它的推导,或者将它归约成 S;如果 w 不能由文法产生,就必须证明 G 中不存在 w 的推导,或者 w 在 G 中不能归约成 S。这件事并不是对所有的文法都很容易做到的,正则文法也不例外。在第 2 章中已经了解到,给定文法所定义的语言的一个句子在该文法中可能存在许多不同的推导。更为严重的是,有时可以选择的直接推导不止一个,它们中有的是对的,有的是错的。如果选择了错误的推导,则在后续的推导中发现错误而无法继续进行下去时,就需要回过头来重新选择推导。归约也是一样,也会在某一步遇到多个不同的直接归约,它们中间也可能存在当前看似正确而实际是错误的归约。当不幸选中错误的归约,同样需要回过头来重新进行选择。这个过程称为"回溯",是高级程序设计语言编译系统的设计中要解决的重要问题之一。当 w 不能由文法产生时,必须证明 G 中不存在 w 的推导,或者 w 在 G 中不能归约成 S。也就是说,要证明所有的推导都无法得到 w,或者所有的归约都不能将 w 最终归约成 S。下面看一个简单的例子。设文法 G 有如下产生式:

$$S \rightarrow aA \mid aB$$
$$A \rightarrow aA \mid c$$
$$B \rightarrow aB \mid d$$

字符串 $aaad$ 是该文法所定义的语言的句子吗? 现在按推导的方法来回答此问题,归约方法类似,请读者自己练习。

一般系统在处理当前字符时,并不知道后面将出现的字符,所以,对字符串 $aaad$ 的分析,一开始并不知道句子的尾字符是 d。除非通过多遍扫描来完成句子的分析,否则就难以保证推导的每一步一定都是该句子的正确推导。只有在多遍扫描中,才有可能在进行句子

的推导前收集到可用于推导的信息。假设在推导的第一步选择 S 产生式的第一个候选式，于是

$$S \Rightarrow aA \qquad \text{使用产生式 } S \to aA$$
$$\Rightarrow aaA \qquad \text{使用产生式 } A \to aA$$
$$\Rightarrow aaaA \qquad \text{使用产生式 } A \to aA$$
$$\Rightarrow aaaaA \qquad \text{使用产生式 } A \to aA$$

到这里，才发现这一推导无法推出 $aaad$。首先要考虑的问题是在上述推导中是否有选择错误的时候，因为上述推导的每一步各有两个不同的产生式可供选择（这样，共有 $2^4 = 16$ 种"需要考虑的"不同推导，注意仅仅在这种意义下的推导已经是文法的语法变量的候选式个数的推导步数次幂），而我们只选择了其中的一种。是第四步应该用产生式 $A \to c$ 吗？要回答此问题，需要回到第三步推导的结果：

$$\Rightarrow aaaA \qquad \text{使用产生式 } A \to aA$$
$$\Rightarrow aaac \qquad \text{使用产生式 } A \to c$$

结果仍然不对，因此又要重新回到第二步的推导结果……如此下去，最后回到开始，使用产生式 $S \to aB$ 重新开始推导。由此出发，读者自己不难给出 $aaad$ 的正确推导（仍然会出现错误的推导）。

由上例可以看出，推导和归约中的回溯问题将对系统的效率产生极大的影响。是否可以从识别的角度去考虑问题的求解呢？不难看出，上例中文法 G 产生的语言的句子都是前面至少有一个 a，最后是一个 c 或者是一个 d，最后一个字符是 c 的可以算一类，最后一个字符是 d 的可以算另一类：

$$\{a^n c \mid n \geqslant 1\} \bigcup \{a^n d \mid n \geqslant 1\}$$

现在考虑按照如下方式设计一个系统：系统初始时处于开始处理输入字符串的状态（不妨取名为 q_0）。当读入一个 a 时，表示输入串已经满足 a 的个数"至少为 1"的要求（"至少为 1"表明，a 的个数可以有多个），因此，可用一个状态表示目前已经得到至少一个 a（不妨取名为 q_1）。在 q_1 状态下，如果遇到 a，仍是满足至少一个 a 的要求，系统保持在 q_1 状态；如果遇到 c，则表示当前接受的字符串属于第一类，系统进入状态 q_2；如果在 q_1 状态下遇到 d，则表示当前接受的字符串属于第二类，系统进入状态 q_3。为了实现对该系统（模型）既简洁（抽象）又直观的描述，用顶点表示系统的状态，用带有标志的弧表示系统在某一状态下从输入字符串中读入当前字符后进入到另一个状态。据此，得到图 3-1。

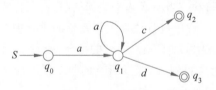

图 3-1　系统识别语言 $\{a^n c \mid n \geqslant 1\} \bigcup \{a^n d \mid n \geqslant 1\}$ 的字符串过程中状态的变化图示

根据图 3-1，系统对字符串 $aaad$ 的处理就相对"容易"一些：系统在状态 q_0 启动（用标有 S 的箭头表示），读入字符 a，转到状态 q_1，在 q_1 状态下，读入第二个字符 a，系统仍然处于状态 q_1；再读入第三个字符 a，系统仍然处于状态 q_1；读入第四个字符 d 时，系统进入状态 q_3。到此，发现 $aaad$ 是语言中的第二类句子。如果输入的字符串中还剩余有其他字符，那么这个输入字符串就不是该语言的句子了。这里用双圈顶点表示获得给定语言句子的状态。也就是说，系统在处理输入字符串的过程中，如果能从初始状态开始，最后到达用双圈顶点表示的"终止"状态，就认为这个输入字符串是

给定语言的句子；否则，这个输入字符串就不是给定语言的句子。虽然这种系统（模型）每"启动一次"只完成一个句子的识别，但是它可以识别语言的所有句了。所以，可以称这种系统（模型）为语言的识别系统（模型）。

对上述识别系统（模型），可以归纳出如下几个主要方面：

（1）系统具有有穷个状态，不同的状态代表不同的意义。按照实际的需要，系统可以在不同的状态下完成规定的任务。

（2）可以将输入字符串中出现的字符汇集在一起，构成一个字母表。系统处理的所有字符串都是这个字母表上的字符串。

（3）系统在任何一个状态（当前状态）下，从输入字符串中读入一个字符，根据当前状态和读入的这个字符转到新的状态。当前状态和新的状态可以是同一个状态，也可以是不同的状态。当系统从输入字符串中读入一个字符后，它下一次再读时会读入下一个字符。这就是说，系统有一个读写指针，该指针在系统读入一个字符后指向输入串的下一个字符。

（4）在所有的状态中有一个状态，它是系统的开始状态，系统在这个状态下开始进行某个给定句子的处理。

（5）还有一些状态表示系统到目前为止所读入的字符构成的字符串是语言的一个句子，将系统从开始状态引导到这种状态的所有字符串构成的语言就是系统所能识别的语言。

将此系统（模型）对应成如图 3-2 所示的物理模型——称之为有穷状态自动机的物理模型。首先，它有一个输入带。该输入带上有一系列的"带方格"，每个带方格可以存放一个字符。为了不让输入带的存储容量影响我们对主要问题的考虑，约定：输入串从输入带的左端点开始存放，输入带的右端是无穷的。也就是说，从左端点的第一个带方格开始，输入带可以存放任意长度的输入字符串。其次，系统有一个有穷状态控制器（finite state control，FSC），该控制器的状态只有有穷多个。FSC 控制一个读头，用来从输入带上读入字符。每读入一个字符，就将读头指向下一个待读入的字符。

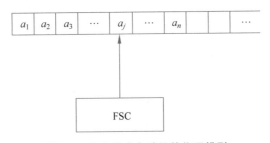

图 3-2　有穷状态自动机的物理模型

系统的每一个动作由 3 个节拍构成：读入读头所指向的字符；根据当前状态和读入的字符改变有穷控制器的状态；将读头向右移动一格。

3.2　有穷状态自动机

CPU、存储器、外部设备组成的基本的计算机硬件系统可以表示成三元组：

计算机硬件系统＝（CPU，存储器，外部设备）

进程管理、设备管理、存储管理、文件管理、网络通信管理组成的计算机操作系统可以表示成五元组:

操作系统＝(进程管理,设备管理,存储管理,文件管理,网络通信管理)

同样,将有穷状态自动机表示成一个五元组(quintuple 或 5-tuple),其形式化的定义如下。

定义 3-1 有穷状态自动机(finite automaton,FA)M 是一个五元组:

$$M=(Q,\Sigma,\delta,q_0,F)$$

其中,Q——状态的非空有穷集合。$\forall q\in Q,q$ 称为 M 的一个状态(state)。

Σ——输入字母表(input alphabet)。输入字符串都是 Σ 上的字符串。

δ——状态转移函数(transition function),有时又称为状态转换函数或者移动函数,δ: $Q\times\Sigma\rightarrow Q$。对 $\forall(q,a)\in Q\times\Sigma,\delta(q,a)=p$ 表示 M 在状态 q 读入字符 a,将状态变成 p,并将读头向右移动一个带方格而指向输入字符串的下一个字符。

q_0——M 的开始状态(initial state),也可称为初始状态或者启动状态,$q_0\in Q$。

F——M 的终止状态(final state)集合,$F\subseteq Q$。$\forall q\in F,q$ 称为 M 的终止状态。

应当指出的是,虽然将 F 中的状态称为终止状态,并不是说 M 一旦进入这种状态就终止了,而是说 M 一旦在处理完输入字符串时到达这种状态,M 就接受当前处理的字符串。所以,有时又称终止状态为接受状态(accept state)。

例 3-1 下面是有穷状态自动机。

$$M_1=(\{q_0,q_1,q_2\},\{0\},\delta_1,q_0,\{q_2\})$$

其中,$\delta_1(q_0,0)=q_1,\delta_1(q_1,0)=q_2,\delta_1(q_2,0)=q_1$,可以用表 3-1 表示状态转移函数 δ_1。

表 3-1 状态转移函数 δ_1

状态说明	状　态	输 入 字 符
		0
开始状态	q_0	q_1
	q_1	q_2
终止状态	q_2	q_1

$$M_2=(\{q_0,q_1,q_2,q_3\},\{0,1,2\},\delta_2,q_0,\{q_2\})$$

其中,$\delta_2(q_0,0)=q_1,\delta_2(q_1,0)=q_2,\delta_2(q_2,0)=q_1,\delta_2(q_3,0)=q_3,\delta_2(q_0,1)=q_3,\delta_2(q_1,1)=q_3,\delta_2(q_2,1)=q_3,\delta_2(q_3,1)=q_3,\delta_2(q_0,2)=q_3,\delta_2(q_1,2)=q_3,\delta_2(q_2,2)=q_3,\delta_2(q_3,2)=q_3$。

注意到用表格表达 δ 比逐个列出它的函数式更为清楚,所以,仍然采用表格的形式给出 δ_2,如表 3-2 所示。

定义 FA 的目的是用它来识别语言,所以,需要将 δ 的定义域从 $Q\times\Sigma$ 扩充到 $Q\times\Sigma^*$ 上。按照本节前面的描述,对一个给定的输入字符串,M 从开始状态读入该串的第一个字符,每处理完一个字符,就进入下一个状态,并在此新状态下读入下一个字符。按照这个过程,直到整个字符串被处理完。因此,按照下列定义,将 δ 扩充为 $\hat{\delta}$:$Q\times\Sigma^*\rightarrow Q$。

表 3-2　状态转移函数 δ_2

状态说明	状 态	输入字符		
		0	1	2
开始状态	q_0	q_1	q_3	q_3
	q_1	q_2	q_3	q_3
终止状态	q_2	q_1	q_3	q_3
	q_3	q_3	q_3	q_3

对任意 $q \in Q, w \in \Sigma^*, a \in \Sigma$,有

(1) $\hat{\delta}(q, \varepsilon) = q$。

(2) $\hat{\delta}(q, wa) = \delta(\hat{\delta}(q, w), a)$。

由于 δ 的定义域 $Q \times \Sigma$ 是 $\hat{\delta}$ 的定义域 $Q \times \Sigma^*$ 的真子集:$Q \times \Sigma \subset Q \times \Sigma^*$,所以,对于任意 $(q, a) \in Q \times \Sigma$,如果 $\hat{\delta}$ 和 δ 都有相同的值,就不用区分这两个符号了。事实上,对于任意 $q \in Q, a \in \Sigma$,有

$$\hat{\delta}(q, a) = \hat{\delta}(q, \varepsilon a) \qquad \varepsilon \text{ 是单位元素}$$
$$= \delta(\hat{\delta}(q, \varepsilon), a) \qquad \text{根据定义的第(2)条}$$
$$= \delta(q, a) \qquad \text{根据定义的第(1)条}$$

所以,今后用 δ 代替 $\hat{\delta}$。

另外,由于对于任意 $q \in Q, a \in \Sigma, \delta(q, a)$ 均有确定的值,所以,又将这种 FA 称为确定的有穷状态自动机(deterministic finite automaton,DFA)。到此,可以给出 DFA 接受的语言的定义。

定义 3-2　设 $M = (Q, \Sigma, \delta, q_0, F)$ 是一个 DFA。对于 $\forall x \in \Sigma^*$,如果 $\delta(q_0, x) \in F$,则称 x 被 M 接受;如果 $\delta(q_0, x) \notin F$,则称 M 不接受 x。

$$L(M) = \{x \mid x \in \Sigma^* \text{ 且 } \delta(q_0, x) \in F\}$$

称为由 M 接受(识别)的语言。

不难看出,例 3-1 中定义的 $M_1 = (\{q_0, q_1, q_2\}, \{0\}, \delta_1, q_0, \{q_2\})$ 和 $M_2 = (\{q_0, q_1, q_2, q_3\}, \{0, 1, 2\}, \delta_2, q_0, \{q_2\})$ 所接受的语言为

$$L(M_1) = L(M_2) = \{0^{2n} \mid n \geqslant 1\}$$

定义 3-3　设 M_1 和 M_2 为 FA。如果 $L(M_1) = L(M_2)$,则称 M_1 与 M_2 等价。

例 3-2　构造一个 DFA,它接受的语言为 $\{x000y \mid x, y \in \{0, 1\}^*\}$。

设 $L = \{x000y \mid x, y \in \{0, 1\}^*\}$。不难看出,这个语言的特点是"每个句子都含有 3 个连续的 0"。显然,对任意给定的一个输入 $x \in \{0, 1\}^*$,所构造的 DFA 的主要任务是检查 x 中是否存在子串"000",一旦发现它含有这样的子串,就表示它是一个合法的句子。所以,在确认它含有"000"后,就应该逐一地读入该输入字符串的剩余后缀,并接受该串。所以,主要问题是如何发现子串"000"。由于字符是逐一被读入的,当从输入串中读入一个 0 时,它可能是子串"000"的第一个 0,因此,需要记住这个 0;如果紧接着读入的是 1,则刚才读入的

"0"并不是子串"000"的第一个 0,此时需要重新寻找子串"000"的第一个 0;如果紧接着读入的是 0,则这个 0 可能是子串"000"的第二个 0,此时也需要记住这个 0,且目前已经发现了连续的两个 0。DFA 继续向前扫描,如果再次读到 0,则表明已发现子串"000"。按照这一分析,识别所给语言的 DFA M 至少需要如下几个状态:

q_0——M 的启动状态。

q_1——M 读到了一个 0,这个 0 可能是子串"000"的第一个 0。

q_2——M 在 q_1 后紧接着又读到了一个 0,这个 0 可能是子串"000"的第二个 0。

q_3——M 在 q_2 后紧接着又读到了一个 0,发现输入字符串含有子串"000"。因此,这个状态应该是终止状态。

从而,可得到关于 M 的状态转移函数的如下部分定义:

$\delta(q_0,0)=q_1$——M 读到了一个 0,这个 0 可能是子串"000"的第一个 0。

$\delta(q_1,0)=q_2$——M 又读到了一个 0,这个 0 可能是子串"000"的第二个 0。

$\delta(q_2,0)=q_3$——M 找到了子串"000"。

之所以说这只是 M 的状态转移函数的部分定义,是因为还缺乏当 M 在状态 q_0,q_1,q_2 遇到输入字符 1 时,以及 M 在状态 q_3 遇到 0 和 1 时的定义。所以,上述 3 项定义实际上给出了 M 的"主体框架"。现在将缺少的部分补充如下:

$\delta(q_0,1)=q_0$——M 在 q_0 读到了一个 1,它要继续在 q_0"等待"可能是子串"000"的第一个 0 的输入字符 0。

$\delta(q_1,1)=q_0$——M 在刚刚读到了一个 0 后,读到了一个 1,表明读入这个 1 之前所读入的 0 并不是子串"000"的第一个 0。因此,M 需要重新回到状态 q_0,以寻找子串"000"的第一个 0。

$\delta(q_2,1)=q_0$——M 在刚刚发现了 00 后,读到了一个 1,表明读入这个 1 之前所读入的 00 并不是子串"000"的前两个 0。因此,M 需要重新回到状态 q_0,以寻找子串"000"的第一个 0。

$\delta(q_3,0)=q_3$——M 找到了子串"000",只用读入该串的剩余部分。

$\delta(q_3,1)=q_3$——M 找到了子串"000",只用读入该串的剩余部分。

到此,得到接受语言 $\{x000y \mid x,y\in\{0,1\}^*\}$ 的 DFA:

$M=(\{q_0,q_1,q_2,q_3\},\{0,1\},\{(q_0,0)=q_1,\delta(q_1,0)=q_2,\delta(q_2,0)=q_3,\delta(q_0,1)=q_0,$
$\delta(q_1,1)=q_0,\delta(q_2,1)=q_0,\delta(q_3,0)=q_3,\delta(q_3,1)=q_3\},q_0,\{q_3\})$

为清楚起见,用表 3-3 表示该 M 的移动函数。

表 3-3　M 的移动函数

状 态 说 明	状　　　态	输 入 字 符	
		0	1
开始状态	q_0	q_1	q_0
	q_1	q_2	q_0
	q_2	q_3	q_0
终止状态	q_3	q_3	q_3

初学者容易忽视的问题是漏填表中某些定义项,尤其当以函数式和状态转移图(定义 3-4)的形式给出 DFA 时更是如此。所以,特别强调:如果要求构造 DFA,就必须给出所有的定义,也就是要将表 3-3 填满,除非给出新的约定。

另外,若 DFA 在扫描完输入串之前已经获得足够的信息,确认一个输入字符串是它接受的句子,则它进入终止状态,并且可以在此状态读完该字符串的剩余部分。

下面用图 3-3 给出所构造的 M 的图示。

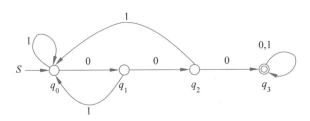

图 3-3　DFA M 的图示

这个图看起来要比 $M=(\{q_0,q_1,q_2,q_3\},\{0,1\},\{\delta(q_0,0)=q_1,\delta(q_1,0)=q_2,\delta(q_2,0)=q_3,\delta(q_0,1)=q_0,\delta(q_1,1)=q_0,\delta(q_2,1)=q_0,\delta(q_3,0)=q_3,\delta(q_3,1)=q_3\},q_0,\{q_3\})$ 直观得多,所以理解起来也容易许多。因此,将这种图定义为 FA 的状态转移图。注意,这里定义的状态转移图不仅仅用来表示 DFA,还被用来表示后面定义的 NFA 和 ε-NFA。

定义 3-4　设 $M=(Q,\Sigma,\delta,q_0,F)$ 为一个 DFA,满足如下条件的有向图称为 M 的状态转移图(transition diagram):

(1) $q\in Q\Leftrightarrow q$ 是该有向图中的一个顶点。

(2) $\delta(q,a)=p\Leftrightarrow$ 图中有一条从顶点 q 到顶点 p 的标记为 a 的弧。

(3) $q\in F\Leftrightarrow$ 标记为 q 的顶点用双层圈标出。

(4) 用标有 S 的箭头指出 M 的开始状态。

状态转移图又称为状态转换图。有时,状态转移图中会存在一些并行的弧:它们从同一顶点出发,到达同一个顶点。对这样的并行弧,用一条有多个标记的弧表示。例如,图 3-3 中的从状态 q_3 到状态 q_3 的标记为 0 和 1 的弧表示从状态 q_3 到状态 q_3 有两条并行的弧,它们的标记分别为 0 和 1。

例 3-3　构造一个 DFA,它接受的语言为 $\{x000\,|\,x\in\{0,1\}^*\}$。

语言 $\{x000\,|\,x\in\{0,1\}^*\}$ 与语言 $\{x000y\,|\,x,y\in\{0,1\}^*\}$ 的不同之处是,前者要求每个句子都是以 000 结尾的,而不是要求句子中含有子串"000"。所以,在构造中,查到 3 个连续的 0 并不表明此串可以被接受,而需要看这 3 个连续的 0 是否为输入串的最后 3 个字符。因此,通过对图 3-3 的状态赋予新的解释,并进行适当的修改,以获得接受语言 $\{x000\,|\,x\in\{0,1\}^*\}$ 的 DFA:

在状态 q_0 读到的 0 可能是输入字符串的最后 3 个 0 的第一个 0。

在状态 q_1 紧接着读到的 0 可能是输入字符串的最后 3 个 0 的第二个 0。

在状态 q_2 紧接着读到的 0 可能是输入字符串的最后 3 个 0 的第三个 0。

在状态 q_3 紧接着读到的 0 也可能是输入字符串的最后 3 个 0 的第三个 0。

如果在状态 q_1,q_2,q_3 读到的是 1,则要重新检查输入串是否以 3 个 0 结尾。

所以,相应的 DFA 的状态转移图如图 3-4 所示。

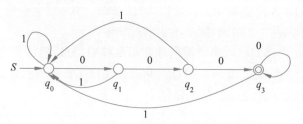

图 3-4 接受语言 $\{x000\,|\,x\in\{0,1\}^*\}$ 的 DFA

以下几点值得注意:

(1) 图 3-4 清楚地表示出了接受语言 $\{x000\,|\,x\in\{0,1\}^*\}$ 的 DFA,所以,定义 FA 时,常常只给出 FA 相应的状态转移图就可以了。

(2) 对于 DFA 来说,并行的弧按弧上标记字符的个数计算。对于每个顶点来说,它的出度恰好等于输入字母表中所含字符的个数。

(3) 不难看出,字符串 x 被 FA M 接受的充分必要条件是,在 M 的状态转移图中存在一条从开始状态到某一个终止状态的有向路,该有向路上从第一条边到最后一条边的标记依次并置构成字符串 x。简称此路的标记为 x。

(4) 一个 FA 可以有多于一个的终止状态。例如,图 3-5 是接受语言 $\{x000\,|\,x\in\{0,1\}^*\}\cup\{x001\,|\,x\in\{0,1\}^*\}$ 的 FA,它有两个终止状态。

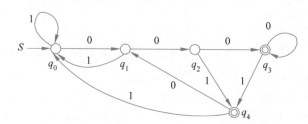

图 3-5 接受语言 $\{x000\,|\,x\in\{0,1\}^*\}\cup\{x001\,|\,x\in\{0,1\}^*\}$ 的 FA

为了更方便地描述 FA 识别一个输入串的过程,定义 FA 的即时描述。

定义 3-5 设 $M=(Q,\Sigma,\delta,q_0,F)$ 为一个 FA,$x,y\in\Sigma^*$,$\delta(q_0,x)=q$,xqy 称为 M 的一个即时描述(instantaneous description,ID)。它表示 xy 是 M 正在处理的一个字符串,x 引导 M 从 q_0 启动并到达状态 q,M 的读头当前正指向 y 的首字符。

如果 $xqay$ 是 M 的一个即时描述,且 $\delta(q,a)=p$,则

$$xqay \underset{M}{\vdash} xapy$$

表示 M 在状态 q 时已经处理完 x,并且读头正指向输入字符 a,此时它读入 a 并转入状态 p,将读头向右移动一格,指向 y 的首字符。

将 $\underset{M}{\vdash}$ 看作 M 的所有即时描述集合上的二元关系,并用 $\underset{M}{\overset{n}{\vdash}}$,$\underset{M}{\overset{*}{\vdash}}$,$\underset{M}{\overset{+}{\vdash}}$ 分别表示 $\left(\underset{M}{\vdash}\right)^n$,$\left(\underset{M}{\vdash}\right)^*$,$\left(\underset{M}{\vdash}\right)^+$,按照二元关系合成的意义,有

$\alpha \vdash_{M}^{n} \beta$：表示 M 经过 n 次移动，即时描述从 α 变成 β。即 M 存在即时描述 $\alpha_1, \alpha_2, \cdots,$ α_{n-1}，使得 $\alpha \vdash_{M} \alpha_1, \alpha_1 \vdash_{M} \alpha_2, \cdots, \alpha_{n-1} \vdash_{M} \beta$。

当 $n = 0$ 时，有 $\alpha = \beta$。即 $\alpha \vdash_{M}^{0} \alpha$。

$\alpha \vdash_{M}^{+} \beta$：表示 M 经过至少 1 次移动，即时描述从 α 变成 β。

$\alpha \vdash_{M}^{*} \beta$：表示 M 经过若干步移动，即时描述从 α 变成 β。

当讨论的问题中只有唯一的 FA M 时，所进行的移动只能是 M 中的移动，此时符号中的 M 就可以省略了。一般地，为了简洁起见，当意义清楚时，将符号 $\vdash_{M}, \vdash_{M}^{n}, \vdash_{M}^{*}, \vdash_{M}^{+}$ 中的 M 省去，分别用 $\vdash, \vdash^{n}, \vdash^{*}, \vdash^{+}$ 表示。

例如，用例 3-3 所定义的 M 处理输入串 1010010001，有

$$q_0 1010010001 \vdash 1q_0 010010001$$
$$\vdash 10q_1 10010001$$
$$\vdash 101q_0 0010001$$
$$\vdash 1010q_1 010001$$
$$\vdash 10100q_2 10001$$
$$\vdash 101001q_0 0001$$
$$\vdash 1010010q_1 001$$
$$\vdash 10100100q_2 01$$
$$\vdash 101001000q_3 1$$
$$\vdash 1010010001q_0$$

即

$$q_0 1010010001 \vdash^{10} 1010010001q_0$$
$$q_0 1010010001 \vdash^{+} 1010010001q_0$$
$$q_0 1010010001 \vdash^{*} 1010010001q_0$$

由于 M 在处理完 1010010001 后到达状态 q_0，所以 1010010001 不是 M 接受的语言的句子，虽然 M 在处理该字符串的过程中曾经经过终止状态 q_3。

不难证明，对于 $x \in \Sigma^{*}$，

$$q_0 x 1 \vdash^{+} x 1 q_0$$
$$q_0 x 10 \vdash^{+} x 10 q_1$$
$$q_0 x 100 \vdash^{+} x 100 q_2$$

$$q_0 x 000 \vdash x 000 q_3$$

定义 3-6 设 $M=(Q,\Sigma,\delta,q_0,F)$ 为一个 FA,对 $\forall q\in Q$,能引导 FA 从开始状态到达 q 的字符串的集合为

$$set(q)=\{x \mid x\in\Sigma^*, \delta(q_0,x)=q\}$$

对图 3-5 所给的 DFA,有

$$set(q_0)=\{x \mid x\in\Sigma^*, x=\varepsilon \text{ 或者 } x \text{ 以 1 但不是 001 结尾}\}$$

$$set(q_1)=\{x \mid x\in\Sigma^*, x=0 \text{ 或者 } x \text{ 以 10 结尾}\}$$

$$set(q_2)=\{x \mid x\in\Sigma^*, x=00 \text{ 或者 } x \text{ 以 100 结尾}\}$$

$$set(q_3)=\{x \mid x\in\Sigma^*, x \text{ 以 000 结尾}\}$$

$$set(q_4)=\{x \mid x\in\Sigma^*, x \text{ 以 001 结尾}\}$$

细心观察会发现,上述 5 个集合是两两互不相交的,而且这 5 个集合的并正好就是该 DFA 的输入字母表 $\{0,1\}$ 的克林闭包。也就是说,这 5 个集合是 $\{0,1\}^*$ 的一个划分。依照这个划分,可以定义一个等价关系,在同一集合中的字符串满足此等价关系,不在同一集合中的字符串不满足此等价关系。

一般地,对于任意一个 DFA $M=(Q,\Sigma,\delta,q_0,F)$,按照如下方式定义关系 R_M:

对 $\forall x,y\in\Sigma^*, xR_My\Leftrightarrow\exists q\in Q$,使得 $x\in set(q)$ 和 $y\in set(q)$ 同时成立。

按照这个定义所得到的关系实际上是 Σ^* 上的一个等价关系。利用这个关系,可以将 Σ^* 划分成不多于 $|Q|$ 个等价类。进一步的讨论放在后面进行。

例 3-4 构造一个 DFA,它接受的语言为 $\{0^n 1^m 2^k \mid n,m,k\geqslant 1\}$。

该语言的句子的特点是:0 在最前面,1 在中间,2 在最后,它们不可以交叉出现,也不可以颠倒顺序,字符 0,1,2 的个数均不可少于 1。根据此,需要用 4 个状态:

q_0——M 的启动状态。

q_1——M 读到至少一个 0,并等待读更多的 0。

q_2——M 读到至少一个 0 后,读到了至少一个 1,并等待读更多的 1。

q_3——M 读到至少一个 0 后跟至少一个 1 后,接着读到了至少一个 2。

根据上述分析,可以得到如图 3-6 所示的状态转移图。

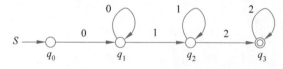

图 3-6 接受语言 $\{0^n 1^m 2^k \mid n,m,k\geqslant 1\}$ 的 DFA 的主体框架

显然,图 3-6 不是要求的 DFA 的状态转移图,因为从此图中可以看出相应 FA 的输入字母表至少要包含字符 0,1,2,但是图中每个状态处并没有给出所有这 3 个字符的移动。按照语言的要求,如果未被标出的字符在这些状态出现,相应的输入串就肯定不是语言的句子。因此,我们引入第五个状态 q_t,一旦先前引入的状态发现输入串肯定不是语言的句子,就进入此状态,完成对输入字符串剩余部分的读入,即进行相应的例外处理。从而得到识别语言 $\{0^n 1^m 2^k \mid n,m,k\geqslant 1\}$ 的 DFA(图 3-7)。

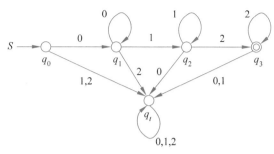

图 3-7 接受语言 $\{0^n 1^m 2^k \mid n, m, k \geqslant 1\}$ 的 DFA

本例中有以下几点值得注意:

(1) FA 一旦进入状态 q_t, 它就无法离开此状态。所以, q_t 相当于一个陷阱状态(trap)。一般地, 将陷阱状态用作在其他状态下发现输入串不可能是该 FA 所识别的语言的句子时所进入的状态。在此状态下, FA 读完输入串中剩余的字符。陷阱状态的引入, 使得 FA 的构造更方便。

(2) 在构造一个识别给定语言的 FA 时, 用画图的方式比较方便、直观。可以先根据语言的主要特征画出该 FA 的"主体框架", 然后再去考虑一些细节要求。

(3) FA 的状态具有一定的记忆功能, 不同的状态对应于不同的情况。由于 FA 只有有穷个状态, 所以, 在识别一个语言的过程中, 如果有无穷种情况需要记忆, 肯定是无法构造出相应的 FA 的。例如, 对语言 $\{0^n 1^n \mid n \geqslant 1\}$, 当扫描到 n 个 0 时, 需要去寻找 n 个 1, 由于 n 有无穷多个, 所以, 需要记忆的 0 的个数有无穷多种。因此, 无法构造出接受语言 $\{0^n 1^n \mid n \geqslant 1\}$ 的 FA。这就是说, 语言 $\{0^n 1^n \mid n \geqslant 1\}$ 不属于 FA 可以接受的语言类。相应的证明留到研究 FA 接受的语言类的性质时进行。

例 3-5 构造一个 DFA, 它接受的语言为 $\{x \mid x \in \{0,1\}^*$, 且当把 x 看成二进制数时, x 模 3 与 0 同余 $\}$。

从题目要求来看, 该语言的句子都是 0, 1 字符串。当把它们看成二进制数表示时, 它们就是二进制数。先不考虑以 0 开头的非 0 数问题。作为一个二进制数, x 应该是非空的字符串。解答此题的第一个想法可能是希望构造的 DFA M 在读入字符串的过程中按照二进制的解释计算出它的值, 然后计算出它除以 3 后的余数, 当余数为 0 时就接受该字符串, 否则就不接受。由于 $x \in \{0,1\}^*$, 所以 x 有无穷多种, 要计算出每个 x 的值, 就要求 M 能够记忆这些值。但是, M 要想记忆这些值, 就必须有无穷多个状态, 每个状态只能对应一个值。所以, 这种方法是不可取的。在定义 3-6 中曾经提到过, DFA M 按照语言的特点给出了 Σ^* 的一个划分, 这种划分相当于 Σ^* 上的一个等价分类, M 的每个状态实际上对应着相应的等价类。这就告诉我们, 用一个状态去表示一个等价类是考虑问题的一个有效思路。现在的问题是如何确定这些等价类。题目要求的是 x 模 3 与 0 同余, x 除以 3 的余数只有 3 种: 0, 1, 2——任意一个 x 都不例外, 因此可以考虑用 3 个状态分别与这 3 个等价类相联系:

q_0——对应除以 3 余数为 0 的 x 组成的等价类。

q_1——对应除以 3 余数为 1 的 x 组成的等价类。

q_2——对应除以 3 余数为 2 的 x 组成的等价类。

此外, 由于要求 x 是非空的, 所以还需要一个开始状态:

q_s——M 的开始状态。

下面逐一考虑在一个状态下读入一个字符时应该如何改变状态:

q_s——读入 0 时,有 $x = 0$,所以应该进入状态 q_0;读入 1 时,有 $x = 1$,所以应该进入状态 q_1。即 $\delta(q_s, 0) = q_0$,$\delta(q_s, 1) = q_1$。

q_0——能引导 M 到达此状态的 x 除以 3 余 0,所以有 $x = 3n + 0$。

当 M 在此状态下读入 0 时,引导 M 到达下一个状态的字符串为 $x0$,此时 $x0 = 2(3n + 0) = 3 \times 2n + 0$。这表明,$x0$ 应该属于 q_0 对应的等价类。所以,M 在 q_0 状态下读入 0 后,应该继续保持状态 q_0。即 $\delta(q_0, 0) = q_0$。

当 M 在此状态下读入 1 时,引导 M 到达下一个状态的字符串为 $x1$,此时 $x1 = 2(3n + 0) + 1 = 3 \times 2n + 1$。这表明,$x1$ 应该属于 q_1 对应的等价类。所以,M 在 q_0 状态下读入 1 后,应该转到状态 q_1。即 $\delta(q_0, 1) = q_1$。

q_1——能引导 M 到达此状态的 x 除以 3 余 1,所以有 $x = 3n + 1$。

当 M 在此状态下读入 0 时,引导 M 到达下一个状态的字符串为 $x0$,此时 $x0 = 2(3n + 1) = 3 \times 2n + 2$。这表明,$x0$ 应该属于 q_2 对应的等价类。所以,M 在 q_1 状态下读入 0 后,应该转到状态 q_2。即 $\delta(q_1, 0) = q_2$。

当 M 在此状态下读入 1 时,引导 M 到达下一个状态的字符串为 $x1$,此时 $x1 = 2(3n + 1) + 1 = 3 \times 2n + 2 + 1 = 3(2n + 1)$。这表明,$x1$ 应该属于 q_0 对应的等价类。所以,M 在 q_1 状态下读入 1 后,应该转到状态 q_0。即 $\delta(q_1, 1) = q_0$。

q_2——能引导 M 到达此状态的 x 除以 3 余 2,所以有 $x = 3n + 2$。

当 M 在此状态下读入 0 时,引导 M 到达下一个状态的字符串为 $x0$,此时 $x0 = 2(3n + 2) = 3 \times 2n + 4 = 3(2n + 1) + 1$。这表明,$x0$ 应该属于 q_1 对应的等价类。所以,M 在 q_2 状态下读入 0 后,应该转到状态 q_1。即 $\delta(q_2, 0) = q_1$。

当 M 在此状态下读入 1 时,引导 M 到达下一个状态的字符串为 $x1$,此时 $x1 = 2(3n + 2) + 1 = 3 \times 2n + 4 + 1 = 3(2n + 1) + 2$。这表明,$x1$ 应该属于 q_2 对应的等价类。所以,M 在 q_2 状态下读入 1 后,应该继续保持状态 q_2。即 $\delta(q_2, 1) = q_2$。

按照上述分析,可以得到所求的 DFA M 的状态转移图,如图 3-8 所示。

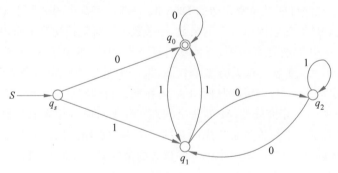

图 3-8　接受语言 $\{x \mid x \in \{0, 1\}^*$,且当把 x 看成二进制数时,x 模 3 与 0 同余$\}$ 的 DFA

注意,M 所接受的语言中,含有形如 000 的 0 和形如 000011 的非 0 二进制数。这些与通常的习惯是不一样的。请读者对图 3-8 所给出的 M 进行修改,使得 M 接受的语言中不含 $0^n (n > 1)$ 的串和以 0 开头的非 0 串。

例 3-6 构造一个 DFA,它接受的语言 $L = \{x \mid x \in \{0,1\}^*,$ 且对 x 中任意一个长度不大于 5 的子串 $a_1 a_2 \cdots a_n, a_1 + a_2 + \cdots + a_n \leqslant 3(n \leqslant 5)\}$。

对 $\{0,1\}^*$ 中的任意一个字符串 $a_1 a_2 \cdots a_m$,当 $m \leqslant 3$ 时,肯定是满足要求的。当串的长度大于或等于 4 时,必须进行适当的考查,看是否存在不满足要求的子串。如果发现这样的子串,相应的字符串就一定不是 L 的句子,此时,可以让 DFA M 进入"陷阱状态"q_t,读完输入串中剩余的字符。为了叙述方便,按照子串的定义及 DFA 处理输入串的过程——从左到右逐个扫描输入串中的每个字符,来讨论 DFA 的构造。设输入串为

$$a_1 a_2 \cdots a_i \cdots a_{i+4} a_{i+5} \cdots a_m$$

M 对输入串的考查应按下列过程进行:

当 $i = 1, 2, 3$,也就是 M 读到输入串的第 1、第 2、第 3 个字符时,它需要将这些字符记下来。因为 $a_1 a_2 \cdots a_i$ 可能需要用来判定输入串的最初 4~5 个字符组成的子串是否满足语言的要求。

当 $i = 4, 5$,也就是 M 读到输入串的第 4、5 个字符时,在 $a_1 + a_2 + \cdots + a_i \leqslant 3$ 的情况下,M 需要将 $a_1 a_2 \cdots a_i$ 记下来;在 $a_1 + a_2 + \cdots + a_i > 3$ 时,M 应该进入陷阱状态 q_t。

当 $i = 6$,也就是 M 读到输入串的第 6 个字符时,此时,以前读到的第 1 个字符 a_1 就没有用了,它要看 $a_2 + a_3 + \cdots + a_6 \leqslant 3$ 是否成立,如果成立,M 需要将 $a_2 a_3 \cdots a_6$ 记下来;在 $a_2 + a_3 + \cdots + a_6 > 3$ 时,M 应该进入陷阱状态 q_t。

当 $i = 7$,也就是 M 读到输入串的第 7 个字符,此时,以前读到的第 2 个字符 a_2 就没有用了,它要看 $a_3 + a_4 + \cdots + a_7 \leqslant 3$ 是否成立,如果成立,M 需要将 $a_3 a_4 \cdots a_7$ 记下来;在 $a_3 + a_4 + \cdots + a_7 > 3$ 时,M 应该进入陷阱状态 q_t。

……

以此类推,当 M 完成对子串 $a_1 a_2 \cdots a_i \cdots a_{i+4}$ 的考查,并发现它满足语言的要求时,M 记下来的是 $a_i a_{i+1} \cdots a_{i+4}$,此时 M 读入输入串的第 $i+5$ 个字符 a_{i+5},以前读到的第 i 个字符 a_i 就没有用了,它要看 $a_{i+1} + a_{i+2} + \cdots + a_{i+5} \leqslant 3$ 是否成立,如果成立,M 需要将 $a_{i+1}, a_{i+2}, \cdots, a_{i+5}$ 记下来;在 $a_{i+1} + a_{i+2} + \cdots + a_{i+5} > 3$ 时,M 应该进入陷阱状态 q_t。

从上述分析来看,M 需要记忆的内容有:

什么都未读入——$2^0 = 1$ 种。

记录 1 个字符——$2^1 = 2$ 种。

记录 2 个字符——$2^2 = 4$ 种。

记录 3 个字符——$2^3 = 8$ 种。

记录 4 个字符——$2^4 - 1 = 15$ 种。

记录 5 个字符——$2^5 - 6 = 26$ 种。

记录当前的输入串不是句子——1 种。

可见 M 需要记忆的内容是有限多种。分别用不同的状态对应要记忆的不同内容。为了便于理解,直接用要记忆的内容来区分这些状态:

$q[\varepsilon]$——M 还未读入任何字符。

q_t——陷阱状态。

$q[a_1 a_2 \cdots a_i]$——M 记录有 i 个字符,$1 \leqslant i \leqslant 5$。其中,$a_1, a_2, \cdots, a_i \in \{0,1\}$。

取 DFA $M = (Q, \{0,1\}, \delta, q[\varepsilon], F)$,其中,

$F=\{\,q[\varepsilon]\,\}\bigcup\{\,q[a_1a_2\cdots a_i]\mid a_1,a_2,\cdots,a_i\in\{0,1\}\,$ 且 $1\leqslant i\leqslant 5$ 且 $a_1+a_2+\cdots+a_i\leqslant 3\}$

$Q=\{q_t\}\bigcup F$

$\delta(q[\varepsilon],a_1)=q[a_1]$

$\delta(q[a_1],a_2)=q[a_1a_2]$

$\delta(q[a_1a_2],a_3)=q[a_1a_2a_3]$

$$\delta(q[a_1a_2a_3],a)=\begin{cases}q[a_1a_2a_3a] & \text{如果 } a_1+a_2+a_3+a\leqslant3\\q_t & \text{如果 } a_1+a_2+a_3+a>3\end{cases}$$

$$\delta(q[a_1a_2a_3a_4],a)=\begin{cases}q[a_1a_2a_3a_4a] & \text{如果 } a_1+a_2+a_3+a_4+a\leqslant3\\q_t & \text{如果 } a_1+a_2+a_3+a_4+a>3\end{cases}$$

$$\delta(q[a_1a_2a_3a_4a_5],a)=\begin{cases}q[a_2a_3a_4a_5a] & \text{如果 } a_2+a_3+a_4+a_5+a\leqslant3\\q_t & \text{如果 } a_2+a_3+a_4+a_5+a>3\end{cases}$$

$\delta(q_t,a_1)=q_t$

在以上各式中，$a,a_1,a_2,a_3,a_4,a_5\in\{0,1\}$。

在本例中，没有采用状态转移图的表示方法，也没有逐个地写出每一个具体输入字符和状态的定义，而是以变量（模式）的形式给出的，可以算作新的表示方式。因为本例给出的状态较多，共计 57 个，如果逐一给出每一个具体输入字符和状态的定义，会显得比较繁杂，也不宜理解。建议读者在今后描述 FA 时，根据具体的情况使用适当的方式。另外，也请读者考虑，是否可以去掉那些记录 5 个字符的状态。

此外，请读者注意，本例中使用的描述方式也可以理解成 FA 的状态具有有穷的存储功能。对本例而言，FA 的状态最多可以存放 5 个字符。在开始未读入字符时，它的存储器是空的，然后每读入一个字符，就按照排队的顺序将当前读入的字符存入存储器，直到存储器中存满 5 个字符。在存储器中存满 5 个字符后又读入新的字符，此时将排在队首的字符"挤掉"，并将当前读入的新的字符放入队尾。

与前面曾给出的 FA 相比，本例所给的 FA 的状态明显要多很多。在一些实际问题的求解中，会遇到需要更多状态的 FA。本例所给的 FA 的状态数是否可以减少呢？粗略地考虑，这种可能性是存在的。在处理字符串的过程中，是在考查当前 5 个字符的和是否不大于 3，这就是说，可以根据和的情况以及 1 在长度为 5 的子串中的分布来给出新的状态，而且这个新的状态有可能代表现在所给 FA 的若干状态。很明显，这种状态的设置是比较困难的。实际上，目前也不用从这样"颇费脑筋"的途径去寻找状态更少的等价 FA。后面，将从 FA 所接受语言的一般特征出发，给出获取含有最少状态的 FA 的方法。

3.3　不确定的有穷状态自动机

3.3.1　作为对 DFA 的修改

考虑这样一个问题：设 $\Sigma=\{0,1\}$，现在需要构造一个接受 $L=\{x\mid x\in\Sigma^*$，且 x 含有子串 00 或 11$\}$ 的 DFA。按照例 3-6 所给的构造方法，可以比较容易地构造出如表 3-4 所示的 DFA。

表 3-4 接受 L 的 DFA

状态说明	状 态	输 入 字 符	
		0	1
开始状态	$q[\varepsilon]$	$q[0]$	$q[1]$
刚读入的字符为 0	$q[0]$	$q[00]$	$q[1]$
刚读入的字符为 1	$q[1]$	$q[0]$	$q[11]$
含 00,终止状态	$q[00]$	$q[00]$	$q[00]$
含 11,终止状态	$q[11]$	$q[11]$	$q[11]$

类似地,也可以给出接受语言 $\{x \mid x \in \Sigma^*$,且 x 的倒数第 10 个字符为 1$\}$ 的 DFA。在没有掌握上述方法时,构造会显得非常困难。是否可以考虑图 3-9 和图 3-10 所示的 FA 的构造呢? 如果可以,也就是说,这两个图给出的确实也是 FA,那么,今后在构造 FA 时就更方便了。

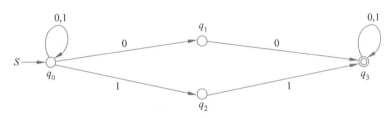

图 3-9 希望是接受语言 $\{x \mid x \in \{0,1\}^*$,且 x 含有子串 00 或 11$\}$ 的 FA

图 3-10 希望是接受语言 $\{x \mid x \in \{0,1\}^*$,且 x 的倒数第 10 个字符为 1$\}$ 的 FA

这两个图所给的 FA 与前面所定义的 DFA 的区别在于:

(1) 并不是对于所有的 $(q,a) \in Q \times \Sigma$,$\delta(q,a)$ 都有一个状态与之对应。

(2) 并不是对于所有的 $(q,a) \in Q \times \Sigma$,$\delta(q,a)$ 只对应一个状态。

在这种 FA 中,对于所有的 $(q,a) \in Q \times \Sigma$,$\delta(q,a)$ 对应的是 Q 的一个子集。对此可以理解成:FA 在任意时刻可以处于有穷多个状态,由于 Q 是有穷的,所以,2^Q 也是有穷的。由此可见,这种 FA 仍然是具有有穷个状态——它在任意时刻处于的多个状态构成 Q 的一个子集。因此,可以认为这种 FA 的一个状态对应的是先前定义的 DFA 的一个状态集合。

实际上,甚至还可以认为,这种 FA 具有"智能":在一个状态下,它可以根据当前从输入字符串读入的字符自动地在集合 $\delta(q,a)$ 中选择进入一个正确的状态。例如,在图 3-9 所示的 FA 中,一旦它发现当前读入的 0 是要寻找的 00 中的第一个 0(或者当前读入的 1 是要寻找的 11 中的第一个 1),它就进入与当前状态不同的下一个新的状态(q_1 或 q_2);否则,它一直保持在开始状态(q_0)。在图 3-10 所示的 FA 中,一旦它发现当前读入的 1 是倒数第 10 个字符,它就进入与当前状态不同的下一个状态(q_1);否则,就停留在开始状态(q_0)。

在这种前提下,只要在如图 3-9 和图 3-10 所示的 FA 中存在一条从开始状态出发,最终到达某一个终止状态的标记为 x 的路径,那么就认为它接受了串 x;否则,认为它不接受串 x。

按照上述分析,这种 FA 可以看成对 DFA 的扩充,而且它很可能是与 DFA 等价的。下面将首先给出这种 FA 相应的定义,然后证明它与 DFA 的等价性。

3.3.2 NFA 的形式定义

定义 3-7 不确定的有穷状态自动机(non-deterministic finite automaton,NFA)M 是一个五元组:

$$M = (Q, \Sigma, \delta, q_0, F)$$

其中,Q, Σ, q_0, F 的意义同 DFA。

  δ——状态转移函数,又称为状态转换函数或者移动函数,$\delta: Q \times \Sigma \rightarrow 2^Q$。对 $\forall (q, a) \in Q \times \Sigma, \delta(q, a) = \{p_1, p_2, \cdots, p_m\}$ 表示 M 在状态 q 读入字符 a,可以选择地将状态变成 $p_1, p_2, \cdots$,或者 p_m,并将读头向右移动一个带方格而指向输入字符串的下一个字符。

定义 3-4(FA 的状态转移图)对 NFA 有效。根据实际情况,通过明确相应的表达对象,定义 3-5(FA 的即时描述)也可以使用。

根据上述定义,图 3-9 和图 3-10 表示的都是 NFA。将 NFA 的状态转移图与 DFA 的状态转移图进行比较,可以看出,DFA 是 NFA 的特例。将图 3-9 和图 3-10 表示的 NFA 分别记为 M_1 和 M_2,它们的状态转移函数可以用表 3-5 和表 3-6 的形式给出。

表 3-5　NFA M_1 的状态转移函数

状态说明	状态	输入字符	
		0	1
开始状态	q_0	$\{q_0, q_1\}$	$\{q_0, q_2\}$
	q_1	$\{q_3\}$	$\varnothing$
	q_2	$\varnothing$	$\{q_3\}$
终止状态	q_3	$\{q_3\}$	$\{q_3\}$

在 NFA 中,同样需将 δ 扩充为 $\hat{\delta}: Q \times \Sigma^* \rightarrow 2^Q$。对任意 $q \in Q, w \in \Sigma^*, a \in \Sigma$,有

(1) $\hat{\delta}(q, \varepsilon) = \{q\}$。

(2) $\hat{\delta}(q, wa) = \{p \mid \exists r \in \hat{\delta}(q, w),使得 p \in \delta(r, a)\}$。

表 3-6　NFA M_2 的状态转移函数

状态说明	状 态	输入字符	
		0	1
开始状态	q_0	$\{q_0\}$	$\{q_0,q_1\}$
	q_1	$\{q_2\}$	$\{q_2\}$
	q_2	$\{q_3\}$	$\{q_3\}$
	q_3	$\{q_4\}$	$\{q_4\}$
	q_4	$\{q_5\}$	$\{q_5\}$
	q_5	$\{q_6\}$	$\{q_6\}$
	q_6	$\{q_7\}$	$\{q_7\}$
	q_7	$\{q_8\}$	$\{q_8\}$
	q_8	$\{q_9\}$	$\{q_9\}$
	q_9	$\{q_{10}\}$	$\{q_{10}\}$
终止状态	q_{10}	$\varnothing$	$\varnothing$

与 DFA 类似，由于 δ 的定义域 $Q\times\Sigma$ 是 $\hat\delta$ 的定义域 $Q\times\Sigma^*$ 的真子集：$Q\times\Sigma\subset Q\times\Sigma^*$，所以，对于任意 $(q,a)\in Q\times\Sigma$，如果 $\hat\delta$ 和 δ 都有相同的值，就不用区分这两个符号了。事实上，对于任意 $q\in Q$，$a\in\Sigma$，有

$$\hat\delta(q,a)=\hat\delta(q,\varepsilon a) \qquad \varepsilon\text{ 是单位元素}$$
$$=\{p\mid\exists r\in\hat\delta(q,\varepsilon)，使得\ p\in\delta(r,a)\} \qquad 根据定义的第(2)条$$
$$=\{p\mid\exists r\in\{q\}，使得\ p\in\delta(r,a)\} \qquad 根据定义的第(1)条$$
$$=\{p\mid p\in\delta(q,a)\} \qquad q\text{ 是 }r\text{ 的唯一值}$$
$$=\delta(q,a) \qquad 集合的不同描述$$

所以，今后用 δ 代替 $\hat\delta$。

由于对 $\forall(q,w)\in Q\times\Sigma^*$，$\delta(q,w)$ 是一个集合，因此，为了叙述方便，进一步扩充 δ 的定义域，δ：$2^Q\times\Sigma^*\to 2^Q$。对任意 $P\subseteq Q$，$w\in\Sigma^*$，有

$$\delta(P,w)=\bigcup_{q\in P}\delta(q,w)$$

由于，对 $\forall(q,w)\in Q\times\Sigma^*$，有

$$\delta(\{q\},w)=\bigcup_{q\in\{q\}}\delta(q,w)$$
$$=\delta(q,w)$$

所以，并不一定严格地区分 δ 的第一个分量是一个状态还是一个含有一个元素的集合。这样，对任意 $q\in Q$，$w\in\Sigma^*$，$a\in\Sigma$，有

$$\delta(q,wa)=\delta(\delta(q,w),a)$$

可见,NFA M 从状态 q 出发,处理字符串 wa 的过程为:M 先处理 w,然后从处理 w 后所到达的状态出发,处理字符 a,并进入处理字符 a 后所能到达的所有状态。即对一个字符串 w,NFA M 与 DFA 类似,从左到右逐一地处理每个字符,它从处理完字符串中的第 i 个字符后所进入的状态集合中的任意状态开始,处理字符串中的第 $i+1$ 个字符。也就是说,对输入字符串 $a_1a_2\cdots a_n$,有

$$\delta(q,a_1a_2\cdots a_n)=\delta((\cdots\delta(\delta(q,\ a_1),\ a_2),\cdots),a_n)$$

定义 3-8 设 $M=(Q,\Sigma,\delta,q_0,F)$ 是一个 NFA。对于 $\forall x\in\Sigma^*$,如果 $\delta(q_0,x)\bigcap F\neq\varnothing$,则称 x 被 M 接受;如果 $\delta(q_0,x)\bigcap F=\varnothing$,则称 M 不接受 x。

$$L(M)=\{x\mid x\in\Sigma^*\text{ 且 }\delta(q_0,x)\bigcap F\neq\varnothing\}$$

称为由 M 接受(识别)的语言。

关于 FA 的等价定义 3-3 也适应 NFA。

NFA 和 DFA 是什么关系?我们希望从识别 $L=\{x\mid x\in\{0,1\}^*$ 且 x 的倒数第 3 个字符是 1$\}$ 的 NFA 和 DFA 的构造得到启发。

例 3-7 构造识别 $L=\{x\mid x\in\{0,1\}^*$ 且 x 的倒数第 3 个字符是 1$\}$ 的 NFA 和 DFA。

图 3-10 给出了 $\{x\mid x\in\{0,1\}^*$ 且 x 的倒数第 10 个字符是 1$\}$ 的 NFA,参照图 3-10,很容易得到图 3-11 所示识别 L 的 NFA 的状态转移图。我们将此 NFA 记作 M_1。

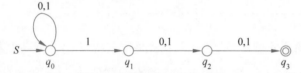

图 3-11 识别 $L=\{x\mid x\in\{0,1\}^*$ 且 x 的倒数第 3 个字符是 1$\}$ 的 NFA M_1 的状态转移图

为了构造出识别该语言的 DFA,一种策略是按照如下思路进行构造。构造的结果如图 3-12 所示。不妨将此 DFA 记作 M_2。

考虑到要识别的是倒数第 3 个字符是 1 的 0、1 串,利用状态的有穷记忆功能记录可能是输入串的倒数第 3 个字符"1"及相关信息。不难看出,状态最多只需要存放当前最新读入的 3 个字符。

为了表达清晰和简洁起见,这里使用一个新的命名规则:直接用当前存储器中存放的内容作为状态名称,从而有形如 $[\varepsilon]$、$[a]$、$[ab]$、$[abc]$ 的状态,其中 $a,b,c\in\{0,1\}$ 为最新读入的字符,$[\varepsilon]$ 对应开始"记录"当前字符是否可能为输入串的倒数第 3 个字符"1"的状态,也就是启动状态。

从启动状态 $[\varepsilon]$ 开始,如果读到的是 0,则它肯定不是要找的输入串的倒数第 3 个字符"1",因此,停留在状态 $[\varepsilon]$;如果读到的是 1,则它有可能是要找的输入串的倒数第 3 个字符"1",需要将这个 1 记录下来,因此进入状态 $[1]$。从而有

$$\delta([\varepsilon],0)=[\varepsilon]$$
$$\delta([\varepsilon],1)=[1]$$

在状态 $[1]$,如果读到的字符是 0,表明到目前为止,读到的倒数第 2 和倒数第 1 个字符依次是 1 和 0,而它们都可能是该输入串的倒数第 3 个字符,虽然 0 肯定不是要找的倒数第 3 个字符"1",但它需要用来表明它前面的 1 是目前的倒数第 2 个字符,所以需要记录下来,

因此进入状态[10]；如果读入的字符是 1，表明到目前为止，读到的倒数第 2 个字符和倒数第 1 个字符都是 1，而它们都有可能是要找的输入串的倒数第 3 个字符"1"，都需要记录下来，因此进入状态[11]。从而有

$$\delta([1],0)=[10]$$
$$\delta([1],1)=[11]$$

在状态[10]，如果读到的字符是 0，表明到目前为止，读到的倒数第 3 个字符、倒数第 2 个字符和倒数第 1 个字符依次是 1,0,0，而它们都很可能是输入串的倒数第 3 个字符，而且这两个 0 都需要用来表明它们前面的这个 1 目前是倒数第 3 个字符，所以，新读入的 0 也需要记录下来，因此进入状态[100]；如果读入的字符是 1，表明到目前为止，读到的倒数第 3 个字符、倒数第 2 个字符和倒数第 1 个字符依次是 1,0,1，这两个 1 都有可能是要找的输入串的倒数第 3 个字符"1"。中间的 0 需要用来表明它前面的 1 的位置，所以，都需要记下来，因此进入状态[101]。从而有

$$\delta([10],0)=[100]$$
$$\delta([10],1)=[101]$$

在状态[11]，如果读到的字符是 0，表明到目前为止，读到的倒数第 3 个字符、倒数第 2 个字符和倒数第 1 个字符依次是 1,1,0，这两个 1 都有可能是要找的输入串的倒数第 3 个字符"1"，虽然新读入的 0 不可能是倒数第 3 个字符"1"，它同样需要记录下来，用于体现[11]中的两个 1 的位置，因此进入状态[110]；如果读入的字符是 1，表明到目前为止，读到的倒数第 3 个字符、倒数第 2 个字符和倒数第 1 个字符依次是 1,1,1，而它们都有可能是要找的输入串的倒数第 3 个字符"1"，都需要记下来，因此进入状态[111]。从而有

$$\delta([11],0)=[110]$$
$$\delta([11],1)=[111]$$

在状态[100]，再读入一个新的字符，无论这个字符是 0 还是 1，都表明状态[100]所记录的第一个字符 1 肯定不是倒数第 3 个字符，不用再保留。如果读到的字符是 0，而到目前为止，读到的倒数第 3 个字符、倒数第 2 个字符和倒数第 1 个字符都是 0，此时，无论是不是倒数第 3 个字符，它们肯定都不是要找的输入串的倒数第 3 个字符"1"，而且它们都不需要用来表明某个 1 的位置，此时需要重新开始寻找输入串的倒数第 3 个字符"1"，因此回到状态[ε]；如果读入的字符是 1，表明到目前读到的字符为止，倒数第 3 个字符、倒数第 2 个字符和倒数第 1 个字符依次是 0,0,1，前面的两个 0 都不可能是输入串的倒数第 3 个字符"1"，而且它们对表明当前读入的字符 1 是不是倒数第 3 个字符也没有意义，所以不用再存储，而这里的 1 则可能是输入串的倒数第 3 个字符，因此回到状态[1]。从而有

$$\delta([100],0)=[ε]$$
$$\delta([100],1)=[1]$$

在状态[101]，再读入一个新的字符，无论这个字符是 0 还是 1，都表明状态[101]所记录的第一个字符 1 肯定不是要找的输入串的倒数第 3 个字符"1"，所以，无须保留；此时状态[101]中的 0 也肯定不是要找的输入串的倒数第 3 个字符"1"，而且这个 0 对表明当前读入的字符是不是倒数第 3 个字符也没有意义，所以这个 0 也不用再保留。状态[101]中的第 3 个字符 1，仍然可能是要找的输入串的倒数第 3 个字符"1"，所以需要保留。此时，如果新读入的字符是 0，则当前倒数第 2 个字符和倒数第 1 个字符依次是 1 和 0，因此回到状态[10]；

如果读入的字符是 1,则当前倒数第 2 个字符和倒数第 1 个字符都是 1,因此回到状态[11]。从而有

$$\delta([101],0) = [10]$$
$$\delta([101],1) = [11]$$

在状态[110],再读入一个新的字符,无论这个字符是 0 还是 1,都表明状态[110]所记录的第一个字符 1 肯定不是倒数第 3 个字符,所以无须保留。此时如果新读入的是 0,它需要用来表明状态[110]中 10 的位置,所以需要记录下来,因此进入状态[100];如果读入的字符是 1,表明目前读到的字符为止,倒数第 3 个字符和倒数第 1 个字符都是 1,而它们都有可能是要找的输入串的倒数第 3 个字符"1",而其中的 0 需要用来表示 10 中的 1 的位置,所以这个 0 也需要保留下来,因此进入状态[101]。从而有

$$\delta([110],0) = [100]$$
$$\delta([110],1) = [101]$$

在状态[111],再读入一个新的字符,无论这个字符是 0 还是 1,都表明状态[111]所记录的第一个字符 1 肯定不是倒数第 3 个字符,所以无须保留。此时如果新读入的是 0,它需要用来表明状态[111]中后两个 1 的位置,所以需要记录下来,因此进入状态[110];如果读入的字符是 1,表明目前读到的字符为止,倒数第 3 个字符、倒数第 2 个字符和倒数第 1 个字符都是 1,而它们都很可能是输入串的倒数第 3 个字符"1",因此进入状态[111]。从而有

$$\delta([111],0) = [110]$$
$$\delta([110],1) = [111]$$

这里的状态[100],[101],[110],[111]都表达了当前已经读入的串的倒数第 3 个字符是 1,满足 L 的要求,所以它们是终止状态,而其他状态都表达了当前已经读入的串的倒数第 3 个字符不是 1,不满足 L 的要求,所以这些状态就不是终止状态。

这个 DFA 的状态转移图如图 3-12 所示,我们将它记作 M_2。

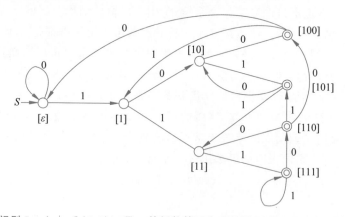

图 3-12 识别 $L = \{x \mid x \in \{0,1\}^*$,且 x 的倒数第 3 个字符是 1$\}$ 的 DFA M_2 的状态转移图

我们回到图 3-11,按照 NFA 的移动函数 δ 的扩展意义,容易得到如表 3-7 所示的计算结果。请读者注意此表中第 2 列中状态集合的出现顺序,以设计出生成此表的算法,对根据给定的 NFA 构造等价的 DFA 具有重要意义。

表 3-7　图 3-11 所示 NFA 的移动函数的扩展 δ 部分计算结果

序　　号	状　态　集　合	输　入　字　符	
		0	1
1	$\{q_0\}$	$\{q_0\}$	$\{q_0, q_1\}$
2	$\{q_0, q_1\}$	$\{q_0, q_2\}$	$\{q_0, q_1, q_2\}$
3	$\{q_0, q_2\}$	$\{q_0, q_3\}$	$\{q_0, q_1, q_3\}$
4	$\{q_0, q_1, q_2\}$	$\{q_0, q_2, q_3\}$	$\{q_0, q_1, q_2, q_3\}$
5	$\{q_0, q_3\}$	$\{q_0\}$	$\{q_0, q_1\}$
6	$\{q_0, q_1, q_3\}$	$\{q_0, q_2\}$	$\{q_0, q_1, q_2\}$
7	$\{q_0, q_2, q_3\}$	$\{q_0, q_3\}$	$\{q_0, q_1, q_3\}$
8	$\{q_0, q_1, q_2, q_3\}$	$\{q_0, q_2, q_3\}$	$\{q_0, q_1, q_2, q_3\}$

　　对表 3-7 进行可视化,可得到如图 3-13 所示的状态集合之间的转移图。这里,注意到表 3-7 中状态集合 $\{q_0, q_3\}$,$\{q_0, q_1, q_3\}$,$\{q_0, q_2, q_3\}$,$\{q_0, q_1, q_2, q_3\}$ 均含有图 3-11 所给的 NFA 的终止状态 q_3,将这 4 个集合对应的状态看成终止状态,将 M_1 的开始状态构成的集合 $\{q_0\}$ 对应的状态看成开始状态。此时,我们看到,图 3-13 就是一个 DFA 的状态转移图,而且这个 DFA 的状态对应的都是 NFA M_1 的状态集合。我们将其记作 M_3。

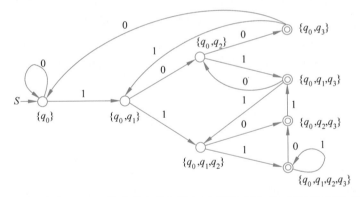

图 3-13　根据图 3-11 构造出来的与图 3-12 所给 DFA M_2 同构的 DFA M_3

　　不难理解,M_3 实质上模拟了 M_1 在识别 $\{0,1\}^*$ 中的任意字符串的过程中经历的"状态集合"。也就是说,对于任意 $x \in \{0,1\}^*$,均有

$$\delta_1(q_0, x) = \{p_1, p_2, \cdots, p_k\} \text{ iff } \delta_3(\{q_0\}, x) = \{p_1, p_2, \cdots, p_k\}$$

　　注意到在 M_3 中,相当于形如 $\{p_1, p_2, \cdots, p_k\}$ 的状态集合被用来命名这个 DFA 的状态,而且这个状态与 M_1 的这个状态集合相关联,为了不引起符号使用的混淆,我们将 $\{p_1, p_2, \cdots, p_k\}$ 记作 $[p_1, p_2, \cdots, p_k]$ 以示区别。这样就可以得到图 3-14 所示的 DFA 的状态转移图。不妨将图 3-14 所示的 DFA 记作 M_4。

　　比较图 3-12、图 3-13 和图 3-14,不难发现,这 3 个 DFA 是同构的。直观地,当忽略状态名称后,它们的状态转移图是一样的。注意到 FA 状态是可重命名的,表明这 3 个状态转移

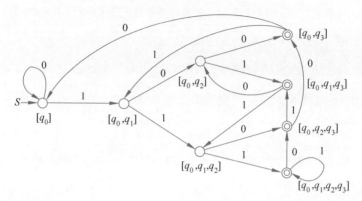

图 3-14　图 3-13 所给 DFA M_3 的状态重命名后的 DFA M_4 的状态转移图

图所表示的 DFA 是完全一样的，当然它们是等价的。

　　显然图 3-13 和图 3-14 所给的 DFA 是"根据"图 3-11 所给的 NFA 构造出来的，而且这个构造过程是可以一般化的。也就是说，任意给定一个 NFA，我们都可以用相同的方法，构造出一个与之等价的 DFA。而且这个 DFA 的状态对应相应 NFA 的不同状态集合。下面具体讨论 NFA 与 DFA 等价。

3.3.3　NFA 与 DFA 等价

　　说 NFA 与 DFA 等价是指这两种模型识别相同的语言类。例如，它们都是正则语言的识别模型。为此必须证明，对于任意给定的 DFA，存在一个 NFA 与之等价；反过来，对于任意给定的 NFA，存在一个 DFA 与之等价。根据上面的讨论，DFA 是 NFA 的特例。所以，DFA 本身就是一种 NFA。下面要证明的是，对于任意给定的 NFA，存在一个 DFA 与之等价。要证明这一点，首要问题是如何根据给定的 NFA 构造与之等价的 DFA。在给出定理之前，先进行适当的分析。

　　按照二者定义，对于一个输入字符，NFA 与 DFA 的差异是前者可以进入若干状态，而后者只能进入一个唯一的状态。前面曾经提到过，虽然 NFA 在某一时刻同时进入若干状态，但从 DFA 的角度来说，这若干状态合在一起的"总效果"相当于这些状态对应的一个"综合状态"。就像一个 32 位的寄存器，在某一时刻，虽然它的每一个存储位（bit）有一个状态（0 或 1），但这 32 位组合在一起也是一种状态。因此，考虑让 DFA 用一个状态去对应 NFA 的一组状态。按照此思路，NFA $M_1 = (Q, \Sigma, \delta_1, q_0, F_1)$ 与 DFA $M_2 = (Q_2, \Sigma, \delta_2, q_0', F_2)$ 的对应关系应该是：

　　NFA 从开始状态 q_0 启动，则相应的 DFA 从状态 $[q_0]$ 启动。所以 $q_0' = [q_0]$。

　　对于 NFA 的一个状态组 $\{q_1, q_2, \cdots, q_n\}$，如果 NFA 在此状态组时读入字符 a 后可以进入状态组 $\{p_1, p_2, \cdots, p_m\}$，则相应的 DFA 在状态 $[q_1, q_2, \cdots, q_n]$ 读入字符 a 时进入状态 $[p_1, p_2, \cdots, p_m]$。实际上，用花括号和中括号只是为了有所区分，以利于理解而已，并非是必需的。

　　由于输入串 x 被 NFA M_1 接受是指 $\delta_1(q_0, x) \cap F_1 \neq \varnothing$，所以，DFA M_2 的终止状态集合 F_2 应该是那些含有 F_1 中的状态的状态组 $\{p_1, p_2, \cdots, p_m\}$ 对应的状态 $[p_1, p_2, \cdots, p_m]$。

定理 3-1 NFA 与 DFA 等价。

证明：显然只需证明对于任意给定的 NFA，存在与之等价的 DFA。为此，设有 NFA：

$$M_1 = (Q, \Sigma, \delta_1, q_0, F_1)$$

（1）构造与 M_1 等价的 DFA M_2。

取 DFA：

$$M_2 = (Q_2, \Sigma, \delta_2, [q_0], F_2)$$

其中，

$$Q_2 = 2^Q$$

在表示状态集合时暂时将习惯的"{"和"}"改为用"["和"]"，表示把集合的元素汇集成整体。

$$F_2 = \{[p_1, p_2, \cdots, p_m] \mid \{p_1, p_2, \cdots, p_m\} \subseteq Q \text{ 且 } \{p_1, p_2, \cdots, p_m\} \cap F_1 \neq \varnothing\}$$

对 $\forall \{q_1, q_2, \cdots, q_n\} \subseteq Q, a \in \Sigma$,

$$\delta_2([q_1, q_2, \cdots, q_n], a) = [p_1, p_2, \cdots, p_m] \Leftrightarrow \delta_1(\{q_1, q_2, \cdots, q_n\}, a) = \{p_1, p_2, \cdots, p_m\}$$

（2）证明 $\delta_1(q_0, x) = \{p_1, p_2, \cdots, p_m\} \Leftrightarrow \delta_2([q_0], x) = [p_1, p_2, \cdots, p_m]$。

设 $x \in \Sigma^*$，施归纳于 $|x|$：

当 $x = \varepsilon$ 时，有 $\delta_1(q_0, \varepsilon) = \{q_0\}$，$\delta_2([q_0], \varepsilon) = [q_0]$ 同时成立。所以，结论对 $|x| = 0$ 成立。

设当 $|x| = n$ 时结论成立。下面证明当 $|x| = n+1$ 时结论也成立。为讨论方便起见，不妨设 $x = wa$，这里，$|w| = n, a \in \Sigma$。

由 NFA 的有关定义，有

$$\begin{aligned}
\delta_1(q_0, wa) &= \delta_1(\delta_1(q_0, w), a) \\
&= \delta_1(\{q_1, q_2, \cdots, q_n\}, a) \\
&= \{p_1, p_2, \cdots, p_m\}
\end{aligned}$$

再由归纳假设，

$$\delta_1(q_0, w) = \{q_1, q_2, \cdots, q_n\} \Leftrightarrow \delta_2([q_0], w) = [q_1, q_2, \cdots, q_n]$$

根据 δ_2 的定义，

$$\delta_2([q_1, q_2, \cdots, q_n], a) = [p_1, p_2, \cdots, p_m] \Leftrightarrow \delta_1(\{q_1, q_2, \cdots, q_n\}, a) = \{p_1, p_2, \cdots, p_m\}$$

所以

$$\begin{aligned}
\delta_2([q_0], wa) &= \delta_2(\delta_2([q_0], w), a) \\
&= \delta_2([q_1, q_2, \cdots, q_n], a) \\
&= [p_1, p_2, \cdots, p_m]
\end{aligned}$$

故，如果 $\delta_1(q_0, wa) = \{p_1, p_2, \cdots, p_m\}$，则必有 $\delta_2([q_0], wa) = [p_1, p_2, \cdots, p_m]$。由上述推导可知，反向的推导也成立。这就是说，结论对 $|x| = n+1$ 也成立。

由归纳法原理，结论对 $\forall x \in \Sigma^*$ 成立。

（3）证明 $L(M_1) = L(M_2)$。

设 $x \in L(M_1)$，且 $\delta_1(q_0, x) = \{p_1, p_2, \cdots, p_m\}$，从而 $\delta_1(q_0, x) \cap F_1 \neq \varnothing$，这就是说，$\{p_1, p_2, \cdots, p_m\} \cap F_1 \neq \varnothing$。由 F_2 的定义，$[p_1, p_2, \cdots, p_m] \in F_2$。再由（2）知，

$$\delta_2([q_0], x) = [p_1, p_2, \cdots, p_m]$$

所以 $x \in L(M_2)$。故 $L(M_1) \subseteq L(M_2)$。

反过来推,可得 $L(M_2) \subseteq L(M_1)$。

从而 $L(M_1) = L(M_2)$ 得证。

综上所述,定理成立。

例 3-8 图 3-9 所示的 NFA 对应的 DFA 的状态转移函数如表 3-8 所示。

表 3-8 图 3-9 所示的 NFA 对应的 DFA 的状态转移函数

状态说明		状　态	输入字符	
			0	1
开始状态	$\checkmark$	$[q_0]$	$[q_0,q_1]$	$[q_0,q_2]$
		$[q_1]$	$[q_3]$	$[\varnothing]$
		$[q_2]$	$[\varnothing]$	$[q_3]$
终止状态		$[q_3]$	$[q_3]$	$[q_3]$
	$\checkmark$	$[q_0,q_1]$	$[q_0,q_1,q_3]$	$[q_0,q_2]$
	$\checkmark$	$[q_0,q_2]$	$[q_0,q_1]$	$[q_0,q_2,q_3]$
终止状态		$[q_0,q_3]$	$[q_0,q_1,q_3]$	$[q_0,q_2,q_3]$
		$[q_1,q_2]$	$[q_3]$	$[q_3]$
终止状态		$[q_1,q_3]$	$[q_3]$	$[q_3]$
终止状态		$[q_2,q_3]$	$[q_3]$	$[q_3]$
		$[q_0,q_1,q_2]$	$[q_0,q_1,q_3]$	$[q_0,q_2,q_3]$
终止状态	$\checkmark$	$[q_0,q_1,q_3]$	$[q_0,q_1,q_3]$	$[q_0,q_2,q_3]$
终止状态	$\checkmark$	$[q_0,q_2,q_3]$	$[q_0,q_1,q_3]$	$[q_0,q_2,q_3]$
终止状态		$[q_1,q_2,q_3]$	$[q_3]$	$[q_3]$
终止状态		$[q_0,q_1,q_2,q_3]$	$[q_0,q_1,q_3]$	$[q_0,q_2,q_3]$
		$[\varnothing]$	$[\varnothing]$	$[\varnothing]$

在表 3-8 中,列出了相应的 DFA 中"可能"有用的全部 16 个状态。之所以说"可能"有用,是指"可能"存在有这样的状态:从开始状态 $[q_0]$ 出发,DFA 不可能到达该状态。从 DFA 的状态转移图来说,就是不存在从 $[q_0]$ 对应的顶点出发,到达该状态对应的顶点的路。称此状态从开始状态是不可达的(inaccessible from the initial state),简称为 FA 的**不可达状态**(inaccessible state)。显然,FA 中的这些不可达状态是没有用的。因此,在构造给定 NFA 的等价 DFA 时,没必要考虑它们。这也同时告诉我们,不可达状态与文法中的"没有用的"语法变量有着较密切的关系——它们对相应语言的产生和识别都是没有用的。一般地,既然 FA 是从识别语言句子的角度定义语言,那么,FA 的状态则与产生相应语言的文法的语法变量存在某种关系,FA 的状态转移同样会与相应文法的产生式存在一定的关系。

为了避免因不可达状态所导致的无用的计算,构造给定 NFA 的等价 DFA 时,可以采用如下策略:先只把开始状态 $[q_0]$ 填入表的状态列中,如果表中的状态列中有未处理的状态,则任选一个未处理的状态 $[q_1,q_2,\cdots,q_n]$,对 Σ 中的每个字符 a,计算 $\delta([q_1,q_2,\cdots,q_n]$,

a),并将结果填入相应的表项中。如果$\delta([q_1,q_2,\cdots,q_n],a)$在表的状态列中未出现过,则同时将它填入表的状态列。如此重复下去,直到表的状态列中不存在未处理的状态。

下面回过头来看例 3-8:

(1) 先将开始状态$[q_0]$填入表的状态列中。

(2) 表的状态列中只有$[q_0]$,且它未被处理过,所以取$[q_0]$进行处理。

因为$\delta(\{q_0\},0)=\{q_0,q_1\}$,所以将$[q_0,q_1]$填入相应表项,同时$[q_0,q_1]$不在表的状态列中,因此将它填入表的状态列;

因为$\delta(\{q_0\},1)=\{q_0,q_2\}$,所以将$[q_0,q_2]$填入相应表项,同时$[q_0,q_2]$不在表的状态列中,因此将它填入表的状态列。

(3) 从表的状态列中选$[q_0,q_1]$进行处理。

因为$\delta(\{q_0,q_1\},0)=\{q_0,q_1,q_3\}$,所以将$[q_0,q_1,q_3]$填入相应表项,同时$[q_0,q_1,q_3]$不在表的状态列中,因此将它填入表的状态列;

因为$\delta(\{q_0,q_1\},1)=\{q_0,q_2\}$,所以将$[q_0,q_2]$填入相应表项,由于$[q_0,q_2]$已经在表的状态列中,因此不用再往表的状态列中填写。

(4) 从表的状态列中选$[q_0,q_2]$进行处理。

因为$\delta(\{q_0,q_2\},0)=\{q_0,q_1\}$,所以将$[q_0,q_1]$填入相应表项,由于$[q_0,q_1]$已经在表的状态列中,因此不用再往表的状态列中填写;

因为$\delta(\{q_0,q_2\},1)=\{q_0,q_2,q_3\}$,所以将$[q_0,q_2,q_3]$填入相应表项,同时$[q_0,q_2,q_3]$不在表的状态列中,因此将它填入表的状态列。

(5) 从表的状态列中选$[q_0,q_1,q_3]$进行处理。

因为$\delta(\{q_0,q_1,q_3\},0)=\{q_0,q_1,q_3\}$,所以将$[q_0,q_1,q_3]$填入相应表项,由于$[q_0,q_1,q_3]$已经在表的状态列中,因此不用再往表的状态列中填写;

因为$\delta(\{q_0,q_1,q_3\},1)=\{q_0,q_2,q_3\}$,所以将$[q_0,q_2,q_3]$填入相应表项,由于$[q_0,q_2,q_3]$已经在表的状态列中,因此不用再往表的状态列中填写。

(6) 从表的状态列中选$[q_0,q_2,q_3]$进行处理。

因为$\delta(\{q_0,q_2,q_3\},0)=\{q_0,q_1,q_3\}$,所以将$[q_0,q_1,q_3]$填入相应表项,由于$[q_0,q_1,q_3]$已经在表的状态列中,因此不用再往表的状态列中填写;

因为$\delta(\{q_0,q_2,q_3\},1)=\{q_0,q_2,q_3\}$,所以将$[q_0,q_2,q_3]$填入相应表项,由于$[q_0,q_2,q_3]$已经在表的状态列中,因此不用再往表的状态列中填写。

到此,表的状态列中的所有状态都已被处理过,DFA 的构造完成。表 3-8 中所有标记"√"的状态是从开始状态可达的,其他是不可达的——无用的。相应 DFA 的状态转移图如图 3-15 所示,其中的状态$[q_0,q_1,q_3]$和$[q_0,q_2,q_3]$因含有q_3而成为该 DFA 的终止状态。

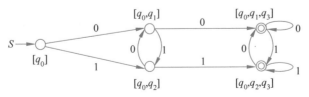

图 3-15　图 3-9 所示 NFA 的等价 DFA

3.4 带空移动的有穷状态自动机

在 3.3 节中,虽然放宽了对 FA 的要求,但该模型仍然与 DFA 等价。本节将继续考虑进一步放宽对 FA 要求的问题。

例如,如果希望构造一个 NFA M,使得 $L(M)=\{0^n1^m2^k \mid n,m,k\geqslant 1\}$,很容易得到如图 3-16 所示的 NFA。

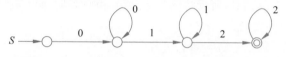

图 3-16　接受语言 $\{0^n1^m2^k \mid n,m,k\geqslant 1\}$ 的 NFA

如果希望构造的是接受语言 $\{0^n1^m2^k \mid n,m,k\geqslant 0\}$ 的 NFA,就比较困难。当然经过对图 3-16 的逐步修改,可以得到如图 3-17 所示的 NFA。但是,如果 FA 的构造允许在某一状态下不读入字符——不移动读头,而只改变状态,那么就很容易得到图 3-18 所示的"FA"。

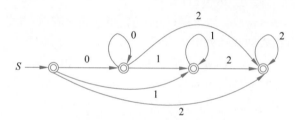

图 3-17　接受语言 $\{0^n1^m2^k \mid n,m,k\geqslant 0\}$ 的 NFA

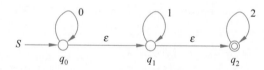

图 3-18　接受语言 $\{0^n1^m2^k \mid n,m,k\geqslant 0\}$ 的 ε-NFA

与前面定义的 NFA 相比,从其状态转移图上来看,它允许出现标记为 ε 的弧。称这种弧对应的是 FA 的空移动(ε 移动),而含这种空移动的 NFA 为带空移动的 NFA。

定义 3-9　带空移动的不确定有穷状态自动机(non-deterministic finite automaton with ε-moves,ε-NFA)M 是一个五元组:

$$M=(Q,\Sigma,\delta,q_0,F)$$

其中,Q,Σ,q_0,F 的意义同 DFA。

δ——状态转移函数,又称为状态转换函数或者移动函数,$\delta:Q\times(\Sigma\cup\{\varepsilon\})\to 2^Q$。对 $\forall(q,a)\in Q\times\Sigma$,$\delta(q,a)=\{p_1,p_2,\cdots,p_m\}$ 表示 M 在状态 q 读入字符 a,可以选择地将状态变成 $p_1,p_2,\cdots$,或者 p_m,并将读头向右移动一个带方格而指向输入字符串的下一个字符。

对 $\forall q\in Q$,$\delta(q,\varepsilon)=\{p_1,p_2,\cdots,p_m\}$ 表示 M 在状态 q 不读入任何字符,可以选

择地将状态变成 $p_1, p_2, \cdots,$ 或者 p_m。也称为 M 在状态 q 做一个空移动（或者 ε 移动），并且选择地将状态变成 $p_1, p_2, \cdots,$ 或者 p_m。

类似地，将 δ 扩充为 $\hat{\delta}: Q \times \Sigma^* \rightarrow 2^Q$。对任意 $P \subseteq Q, q \in Q, w \in \Sigma^*, a \in \Sigma$，有

(1) $\varepsilon\text{-}CLOSURE(q) = \{p \mid$ 从 q 到 p 有一条标记为 ε 的路$\}$。

(2) $\varepsilon\text{-}CLOSURE(P) = \bigcup_{p \in P} \varepsilon\text{-}CLOSURE(p)$。

(3) $\hat{\delta}(q, \varepsilon) = \varepsilon\text{-}CLOSURE(q)$。

(4) $\hat{\delta}(q, wa) = \varepsilon\text{-}CLOSURE(P)$。

$$P = \{p \mid \exists r \in \hat{\delta}(q, w), \text{使得 } p \in \delta(r, a)\}$$
$$= \bigcup_{r \in \hat{\delta}(q, w)} \delta(r, a)$$

进一步扩展 $\delta: 2^Q \times \Sigma \rightarrow 2^Q$。对任意 $(P, a) \in 2^Q \times \Sigma$：

(5) $\delta(P, a) = \bigcup_{q \in P} \delta(q, a)$。

进一步扩展 $\hat{\delta}: 2^Q \times \Sigma^* \rightarrow 2^Q$。对任意 $(P, w) \in 2^Q \times \Sigma^*$：

(6) $\hat{\delta}(P, w) = \bigcup_{q \in P} \hat{\delta}(q, w)$。

请读者注意，在 ε-NFA 中，对任意 $a \in \Sigma, q \in Q, \hat{\delta}(q, \varepsilon) \neq \delta(q, \varepsilon), \hat{\delta}(q, a) \neq \delta(q, a)$。从而，在 ε-NFA 中，$\hat{\delta}$ 与 δ 是不同的，需要区分。例如，对于图 3-18，有表 3-9 的结果。有时为了书写简洁，用 δ 表示 $\hat{\delta}$，读者可根据上下文进行区分。

表 3-9 图 3-18 所示 ε-NFA 的 $\hat{\delta}$ 与 δ 的比较

状态	δ				$\hat{\delta}$			
	ε	0	1	2	ε	0	1	2
q_0	$\{q_1\}$	$\{q_0\}$	$\varnothing$	$\varnothing$	$\{q_0, q_1, q_2\}$	$\{q_0, q_1, q_2\}$	$\{q_1, q_2\}$	$\{q_2\}$
q_1	$\{q_2\}$	$\varnothing$	$\{q_1\}$	$\varnothing$	$\{q_1, q_2\}$	$\varnothing$	$\{q_1, q_2\}$	$\{q_2\}$
q_2	$\varnothing$	$\varnothing$	$\varnothing$	$\{q_2\}$	$\{q_2\}$	$\varnothing$	$\varnothing$	$\{q_2\}$

定义 3-10 设 $M = (Q, \Sigma, \delta, q_0, F)$ 是一个 ε-NFA。对于 $\forall x \in \Sigma^*$，如果 $\hat{\delta}(q_0, x) \cap F \neq \varnothing$，则称 x 被 M 接受；如果 $\hat{\delta}(q_0, x) \cap F = \varnothing$，则称 M 不接受 x。

$$L(M) = \{x \mid x \in \Sigma^* \text{ 且 } \hat{\delta}(q_0, x) \cap F \neq \varnothing\}$$

称为由 M 接受（识别）的语言。

定义 3-3（FA 的等价）、定义 3-4（FA 的状态转移图）对 ε-NFA 都是有效的。根据实际情况，通过明确相应的表达对象，定义 3-5（FA 的即时描述）也可以使用。

下面考虑 ε-NFA 与 DFA 的等价性问题。

不难看出，NFA 是一种特殊的 ε-NFA。由定理 3-1，NFA 与 DFA 等价，所以考虑 ε-NFA 与 NFA 的等价证明是比较方便的。由于 NFA 是一种特殊的 ε-NFA，所以，只需要证

明 ε-NFA 接受的语言类仍然是 NFA 接受的语言类。也就是说,对于任给的一个 ε-NFA 都可以构造出一个 NFA 与之等价。前面讲过,ε-NFA 与 NFA 的区别在于前者允许有空移动,而对一个语言的句子来讲,除非它是 ε 句子,否则空移动不会影响句子本身。所以,考虑用 NFA 的非空移动去代替 ε-NFA 的一系列空移动和相应的非空移动。也就是说,两者的状态集合、输入字母表、开始状态分别是对应相同的,不同的是状态转移函数。如果 ε-NFA $M_1 = (Q, \Sigma, \delta_1, q_0, F)$,NFA $M_2 = (Q, \Sigma, \delta_2, q_0, F_2)$,则对 $\forall (q,a) \in Q \times \Sigma$,使 $\delta_2(q,a) = \hat{\delta}_1(q,a)$。

相应的 NFA 的终止状态集合是关键之一。通过粗略的考虑,认为它们的终止状态集合也可能是相同的。但是,考查图 3-18 不难发现,当 ε 是原 ε-NFA 接受的语言的句子时,如果 $q_0 \notin F$,则新的 NFA 就难以接受 ε。所以,在等价的 NFA 的构造中需要考虑到这一特殊情况。下面给出其等价性证明。

定理 3-2   ε-NFA 与 NFA 等价。

证明:显然只需证明对于任给的 ε-NFA,存在与之等价的 NFA。为此,设有 ε-NFA:
$$M_1 = (Q, \Sigma, \delta_1, q_0, F)$$

(1) 构造与之等价的 NFA M_2。

取 NFA:
$$M_2 = (Q, \Sigma, \delta_2, q_0, F_2)$$

其中,
$$F_2 = \begin{cases} F \cup \{q_0\} & \text{如果 } F \cap \text{ε-}CLOSURE(q_0) \neq \varnothing \\ F & \text{如果 } F \cap \text{ε-}CLOSURE(q_0) = \varnothing \end{cases}$$

对 $\forall (q,a) \in Q \times \Sigma$,使 $\delta_2(q,a) = \hat{\delta}_1(q,a)$。

(2) 证明   对 $\forall x \in \Sigma^+$,有 $\delta_2(q_0, x) = \hat{\delta}_1(q_0, x)$。

因为对 $\forall q \in Q, \delta_2(q, \varepsilon) = \{q\}$,而 $\hat{\delta}_1(q, \varepsilon) = \text{ε-}CLOSURE(q)$,所以,它们不一定是相等的。下面施归纳于 $|x|$,证明对 $\forall x \in \Sigma^+, \delta_2(q_0, x) = \hat{\delta}_1(q_0, x)$。

当 $|x| = 1$ 时,由 δ_2 的定义,结论成立。

设当 $|x| = n$ 时结论成立,下面证明当 $|x| = n+1$ 时结论也成立。为讨论方便起见,不妨设 $x = wa$,这里,$|w| = n, a \in \Sigma$。

由 NFA 的有关定义,有
$$\begin{aligned} \delta_2(q_0, x) &= \delta_2(q_0, wa) \\ &= \delta_2(\delta_2(q_0, w), a) \\ &= \delta_2(\hat{\delta}_1(q_0, w), a) && \text{归纳假设} \\ &= \bigcup_{q \in \hat{\delta}_1(q_0, w)} \delta_2(q, a) && \text{NFA 移动函数的定义} \\ &= \bigcup_{q \in \hat{\delta}_1(q_0, w)} \hat{\delta}_1(q, a) && M_2 \text{ 的定义} \\ &= \text{ε-}CLOSURE\left(\bigcup_{q \in \hat{\delta}_1(q_0, w)} \delta_1(q, a) \right) && \text{ε-NFA 的有关定义} \\ &= \text{ε-}CLOSURE(\{p \mid \exists q \in \hat{\delta}_1(q_0, w), \text{使得 } p \in \delta_1(q, a)\}) \end{aligned}$$

$$= \hat{\delta}_1(q_0, wa)$$

$$= \hat{\delta}_1(q_0, x)$$

所以，结论对 $|x| = n+1$ 也成立。由归纳法原理，结论对 $\forall x \in \Sigma^+$ 成立。

（3）证明 对 $\forall x \in \Sigma^+, \delta_2(q_0, x) \bigcap F_2 \neq \varnothing \Leftrightarrow \hat{\delta}_1(q_0, x) \bigcap F \neq \varnothing$。

充分性。设 $\hat{\delta}_1(q_0, x) \bigcap F \neq \varnothing$。由（2）的结果知，$\delta_2(q_0, x) \bigcap F \neq \varnothing$，而 $F \subseteq F_2$，所以，$\delta_2(q_0, x) \bigcap F_2 \neq \varnothing$。

必要性。设 $\delta_2(q_0, x) \bigcap F_2 \neq \varnothing$，则有以下两种情况。

第一种情况：$\delta_2(q_0, x) \bigcap F_2 \neq \{q_0\}$。此时，显然有

$\delta_2(q_0, x) \bigcap F \neq \varnothing$，而 $\hat{\delta}_1(q_0, x) = \delta_2(q_0, x)$，所以，$\hat{\delta}_1(q_0, x) \bigcap F \neq \varnothing$。

第二种情况：$\delta_2(q_0, x) \bigcap F_2 = \{q_0\}$。如果 $q_0 \in F$，则 $\hat{\delta}_1(q_0, x) \bigcap F \neq \varnothing$。

事实上，此时不可能有 $q_0 \notin F$。如果 $q_0 \notin F$，则由于 $q_0 \in F_2$，所以，$F \bigcap \varepsilon\text{-}CLOSURE(q_0) \neq \varnothing$，即 $\exists q_f \in \varepsilon\text{-}CLOSURE(q_0) \bigcap F$，但 $q_f \neq q_0$。由于 $\hat{\delta}_1(q_0, x) = \delta_2(q_0, x)$，所以，由 $q_0 \in \hat{\delta}_1(q_0, x)$ 可得 $\varepsilon\text{-}CLOSURE(q_0) \subseteq \hat{\delta}_1(q_0, x)$。注意到 $q_0 \notin F$ 和 $q_0 \in F_2$，$q_f \in \hat{\delta}_1(q_0, x) \bigcap F$，而 $F \subseteq F_2$，所以，$q_f \in F_2$，从而 $q_f \in \delta_2(q_0, x) \bigcap F_2$。由于 $q_f \neq q_0$，这与 $\delta_2(q_0, x) \bigcap F_2 = \{q_0\}$ 矛盾。

综上所述，如果 $\delta_2(q_0, x) \bigcap F_2 \neq \varnothing$，则必有 $\hat{\delta}_1(q_0, x) \bigcap F \neq \varnothing$。

（4）证明 $\varepsilon \in L(M_1) \Leftrightarrow \varepsilon \in L(M_2)$。

必要性。设 $\varepsilon \in L(M_1)$，则 $\exists q_f \in \varepsilon\text{-}CLOSURE(q_0) \bigcap F$。由 F_2 的定义，$q_0 \in F_2$，所以 $\delta_2(q_0, \varepsilon) = q_0 \in F_2$。这表明 $\varepsilon \in L(M_2)$。

充分性。设 $\varepsilon \in L(M_2)$，从而有 $\delta_2(q_0, \varepsilon) = q_0 \in F_2$。这只能有以下两种情况。

第一种情况：$q_0 \in F$。此时，$\varepsilon \in L(M_1)$。

第二种情况：$q_0 \notin F$。此时必有 $\varepsilon\text{-}CLOSURE(q_0) \bigcap F \neq \varnothing$，即 $\hat{\delta}_1(q_0, \varepsilon) \bigcap F \neq \varnothing$。所以，$\varepsilon \in L(M_1)$。

故 $\varepsilon \in L(M_1) \Leftrightarrow \varepsilon \in L(M_2)$。

根据以上（1），（2），（3），（4）的结论，有 $L(M_1) = L(M_2)$。

到此，定理得证。

由定理 3-1 和定理 3-2 可知，DFA，NFA，ε-NFA 是等价的。今后统称它们为 FA。

例 3-9 求与图 3-18 所示的 ε-NFA 等价的 NFA。

根据图 3-18，我们曾经得到表 3-9。按照定理 3-2 所给的方法，可以画出与图 3-18 所给的 ε-NFA 等价的 NFA 的状态转移图（见图 3-19）。

不难看出，这里所给的 NFA 与图 3-17 所给的 NFA 结构不一样，这里所给的 NFA 看起来要简洁许多。更重要的是，按照定理 3-2 所给的方法，从图 3-18 所给的 ε-NFA 出发得到图 3-19 所示的 NFA，比起直接得到图 3-17 所示的 NFA，要容易得多！特别是这个过程是可以自动化的。

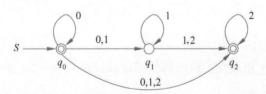

图 3-19　与图 3-18 所给的 ε-NFA 等价的 NFA 的状态转移图

3.5　FA 是正则语言的识别器

3.5.1　FA 与右线性文法

对于任意正则语言 L，都有一个满足定理 2-1 的正则文法 $G=(V,T,P,S)$，使得 $L=L(G)$。由于 G 是右线性的，除了空产生式外，每个产生式的右部有且仅有一个终极符号。这使得对于 L 中的任意一个句子 $a_1a_2\cdots a_n$，它在 G 中的推导具有如下特性：

(1) 从 G 的开始符号 S 开始，除 $a_1a_2\cdots a_n$ 外，其他每个句型中有且仅有一个语法变量，而且此语法变量总是句型的尾字符。因此，句型中的终极符号依据它被推导出来的先后顺序 $a_1,a_2,\cdots,a_n$ 依次排列。

(2) G 中的每步推导产生且仅能产生一个终极符号：第 i 步产生终极符号 a_i。

(3) 使用形如 $A\rightarrow aB$ 的产生式的推导，相当于是变量 A 产生出 aB，由 B 接下去实现后续字符的产生。

(4) 使用形如 $A\rightarrow a$ 的产生式的推导，相当于是变量 A 产生出 a 后，整个推导就结束了。

如果存在一个 DFA $M=(Q,\Sigma,\delta,q_0,F)$，使得 $L(M)=L$ 成立，则句子 $a_1a_2\cdots a_n$ 必可以将 M 从开始状态引导到某个终止状态。这个处理过程呈如下特性：

(1) M 按照句子 $a_1a_2\cdots a_n$ 中字符的出现顺序，从开始状态 q_0 开始，依次处理字符 a_1，$a_2,\cdots,a_n$。在这个处理过程中，每处理一个字符进入一个状态，最后停止在某个终止状态。

(2) 它每次处理且仅处理一个字符：第 i 步处理输入字符 a_i。

(3) 根据状态转移函数 $\delta(q,a)=p$ 执行的动作，相当于是在状态 q 完成对 a 的处理，接下来从 p 开始接着实现对后续字符的处理。

(4) 当 $\delta(q,a)=p\in F$，且 a 是输入串的最后一个字符时，M 完成对此输入串的处理。

上述分析告诉我们，满足定理 2-1 的文法推导句子的过程实际上可以与一个"适当的" DFA 处理该句子的过程相对应。将这两个过程分别列在下面，以获得更明显的启发。这里暂时用 A_0 表示 S。

$$
\begin{aligned}
A_0 &\Rightarrow a_1A_1 &&\text{使用产生式 } A_0\rightarrow a_1A_1\\
&\Rightarrow a_1a_2A_2 &&\text{使用产生式 } A_1\rightarrow a_2A_2\\
&\ \ \vdots\\
&\Rightarrow a_1a_2\cdots a_{n-1}A_{n-1} &&\text{使用产生式 } A_{n-2}\rightarrow a_{n-1}A_{n-1}\\
&\Rightarrow a_1a_2\cdots a_{n-1}a_n &&\text{使用产生式 } A_{n-1}\rightarrow a_n
\end{aligned}
$$

$$q_0 a_1 a_2 \cdots a_{n-1} a_n \vdash a_1 q_1 a_2 \cdots a_{n-1} a_n \qquad \text{使用状态转移函数} \delta(q_0, a_1) = q_1$$

$$\vdash a_1 a_2 q_2 \cdots a_{n-1} a_n \qquad \text{使用状态转移函数} \delta(q_1, a_2) = q_2$$

$$\vdots$$

$$\vdash a_1 a_2 \cdots a_{n-1} q_{n-1} a_n \qquad \text{使用状态转移函数} \delta(q_{n-2}, a_{n-1}) = q_{n-1}$$

$$\vdash a_1 a_2 \cdots a_{n-1} a_n q_n \qquad \text{使用状态转移函数} \delta(q_{n-1}, a_n) = q_n$$

其中，q_n 为 M 的终止状态。让 A_0 与 q_0 对应，A_1 与 q_1 对应，A_2 与 q_2 对应，……，A_{n-2} 与 q_{n-2} 对应，A_{n-1} 与 q_{n-1} 对应。这样，就有希望得到满足定理 2-1 的正则文法的推导与 DFA 的移动互相模拟的方式。

定理 3-3 FA 接受的语言是正则语言。

证明：设 DFA $M = (Q, \Sigma, \delta, q_0, F)$。

（1）构造满足定理 2-1 的正则文法 G，使得 $L(G) = L(M) - \{\varepsilon\}$。

取 $G = (Q, \Sigma, P, q_0)$。其中，

$$P = \{q \rightarrow a p \mid \delta(q, a) = p\} \bigcup \{q \rightarrow a \mid \delta(q, a) = p \in F\}$$

（2）证明 $L(G) = L(M) - \{\varepsilon\}$。

对于 $a_1 a_2 \cdots a_{n-1} a_n \in \Sigma^+$，根据文法推导的定义，

$$q_0 \overset{+}{\Rightarrow} a_1 a_2 \cdots a_{n-1} a_n \Leftrightarrow q_0 \rightarrow a_1 q_1, q_1 \rightarrow a_2 q_2, \cdots, q_{n-2} \rightarrow a_{n-1} q_{n-1}, q_{n-1} \rightarrow a_n \in P$$

根据文法 G 的构造，

$$q_0 \rightarrow a_1 q_1, q_1 \rightarrow a_2 q_2, \cdots, q_{n-2} \rightarrow a_{n-1} q_{n-1}, q_{n-1} \rightarrow a_n \in P \Leftrightarrow \delta(q_0, a_1) = q_1, \delta(q_1, a_2) = q_2, \cdots, \delta(q_{n-2}, a_{n-1}) = q_{n-1}, \delta(q_{n-1}, a_n) = q_n, \text{且} q_n \in F$$

再根据 DFA 的定义，

$$\delta(q_0, a_1) = q_1, \delta(q_1, a_2) = q_2, \cdots, \delta(q_{n-2}, a_{n-1}) = q_{n-1}, \delta(q_{n-1}, a_n) = q_n, \text{且} q_n \in F \Leftrightarrow \delta(q_0, a_1 a_2 \cdots a_{n-1} a_n) = q_n \in F$$

所以，$a_1 a_2 \cdots a_{n-1} a_n \in L(G) \Leftrightarrow a_1 a_2 \cdots a_{n-1} a_n \in L(M)$。

（3）关于 ε 句子。

如果 $q_0 \notin F$，则 $\varepsilon \notin L(M)$，$L(G) = L(M) = L(M) - \{\varepsilon\}$。

如果 $q_0 \in F$，则由定理 2-6 和定理 2-7，存在正则文法 G'，使得 $L(G') = L(G) \bigcup \{\varepsilon\} = L(M)$。

综上所述，对于任意 DFA M，存在正则文法 G，使得 $L(G) = L(M)$。此时称 G 与 M 等价。定理得证。

例 3-10 与图 3-8 所给的 DFA 等价的正则文法为

$$q_s \rightarrow 0 \mid 0q_0 \mid 1q_1$$

$$q_0 \rightarrow 0 \mid 0q_0 \mid 1q_1$$

$$q_1 \rightarrow 0q_2 \mid 1 \mid 1q_0$$

$$q_2 \rightarrow 0q_1 \mid 1q_2$$

与图 3-7 所给的 DFA 等价的正则文法为

$$q_0 \rightarrow 0q_1 \mid 1q_t \mid 2q_t$$
$$q_1 \rightarrow 0q_1 \mid 1q_2 \mid 2q_t$$
$$q_2 \rightarrow 0q_t \mid 1q_2 \mid 2q_3 \mid 2$$
$$q_3 \rightarrow 0q_t \mid 1q_t \mid 2q_3 \mid 2$$
$$q_t \rightarrow 0q_t \mid 1q_t \mid 2q_t$$

从上述产生式可以看出，一旦 q_t 在句型中出现，它就永远不会消失，所以，含有这样变量的产生式是不会对语言有什么贡献的，可以删除。实际上，对 DFA 中的陷阱状态，在构造与该 DFA 等价的正则文法时，是可以不考虑的。按照这一说法，图 3-7 对应的正则文法可简化为

$$q_0 \rightarrow 0q_1$$
$$q_1 \rightarrow 0q_1 \mid 1q_2$$
$$q_2 \rightarrow 1q_2 \mid 2q_3 \mid 2$$
$$q_3 \rightarrow 2q_3 \mid 2$$

定理 3-3 说明，FA 接受的语言都是正则语言，但是，该定理并没有回答是不是所有的正则语言都可以由一个 FA 接受。如果对此问题的回答是肯定的，则 FA 就与正则文法一样，成为正则语言的另一种等价描述模型。也就是说，FA 与正则文法等价。这其实是乔姆斯基在 1959 年所完成的有穷状态自动机与文法的等价性证明的一部分重要内容，该结果在形式语言与自动机理论的发展过程中占有重要的地位。下面给出该等价性证明的剩余部分的内容。

定理 3-4　正则语言可以由 FA 接受。

证明：由于正则语言被定义为是由正则文法产生的语言，所以只需证明，对于任给的正则文法，存在一个与之等价的 FA。为此设有正则文法 $G=(V,T,P,S)$。不妨假设 G 是满足定理 2-1 的右线性文法，且 $\varepsilon \notin L(G)$。

（1）构造等价的 FA。

按照本节开始的分析及定理 3-3 的证明，FA 在完成一个输入串的识别而进入终止状态时，与之对应的推导所用的产生式是右部不含变量的产生式。反过来，在用 FA 的一个移动来对应正则文法的使用右部不含变量的产生式进行的推导时，就需要另外设置一个终止状态。为此，取 V 中不含的某一个符号来标记这个终止状态。假设 $Z \notin V,Z$ 表示 FA 的终止状态。显然，S 将对应 FA 的开始状态，G 的终极符号集就是 FA 的输入字母表。所以，对应于正则文法 $G=(V,T,P,S)$，取 FA $M=(V \cup \{Z\},T,\delta,S,\{Z\})$。其中，$\delta$ 的定义为：对 $\forall (A,a) \in V \times T$，

$$\delta(A,a)=\begin{cases} \{B \mid A \rightarrow aB \in P\} \cup \{Z\} & \text{如果 } A \rightarrow a \in P \\ \{B \mid A \rightarrow aB \in P\} & \text{如果 } A \rightarrow a \notin P \end{cases}$$

即用 $B \in \delta(A,a)$ 与产生式 $A \rightarrow aB$ 对应，用 $Z \in \delta(A,a)$ 与产生式 $A \rightarrow a$ 对应。

（2）证明 $L(M)=L(G)$。

对于 $a_1 a_2 \cdots a_{n-1} a_n \in T^+$，由文法产生的语言的定义：

$$a_1 a_2 \cdots a_{n-1} a_n \in L(G) \Leftrightarrow S \overset{+}{\Rightarrow} a_1 a_2 \cdots a_{n-1} a_n$$

由 $\Rightarrow$ 的意义，有

$$S \overset{+}{\Rightarrow} a_1 a_2 \cdots a_{n-1} a_n \Leftrightarrow S \Rightarrow a_1 A_1 \Rightarrow a_1 a_2 A_2 \Rightarrow \cdots$$
$$\Rightarrow a_1 a_2 \cdots a_{n-1} A_{n-1} \Rightarrow a_1 a_2 \cdots a_{n-1} a_n$$

由推导的定义,

$$S \Rightarrow a_1 A_1 \Rightarrow a_1 a_2 A_2 \Rightarrow \cdots \Rightarrow a_1 a_2 \cdots a_{n-1} A_{n-1} \Rightarrow a_1 a_2 \cdots a_{n-1} a_n$$
$$\Leftrightarrow S \rightarrow a_1 A_1, A_1 \rightarrow a_2 A_2, \cdots, A_{n-2} \rightarrow a_{n-1} A_{n-1}, A_{n-1} \rightarrow a_n \in P$$

由 δ 的定义,

$$S \rightarrow a_1 A_1, A_1 \rightarrow a_2 A_2, \cdots, A_{n-2} \rightarrow a_{n-1} A_{n-1}, A_{n-1} \rightarrow a_n \in P$$
$$\Leftrightarrow A_1 \in \delta(S, a_1), A_2 \in \delta(A_1, a_2), \cdots, A_{n-1} \in \delta(A_{n-2}, a_{n-1}), Z \in \delta(A_{n-1}, a_n)$$

而

$$A_1 \in \delta(S, a_1), A_2 \in \delta(A_1, a_2), \cdots, A_{n-1} \in \delta(A_{n-2}, a_{n-1}), Z \in \delta(A_{n-1}, a_n)$$
$$\Leftrightarrow Z \in \delta(S, a_1 a_2 \cdots a_{n-1} a_n)$$

注意到 Z 为 M 的终止状态,由 $L(M)$ 的定义,

$$Z \in \delta(S, a_1 a_2 \cdots a_{n-1} a_n) \Leftrightarrow a_1 a_2 \cdots a_{n-1} a_n \in L(M)$$

即对于 $\forall x \in T^+, x \in L(G) \Leftrightarrow x \in L(M)$。

最后需要补充说明的是 $\varepsilon \in L(G)$ 的情况。在这种情况下,根据定理 2-5,首先,不妨假设 S 不出现在 G 的任何产生式的右部。再根据定理 2-6,设 G 中只有唯一的一个空产生式 $S \rightarrow \varepsilon$。注意到 S 不出现在任何产生式的右部,所以,除开始时 M 处于状态 S 外,M 在其他时间不可能再回到状态 S。只需将状态 S 取为 M 的第二个终止状态。按此方法构造出的 FA M 与所给的正则文法 G 是等价的。从而定理得证。

例 3-11 构造与如下所给正则文法等价的 FA。

$$G_1: E \rightarrow 0A \mid 1B$$
$$A \rightarrow 1 \mid 1C$$
$$B \rightarrow 0 \mid 0C$$
$$C \rightarrow 0B \mid 1A$$

按照定理 3-4 所给的方法,E 对应 FA 的开始状态,还需引进一个终止状态:Z。与文法 G 等价的 FA 的移动函数如下:

$$\delta(E, 0) = \{A\} \qquad \text{对应 } E \rightarrow 0A$$
$$\delta(E, 1) = \{B\} \qquad \text{对应 } E \rightarrow 1B$$
$$\delta(A, 1) = \{Z, C\} \qquad \text{对应 } A \rightarrow 1 \mid 1C$$
$$\delta(B, 0) = \{Z, C\} \qquad \text{对应 } B \rightarrow 0 \mid 0C$$
$$\delta(C, 0) = \{B\} \qquad \text{对应 } C \rightarrow 0B$$
$$\delta(C, 1) = \{A\} \qquad \text{对应 } C \rightarrow 1A$$

相应 FA 的状态转移图如图 3-20 所示。

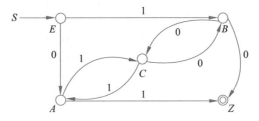

图 3-20 正则文法 G_1 对应的等价 FA

推 论 3-1 FA 与正则文法等价。

证明:根据定理 3-3 和定理 3-4 即可得到。

定理 3-3 和定理 3-4 在完成 FA 与正则文法等价证明的同时,还给出了根据给定 DFA 构造右线性文法和根据给定右线性文法构造 FA 的方法,而且这些方法都是可以自动化的。那么 FA 与左线性文法的相互转换应该如何进行呢?

3.5.2 FA 与左线性文法

在这里借助于上面关于 FA 与右线性文法的等价转换的讨论,仅对 FA 与左线性文法等价转换的有关思路进行分析,详细的构造描述及其正确性证明留给读者自己完成。

先看如何根据左线性文法构造等价的 FA。

(1) 按照推导来说,句子 $a_1 a_2 \cdots a_{n-1} a_n$ 中的字符被推导出来的先后顺序正好与它们在句子中出现的顺序相反:$a_n, a_{n-1}, \cdots, a_2, a_1$;而按照归约来说,它们被归约的顺序则正好与它们在句子中出现的顺序相同:$a_1, a_2, \cdots, a_{n-1}, a_n$。可见,归约过程与 FA 处理句子字符的顺序是一致的,所以,可考虑依照"归约"来研究 FA 的构造。

(2) 对于形如 $A \rightarrow a$ 的产生式,在一个句子的推导中,一旦使用了它,句型就变成了句子,而且 a 是该句子的第一个字符。按"归约"理解,句子的第一个字符,是根据形如 $A \rightarrow a$ 的产生式进行归约的。对应到 FA 中,FA 从开始状态出发,读到句子的第一个字符 a,应将它"归约"为 A。如果考虑用语法变量对应 FA 的状态,那么,此时需要引入一个开始状态,如 Z。这样,对应形如 $A \rightarrow a$ 的产生式,可以定义 $A \in \delta(Z, a)$。

(3) 按照(2)中的分析,对应于形如 $A \rightarrow Ba$ 的产生式,FA 应该在状态 B 读入 a 时,将状态转换到 A。也可以理解为在状态 B,FA 已经将当前句子处理过的前缀"归约"成了 B,此时它读入 a 时,要将 Ba 归约成 A。因此,它进入状态 A。

(4) 按照"归约"的说法,如果一个字符串是文法 G 产生语言的句子,它最终应该被归约成文法 G 的开始符号。所以,G 的开始符号对应的状态就是相应 FA 的终止状态。

例如,对文法

$$G_2: E \rightarrow A0 \mid B1$$
$$A \rightarrow 1 \mid C1$$
$$B \rightarrow 0 \mid C0$$
$$C \rightarrow B0 \mid A1$$

按照上述分析,E 对应 FA 的终止状态,还需另外引进一个开始状态:Z。与文法 G 等价的 FA 的移动函数如下:

$\delta(A, 0) = \{E\}$	对应 $E \rightarrow A0$
$\delta(B, 1) = \{E\}$	对应 $E \rightarrow B1$
$\delta(Z, 1) = \{A\}$	对应 $A \rightarrow 1$
$\delta(C, 1) = \{A\}$	对应 $A \rightarrow C1$
$\delta(Z, 0) = \{B\}$	对应 $B \rightarrow 0$
$\delta(C, 0) = \{B\}$	对应 $B \rightarrow C0$
$\delta(B, 0) = \{C\}$	对应 $C \rightarrow B0$
$\delta(A, 1) = \{C\}$	对应 $C \rightarrow A1$

FA 的状态转移图如图 3-21 所示。

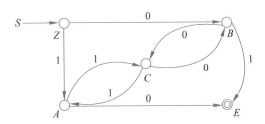

图 3-21　正则文法 G_2 对应的等价 FA

细心的读者会发现,文法 G_2 是由文法 G_1 通过简单的改造得来的,它们对应的 FA 的状态转移图似乎也有着一定的关系。请有兴趣的读者研究 G_1 与 G_2、$L(G_1)$ 与 $L(G_2)$、$L(M_1)$ 与 $L(M_2)$ 之间的关系。

知道了如何根据左线性文法构造等价的 FA 后,很容易弄清楚如何构造一个给定 DFA 等价的左线性文法:如果 $\delta(A,a)=B$,则"A"后紧跟一个 a 应该"归约"成 B(而转换成右线性文法时,则是 A 产生 aB)。如果 $\delta(A,a)=B$ 为终止状态,则"A"后紧跟一个 a 不仅应该"归约"成 B,而且还应该"归约"成文法的开始符号(识别符号);如果在 $\delta(A,a)=B$ 时 A 还是 DFA 的开始状态,则 a 应该"归约"成 B。

实际上,为了方便起见,可以在构造给定的 DFA 等价的左线性文法之前,先对该 DFA (的状态转移图)做如下"预处理":

(1) 删除 DFA 的陷阱状态(包括与之相关的弧)。

(2) 在图中加一个识别状态 z,"复制"一条原来到达终止状态的弧,使它从原来的起点出发,到达新添加的识别状态。

(3) 如果开始状态也是终止状态,则增加产生式 $z \rightarrow \varepsilon$。

通过这样的"预处理",就不用再给予原终止状态特殊的考虑。相应文法的构造可依照如下两条进行:

(1) 如果 $\delta(A,a)=B$,则有产生式 $B \rightarrow Aa$。

(2) 如果 $\delta(A,a)=B$,且 A 是开始状态,则有产生式 $B \rightarrow a$。

定理 3-5　左线性文法与 FA 等价。

证明:略。

将此定理的证明留作习题,希望读者给出根据 DFA 构造正则文法,根据正则文法构造 FA 的一般方法及其正确性证明。

3.6　FA 的一些变形

为了使内容完整,本节简要介绍 FA 的另外一些变形,包括双向有穷状态自动机和带输出的有穷状态自动机。

3.6.1　双向有穷状态自动机

在 DFA 的定义中,认为它的每一个动作由 3 个节拍构成:读入读头指向的字符;根据当前状态和读入的字符改变有穷控制器的状态;将读头向右移动一格。在 NFA 的定义中,允许 FA 根据当前状态和读入的字符有选择地改变有穷控制器的状态。在 ε-NFA 的定义中,更允许 FA 根据当前状态在不移动读头(不读入字符)时有选择地改变有穷控制器的状态。所有这些都没有增加 FA 识别语言的能力。现在希望 FA 能够根据需要将读头向"后"退。也就是说,它的读头在处理输入串的过程中,既可以向右移动,也可以向左移动。显然,它也可以是不动的。

定义 3-11 确定的双向有穷状态自动机(two-way deterministic finite auto-maton, 2DFA)M 是一个五元组:

$$M = (Q, \Sigma, \delta, q_0, F)$$

其中,Q, Σ, q_0, F 的意义同 DFA。

δ——状态转移函数,又称为状态转换函数或者移动函数,$\delta: Q \times \Sigma \to Q \times \{L, R, S\}$。

对 $\forall (q, a) \in Q \times \Sigma$:

① 如果 $\delta(q, a) = (p, L)$,表示 M 在状态 q 读入字符 a,将状态变成 p,并将读头向左移动一个带方格而指向输入字符串中的前一个字符。

② 如果 $\delta(q, a) = (p, R)$,表示 M 在状态 q 读入字符 a,将状态变成 p,并将读头向右移动一个带方格而指向输入字符串中的下一个字符。

③ 如果 $\delta(q, a) = (p, S)$,表示 M 在状态 q 读入字符 a,将状态变成 p,读头保持在原位不动。

关于 FA 的即时描述的定义 3-5 对 2DFA 仍然有效。

定义 3-12 设 $M = (Q, \Sigma, \delta, q_0, F)$ 为一个 2DFA,M 接受的语言

$$L(M) = \{x \mid q_0 x \overset{*}{\vdash} xp, \text{且 } p \in F\}$$

可以证明如下定理成立。

定理 3-6 2DFA 与 FA 等价。

证明:略。

与 NFA 类似,可以定义不确定的双向有穷状态自动机。

定义 3-13 不确定的双向有穷状态自动机(two-way nondeterministic finite automaton, 2NFA)M 是一个五元组:

$$M = (Q, \Sigma, \delta, q_0, F)$$

其中,Q, Σ, q_0, F 的意义同 DFA。

δ——状态转移函数,又称为状态转换函数或者移动函数,$\delta: Q \times \Sigma \to 2^{Q \times \{L, R, S\}}$。对 $\forall (q, a) \in Q \times \Sigma, \delta(q, a) = \{(p_1, D_1)(p_2, D_2), \cdots, (p_m, D_m)\}$ 表示 M 在状态 q 读入字符 a,可以选择地将状态变成 p_1,同时按 D_1 实现对读头的移动;或者将状态变成 p_2,同时按 D_2 实现对读头的移动;……;或者将状态变成 p_m,同时按 D_m 实现对读头的移动。$D_1, D_2, \cdots, D_m \in \{L, R, S\}$,表示的意义与在定义 3-11 中表示的意义相同。

定理 3-7 2NFA 与 FA 等价。

证明:略。

3.6.2 带输出的 FA

前面定义的 FA 有一个很大的限制：对一个输入字符串，它只是判定此串是或者不是句子。这在许多时候是不够的，因为有时不仅希望系统能得出一个输入串是否为要求串的结论，更希望系统在处理此串的过程中给出必要的中间结果。Moore 机和 Mealy 机就是两种不同的带有输出的 FA。由于它们带有输出，因此，从抽象的角度考虑，已经没有必要再设置终止状态集，而将它们视为对输入串实施变换的模型。

定义 3-14 Moore 机是一个六元组：

$$M = (Q, \Sigma, \Delta, \delta, \lambda, q_0)$$

其中，Q, Σ, q_0, δ 的意义同 DFA。

Δ——输出字母表（output alphabet）。

λ——$\lambda: Q \to \Delta$ 为输出函数。对 $\forall q \in Q, \lambda(q) = a$ 表示 M 在状态 q 时输出 a。

显然，对于 $\forall a_1 a_2 \cdots a_{n-1} a_n \in \Sigma^*, M$ 的输出串为

$$\lambda(q_0) \lambda(\delta(q_0, a_1)) \lambda(\delta(\delta(q_0, a_1), a_2)) \cdots \lambda(\delta((\cdots \delta(\delta(q_0, a_1), a_2) \cdots), a_n))$$

设

$$\delta(q_0, a_1) = q_1, \delta(q_1, a_2) = q_2, \cdots, \delta(q_{n-2}, a_{n-1}) = q_{n-1}, \delta(q_{n-1}, a_n) = q_n$$

则 M 的输出可以表示成

$$\lambda(q_0) \lambda(q_1) \lambda(q_2) \cdots \lambda(q_n)$$

这是一个长度为 $n+1$ 的串。

定义 3-15 Mealy 机是一个六元组：

$$M = (Q, \Sigma, \Delta, \delta, \lambda, q_0)$$

其中，Q, Σ, q_0, δ 的意义同 DFA。

Δ——输出字母表。

λ——$\lambda: Q \times \Sigma \to \Delta$ 为输出函数。对 $\forall (q, a) \in Q \times \Sigma, \lambda(q, a) = d$ 表示 M 在状态 q 读入字符 a 时输出 d。

显然，对于 $\forall a_1 a_2 \cdots a_{n-1} a_n \in \Sigma^*, M$ 的输出串为

$$\lambda(q_0, a_1) \lambda(\delta(q_0, a_1), a_2) \cdots \lambda(\delta(\cdots \delta(\delta(q_0, a_1), a_2) \cdots), a_n)$$

设

$$\delta(q_0, a_1) = q_1, \delta(q_1, a_2) = q_2, \cdots, \delta(q_{n-2}, a_{n-1}) = q_{n-1}, \delta(q_{n-1}, a_n) = q_n$$

则 M 的输出可以表示成

$$\lambda(q_0, a_1) \lambda(q_1, a_2) \cdots \lambda(q_{n-1}, a_n)$$

这是一个长度为 n 的串。

由定义 3-14 和定义 3-15 可知，对于 $\forall a_1 a_2 \cdots a_{n-1} a_n \in \Sigma^*$：

Moore 机处理该串时每经过一个状态，就输出一个字符：输出字符和状态一一对应。

Mealy 机处理该串时每一个移动输出一个字符：输出字符和移动一一对应。

对一个输入字符串，如果 Moore 机对初始状态有输出，而 Mealy 机在启动时（处于开始状态 q_0 时）没有输出，则可以按照如下方式给出它们等价的概念。

定义 3-16 设 Moore 机

$$M_1 = (Q_1, \Sigma, \Delta, \delta_1, \lambda_1, q_{01})$$

Mealy 机

$$M_2 = (Q_2, \Sigma, \Delta, \delta_2, \lambda_2, q_{02})$$

对于 $\forall x \in \Sigma^*$,当下式成立时,称它们是等价的。

$$T_1(x) = \lambda_1(q_0) T_2(x)$$

其中,$T_1(x)$ 和 $T_2(x)$ 分别表示 M_1 和 M_2 关于 x 的输出。

给定任意 Moore 机,根据此定义,可以很容易构造出与之等价的 Mealy 机;同样,对于任意给定的 Mealy 机,也可以很容易构造出与之等价的 Moore 机。从而可以得到如下结论。

定理 3-8 Moore 机与 Mealy 机等价。

证明:略。

3.7 小   结

本章讨论正则语言的识别器——FA,包括 DFA,NFA,ε-NFA。讨论 RG 与 FA 的等价性,简单介绍带输出的 FA 和双向 FA。

(1) FA M 是一个五元组:$M = (Q, \Sigma, \delta, q_0, F)$,它可以用状态转移图表示。

(2) M 接受的语言 $L(M) = \{w \mid w \in \Sigma^* \text{ 且 } \delta(q, w) \in F\}$。如果 $L(M_1) = L(M_2)$,则称 M_1 与 M_2 等价。

(3) FA 的状态具有有穷的存储功能。这一特性可以用来构造接受一个给定语言的 FA。

(4) NFA 允许 M 在一个状态下读入一个字符时,有选择地进入某一个状态。对于 $\forall w \in \Sigma^*$,如果 $\delta(q_0, w) \bigcap F \neq \varnothing$,则称 w 被 M 接受;如果 $\delta(q_0, w) \bigcap F = \varnothing$,则称 M 不接受 w。M 接受的语言 $L(M) = \{w \mid w \in \Sigma^* \text{ 且 } \delta(q_0, w) \bigcap F \neq \varnothing\}$。

(5) ε-NFA 是在 NFA 的基础上,允许直接根据当前状态变换到新的状态。对 $\forall q \in Q$,$\delta(q, \varepsilon) = \{p_1, p_2, \cdots, p_m\}$ 表示 M 在状态 q 不读入任何字符,可以有选择地将状态变成 $p_1, p_2, \cdots,$ 或者 p_m。这称为 M 在状态 q 的一个空移动。

(6) NFA 与 DFA 等价,ε-NFA 与 NFA 等价,统称它们为 FA。

(7) 根据需要,可以在 FA 中设置一种特殊的状态——陷阱状态。但是,不可达状态却是应该无条件删除的。

(8) FA 是正则语言的识别模型。分别按照对推导和归约的模拟,可以证明 FA 和右线性文法、左线性文法等价。

(9) 2DFA、2NFA 是 FA 的变形,它不仅允许读头向右移动,也允许读头向左移动。2DFA、2NFA 仍然与 FA 等价。

(10) Moore 机和 Mealy 机是两种等价的带输出的 FA,Moore 机根据状态决定输出字符,Mealy 机根据移动决定输出字符。

习   题

1. 已知 DFA M_1 与 M_2 分别如图 3-22(a) 和图 3-22(b) 所示。

(1) 请分别给出它们在处理字符串 1011001 的过程中经过的状态序列。

（2）请给出它们的形式描述。

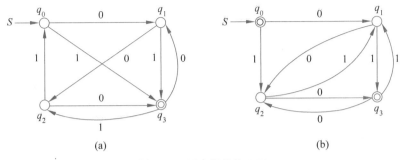

图 3-22　两个不同的 DFA

2. 构造识别下列语言的 DFA（给出相应 DFA 的形式描述，或者画出它们的状态转移图）。

（1）$\{0,1\}^*$。

（2）$\{0,1\}^+$。

（3）$\{x \mid x \in \{0,1\}^+$ 且 x 中不含形如 00 的子串$\}$。

（4）$\{x \mid x \in \{0,1\}^*$ 且 x 中不含形如 00 的子串$\}$。

（5）$\{x \mid x \in \{0,1\}^+$ 且 x 中含形如 10110 的子串$\}$。

（6）$\{x \mid x \in \{0,1\}^+$ 且 x 中不含形如 10110 的子串$\}$。

（7）$\{x \mid x \in \{0,1\}^+$ 且当把 x 看成二进制数时，x 模 5 与 3 同余，要求当 x 为 0 时，$|x|=1$，且 $x \neq 0$ 时，x 的首字符为 1$\}$。

（8）$\{x \mid x \in \{0,1\}^+$ 且 x 的第 10 个字符是 1$\}$。

（9）$\{x \mid x \in \{0,1\}^+$ 且 x 以 0 开头以 1 结尾$\}$。

（10）$\{x \mid x \in \{0,1\}^+$ 且 x 中至少含两个 1$\}$。

（11）$\{x \mid x \in \{0,1\}^*$ 且如果 x 以 1 结尾，则它的长度为偶数；如果 x 以 0 结尾，则它的长度为奇数$\}$。

（12）$\{x \mid x$ 是十进制非负实数$\}$。

（13）$\varnothing$。

（14）$\{\varepsilon\}$。

3. 根据定义 3-6，请给出习题 2 中各个 DFA 的每个状态 q 对应的集合 $set(q)$。

4. 在例 3-6 中，状态的名称采用 $q[a_1 a_2 \cdots a_i]$ 的形式，它比较清楚地表达出该状态所对应的记忆内容，为解决此问题提供了很大的方便。是否可以直接用 $[a_1 a_2 \cdots a_i]$ 代表 $q[a_1 a_2 \cdots a_i]$ 呢？如果能，为什么？如果不能，又为什么？从对此问题的讨论，你能总结出什么来？

5. 试区别 FA 中的陷阱状态和不可达状态。

6. 给定 DFA M 的状态转移图 3-23。证明 $L(M) = \{x \mid x \in \{0,1\}^*$，$x$ 中 0 的个数与 1 的个数相等，且 x 的任意前缀中 0 与 1 的个数之差最多为 1$\}$。（提示：对于 $\forall x \in L(M)$，x 的任意前缀 y 中的 0 和 1 的个数只可能有 3 种情况：0 的个数比 1 的个数恰多一个；0 的个数比 1 的个数恰少一个；0 的个数与 1 的个数相等。通过对 x 的前缀的长度施归纳，同时证明这 3 个命题成立。）

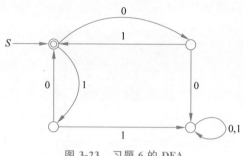

图 3-23　习题 6 的 DFA

7. 设 DFA $M=(Q,\Sigma,\delta,q_0,F)$。证明：对于 $\forall x,y \in \Sigma^*,q \in Q,\delta(q,xy)=\delta(\delta(q,x),y)$。

8. 证明：对于任意 DFA $M_1=(Q,\Sigma,\delta,q_0,F_1)$，存在 DFA $M_2=(Q,\Sigma,\delta,q_0,F_2)$，使得 $L(M_2)=\Sigma^*-L(M_1)$。

9. 对于任意 DFA $M_1=(Q_1,\Sigma,\delta_1,q_{01},F_1)$，请构造 DFA $M_2=(Q_2,\Sigma,\delta_2,q_{02},F_2)$，使得 $L(M_2)=L(M_1)^{\mathrm{T}}$。其中，$L(M)^{\mathrm{T}}=\{x \mid x^{\mathrm{T}} \in L(M)\}$。

10. 构造识别下列语言的 NFA。

(1) $\{x \mid x \in \{0,1\}^+$ 且 x 中不含形如 00 的子串$\}$。

(2) $\{x \mid x \in \{0,1\}^+$ 且 x 中含形如 10110 的子串$\}$。

(3) $\{x \mid x \in \{0,1\}^+$ 且 x 中不含形如 10110 的子串$\}$。

(4) $\{x \mid x \in \{0,1\}^+$ 和 x 的倒数第 10 个字符是 1，且以 01 结尾$\}$。

(5) $\{x \mid x \in \{0,1\}^+$ 且 x 以 0 开头以 1 结尾$\}$。

(6) $\{x \mid x \in \{0,1\}^+$ 且 x 中至少含两个 1$\}$。

(7) $\{x \mid x \in \{0,1\}^*$，如果 x 以 1 结尾，则它的长度为偶数；如果 x 以 0 结尾，则它的长度为奇数$\}$。

(8) $\{x \mid x \in \{0,1\}^+$，x 的首字符和尾字符相等$\}$。

(9) $\{xwx^{\mathrm{T}} \mid x,w \in \{0,1\}^+\}$。

11. 根据给定的 NFA，构造与之等价的 DFA。

(1) NFA M_1 的状态转移函数如表 3-10 所示。

表 3-10　NFA M_1 的状态转移函数

状态说明	状　态	输 入 字 符		
		0	1	2
开始状态	q_0	$\{q_0,q_1\}$	$\{q_0,q_2\}$	$\{q_0,q_2\}$
	q_1	$\{q_3,q_0\}$	$\varnothing$	$\{q_2\}$
	q_2	$\varnothing$	$\{q_3,q_1\}$	$\{q_2,q_1\}$
终止状态	q_3	$\{q_3,q_2\}$	$\{q_3\}$	$\{q_0\}$

（2）NFA M_2 的状态转移函数如表 3-11 所示。

表 3-11　NFA M_2 的状态转移函数

状态说明	状　态	输 入 字 符		
		0	1	2
开始状态	q_0	$\{q_1,q_3\}$	$\{q_1\}$	$\{q_0\}$
	q_1	$\{q_2\}$	$\{q_2,q_1\}$	$\{q_1\}$
	q_2	$\{q_3,q_2\}$	$\{q_0\}$	$\{q_2\}$
终止状态	q_3	$\varnothing$	$\{q_0\}$	$\{q_3\}$

12. 证明：对于任意 NFA，存在与之等价的 NFA，该 NFA 最多只有一个终止状态。

13. 试给出一个构造方法，对于任意 NFA $M_1=(Q_1,\Sigma,\delta_1,q_0,F_1)$，构造 NFA $M_2=(Q_2,\Sigma,\delta_2,q_0,F_2)$，使得 $L(M_2)=\Sigma^*-L(M_1)$。

14. 根据上面相关习题的结果，构造识别下列语言的 ε-NFA。

（1）$\{x\mid x\in\{0,1\}^+$ 且 x 中含形如 10110 的子串$\}\bigcup\{x\mid x\in\{0,1\}^+$ 和 x 的倒数第 10 个字符是 1，且以 01 结尾$\}$。

（2）$\{x\mid x\in\{0,1\}^+$ 且 x 中含形如 10110 的子串$\}\{x\mid x\in\{0,1\}^+$ 和 x 的倒数第 10 个字符是 1，且以 01 结尾$\}$。

（3）$\{x\mid x\in\{0,1\}^+$ 且 x 中不含形如 10110 的子串$\}\bigcup\{x\mid x\in\{0,1\}^+$ 且 x 以 0 开头以 1 结尾$\}$。

（4）$\{x\mid x\in\{0,1\}^+$ 且 x 中不含形如 00 的子串$\}\{x\mid x\in\{0,1\}^+$ 且 x 中不含形如 11 的子串$\}$。

（5）$\{x\mid x\in\{0,1\}^+$ 且 x 中不含形如 00 的子串$\}\bigcap\{x\mid x\in\{0,1\}^+$ 且 x 中不含形如 11 的子串$\}$。

你能分别构造出接受（4）和（5）所给语言的 DFA 吗？

15. 根据给定的 ε-NFA，构造与之等价的 NFA。

（1）ε-NFA M_3 的状态转移函数如表 3-12 所示。

表 3-12　ε-NFA M_3 的状态转移函数

状态说明	状　态	输 入 字 符		
		0	1	ε
开始状态	q_0	$\{q_0,q_1\}$	$\{q_0,q_2\}$	$\{q_0,q_2\}$
	q_1	$\{q_3,q_0\}$	$\varnothing$	$\{q_2\}$
	q_2	$\varnothing$	$\{q_3,q_1\}$	$\{q_2,q_1\}$
终止状态	q_3	$\{q_3,q_2\}$	$\{q_3\}$	$\{q_0\}$

（2）ε-NFA M_4 的状态转移函数如表 3-13 所示。

表 3-13　ε-NFA M_4 的状态转移函数

状态说明	状 态	输 入 字 符		
		0	1	ε
开始状态	q_0	$\{q_1,q_3\}$	$\{q_1\}$	$\{q_3,q_1\}$
	q_1	$\{q_2\}$	$\{q_2,q_1\}$	$\varnothing$
	q_2	$\{q_3,q_2\}$	$\{q_0\}$	$\{q_2,q_3\}$
终止状态	q_3	$\varnothing$	$\{q_0\}$	$\varnothing$

16. 证明：对于任意 FA $M_1=(Q_1,\Sigma_1,\delta_1,q_{01},F_1)$，FA $M_2=(Q_2,\Sigma_2,\delta_2,q_{02},F_2)$，存在 FA M，使得 $L(M)=L(M_1)\bigcup L(M_2)$。

17. 证明：对于任意 FA $M_1=(Q_1,\Sigma_1,\delta_1,q_{01},F_1)$，FA $M_2=(Q_2,\Sigma_2,\delta_2,q_{02},F_2)$，存在 FA M，使得 $L(M)=L(M_1)L(M_2)$。

18. 证明：对于任意 FA $M_1=(Q_1,\Sigma_1,\delta_1,q_{01},F_1)$，FA $M_2=(Q_2,\Sigma_2,\delta_2,q_{02},F_2)$，存在 FA M，使得 $L(M)=L(M_1)\bigcap L(M_2)$。

19. 总结本章定义的所有 FA，归纳出它们的特点，指出它们之间的差别。

20. 构造图 3-24 所给 DFA 对应的右线性文法。

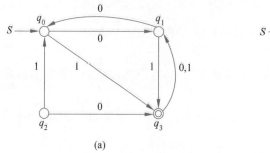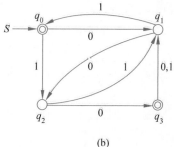

|(a)　　　　　　　　　　　　　　　　　　(b)|

图 3-24　两个不同的 DFA

21. 构造图 3-24 所给 DFA 对应的左线性文法。

22. 根据下列所给文法，构造相应的 FA。

(1) 文法 G_1 的产生式集合如下：

$$G_1: S \rightarrow a \mid aA$$
$$A \rightarrow a \mid aA \mid cA \mid bB$$
$$B \rightarrow a \mid b \mid c \mid aB \mid bB \mid cB$$

(2) 文法 G_2 的产生式集合如下：

$$G_2: S \rightarrow a \mid Aa$$
$$A \rightarrow a \mid Aa \mid Ac \mid Bb$$
$$B \rightarrow a \mid b \mid c \mid Ba \mid Bb \mid Bc$$

23. FA M 的移动函数定义如下：

$$\delta(q_0,3)=\{q_0\}$$
$$\delta(q_0,1)=\{q_1\}$$

$$\delta(q_1,0)=\{q_2\}$$
$$\delta(q_1,1)-\{q_3\}$$
$$\delta(q_2,0)=\{q_2\}$$
$$\delta(q_3,1)=\{q_3\}$$

其中,q_2,q_3 为终态。

(1) M 是 DFA 吗? 为什么?

(2) 画出相应的 DFA 的状态转移图。

(3) 给出你所画出的 DFA 的每个状态 q 的 $set(q)$:
$$set(q)=\{x \mid x\in\Sigma^* \text{且} \delta(q_0,x)=q\}$$

(4) 求正则文法 G ,使 $L(G)=L(M)$。

24. 总结归约与派生的对应关系,以及与 FA 的识别过程的对应关系。

25. 证明左线性文法与 FA 等价。

26. 证明定理 3-6。

27. 证明定理 3-7。

28. 证明定理 3-8。

29. 对任意 DFA $M_1=(Q_1,\Sigma,\delta_1,q_{01},F_1)$,$M_2=(Q_2,\Sigma,\delta_2,q_{02},F_2)$,

(1) 构造 DFA $M=(Q,\Sigma,\delta,q_0,F)$,使得 $L(M)=L(M_1)\bigcap L(M_2)$。

(2) 构造 DFA $M=(Q,\Sigma,\delta,q_0,F)$,使得 $L(M)=L(M_1)\bigcup L(M_2)$。

(3) 构造 DFA $M=(Q,\Sigma,\delta,q_0,F)$,使得 $L(M)=L(M_1)-L(M_2)$。

(4) 构造 DFA $M=(Q,\Sigma,\delta,q_0,F)$,使得 $L(M)=\Sigma^*-L(M_1)-L(M_2)$。

30. 证明:对于任意 DFA $M_1=(Q_1,\Sigma,\delta_1,q_{01},F_1)$,$M_2=(Q_2,\Sigma,\delta_2,q_{02},F_2)$,

(1) 存在 DFA $M=(Q,\Sigma,\delta,q_0,F)$,使得 $L(M)=L(M_1)L(M_2)$。

(2) 存在 DFA $M=(Q,\Sigma,\delta,q_0,F)$,使得 $L(M)=L(M_1)^*$。

(3) 存在 DFA $M=(Q,\Sigma,\delta,q_0,F)$,使得 $L(M)=L(M_1)^+$。

第 4 章

正则表达式

计算学科讨论的是什么能且如何被有效地自动计算,而实现有效自动计算的基础首先是实现对问题恰当的形式化描述。

第 2 章和第 3 章分别讨论的正则文法和有穷状态自动机都是正则语言的形式化描述模型。正则文法擅长语言的产生,有穷状态自动机擅长语言的识别。本章将讨论正则语言的另外一种描述模型——正则表达式。它对正则语言的表达具有特殊的优势:正则表达式比正则文法和有穷状态自动机更简单,更容易处理。而且,这种表达形式还更接近语言的集合表示和语言的计算机表示。语言的集合表示形式使得人们能更容易地理解和使用它,而适应计算机的表示形式又使得我们能更容易地使用计算机系统处理语言。所以,就这两方面而言,正则表达式使用起来更方便。

4.1 启 示

不难看出,正则文法

$$G: A \rightarrow aA \mid aB \mid cE$$
$$B \rightarrow bB \mid bC$$
$$C \rightarrow cC \mid c$$
$$E \rightarrow cE \mid bF$$
$$F \rightarrow dF \mid eF \mid aH$$
$$H \rightarrow aH \mid a$$

产生的语言为 $\{a^n b^m c^k \mid n, m, k \geqslant 1\} \cup \{a^i c^n b x a^m \mid i \geqslant 0, n \geqslant 1, m \geqslant 2, x$ 为由 d 和 e 组成的串$\}$。接受此语言的 NFA M 如图 4-1 所示。

根据定义 3-6,可以计算出如下一系列集合。请读者注意这些集合的计算过程和相应的表达形式:

$$set(A) = \{a^n \mid n \geqslant 0\} = \{a\}^*$$
$$set(B) = set(A)\{a\}\{b^n \mid n \geqslant 0\} = \{a^n a b^m \mid m, n \geqslant 0\} = \{a\}^* \{a\}\{b\}^* = \{a\}^+ \{b\}^*$$
$$set(C) = set(B)\{b\}\{c\}^* = \{a\}^* \{a\}\{b\}^* \{b\}\{c\}^* = \{a\}^+ \{b\}^+ \{c\}^*$$
$$set(D) = set(C)\{c\} = \{a\}^+ \{b\}^+ \{c\}^* \{c\} = \{a\}^+ \{b\}^+ \{c\}^+$$
$$set(E) = set(A)\{c\}\{c\}^* = \{a\}^* \{c\}\{c\}^* = \{a\}^* \{c\}^+$$

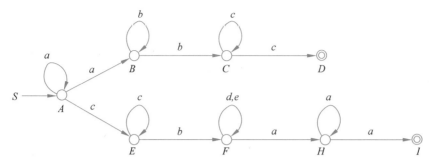

图 4-1　接受语言 $\{a^nb^mc^k \,|\, n,m,k \geqslant 1\} \bigcup \{a^ic^nbxa^m \,|\, i \geqslant 0,$
$n \geqslant 1, m \geqslant 2, x$ 为由 d 和 e 组成的串$\}$ 的 NFA

$$set(F) = set(E)\{b\}\{d,e\}^* = \{a\}^*\{c\}^+\{b\}\{d,e\}^*$$
$$set(H) = set(F)\{a\}\{a\}^* = \{a\}^*\{c\}^+\{b\}\{d,e\}^*\{a\}\{a\}^* = \{a\}^*\{c\}^+\{b\}\{d,e\}^*\{a\}^+$$
$$set(I) = set(H)\{a\} = \{a\}^*\{c\}^+\{b\}\{d,e\}^*\{a\}^+\{a\}$$
$$L(M) = set(D) \bigcup set(H) = \{a\}^+\{b\}^+\{c\}^+ \bigcup \{a\}^*\{c\}^+\{b\}\{d,e\}^*\{a\}^+\{a\}$$

根据集合运算的定义，

$$\{d,e\} = \{d\} \bigcup \{e\}$$

从而

$$\{d,e\}^* = (\{d\} \bigcup \{e\})^*$$

这样就可以将 $L(M)$ 写成如下形式：

$$L(M) = \{a\}^+\{b\}^+\{c\}^+ \bigcup \{a\}^*\{c\}^+\{b\}(\{d\} \bigcup \{e\})^*\{a\}^+\{a\}$$

这个表达形式的特点是它只含有字符 a,b,c,d,e 以及集合上的一些运算符。可以认为，字符 a,b,c,d,e 是某个字母表中的字符。也就是说，有可能用字母表中的字符和并、乘、闭包等基本集合运算来表示正则文法和 FA 所能表达的语言。如果进一步给出一些适当的约定，就有可能用更为简洁的形式表示这类语言。例如，用"表达式"

$$a^+b^+c^+ + a^*c^+(d+e)^*a^+a = aa^*bb^*cc^* + a^*cc^*(d+e)^*aaa^*$$

表示语言 $L(M)$。这种表示就是正则表达式。

4.2　正则表达式的形式定义

语言是定义在某一个字母表上的，所以，也在字母表上定义相应的正则表达式。另外，在 4.1 节所给出的例子中，并没有涉及正则语言 $\{\varepsilon\}$ 和 $\varnothing$ 的表示。因此，定义的正则表达式也应该能够表达它们。

定义 4-1　设 Σ 是一个字母表，

（1）$\varnothing$ 是 Σ 上的正则表达式（regular expression，RE），它表示语言 $\varnothing$。

（2）ε 是 Σ 上的正则表达式，它表示语言 $\{\varepsilon\}$。

（3）对于 $\forall a \in \Sigma$，a 是 Σ 上的正则表达式，它表示语言 $\{a\}$。

（4）如果 r 和 s 分别是 Σ 上的表示语言 R 和 S 的正则表达式，则

　　r 与 s 的"和"$(r+s)$ 是 Σ 上的正则表达式，$(r+s)$ 表达的语言为 $R \bigcup S$。

  r 与 s 的"乘积"(rs) 是 Σ 上的正则表达式,(rs) 表达的语言为 RS。

  r 的克林闭包(r^*) 是 Σ 上的正则表达式,(r^*) 表达的语言为 R^*。

  (5) 只有满足(1),(2),(3),(4)的表达式才是 Σ 上的正则表达式。

例 4-1 设 $\Sigma = \{0,1\}$,下面是 Σ 上的一些正则表达式及其对应的语言:

(1) 正则表达式 0,表示语言 $\{0\}$。

(2) 正则表达式 1,表示语言 $\{1\}$。

(3) 正则表达式$(0+1)$,表示语言 $\{0,1\}$。

(4) 正则表达式(01),表示语言 $\{01\}$。

(5) 正则表达式$((0+1)^*)$,表示语言 $\{0,1\}^*$。

(6) 正则表达式$((00)((00)^*))$,表示语言 $\{00\}\{00\}^*$。

(7) 正则表达式$((((0+1)^*)(0+1))((0+1)^*))$,表示语言 $\{0,1\}^+$。

(8) 正则表达式$((((0+1)^*)000)((0+1)^*))$,表示 $\{0,1\}$ 上的至少含有 3 个连续 0 的串组成的语言。

(9) 正则表达式$((((0+1)^*)0)1)$,表示所有以 01 结尾的字符串组成的语言。

(10) 正则表达式$(1(((0+1)^*)0))$,表示所有以 1 开头,并且以 0 结尾的字符串组成的语言。

  上述例子中所给的正则表达式中所含括号太多,众多的括号在带来表达的准确性的同时,也使得这些正则表达式读写都比较麻烦。为了解决这一个问题,有如下约定:

  (1) r 的正闭包 r^+ 表示 r 与 (r^*) 的乘积或 (r^*) 与 r 的乘积。

$$r^+ = (r(r^*)) = ((r^*)r)$$

  (2) 闭包运算的优先级最高,乘运算的优先级次之,加运算的优先级最低。所以,在意义明确时,可以省略其中某些括号。例如:

$((((0+1)^*)000)((0+1)^*))$ 可以写成 $(0+1)^*000(0+1)^*$。

$((((0+1)^*)(0+1))((0+1)^*))$ 可以写成 $(0+1)^*(0+1)(0+1)^*$。

  (3) 正则表达式 r 表示的语言记为 $L(r)$,在意义明确时,也可以直接记为 r。

  (4) 加、乘、闭包运算均执行左结合规则。

定义 4-2 设 r,s 是字母表 Σ 上的一个正则表达式,如果 $L(r) = L(s)$,则称 r 与 s 相等(equivalence,也称为等价),记作 $r = s$。

  可以证明,对字母表 Σ 上的正则表达式 r,s,t,下列各式成立。

  (1) 结合律:$(rs)t = r(st)$, $(r+s)+t = r+(s+t)$。

  (2) 分配律:$r(s+t) = rs+rt$, $(s+t)r = sr+tr$。

  (3) 交换律:$r+s = s+r$。

  (4) 幂等律:$r+r = r$。

  (5) 加法运算零元素:$r+\varnothing = r$。

  (6) 乘法运算单位元:$r\varepsilon = \varepsilon r = r$。

  (7) 乘法运算零元素:$r\varnothing = \varnothing r = \varnothing$。

  (8) $L(\varnothing) = \varnothing$。

  (9) $L(\varepsilon) = \{\varepsilon\}$。

(10) $L(a) = \{a\}$(a 是字母表 Σ 上的一个字符)。

(11) $L(rs) = L(r)L(s)$。

(12) $L(r+s) = L(r) \bigcup L(s)$。

(13) $L(r^*) = (L(r))^*$。

(14) $L(\varnothing^*) = \{\varepsilon\}$。

(15) $L((r+\varepsilon)^*) = L(r^*)$。

(16) $L((r^*)^*) = L(r^*)$。

(17) $L((r^* s^*)^*) = L((r+s)^*)$。

(18) 如果 $L(r) \subseteq L(s)$，则 $r+s = s$。

定义 4-3 设 r 是字母表 Σ 上的一个正则表达式，r 的 n 次幂定义为

① $r^0 = \varepsilon$。

② $r^n = r^{n-1} r(n \geqslant 1)$。

不难证明，下列各式成立：

(19) $L(r^n) = (L(r))^n$。

(20) $r^n r^m = r^{n+m}$。

请读者注意，一般地，$r+\varepsilon \neq r$，$(rs)^n \neq r^n s^n$，$rs \neq sr$。

例 4-2 设 $\Sigma = \{0,1\}$，则

00 表示语言 $\{00\}$。

$(0+1)^* 00 (0+1)^*$ 表示所有至少含两个连续 0 的串组成的语言。

$(0+1)^* 1 (0+1)^9$ 表示所有倒数第 10 个字符为 1 的串组成的语言。

$L((0+1)^* 011) = \{x \mid x$ 是以 011 结尾的串$\}$。

$L(0^+ 1^+ 2^+) = \{0^n 1^m 2^k \mid m,n,k \geqslant 1\}$。

$L(0^* 1^* 2^*) = \{0^n 1^m 2^k \mid m,n,k \geqslant 0\}$。

$L(1(0+1)^* 1 + 0(0+1)^* 0) = \{x \mid x$ 的开头字符与尾字符相同$\}$。

4.3 正则表达式与 FA 等价

在 4.1 节中，从开始状态出发，根据状态之间按照转移所确定的后继关系，依次计算出了图 4-1 所给 FA 的各个状态 q 对应的 $set(q)$，并且最终得到相应的 FA 接受的语言的正则表达式表示：$aa^* bb^* cc^* + a^* cc^* (d+e)^* aaa^*$。这个"计算"过程含有较多的智力因素而难以自动化。本节讨论 FA 与正则表达式之间"机械"的等价转换方法。

4.3.1 正则表达式到 FA 的等价变换

显然正则表达式 0 和 01 对应的 FA 如图 4-2 和图 4-3 所示。也不难得到 0+1 和 0* 对应的 FA 分别如图 4-4 和图 4-5 所示。那么如何得到更复杂的正则表达式对应的 FA 呢？按照构造一个给定模型的等价模型的经验，仍然需要从模型的基本定义入手，给出基本的构造方法。

图 4-2　正则表达式 0 对应的 FA　　　图 4-3　正则表达式 01 对应的 FA

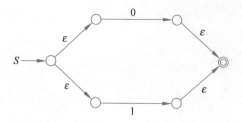

图 4-4　正则表达式 0+1 对应的 FA

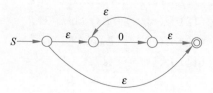

图 4-5　正则表达式 0* 对应的 FA

定义 4-4　正则表达式 r 称为与 FA M 等价,如果 $L(r)=L(M)$。

定理 4-1　正则表达式表示的语言是正则语言。

证明：由推论 3-1 及上述分析,只用证明对于任意的正则表达式,可以构造出一个等价的 FA。

定义 4-1 以递归形式定义正则表达式,为了叙述方便,假设正则表达式都是字母表 Σ 上的正则表达式,并且施归纳于正则表达式中所含运算符的个数 n,证明对于字母表 Σ 上的任意正则表达式 r,存在 FA M,使得 $L(M)=L(r)$,并且 M 恰有一个终止状态,而且 M 在终止状态下不做任何移动。

当 $n=0$ 时,有如下 3 种情况：

(1) $r=\varepsilon$。此时图 4-6(a)所示的 ε-NFA 满足要求。

(2) $r=\varnothing$。此时图 4-6(b)所示的 ε-NFA 满足要求。

(3) 对 $\forall a \in \Sigma, r=a$。此时图 4-6(c)所示的 ε-NFA 满足要求。

图 4-6　r 中不含运算符时对应的满足要求的 ε-NFA

所以,结论对 $n=0$ 成立。

假设结论对 $n \leqslant k(k \geqslant 0)$ 成立,则当 $n=k+1$ 时,r 有如下 3 种情况：

(1) $r=r_1+r_2$。此时 r_1,r_2 中运算符的个数不会大于 k。因此,由归纳假设,存在满足定理要求的 ε-NFA：

$$M_1=(Q_1,\Sigma,\delta_1,q_{01},\{f_1\})$$
$$M_2=(Q_2,\Sigma,\delta_2,q_{02},\{f_2\})$$

使得 $L(M_1)=L(r_1),L(M_2)=L(r_2)$。由于可以对状态进行重新命名,所以,不妨设 $Q_1 \cap Q_2=\varnothing$。

取 $q_0,f \notin Q_1 \cup Q_2$,令

$$M=(Q_1 \cup Q_2 \cup \{q_0,f\},\Sigma,\delta,q_0,\{f\})$$

其中,δ 的定义为

① $\delta(q_0,\varepsilon)=\{q_{01},q_{02}\}$。

② 对 $\forall q \in Q_1-\{f_1\},a \in \Sigma \cup \{\varepsilon\},\delta(q,a)=\delta_1(q,a)$；

　　对 $\forall q \in Q_2-\{f_2\},a \in \Sigma \cup \{\varepsilon\},\delta(q,a)=\delta_2(q,a)$。

注意到 $\delta_1(f_1,\varepsilon)=\varnothing$,$\delta_2(f_2,\varepsilon)=\varnothing$,所以可以定义:

③ $\delta(f_1,\varepsilon)=\{f\}$。

④ $\delta(f_2,\varepsilon)=\{f\}$。

这里构造出的 M 如图 4-7 所示。

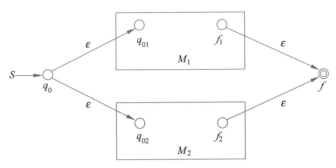

图 4-7　与 r_1+r_2 等价的满足要求的 ε-NFA

另外,在 M_1 和 M_2 中,对于 $\forall a\in\Sigma\bigcup\{\varepsilon\}$,$\delta_1(f_1,a)=\delta_2(f_2,a)=\varnothing$,所以,$M_1$ 和 M_2 中的所有状态转移均包含在 M 的状态转移中。往证 $L(r_1+r_2)=L(M)$。

首先,由归纳假设,

$$L(r_1)=L(M_1)$$
$$L(r_2)=L(M_2)$$

根据正则表达式的定义,

$$L(r_1+r_2)=L(r_1)\bigcup L(r_2)$$

所以

$$L(r_1+r_2)=L(M_1)\bigcup L(M_2)$$

因此,只需要证明

$$L(M)=L(M_1)\bigcup L(M_2)$$

① 先证 $L(M_1)\bigcup L(M_2)\subseteq L(M)$。

设 $x\in L(M_1)\bigcup L(M_2)$,从而有 $x\in L(M_1)$,或者 $x\in L(M_2)$。当 $x\in L(M_1)$ 时,有

$$\delta_1(q_{01},x)=\{f_1\}$$

由 M 的定义可得:

$\delta(q_0,x)=\delta(q_0,\varepsilon x\varepsilon)$	ε 的意义
$=\delta(\delta(q_0,\varepsilon),x\varepsilon)$	δ 的意义
$=\delta(\{q_{01},q_{02}\},x\varepsilon)$	$\delta(q_0,\varepsilon)=\{q_{01},q_{02}\}$
$=\delta(q_{01},x\varepsilon)\bigcup\delta(q_{02},x\varepsilon)$	δ 的意义
$=\delta(\delta(q_{01},x),\varepsilon)\bigcup\delta(\delta(q_{02},x),\varepsilon)$	δ 的意义
$=\delta(\delta_1(q_{01},x),\varepsilon)\bigcup\delta(\delta_2(q_{02},x),\varepsilon)$	δ 的定义及 $Q_1\bigcap Q_2=\varnothing$
$=\delta(\{f_1\},\varepsilon)\bigcup\delta(\delta_2(q_{02},x),\varepsilon)$	$\delta_1(q_{01},x)=\{f_1\}$
$=\{f\}\bigcup\delta(\delta_2(q_{02},x),\varepsilon)$	$\delta(f_1,\varepsilon)=\{f\}$

即

$$x\in L(M)$$

同理可证，当 $x \in L(M_2)$ 时，$x \in L(M)$。

故

$$L(M_1) \cup L(M_2) \subseteq L(M)$$

② 再证 $L(M) \subseteq L(M_1) \cup L(M_2)$。

设 $x \in L(M)$，即

$$f \in \delta(q_0, x)$$

按照 M 的定义，

$$
\begin{aligned}
\delta(q_0, x) &= \delta(q_0, \varepsilon x \varepsilon) & & \varepsilon \text{ 的意义} \\
&= \delta(\delta(q_0, \varepsilon), x\varepsilon) & & \delta \text{ 的意义} \\
&= \delta(\{q_{01}, q_{02}\}, x\varepsilon) & & \delta(q_0, \varepsilon) = \{q_{01}, q_{02}\} \\
&= \delta(q_{01}, x\varepsilon) \cup \delta(q_{02}, x\varepsilon) & & \delta \text{ 的意义} \\
&= \delta(\delta(q_{01}, x), \varepsilon) \cup \delta(\delta(q_{02}, x), \varepsilon) & & \delta \text{ 的意义} \\
&= \delta(\delta_1(q_{01}, x), \varepsilon) \cup \delta(\delta_2(q_{02}, x), \varepsilon) & & \delta \text{ 的定义}
\end{aligned}
$$

$f \in \delta(q_0, x)$，并且此时 M 的最后一次移动必是根据如下两个定义式之一进行的移动：

$$\delta(f_1, \varepsilon) = \{f\}$$
$$\delta(f_2, \varepsilon) = \{f\}$$

如果是根据定义式 $\delta(f_1, \varepsilon) = \{f\}$ 进行的最后一次移动，注意到 $Q_1 \cap Q_2 = \varnothing$，则此时必有

$$\delta_1(q_{01}, x) = \{f_1\}$$

这说明，$x \in L(M_1)$。

如果是根据定义式 $\delta(f_2, \varepsilon) = \{f\}$ 进行的最后一次移动，同样注意到 $Q_1 \cap Q_2 = \varnothing$，则此时必有

$$\delta_2(q_{02}, x) = \{f_2\}$$

这说明，$x \in L(M_2)$。

无论是哪一种情况，都有

$$x \in L(M_1) \cup L(M_2)$$

所以

$$L(M) \subseteq L(M_1) \cup L(M_2)$$

综上所述，$L(M) = L(M_1) \cup L(M_2)$。这说明 M 与 r 等价。

（2）$r = r_1 r_2$。此时 r_1、r_2 中运算符的个数不会大于 k。因此，由归纳假设，存在满足定理要求的 $\varepsilon\text{-NFA}$：

$$M_1 = (Q_1, \Sigma, \delta_1, q_{01}, \{f_1\})$$
$$M_2 = (Q_2, \Sigma, \delta_2, q_{02}, \{f_2\})$$

使得 $L(M_1) = L(r_1)$，$L(M_2) = L(r_2)$。而且 $Q_1 \cap Q_2 = \varnothing$，取

$$M = (Q_1 \cup Q_2, \Sigma, \delta, q_{01}, \{f_2\})$$

其中，δ 的定义为

① 对 $\forall q \in Q_1 - \{f_1\}, a \in \Sigma \cup \{\varepsilon\}, \delta(q, a) = \delta_1(q, a)$。

② 对 $\forall q \in Q_2, a \in \Sigma \cup \{\varepsilon\}, \delta(q, a) = \delta_2(q, a)$。

③ $\delta(f_1, \varepsilon) = \{q_{02}\}$。

注意到 $\delta_1(f_1,\varepsilon)=\delta_2(f_2,\varepsilon)=\varnothing$，所以，定义 $\delta(f_1,\varepsilon)=\{q_{02}\}$ 是合适的，并且 M 包含了 M_1 和 M_2 的所有移动。M 的状态转移图如图 4-8 所示。

图 4-8　与 r_1r_2 等价的满足要求的 ε-NFA

首先，由归纳假设，

$$L(r_1)=L(M_1)$$
$$L(r_2)=L(M_2)$$

根据正则表达式的定义，

$$L(r_1r_2)=L(r_1)L(r_2)$$

所以

$$L(r_1r_2)=L(M_1)L(M_2)$$

因此，只需要证明

$$L(M)=L(M_1)L(M_2)$$

① 先证 $L(M_1)L(M_2)\subseteq L(M)$。

设 $x\in L(M_1)L(M_2)$，从而有 $x_1\in L(M_1)$ 并且 $x_2\in L(M_2)$，使得

$$x=x_1x_2$$

M_1 在处理 x_1 的过程中，经过的状态全部都是 Q_1 中的状态，而在定义 M 时，有对 $\forall q\in Q_1,a\in\Sigma,\delta(q,a)=\delta_1(q,a)$，所以

$$\delta(q_{01},x_1)=\delta_1(q_{01},x_1)=\{f_1\}$$

M_2 在处理 x_2 的过程中，经过的状态全部都是 Q_2 中的状态，而在定义 M 时，有对 $\forall q\in Q_2,a\in\Sigma,\delta(q,a)=\delta_2(q,a)$，所以

$$\delta(q_{02},x_2)=\delta_2(q_{02},x_2)=\{f_2\}$$

因此

$$\begin{aligned}
\delta(q_{01},x)&=\delta(q_{01},x_1x_2)\\
&=\delta(\delta(q_{01},x_1),x_2)\\
&=\delta(\delta_1(q_{01},x_1),x_2)\\
&=\delta(f_1,x_2)\\
&=\delta(f_1,\varepsilon x_2)\\
&=\delta(\delta(f_1,\varepsilon),x_2)\\
&=\delta(q_{02},x_2)\\
&=\delta_2(q_{02},x_2)\\
&=\{f_2\}
\end{aligned}$$

即

$$x\in L(M)$$

故

$$L(M_1)L(M_2) \subseteq L(M)$$

② 再证 $L(M) \subseteq L(M_1)L(M_2)$。

设 $x \in L(M)$，即

$$\delta(q_{01}, x) = \{f_2\}$$

由于 M 是从 q_{01} 启动的，由 M 的定义可知，M 要到达状态 f_2，必须先到达 f_1。由于除了对应于状态转移函数式 $\delta(f_1, \varepsilon) = \{q_{02}\}$ 的移动外，不存在从 f_1 出发的任何其他移动，而且该移动是 M 最终能到达 f_2 的必经移动，所以，必存在 x 的前缀 x_1 和后缀 x_2，使得 $x = x_1 x_2$，并且 x_1 将 M 从状态 q_{01} 引导到状态 f_1，x_2 将 M 从状态 q_{02} 引导到状态 f_2，即

$$\begin{aligned}
\delta(q_{01}, x) &= \delta(q_{01}, x_1 x_2) \\
&= \delta(f_1, x_2) \\
&= \delta(f_1, \varepsilon x_2) \\
&= \delta(q_{02}, x_2) \\
&= \{f_2\}
\end{aligned}$$

其中，$\delta(q_{01}, x_1) = \{f_1\}$，说明 $\delta_1(q_{01}, x_1) = \{f_1\}$；$\delta(q_{02}, x_2) = \{f_2\}$，说明 $\delta_2(q_{02}, x_2) = \{f_2\}$。这表明

$$x_1 \in L(M_1)$$
$$x_2 \in L(M_2)$$

从而

$$x = x_1 x_2 \in L(M_1)L(M_2)$$

故

$$L(M) \subseteq L(M_1)L(M_2)$$

综上所述，$L(M) = L(M_1)L(M_2)$。

（3）$r = r_1^*$。此时 r_1 中运算符的个数不会大于 k。因此，由归纳假设，存在满足定理要求的 $\varepsilon\text{-NFA}$：

$$M_1 = (Q_1, \Sigma, \delta_1, q_{01}, \{f_1\})$$

使得 $L(M_1) = L(r_1)$。取

$$M = (Q_1 \bigcup \{q_0, f\}, \Sigma, \delta, q_0, \{f\})$$

其中，$q_0, f \notin Q_1$。定义 δ 为

① 对 $\forall q \in Q_1 - \{f_1\}, a \in \Sigma, \delta(q, a) = \delta_1(q, a)$。

② $\delta(f_1, \varepsilon) = \{q_{01}, f\}$。

③ $\delta(q_0, \varepsilon) = \{q_{01}, f\}$。

由于 M_1 在状态 f_1 无任何移动，所以，M 包含了 M_1 的所有移动。M 的状态转移图如图 4-9 所示。

由归纳假设，

$$L(M_1) = L(r_1)$$

根据正则表达式的定义，

$$L(r) = (L(r_1))^*$$

所以，只需证明

$$L(M) = (L(M_1))^*$$

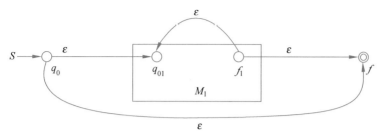

图 4-9　与 r_1^* 等价的满足要求的 ε-NFA

① 先证 $L(M) \subseteq (L(M_1))^*$。

设 $x \in L(M)$。如果 $x = \varepsilon$，由克林闭包的定义，显然

$$x \in (L(M_1))^*$$

如果 $x \neq \varepsilon$，由 M 的定义，特别注意到 M_1 在状态 f_1 无任何移动，即 $\delta_1(f_1, a) = \varnothing$ 对所有的 $a \in \Sigma \bigcup \{\varepsilon\}$ 成立。所以，必定存在 $x_1, x_2, \cdots, x_n$，$x = x_1 x_2 \cdots x_n (n \geqslant 1)$ 满足

$$
\begin{aligned}
\delta(q_0, x) &= \delta(q_0, x_1 x_2 \cdots x_n) \\
&= \delta(\delta(q_0, \varepsilon), x_1 x_2 \cdots x_n) \\
&= \delta(q_{01}, x_1 x_2 \cdots x_n) \\
&= \delta(\delta(q_{01}, x_1), x_2 \cdots x_n) \\
&= \delta(\delta_1(q_{01}, x_1), x_2 \cdots x_n) \\
&= \delta(f_1, x_2 \cdots x_n) \\
&= \delta(\delta(f_1, \varepsilon), x_2 \cdots x_n) \\
&= \delta(q_{01}, x_2 \cdots x_n) \\
&= \delta(\delta(q_{01}, x_2), x_3 \cdots x_n) \\
&= \delta(\delta_1(q_{01}, x_2), x_3 \cdots x_n) \\
&= \delta(f_1, x_3 \cdots x_n) \\
&\quad \vdots \\
&= \delta(f_1, x_n) \\
&= \delta(\delta(f_1, \varepsilon), x_n) \\
&= \delta(q_{01}, x_n) \\
&= \delta(\delta_1(q_{01}, x_n), \varepsilon) \\
&= \delta(f_1, \varepsilon) \\
&= \{f\}
\end{aligned}
$$

其中，

$$
\begin{aligned}
\delta_1(q_{01}, x_1) &= \{f_1\} \\
\delta_1(q_{01}, x_2) &= \{f_1\} \\
&\quad \vdots \\
\delta_1(q_{01}, x_n) &= \{f_1\}
\end{aligned}
$$

这表明

$$x_1, x_2, \cdots, x_n \in L(M_1)$$

即

$$x = x_1 x_2 \cdots x_n \in (L(M_1))^*$$

所以

$$L(M) \subseteq (L(M_1))^*$$

② 再证 $(L(M_1))^* \subseteq L(M)$。

类似地，不难证明 $(L(M_1))^* \subseteq L(M)$。

综上所述，$(L(M_1))^* = L(M)$。

由(1)，(2)，(3)可知，结论对 $n = k+1$ 成立。由归纳法原理，结论对 Σ 上的任意正则表达式成立。

由 Σ 的一般性，结论对所有的正则表达式成立。从而定理得到证明。

用定理证明中使用的方法，对于任意一个正则表达式，可以得到一个与之等价的 ε-NFA，根据第 3 章的结论，又可以得到一个与之等价的 DFA。

值得注意的是，按照在定理 4-1 的证明中给出的方法来构造一个给定的正则表达式的等价 FA 时，该 FA 中可能含有许多的空移动。与此同时，也许可以按照自己对给定的正则表达式的"理解"以及对 FA 的状态转移图所"表达的意思"的"理解"，"直接地"构造出一个比较"简单"的 FA。但是，定理证明中所给的方法是机械的，而且按此法所得到的 FA 一定是正确的。由于"直接地"构造出的 FA 的正确性依赖于构造者的"理解"，所以它的正确性缺乏有力的保证。

图 4-10 与 0^* 等价的 DFA

例如对 0^*，不难构造出图 4-10 所示的 DFA，它不仅是 DFA，而且远比图 4-5 所示的 FA 要简单得多。

例 4-3 构造与正则表达式 $(0+1)^*0 + (00)^*$ 等价的 FA。

按照定理 4-1 证明中所给的方法，该 FA 的构造可以按照如下步骤进行：

（1）构造与 0 等价的 ε-NFA M_1。

（2）构造与 1 等价的 ε-NFA M_2。

（3）构造与 $0+1$ 等价的 ε-NFA M_3。

（4）构造与 $(0+1)^*$ 等价的 ε-NFA M_4。

（5）构造与 $(0+1)^*0$ 等价的 ε-NFA M_5。

（6）构造与 00 等价的 ε-NFA M_6。

（7）构造与 $(00)^*$ 等价的 ε-NFA M_7。

（8）构造与 $(0+1)^*0 + (00)^*$ 等价的 ε-NFA M_8。

在上述构造过程中，多次用到了在第(1)步中构造出来的 M_1。按此方法构造出来的 ε-NFA 如图 4-11 所示。

由于正则表达式 $(0+1)^*0 + (00)^*$ 比较简单，所以，可以根据对该正则表达式的理解，"直接地"构造出相应的 FA 来。这个 FA 如图 4-12 所示，它看起来要简单得多。但是，可能会比较强烈地发出疑问：这个 FA 对吗？从这个角度讲，对于比较复杂的正则表达式，多采用比较"机械"的方法来构造其等价的 FA。

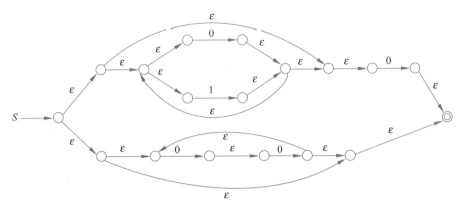

图 4-11　使用定理 4-1 证明中所给方法构造出的与 $(0+1)^*0+(00)^*$ 等价的 ε-NFA

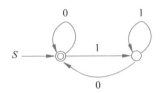

图 4-12　根据对 $(0+1)^*0+(00)^*$ 的理解,"直接地"构造出的 FA

4.3.2　正则语言可以用正则表达式表示

正则表达式表示的是正则语言,然而,是不是所有的正则语言都可以用正则表达式表示呢? 由于 DFA 是正则语言的等价描述模型,而且我们已经有了构造与给定正则表达式等价的 FA 的经验,所以,现在探讨如何从给定的 DFA 构造等价的正则表达式。回顾本章开始叙述的计算 DFA 的每个状态对应的集合,是具有启发意义的。在那里,我们逐个计算出 DFA 的状态对应的集合,只不过当时我们并不是以正则表达式的形式来表示这些集合。它的另一个问题是这个计算过程难以"机械"地进行,尤其是对较复杂的 DFA 更是如此。然而,从 FA 的状态转移图入手,并在转换过程中充分考虑各个状态对应集合之间的关系,对完成这一"等价变换"工作可能是比较有利的。

例如,我们很容易得到图 3-1 所示的 FA 等价的正则表达式 $aa^*(c+d)$,也不难得到图 3-9 对应的等价正则表达式为 $(0+1)^*(00+11)(0+1)^*$。用这种方法要想得到图 3-4 和图 3-5 所对应的等价正则表达式就比较困难了。为了解决此问题,可使用如下方法:

设 DFA

$$M=(\{q_1,q_2,\cdots,q_n\},\Sigma,\delta,q_1,F)$$

令

$$R_{ij}^k=\{x \mid \delta(q_i,x)=q_j,\text{而且对于 } x \text{ 的任意前缀 } y(y \neq x,y \neq \varepsilon),$$

$$\text{如果 } \delta(q_i,y)=q_l,\text{则 } l \leqslant k\}$$

也就是说, R_{ij}^k 是所有那些将 DFA 从给定状态 q_i 引导到状态 q_j,并且"途中"不经过(进入并离开)下标大于 k 的状态的所有字符串。值得提醒的是, i 和 j 的值不受小于或等于 k 的限制。对于 $\forall q_i,q_j \in \{q_1,q_2,\cdots,q_n\}$, R_{ij}^n 是所有可以将 DFA 从状态 q_i 引导到状态 q_j 的字符

串组成的集合。为了便于计算，可以将 R_{ij}^k 递归地定义为

$$R_{ij}^0 = \begin{cases} \{a \mid \delta(q_i, a) = q_j\} & i \neq j \\ \{a \mid \delta(q_i, a) = q_j\} \bigcup \{\varepsilon\} & i = j \end{cases}$$

$$R_{ij}^k = R_{ik}^{k-1} (R_{kk}^{k-1})^* R_{kj}^{k-1} \bigcup R_{ij}^{k-1}$$

显然，

$$L(M) = \bigcup_{q_f \in F} R_{1f}^n$$

当 $R_{ij}^0 = \varnothing$ 时，它对应的正则表达式为 $\varnothing$；当 $R_{ij}^0 = \{a_1, a_2, \cdots, a_g\} \neq \varnothing$ 时，它对应的正则表达式为

$$a_1 + a_2 + \cdots + a_g$$

仅当 $i = j$ 时，集合 R_{ij}^0 中含有一个 ε，而 R_{ij}^k 的表达式中含的都是定义正则表达式时用的运算，所以，容易得到 R_{ij}^k 的正则表达式。根据上述对 $L(M)$ 的表示，不难得到相应的正则表达式。从而有下述定理。

定理 4-2 正则语言可以用正则表达式表示。

用上面所给的方法求一个 DFA 的等价正则表达式对计算机系统来说是比较方便的。但是，如果用"手工"来计算，就比较烦琐了。下面介绍一种称为"图上作业"的方法。顾名思义，这种方法是通过对 DFA 的状态转移图的处理来获取它相应的正则表达式。

在这里，放宽对 FA 的状态转移图的弧标记的限制，允许这些标记是 FA 的输入字母表上的正则表达式。例如，图 4-13 给出了一些替换示例。在这 3 个示例中，从 S 指定的状态到用双圈标记的状态所表示的处理是相同的。在这些变换中，图 4-13(a) 中的变换使图中的状态减少了 1 个；图 4-13(b) 中的变换使图中的弧减少了 1 条；图 4-13(c) 中的变换使图中的状态减少了 1 个，并使图中的弧减少了 2 条。由于 FA 的状态数和弧数是有限的，所以，按照这种办法操作，会使图中的状态数和弧数逐渐减少，最终得到一个图，使得我们一眼就可以看出它接受的语言的正则表达式表示。

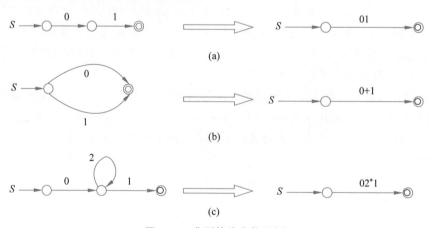

图 4-13　典型等价变化示例

由于初始 DFA 的开始状态的入度不一定为 0，而且它的终止状态可能不止一个，所以，先对 DFA 的状态转移图进行适当的处理：用标记为 X 和 Y 的状态将它"括起来"，然后再对该图进行处理，直到图中只剩下状态 X 和 Y 以及从状态 X 到状态 Y 的可能存在的唯一

一条弧。这条弧上的标记就是要求的正则表达式。当该弧不存在时,DFA 接受的语言的正则表达式为 $\varnothing$。

具体地,对 DFA $M=(Q,\Sigma,\delta,q_0,F)$ 的状态转移图,操作步骤如下:

(1) 预处理。

① 用状态 X 和 Y 将 M"括起来"。在状态转移图中增加状态 X 和 Y,从状态 X 到 M 的开始状态 q_0 引一条标记为 ε 的弧;对 $\forall q\in F$,从状态 q 到状态 Y 分别引一条标记为 ε 的弧。

② 去掉所有的不可达状态。

(2) 对通过步骤(1)预处理所得到的状态转移图重复如下操作,直到该图中不再包含除了 X 和 Y 的其他状态,并且这两个状态之间最多只有一条弧。

① 并弧。对图中任意两个状态 q,p,如果图中包含有从 q 到 p 的标记为 $r_1,r_2,\cdots,r_g$ 的并行弧,则用从 q 到 p 的、标记为 $r_1+r_2+\cdots+r_g$ 的弧取代这 g 个并行弧。其中,q 和 p 可以是同一个状态。

② 去状态 1。对图中任意 3 个状态 q,p,t,如果从 q 到 p 有一条标记为 r_1 的弧,从 p 到 t 有一条标记为 r_2 的弧,并且不存在从状态 p 到状态 p 的弧,则将状态 p 和与之关联的这两条弧去掉,增加一条从 q 到 t 的标记为 r_1r_2 的弧。

③ 去状态 2。对图中任意 3 个状态 q,p,t,如果从 q 到 p 有一条标记为 r_1 的弧,从 p 到 t 有一条标记为 r_2 的弧,并且存在一条从状态 p 到状态 p 标记为 r_3 的弧,则将状态 p 和与之关联的这 3 条弧去掉,增加一条从 q 到 t 的标记为 $r_1r_3^*r_2$ 的弧。

④ 去状态 3。如果图中只有 3 个状态,而且不存在从状态 X 到 Y 的路,则将除状态 X 和 Y 之外的第三个状态及其相关的弧全部删除。

(3) 从状态 X 到 Y 的弧的标记为所求的正则表达式。如果该弧不存在,则所求的正则表达式为 $\varnothing$。

例 4-4 求图 4-14 所示的 DFA 等价的正则表达式。

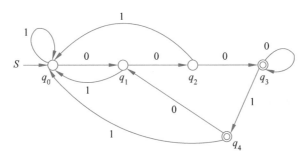

图 4-14   由 DFA 构造等价正则表达式的示例 DFA

对图 4-14,执行步骤(1)后,得到图 4-15。

去掉状态 q_3,得到图 4-16。

去掉状态 q_4,得到图 4-17。

合并从标记为 q_2 的状态到标记为 Y 的状态的两条并行弧,得到图 4-18。

去掉状态 q_0,得到图 4-19。

并弧,得到图 4-20。

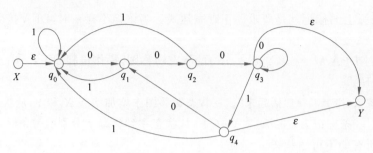

图 4-15　执行步骤（1）后的 DFA

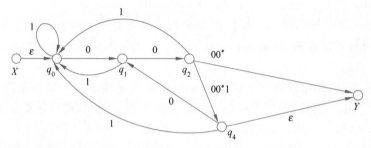

图 4-16　去掉状态 q_3 后的 DFA

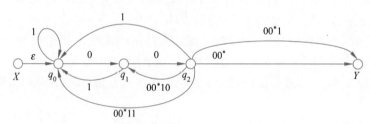

图 4-17　去掉状态 q_4 后的 DFA

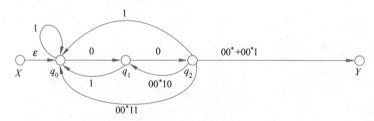

图 4-18　合并后的 DFA

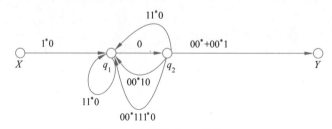

图 4-19　去掉状态 q_0 后的 DFA

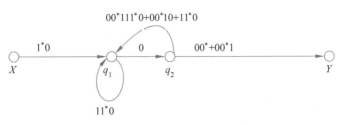

图 4-20　并弧后的 DFA

去掉状态 q_1，得到图 4-21。

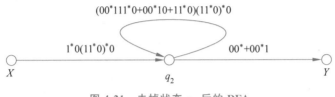

图 4-21　去掉状态 q_1 后的 DFA

去掉状态 q_2，得到图 4-22。

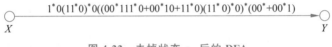

图 4-22　去掉状态 q_2 后的 DFA

正则表达式 $1^*0(11^*0)^*0((00^*111^*0+00^*10+11^*0)(11^*0)^*0)(00^*+00^*1)$ 就是所求。

以下几点值得注意：

(1) 如果去状态的顺序不一样，则得到的正则表达式可能在形式上不一样，但它们都是等价的。实际上，在将状态转移图从图 4-17 变换为图 4-18 的时候，"漏掉了"将分别标记为 1 和 00^*11 的从状态 q_2 到状态 q_0 的并行弧一同合并的操作。如果当时将这两条弧也一并做了合并，会得到另一个形式的正则表达式。由此可见，去状态和并弧没有绝对的先后顺序。一般来讲，在操作过程中，优先地执行并弧操作，会使后续的去状态简单一些——需要增加的弧会少一些。读者不难算出因此所减少的弧的条数。

(2) 当 DFA 的终止状态都是不可达的时候，状态转移图中肯定不存在从开始状态到终止状态的路。按照上述操作过程，最终会去掉除了状态 X 和 Y 以外的所有状态和弧。此时，相应的正则表达式为 $\varnothing$。

(3) 不计算自身到自身的弧，如果状态 q 的入度为 n，出度为 m，则将状态 q 及其相关的弧去掉之后，需要添加 nm 条新弧。

(4) 对操作的步数施归纳，可以证明图上作业的正确性。

(5) 按照所给的方法，不会将状态 X 和 Y 去掉。实际上，这里所给的方法也可以说是个算法，而且在计算机系统中是不难实现的。

根据第 2 章及本章上述讨论，可以得到如下推论。

推论 4-1　正则表达式是正则语言的表示模型。

证明：显然。

4.4 正则语言等价模型的总结

到此，一共给出了正则语言的 5 种等价描述模型：正则文法(RG)、确定的有穷状态自动机(DFA)、不确定的有穷状态自动机(NFA)、带空移动的有穷状态自动机(ε-NFA)、正则表达式(RE)。按照第 3 章和第 4 章相关等价证明中给出的等价转换方法，可以将这 5 种等价描述模型的转换关系用图 4-23 表示。

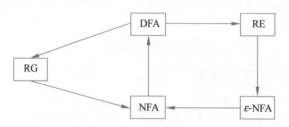

图 4-23　正则语言的 5 种等价描述模型的转换关系

这 5 种等价模型之间相互转换的关键可归纳如下：

(1) DFA⇒RG。

右线性文法：

① G 用推导模拟 M 的移动：$P=\{q\rightarrow ap\,|\,\delta(q,a)=p\}\bigcup\{q\rightarrow a\,|\,\delta(q,a)=p\in F\}$。

② M 的开始状态为 G 的开始符号。

左线性文法：

① G 用归约模拟 M 的移动：

$$P=\{p\rightarrow qa\,|\,\delta(q,a)=p\} \qquad \text{一般情况}$$
$$\bigcup\{Z\rightarrow qa\,|\,\delta(q,a)\in F\} \qquad \text{终止状态}$$
$$\bigcup\{p\rightarrow a\,|\,\delta(q_0,a)=p\} \qquad q_0 \text{ 是开始状态}$$
$$\bigcup\{Z\rightarrow a\,|\,\delta(q_0,a)\in F\} \qquad q_0 \text{ 是开始状态}$$

② 新增加的符号 Z 为 G 的识别符号，也就是开始符号。

(2) RG⇒NFA。

右线性文法：

① M 的移动模拟 G 的推导：

$$\delta(A,a)=\begin{cases}\{B\,|\,A\rightarrow aB\in P\}\bigcup\{Z\} & A\rightarrow a\in P \\ \{B\,|\,A\rightarrow aB\in P\} & A\rightarrow a\notin P\end{cases}$$

② G 的开始符号为 M 的开始状态。

③ 新增的状态 Z 为 M 的终止状态。

左线性文法：

① 新增 Z 为 M 的开始状态。

② 对应形如 $A\rightarrow a$ 的产生式，定义 $A\in\delta(Z,a)$。

③ 对应形如 $A\rightarrow Ba$ 的产生式，定义 $A\in\delta(B,a)$。

④ G 的开始符号为 M 的终止状态。

（3）DFA⇒RE。

图上作业法：

① 预处理。用状态 X 和 Y 将所给 DFA"括起来"，删除所有的不可达状态。

② 并弧。用从状态 q 到 p 的、标记为 $r_1+r_2+\cdots+r_g$ 的弧取代从状态 q 到 p 的标记分别为 $r_1,r_2,\cdots,r_g$ 的并行弧。

③ 去状态。如果不存在从状态 p 到状态 p 的弧，则用一条从状态 q 到 t 的标记为 r_1r_2 的弧代替从状态 q 到 p 的一条标记为 r_1 的弧和从 p 到 t 的一条标记为 r_2 的弧。

如果存在从状态 p 到状态 p 的标记为 r_3 的弧，则用一条从 q 到 t 的标记为 $r_1r_3^*r_2$ 的弧代替从状态 q 到 p 的标记为 r_1 的弧和从状态 p 到 t 的标记为 r_2 的弧以及从状态 p 到 p 的标记为 r_3 的弧。

如果图中只有 3 个状态，而且不存在从状态 X 到状态 Y 的路，则将除状态 X 和状态 Y 之外的第三个状态及其相关的弧全部删除。

（4）RE⇒ε-NFA。

按照 RE 的递归定义和定理 4-1 所给的方法逐步构造。对简单的 RE，也可以根据理解直接构造。

（5）ε-NFA⇒NFA。

对 $\forall(q,a)\in Q\times\Sigma$，使 $\delta_{\text{NFA}}(q,a)=\hat{\delta}_{\varepsilon\text{-NFA}}(q,a)$。

$$F_{\text{NFA}}=\begin{cases}F_{\varepsilon\text{-NFA}}\bigcup\{q_0\} & F\bigcap\varepsilon\text{-}CLOSURE(q_0)\neq\varnothing\\ F_{\varepsilon\text{-NFA}} & F\bigcap\varepsilon\text{-}CLOSURE(q_0)=\varnothing\end{cases}$$

（6）NFA⇒DFA。

DFA 用一个状态对应 NFA 的一个状态集：

① $Q_{\text{DFA}}=2^{Q_{\text{NFA}}}$。

② $F_{\text{DFA}}=\{[p_1,p_2,\cdots,p_m]|\{p_1,p_2,\cdots,p_m\}\subseteq Q$ 且 $\{p_1,p_2,\cdots,p_m\}\bigcap F_{\text{NFA}}\neq\varnothing\}$。

③ 对 $\forall\{q_1,q_2,\cdots,q_n\}\subseteq Q_{\text{NFA}},a\in\Sigma,\delta_{\text{DFA}}([q_1,q_2,\cdots,q_n],a)=[p_1,p_2,\cdots,p_m]\Leftrightarrow$
$\delta_{\text{NFA}}(\{q_1,q_2,\cdots,q_n\},a)=\{p_1,p_2,\cdots,p_m\}$。

4.5 小 结

本章讨论了正则表达式及其与 FA 的等价性。

（1）字母表 Σ 上的正则表达式用来表示 Σ 上的正则语言。$\varnothing,\varepsilon,a(a\in\Sigma)$ 是 Σ 上的最基本的正则表达式，它们分别表示语言 $\varnothing,\{\varepsilon\},\{a\}$。以此为基础，如果 r 和 s 分别是 Σ 上的语言 R 和 S 的正则表达式，则 $r+s,rs,r^*$ 分别是 Σ 上的语言 $R\cup S,RS,R^*$ 的正则表达式。如果 $L(r)=L(s)$，则称 r 与 s 等价。

（2）正则表达式对乘、加运算满足结合律，乘运算对加运算满足左、右分配律，加运算满足交换率和幂等率。$\varnothing$ 是加运算和乘运算的零元素，ε 是乘运算的单位元。

（3）正则表达式是正则语言的一种描述。容易根据正则表达式构造出与之等价的 FA。反过来，可以用图上作业法构造出与给定的 DFA 等价的正则表达式。

（4）正则语言的 5 种等价描述模型的转换关系可以用图 4-23 表示。

习　　题

1. 写出表示下列语言的正则表达式。

(1) $\{0,1\}^*$。

(2) $\{0,1\}^+$。

(3) $\{x \mid x \in \{0,1\}^+$ 且 x 中不含形如 00 的子串$\}$。

(4) $\{x \mid x \in \{0,1\}^*$ 且 x 中不含形如 00 的子串$\}$。

(5) $\{x \mid x \in \{0,1\}^+$ 且 x 中含形如 10110 的子串$\}$。

(6) $\{x \mid x \in \{0,1\}^+$ 且 x 中不含形如 10110 的子串$\}$。

(7) $\{x \mid x \in \{0,1\}^+$ 且当把 x 看成二进制数时，x 模 5 与 3 同余，当 x 为 0 时，$|x|=1$ 且 $x \neq 0$ 时，x 的首字符为 1$\}$。

(8) $\{x \mid x \in \{0,1\}^+$ 且 x 的第 10 个字符是 1$\}$。

(9) $\{x \mid x \in \{0,1\}^+$ 且 x 以 0 开头以 1 结尾$\}$。

(10) $\{x \mid x \in \{0,1\}^+$ 且 x 中至少含两个 1$\}$。

(11) $\{x \mid x \in \{0,1\}^*$ 和如果 x 以 1 结尾，则它的长度为偶数；如果 x 以 0 结尾，则它的长度为奇数$\}$。

(12) $\{x \mid x$ 是十进制非负实数$\}$。

(13) $\varnothing$。

(14) $\{\varepsilon\}$。

2. 理解如下正则表达式，说明它们表示的语言。

(1) $(00+11)^+$。

(2) $(0+1)^* 0100^+$。

(3) $(1+01+001)^* (\varepsilon+0+00)$。

(4) $((0+1)(0+1))^* + ((0+1)(0+1)(0+1))^*$。

(5) $((0+1)(0+1))^* ((0+1)(0+1)(0+1))^*$。

(6) $00+11+(01+10)(00+11)^*(10+01)$。

3. 证明下列各式。

(1) 结合律：$(rs)t = r(st)$，　$(r+s)+t = r+(s+t)$。

(2) 分配律：$r(s+t) = rs+rt$，　$(s+t)r = sr+tr$。

(3) 交换律：$r+s = s+r$。

(4) 幂等律：$r+r = r$。

(5) 加法运算零元素：$r+\varnothing = r$。

(6) 乘法运算单位元：$r\varepsilon = \varepsilon r = r$。

(7) 乘法运算零元素：$r\varnothing = \varnothing r = \varnothing$。

(8) $\varnothing^* = \varepsilon$。

(9) $(r+\varepsilon)^* = r^*$。

(10) $(r^* s^*)^* = (r+s)^*$。

(11) $(r^*)^* = r^*$。

4. 下列各式成立吗？请证明你的结论。

(1) $(r+rs)^* r = r(sr+r)^*$。

(2) $t(s+t)r = tr + tsr$。

(3) $rs = sr$。

(4) $s(rs+s)^* r = rr^* s(rr^* s)^*$。

(5) $(r+s)^* = (r^* s^*)^*$。

(6) $(r+s)^* = r^* + s^*$。

5. 构造下列正则表达式的等价 FA。

(1) $(0+1)^* + (0+11)^+$。

(2) $00(0+1)^* ((01)^* + 010)00$。

(3) $(1+01+001)^* (\varepsilon + 0 + 00)$。

(4) $((0+1)(0+1))^* + ((0+1)(0+1)(0+1))^*$。

(5) $((0+1)(0+1))^* ((0+1)(0+1)(0+1))^*$。

(6) $((01+10)(00+11)^* (10+01))^+$。

6. 构造等价于图 4-24 至图 4-27 所示 DFA 的正则表达式。

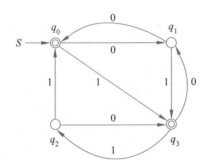

图 4-24　DFA M_1

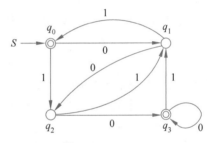

图 4-25　DFA M_2

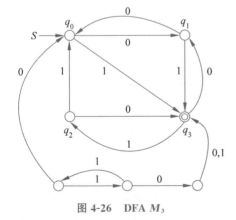

图 4-26　DFA M_3

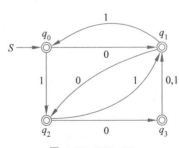

图 4-27　DFA M_4

7. 整理不同模型等价证明的思路。

第 5 章

正则语言的性质

前面曾经提到，$\{0^n1^n \mid n \geqslant 1\}$ 不是正则语言（RL）。这并不是因为某人构造不出产生该语言的正则文法（RG）、有穷状态自动机（FA）或者正则表达式（RE）等，而是从 RL 的性质出发，可以证明该语言不具有 RL 的性质，所以不存在这些形式的描述。那么，RL 具有什么样的性质呢？本章将首先对此进行讨论，包括 RL 的泵引理及其应用；RL 关于并、乘积、闭包、补、交、正则代换、同态、逆同态等运算的封闭性。

另一个问题是对一个给定的 RL，存在多个产生该语言的正则文法，多个识别该语言的有穷状态自动机和多个表达该语言的正则表达式。由于它们描述的是同一个语言，所以，它们"本质上"应该是一样的。因此，人们希望能找到一种方法，给出 RL"本质上"的描述——该语言所决定的相应字母表的克林闭包的等价分类，然后根据这个分类，构造出接受这个给定 RL 的、状态最少的、确定的有穷状态自动机——最小 DFA。由于语言是给定的，所以相应的最小 DFA 在规定的意义（如同构）下应该是唯一的。最后将讨论如何根据 DFA 去构造其相应的最小 DFA，并且此方法是可以自动化的。这一部分的内容包括：右不变的等价关系、DFA 所确定的等价关系与语言确定的等价关系的右不变性，Myhill-Nerode 定理的证明与应用，DFA 的极小化。

在有了语言 L 的最小 DFA 后，去掉其相应的陷阱状态，可以方便地得到较为简洁的正则文法。当然，从最小 DFA 出发，寻求 L 的正则表达式也可能对构造是非常有利的。

最后，本章还将讨论 RL 的判定算法。

5.1　正则语言的泵引理

从前面的讨论知道，任何有穷语言都是 RL。所以，非 RL 一定是无穷语言。因此，我们只讨论无穷语言是否为 RL 的判定问题。如何判定一个语言不是 RL 呢？这需要从 RL 的"本质"特性出发进行讨论。

DFA 是 RL 的识别模型。一个 DFA 只有有穷个状态，这就是说，当该 DFA 识别的语言 L 是无穷语言时，L 中必定存在一个足够长的句子，使得 DFA 在识别该句子的过程中，肯定要重复地经过某些状态。

例如句子 $z = a_1a_2\cdots a_m$，不妨假设 DFA 在识别它的过程中需要经过的状态依次为 q_0，$q_1,\cdots,q_m$。根据重叠原理，当 m 大于或等于 DFA 所有可达状态的个数时，这些状态中至少有一对是重复的,如 q_k 和 q_j。显然,这里的 $k \neq j$ 成立,不妨设 $k < j$。设 $v = a_{k+1} \cdots a_j$ 是引导 DFA 从状态 q_k 到达状态 q_j 的子串,则它就是该 DFA 中从 q_0 到 q_m 的标记为 u 的路中从 q_k 到 q_j 的标记为 v 的回路,因此,v 在它出现的位置无论重复多少次,所构成的字符串都一定是 DFA 所识别的语言的句子,如图 5-1 所示。

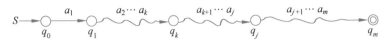

图 5-1 DFA 处理句子中经历的状态序列

由于 q_k 和 q_j 是同一个状态,为了便于理解,将该图重画成如图 5-2 所示的样子。

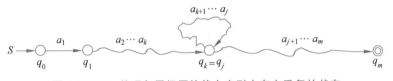

图 5-2 DFA 处理句子经历的状态序列中存在重复的状态

根据重叠原理,这样的 q_k 与 q_j 在序列 $q_0, q_1, \cdots, q_N$ 中一定是存在的,其中,N 为相应 DFA 的可达状态个数。下面给出这种现象的严格描述,并给出判定一个语言不是 RL 的一般方法。

设 L 是一个 RL,DFA

$$M = (Q, \Sigma, \delta, q_0, F)$$

满足

$$L(M) = L, |Q| = N$$

不失一般性,不妨假设 Q 中不含任何不可达状态,并且 $|Q| = N$。取 L 的句子

$$z = a_1 a_2 \cdots a_m \ (m \geqslant N)$$

对 $\forall h, 1 \leqslant h \leqslant m$,令

$$\delta(q_0, a_1 a_2 \cdots a_h) = q_h$$

由于 $m \geqslant N$,所以,在状态序列 $q_0, q_1, \cdots, q_N$ 中至少有两个状态是相同的。不妨假设 q_k 与 q_j 是该状态序列中最早出现的相同状态:

$$q_k = q_j$$

显然,

$$k < j \leqslant N$$

此时有

$$\delta(q_0, a_1 a_2 \cdots a_k) = q_k$$
$$\delta(q_k, a_{k+1} \cdots a_j) = q_j = q_k$$
$$\delta(q_j, a_{j+1} \cdots a_m) = q_m$$

注意到 $q_j = q_k$,所以对于任意整数 $i \geqslant 0$,

$$\delta(q_k, (a_{k+1} \cdots a_j)^i) = \delta(q_k, (a_{k+1} \cdots a_j)^{i-1})$$
$$\vdots$$
$$= \delta(q_k, a_{k+1} \cdots a_j)$$
$$= q_k$$

因为

$$z \in L(M)$$

所以

$$q_m \in F$$

故,对于任意整数 $i \geq 0$,

$$\delta(q_0, a_1 a_2 \cdots a_k (a_{k+1} \cdots a_j)^i a_{j+1} \cdots a_m) = q_m$$

也就是说,

$$a_1 a_2 \cdots a_k (a_{k+1} \cdots a_j)^i a_{j+1} \cdots a_m \in L(M)$$

取

$$u = a_1 a_2 \cdots a_k$$
$$v = a_{k+1} \cdots a_j$$
$$w = a_{j+1} \cdots a_m$$

对于任意整数 $i \geq 0$,

$$uv^i w \in L$$

注意到 $k < j \leq N$,所以 u, v 满足如下条件:

$$|uv| \leq N$$
$$|v| \geq 1$$

再注意到讨论中的 DFA M 的任意性,所以,该结论对最小 DFA 也成立。从而得到如下引理。

引理 5-1 设 L 为一个 RL,则存在仅依赖于 L 的正整数 N,对于 $\forall z \in L$,如果 $|z| \geq N$,则存在 u, v, w,满足:

(1) $z = uvw$。

(2) $|uv| \leq N$。

(3) $|v| \geq 1$。

(4) 对于任意整数 $i \geq 0, uv^i w \in L$。

(5) N 不大于接受 L 的最小 DFA M 的状态数。

引理 5-1 被称为关于 RL 的泵引理(pumping lemma)。由于它是如此的重要和有影响,以至于人们一直将其称为引理而未改称其为定理。

例 5-1 证明 $\{0^n 1^n \mid n \geq 1\}$ 不是 RL。

证明:设 $L = \{0^n 1^n \mid n \geq 1\}$。假设 L 是 RL,则它满足泵引理。不妨设 N 是泵引理所指的仅依赖于 L 的正整数,取

$$z = 0^N 1^N$$

显然,$z \in L$。按照泵引理所述,必存在 u, v, w。由于 $|uv| \leq N$,并且 $|v| \geq 1$,所以 v 只可能是由 0 组成的非空串。不妨设

$$v = 0^k, \quad k \geq 1$$

此时有

$$u = 0^{N-k-j}$$
$$w = 0^j 1^N$$

从而有

$$uv^iw=0^{N-k-j}(0^k)^i0^j1^N=0^{N+(i-1)k}1^N$$

当 $i=2$ 时,有

$$uv^2w=0^{N+(2-1)k}1^N=0^{N+k}1^N$$

注意到 $k\geqslant1$,所以

$$N+k>N$$

这就是说,

$$0^{N+k}1^N\notin L$$

这与泵引理矛盾,所以,L 不是 RL。

例 5-2 证明 $\{0^n|n$ 为素数$\}$ 不是 RL。

证明:设 $L=\{0^n|n$ 为素数$\}$。假设 L 是 RL,则它满足泵引理。不妨设 N 是泵引理所指的仅依赖于 L 的正整数,取

$$z=0^{N+p}$$

其中,$N+p$ 是素数,即 $z\in L$。

按照泵引理所述,必存在 u,v,w。由于 $|v|\geqslant1$,所以 v 必定是由 0 组成的非空串。不妨设

$$v=0^k,\quad k\geqslant1$$

此时有

$$u=0^{N+p-k-j}$$
$$w=0^j$$

从而有

$$uv^iw=0^{N+p-k-j}(0^k)^i0^j=0^{N+p+(i-1)k}$$

由于是要证明 L 不是 RL,因此这里要能找到 i 的一个值,它能表明串 $0^{N+p+(i-1)k}$ 不是 L 的句子。对本例而言,就是要表明 $N+p+(i-1)k$ 不是素数。显然,当 $i=N+p+1$ 时,有

$$N+p+(i-1)k=N+p+(N+p+1-1)k$$
$$=N+p+(N+p)k$$
$$=(N+p)(1+k)$$

注意到 $k\geqslant1$,所以

$$N+p+(N+p+1-1)k=(N+p)(1+k)$$

不是素数。故当 $i=N+p+1$ 时,

$$uv^{N+p+1}w=0^{(N+p)(1+k)}$$

不是 L 的句子:

$$uv^{N+p+1}w\notin L$$

这与泵引理矛盾。所以,L 不是 RL。

例 5-3 证明 $\{0^n1^m2^{n+m}|m,n\geqslant1\}$ 不是 RL。

证明:设 $L=\{0^n1^m2^{n+m}|m,n\geqslant1\}$。假设 L 是 RL,则它满足泵引理。不妨设 N 是泵引理所指的仅依赖于 L 的正整数(实际上,这个 N 是不存在的),取

$$z = 0^N 1^N 2^{2N}$$

显然, $z \in L$。按照泵引理所述, 必存在 u, v, w。由于 $|uv| \leqslant N$, 并且 $|v| \geqslant 1$, 所以 v 只可能是由 0 组成的非空串。不妨设

$$v = 0^k, \quad k \geqslant 1$$

此时有

$$u = 0^{N-k-j}$$

$$w = 0^j 1^N 2^{2N}$$

从而有

$$uv^i w = 0^{N-k-j}(0^k)^i 0^j 1^N 2^{2N} = 0^{N+(i-1)k} 1^N 2^{2N}$$

与前面两个例题一样, 由于是要证明 L 不是 RL, 因此, 这里要能找到 i 的一个值, 它能表明串 $0^{N+(i-1)k} 1^N 2^{2N}$ 不是 L 的句子。对本例而言, 也就是要找 i 的一个值, 它使得所得字符串中 0 和 1 的个数之和不等于 2 的个数, 即 $N+(i-1)k+N \neq 2N$。显然, 当 $i = 0$ 时, 有

$$uv^0 w = 0^{N+(0-1)k} 1^N 2^{2N} = 0^{N-k} 1^N 2^{2N}$$

注意到 $k \geqslant 1$, 所以

$$N-k+N = 2N-k < 2N$$

这就是说,

$$0^{N-k} 1^N 2^{2N} \notin L$$

这与泵引理矛盾。所以, L 不是 RL。

通过上述 3 个例子, 可以更清楚地看出, 引理 5-1 是用来证明一个语言不是 **RL** 的。因为它只是说 RL 必定满足这些条件, 并没有说满足条件的语言是 RL。即引理给出的是 RL 的"必要条件"而不是"充分条件"。所以, 不能用泵引理去证明一个语言是 **RL**。此外, 在使用泵引理证明一个给定语言不是 RL 时, 需要注意如下几方面的问题:

(1) 由于泵引理给出的是 RL 的必要条件, 所以, 在用它证明一个语言不是 RL 时, 使用反证法。

(2) 泵引理说的是对 RL 都成立的条件, 而要用它证明给定语言不是 RL。也就是说, 相应语言的"仅仅依赖于 L 的正整数 N"实际上是不存在的。所以, 一定是无法给出一个具体数的。因此, 往往就用符号 N 来表示这个"假定存在"而实际并不存在的数。

(3) 泵引理指出, 如果 L 是 RL, 则对任意 $z \in L$, 只要 $|z| \geqslant N$, 一定会存在 u, v, w, 使得 $uv^i w \in L$ 对所有的 i 成立。因此, 在选择 z 时, 就需要注意到论证时的简洁和方便。

例如, 例 5-3 中如果不取 $z = 0^N 1^N 2^{2N}$, 而是取 $z = 0^n 1^m 2^{n+m}$, 并且只要求 $2(n+m) \geqslant N$, 那么要证明不存在这样的 u, v, w, 除了需要讨论 $v = 0^k$ 的情况外, 还需要分别讨论 $v = 1^k, v = 2^k, v = 0^h 1^k, v = 1^h 2^k$ 等情况。这里, $h, k \geqslant 1$。显然, 这些附加的讨论在取 $z = 0^N 1^N 2^{2N}$ 时, 都被避免了。

再例如, 设

$$L = \{x \mid x \text{ 为 0 的个数和 1 的个数相等的 0,1 串}\}$$

L 不是 RL。如果取 $z = (01)^N$, 就无法用泵引理证明 L 不是 RL。因为, 只要取 $v = (01)^k$, $N \geqslant k \geqslant 1$, 就能保证对于任意整数 $i \geqslant 0, uv^i w \in L$ 成立。这样的 z 还很多。但是, 如果取 $z = 0^N 1^N$, 相应的证明就变得与例 5-1 一样容易了。由此可见, 要力求寻找这样的一个 z, z 中不存在满足条件的子串 v, 使得当 v 被"泵进"或者"泵出"时, 字符串 $uv^i w$ 总保持 L 的句

子特征。

综上所述,在选择 z 时,应该选择那些既可以找出矛盾,又能使证明尽可能简单的特殊的 z(对"所有 z"的否定)。事实上,在用泵引理证明一个语言不是 RL 的过程中, z 的选取是最困难的。一旦选出了一个恰当的 z,证明基本上就可以顺利地进行下去,因为剩余的叙述基本上是"按部就班"地进行。

(4)当一个特意被选来用作"发现矛盾"的 z 确定以后,就必须说明满足条件 $|uv| \leqslant N$ 和 $|v| \geqslant 1$ 的所有 v 都不能使 $uv^iw \in L$ 对所有 $i \geqslant 0$ 成立(对"存在 u,v,w"的否定)。

(5)与选 z 时类似,在寻找 i 时,也仅需要找到一个表明矛盾的"具体"值就可以了(对"所有 i"的否定)。

(6)一般地,在证明一个语言不是 RL 的时候,并不使用泵引理的第(5)条。

(7)事实上,引理所要求的 $|uv| \leqslant N$ 并不是必需的。但它为简化相应的证明提供了良好的支撑。但是,从引理的证明可以看出,对于一个 RL,当它的句子 z 足够长时,对 z 的任意一个长度为 N 的子串 z_1,同样可以在这个子串中找到可以被"泵进"或者"泵出"的非空子串 v。这会给证明带来更多的方便。例如,关于 $\{0^n1^m2^m \mid n,m \geqslant 1\}$ 不是 RL 的证明就是如此。这种证明方法被称为扩充了的泵引理(见相关习题)。当然,有时会需要使用 RL 所具有的其他性质来完成相应的证明。有关内容稍后讨论。

(8)除了需要证明一个语言不是 RL 外,有时也希望证明一个语言是 RL。此时,最直接的方法是给出该语言的正则文法描述,或者 FA 和 RE 描述。但是有时候直接用一些已有的结果和 RL 的性质会更有效,毕竟语言的正则文法描述或者 FA 和 RE 描述并不总是那么容易给出的。

5.2　正则语言的封闭性

本节讨论 RL 对有关运算的封闭性。

定义 5-1　如果任意的、属于某一语言类的语言在某一特定运算下所得的结果仍然是该类语言,则称该语言类对此运算是封闭的,并称该语言类对此运算具有封闭性(closure property)。

给定一个语言类的若干语言的描述。如果存在一个算法,它可以构造出这些语言在给定运算下所获得的运算结果的相应形式的语言描述,则称此语言类对相应的运算是有效封闭的,并称此语言类对相应的运算具有有效封闭性(valid closure property)。

根据正则表达式的定义,立即可以得到以下定理。

定理 5-1　RL 在并、乘积、闭包运算下是封闭的。

定理 5-2　RL 在补运算下是封闭的。

证明:设 L 是 Σ 上的一个 RL,从而存在一个 DFA

$$M = (Q, \Sigma, \delta, q_0, F)$$

满足

$$L(M) = L$$

取 DFA

$$M' = (Q, \Sigma, \delta, q_0, Q - F)$$

显然，对于任意 $x \in \Sigma^*$，

$$\delta(q_0, x) = f \in F \Leftrightarrow \delta(q_0, x) = f \notin Q - F$$

即

$$x \in L(M) \Leftrightarrow x \notin L(M')$$

这就是说，

$$L(M') = \Sigma^* - L(M)$$

所以，RL 在补运算下是封闭的。定理得以证明。

定理 5-3　RL 在交运算下封闭。

证明：该定理由定理 5-1、定理 5-2 以及 De Morgan 定理可以推得。

对于给定的 DFA $M_1 = (Q_1, \Sigma, \delta_1, q_{01}, F_1)$ 和 DFA $M_2 = (Q_2, \Sigma, \delta_2, q_{02}, F_2)$，如何构造出 DFA M，使得 $L(M) = L(M_1) \bigcap L(M_2)$ 呢？显然，对于一个输入字符串，不可能让其中一个 DFA"先工作"，等它确认该字符串是它接受的句子后，再让另一个 DFA 启动。因为，DFA 并不是 2DFA，所以，对一个输入串，不可能进行两次扫描。实际上，可以按照如下思路去考虑：对 Σ^* 中的任意字符串 $a_1 a_2 \cdots a_m$，M_1 和 M_2 在处理 $a_1 a_2 \cdots a_m$ 的过程中一定分别经过状态序列 $q_{01}, q_{11}, \cdots, q_{m1}$ 和 $q_{02}, q_{12}, \cdots, q_{m2}$。这两个状态序列依据 $a_1 a_2 \cdots a_m$ 中字符的出现顺序和相应的移动函数有如图 5-3 所示的对应关系。根据状态及状态变换的这种对应关系，就可以知道如何根据 M_1 和 M_2 去构造 M。事实上，对于任意一个输入字符串，所构造的 M 必须同时能够模拟 M_1 和 M_2 对该输入字符串的处理过程。而且要求，对 M_1 行为的模拟不应该受到对 M_2 行为的模拟的影响；反之，对 M_2 行为的模拟也不应该受到对 M_1 行为的模拟的影响。当 $a_1 a_2 \cdots a_m$ 是 $L(M_1) \bigcap L(M_2)$ 中的句子时，有 $q_{m1} \in F_1$，$q_{m2} \in F_2$。当 $a_1 a_2 \cdots a_m \notin L(M_1) \bigcap L(M_2)$，但 $a_1 a_2 \cdots a_m \in L(M_1) \bigcup L(M_2)$ 时，$q_{m1} \in F_1$，$q_{m2} \in F_2$ 有且仅有一个成立。当 $a_1 a_2 \cdots a_m \notin L(M_1) \bigcup L(M_2)$ 时，$q_{m1} \notin F_1$ 和 $q_{m2} \notin F_2$ 同时成立。根据这里的讨论，读者不难给出 M 的详细描述。

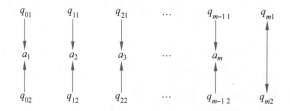

图 5-3　M_1 和 M_2 对应于同一个输入串的状态变换过程

上述讨论实际上涉及利用已有的（子）系统去构造一个新系统，按照上述讨论，很容易构造出 DFA M，使得 $L(M) = L(M_1) \bigcup L(M_2)$。

下面再考虑另外一个问题。对字母表 Σ 上的 RL L，令 DFA $M = (Q, \Sigma, \delta, q_0, F)$ 识别 L。对于任意 $(q, a) \in Q \times \Sigma$，设 $\delta(q, a) = p$，$f(a)$ 是 Δ 上的一个 RL，假定 DFA $M_a = (Q_a, \Delta, \delta_a, q_{0a}, F_a)$ 识别 $f(a)$。不妨假设：对 $a, b \in \Sigma$，如果 $a \neq b$，则 $Q_a \bigcap Q_b = \varnothing$，$Q_a \bigcap Q = \varnothing$。容易构造一个 FA M_{RS}，它的"主框架"是 M，而它的"分支子模块"为 M_a。如果 M 在状态 q 读入字符 a 时进入状态 p，则让 M_{RS} 在状态 q 做一个空移动转到 M_a 的开始状态 q_{0a}，M_{RS} 在

"分支子模块" M_a 中处理 $f(a)$ 的句子。当这个句子被处理完后,它一定处在 M_a 的某一个终止状态。从 M_a 的每一个终止状态到 M 的状态 p 引一条标记为 ε 的弧,使 M_{RS} 回到状态 p。如此下去,直到最后到达 M 的终止状态。可见,M_{RS} 的状态集为 $Q \bigcup_{a \in \Sigma} Q_a$,它的终止状态即为 M 的终止状态集 F。从而,有 FA

$$M_{RS} = \left(Q \bigcup_{a \in \Sigma} Q_a, \Delta, \delta_{RS}, q_0, F \right)$$

使得 $L(M_{RS}) = f(L)$。可见,RL 在这种运算下也是封闭的。称这种运算为正则代换。

定义 5-2 设 Σ, Δ 是两个字母表,映射

$$f : \Sigma \rightarrow 2^{\Delta^*}$$

称为是从 Σ 到 Δ 的代换(substitution)。如果对于 $\forall a \in \Sigma$,$f(a)$ 是 Δ 上的 RL,则称 f 为正则代换(regular substitution)。

先将 f 的定义域扩展到 Σ^* 上,$f : \Sigma^* \rightarrow 2^{\Delta^*}$。

(1) $f(\varepsilon) = \{\varepsilon\}$。

(2) $f(xa) = f(x)f(a)$。

再将 f 的定义域扩展到 2^{Σ^*} 上,$f : 2^{\Sigma^*} \rightarrow 2^{\Delta^*}$。对于 $\forall L \subseteq \Sigma^*$,

$$f(L) = \bigcup_{x \in L} f(x)$$

例 5-4 设 $\Sigma = \{0, 1\}, \Delta = \{a, b\}, f(0) = a, f(1) = b^*$,则

$$f(010) = f(0)f(1)f(0)$$
$$= ab^*a$$
$$f(\{11, 00\}) = f(11) \bigcup f(00)$$
$$= f(1)f(1) \bigcup f(0)f(0)$$
$$= b^*b^* + aa$$
$$= b^* + aa$$
$$f(L(0^*(0+1)1^*)) = L(a^*(a+b^*)(b^*)^*)$$
$$= L(a^*(a+b^*)b^*)$$
$$= L(a^*ab^* + a^*b^*b^*)$$
$$= L(a^*b^*)$$

定义 5-3 设 Σ, Δ 是两个字母表,映射

$$f : \Sigma \rightarrow 2^{\Delta^*}$$

为正则代换,则

(1) $f(\varnothing) = \varnothing$。

(2) $f(\varepsilon) = \varepsilon$。

(3) 对于 $\forall a \in \Sigma$,$f(a)$ 是 Δ 上的正则表达式。

(4) 如果 r, s 是 Σ 上的正则表达式,则

$$f(r+s) = f(r) + f(s)$$
$$f(rs) = f(r)f(s)$$
$$f(r^*) = f(r)^*$$

是 Δ 上的正则表达式。

定理 5-4 设 L 是 Σ 上的一个 RL, f: $\Sigma \rightarrow 2^{\Delta^*}$ 是正则代换,则 $f(L)$ 也是 RL。

证明:前面曾经非形式地简要介绍了根据接受 L 的 DFA M 以及接受 $f(a)$ 的 DFA M_a 构造接受 $f(L)$ 的 FA 的思路,有关构造和证明的严格描述请读者给出。在这里,用正则表达式来进行定理的证明。

因为 L 是 RL,则存在正则表达式 r,使得 $L(r) = L$。

下面对 r 中运算符的个数 n 实施归纳,证明 $f(r)$ 是表示 $f(L)$ 的正则表达式。即

$$f(L(r)) = L(f(r))$$

当 $n = 0$ 时,由定义 5-2 和定义 5-3,结论成立。

设当 $n \leqslant k$ 时定理成立,即当 r 中运算符的个数不大于 k 时,$f(L(r)) = L(f(r))$。当 $n = k + 1$ 时有如下 3 种情况:

(1) $r = r_1 + r_2$。

$$
\begin{aligned}
f(L) &= f(L(r)) \\
&= f(L(r_1 + r_2)) \\
&= f(L(r_1) \bigcup L(r_2)) && \text{正则表达式的定义} \\
&= f(L(r_1)) \bigcup f(L(r_2)) && \text{正则代换的定义} \\
&= L(f(r_1)) \bigcup L(f(r_2)) && \text{归纳假设} \\
&= L(f(r_1) + f(r_2)) && \text{正则表达式的定义} \\
&= L(f(r_1 + r_2)) && \text{正则表达式的正则代换的定义} \\
&= L(f(r))
\end{aligned}
$$

(2) $r = r_1 r_2$。

$$
\begin{aligned}
f(L) &= f(L(r)) \\
&= f(L(r_1 r_2)) \\
&= f(L(r_1) L(r_2)) && \text{正则表达式的定义} \\
&= f(L(r_1)) f(L(r_2)) && \text{正则代换的定义} \\
&= L(f(r_1)) L(f(r_2)) && \text{归纳假设} \\
&= L(f(r_1) f(r_2)) && \text{正则表达式的定义} \\
&= L(f(r_1 r_2)) && \text{正则表达式的正则代换的定义} \\
&= L(f(r))
\end{aligned}
$$

(3) $r = r_1^*$。

$$
\begin{aligned}
f(L) &= f(L(r)) \\
&= f(L(r_1^*)) \\
&= f(L(r_1)^*) && \text{正则表达式的定义} \\
&= (f(L(r_1)))^* && \text{正则代换的定义} \\
&= (L(f(r_1)))^* && \text{归纳假设} \\
&= L(f(r_1)^*) && \text{正则表达式的定义} \\
&= L(f(r_1^*)) && \text{正则表达式的正则代换的定义} \\
&= L(f(r))
\end{aligned}
$$

所以,结论对 $n = k + 1$ 成立。由归纳法原理,结论对任意正则表达式成立。

定理得到证明。

注意,定理 5-1 可以作为本定理的直接推论。

例 5-5 设 $\Sigma=\{0,1,2\}$, $\Delta=\{a,b\}$, 正则代换 f 定义为

$$f(0)=ab$$
$$f(1)=b^*a^*$$
$$f(2)=a^*(a+b)$$

则

(1) $f(00)=abab$。

(2) $f(010)=abb^*a^*ab=ab^+a^+b$。

(3) $f((0+1+2)^*)=(ab+b^*a^*+a^*(a+b))^*=(b^*a^*+a^*(a+b))^*=(a+b)^*$。

(4) $f(0(0+1+2)^*)=ab(ab+b^*a^*+a^*(a+b))^*=ab(a+b)^*$。

(5) $f(012)=abb^*a^*a^*(a+b)=ab^+a^*(a+b)$。

(6) $f((0+1)^*)=(ab+b^*a^*)^*=(ab+b+a+b^*a^*)^*=(a+b)^*$。

定义 5-4 设 Σ, Δ 是两个字母表, $f: \Sigma \rightarrow \Delta^*$ 为映射。如果对于 $\forall x, y \in \Sigma^*$, 有

$$f(xy)=f(x)f(y)$$

则称 f 为从 Σ 到 Δ^* 的同态映射(homomorphism)。

对于 $\forall L \subseteq \Sigma^*$, L 的同态像

$$f(L)=\bigcup_{x\in L}\{f(x)\}$$

对于 $\forall w \subseteq \Delta^*$, w 的同态原像是一个集合:

$$f^{-1}(w)=\{x \mid f(x)=w \text{ 且 } x \in \Sigma^*\}$$

对于 $\forall L \subseteq \Delta^*$, L 的同态原像是一个集合:

$$f^{-1}(L)=\{x \mid f(x)\in L\}$$

例 5-6 设 $\Sigma=\{0,1\}$, $\Delta=\{a,b\}$, 同态映射 f 定义为

$$f(0)=aa$$
$$f(1)=aba$$

则

(1) $f(01)=aaaba$。

(2) $f((01)^*)=(aaaba)^*$。

(3) $f^{-1}(aab)=\varnothing$。

(4) $f^{-1}(aa)=\{0\}$。

(5) $f^{-1}(\{aaa,aba,abaaaaa,abaaaaaa\})=\{1,100\}$。

(6) $f^{-1}((ab+ba)^*a)=\{1\}$。

(7) $f(f^{-1}((ab+ba)^*a))=f(\{1\})=\{aba\}$。

令 $L=(ab+ba)^*a$, 上述(7)表明, $f(f^{-1}(L))\neq L$。但是,不难证明,对任意语言 L 和同态映射 f,

$$f(f^{-1}(L))\subseteq L$$

注意到同态映射是正则代换的特例,所以有以下推论和定理。

推论 5-1 RL 的同态像是 RL。

这就是说，RL 在同态映射下是封闭的。那么，RL 的同态原像还是 RL 吗？对此有以下定理。

定理 5-5 RL 的同态原像是 RL。

证明：设 L 是 RL，f 是从 Σ 到 Δ 的同态映射：

$$f: \Sigma \to \Delta^*$$

那么，必存在描述 L 的正则表达式 r、正则文法 G 和 DFA M。此时，要想证明 $f^{-1}(L)$ 是 RL，就必须根据存在的 r、G 或者 M 构造出描述 $f^{-1}(L)$ 的正则表达式、正则文法或者 FA。注意到原像中的一个字符对应于像中的一个串，而现在是需要从一个已知像的描述去寻找原像的描述，所以，使用正则表达式和正则文法都是不方便的。因此，重点考虑它的 DFA 描述。

根据证明 ε-NFA 与 NFA 等价的经验：NFA 用一个非空移动模拟 ε-NFA 的恰恰含有一个非空移动的一系列移动（其他为空移动）。对于 $\forall a \in \Sigma$，$f(a)$ 是 Δ^* 中的一个串，所以，可以考虑让新构造出的 FA M' 用一个移动去模拟 M 处理 $f(a)$ 时所用的一系列移动。对于 Σ 中的任意字符 a，如果 M 从状态 q 开始处理 $f(a)$，并且当它处理完 $f(a)$ 时到达状态 p，则让 M' 在状态 q 读入 a 时将状态变成 p。注意到 M 是 DFA，且对 Σ 中的任意字符 a，$f(a)$ 是确定的，所以，在 M 的状态转移图中，从任意状态 q 出发，都有唯一的一条标记为 $f(a)$ 的路，该路必有唯一的终点，不妨记为 p。根据这一特点，让 M' 具有与 M 相同的状态，并且在 M' 对应的状态转移图中，从状态 q 到状态 p 有一条标记为 a 的弧当且仅当在 M 的状态转移图中，从状态 q 到状态 p 有一条标记为 $f(a)$ 的路。因此，M 和 M' 具有相同的终止状态集合。形式地，设

$$\text{DFA } M - (Q, \Delta, \delta, q_0, F), L(M) = L$$

则

$$\text{DFA } M' = (Q, \Sigma, \delta', q_0, F)$$

其中，对 $\forall (q, a) \in Q \times \Sigma$，

$$\delta'(q, a) = \delta(q, f(a))$$

为了证明 $L(M') = f^{-1}(L(M))$，只需证明，对于 $\forall x \in \Sigma^*$，

$$\delta'(q_0, x) \in F \Leftrightarrow \delta(q_0, f(x)) \in F$$

为此，先证明对于 $\forall x \in \Sigma^*$，

$$\delta'(q_0, x) = \delta(q_0, f(x))$$

现施归纳于 $|x|$：

当 $|x| = 0$ 时，结论显然成立。

设当 $|x| = k$ 时结论成立，往证当 $|x| = k+1$ 时结论成立。不妨设 $x = ya$，其中 $|y| = k$。

$$
\begin{aligned}
\delta'(q_0, x) &= \delta'(q_0, ya) \\
&= \delta'(\delta'(q_0, y), a) \\
&= \delta'(\delta(q_0, f(y)), a) \qquad \text{归纳假设} \\
&= \delta(\delta(q_0, f(y)), f(a)) \qquad \delta' \text{的定义} \\
&= \delta(q_0, f(y)f(a)) \qquad \delta \text{的意义} \\
&= \delta(q_0, f(ya)) \qquad \text{同态映射的性质} \\
&= \delta(q_0, f(x))
\end{aligned}
$$

这表明,结论对$|x|=k+1$成立。由归纳法原理,结论对$\forall x\in\Sigma^*$成立。

由于对$\forall x\in\Sigma^*,\delta'(q_0,x)-\delta(q_0,f(x))$,所以

$$\delta'(q_0,x)\in F\Leftrightarrow\delta(q_0,f(x))\in F$$

故

$$L(M')=f^{-1}(L(M))$$

定理得证。

定义 5-5 设$L_1,L_2\subseteq\Sigma^*,L_2$ 除以 L_1 的商(quotient)定义为

$$L_1/L_2=\{x\mid\exists y\in L_2\ 使得\ xy\in L_1\}$$

例 5-7 考虑$\{0,1\}$上的如下语言。

(1) 设$L_1=(0+1)^*,L_2=0(0+1)^*$,则$L_1/L_2=L_1$。

(2) 设$L_1=01,L_2=01$,则$L_1/L_2=\{\varepsilon\}$;但是,如果 $L_1=(01)^*,L_2=(01)^*$,则$L_1/L_2=L_1$。

(3) 设$L_1=0^*011^*,L_2=00$,则$L_1/L_2=\varnothing$。

(4) 设$L_1=(0+1)^*0,L_2=(0+1)^*1$,则$L_1/L_2=\varnothing$。

(5) 设$L_1=00^*1^*1,L_2=00^*1^*1$,则$L_1/L_2=0^*$。

(6) 设$L_1=00^*1^*1,L_2=0^*1^*1$,则$L_1/L_2=0^*1^*$。

从本例可以看出,计算语言的商主要是考虑语言句子的后缀。在本例的(3)和(4)中,由于相应的 L_2 中不含 L_1 中任何句子的后缀:在(3)中,L_1 的句子都是以 1 结尾的,所以,00 不可能是它的任何句子的后缀;在(4)中,L_1 的句子都是以 0 结尾的,而 L_2 的句子都是以 1 结尾的,因此,L_2 的任何句子都不是 L_1 的任何句子的后缀。所以,在(3)和(4)中,均有$L_1/L_2=\varnothing$。

此外,对于任意 $L_1,L_2\subseteq\Sigma$,许多似乎成立的关系,实际上是不成立的,它们与具体的语言紧密相关。例如,式子$(L_1/L_2)L_2=L_1,L_1/L_2\subseteq L_1$ 并不一定成立。

定理 5-6 设$L_1,L_2\subseteq\Sigma^*$,如果 L_1 是 RL,则 L_1/L_2 也是 RL。

证明:设$L_1\subseteq\Sigma^*$。L_1 是 RL,则存在 DFA $M_1=(Q,\Sigma,\delta,q_0,F_1)$,使得 $L(M_1)=L_1$。定义 DFA

$$M_2=(Q,\Sigma,\delta,q_0,F_2)$$

其中,

$$F_2=\{q\mid\exists y\in L_2,\delta(q,y)\in F\}$$

显然,

$$L(M_2)=L_1/L_2$$

定理得证。

必须指出,由于 L_2 可以是各种语言,所以,按照定义 5-1,这种封闭性并不是有效封闭性。

5.3 Myhill-Nerode 定理与 DFA 的极小化

按照定义 3-6,给定一个 DFA $M=(Q,\Sigma,\delta,q_0,F)$ 后,M 将按照它的可达状态,将 Σ^* 分成若干等价类。对一个给定的 RL 来说,所给 M 不同,由 M 确定的等价类也可能不同。

如果 M 是接受该 RL 的最小 DFA，则 M 所给出的等价类的个数应该是最少的。是否还有另外一个决定不同分法的、具有相同个数等价类的 M'（否则 M' 就不可能是最少状态的）存在呢？也就是说，接受给定 RL 的最小 DFA 是否唯一呢？如果存在，那么如何构造出这个最小的 DFA？最小 DFA 的状态对应的集合与其他 DFA 的状态对应的集合有什么样的关系呢？这种关系能否引导我们从一般的 DFA 出发求出最小 DFA？由于这些问题都与相应的 RL 相关，所以，希望从语言本身及其相应的 DFA 出发找出这些问题的答案。为此，先讨论 Myhill-Nerode 定理。

5.3.1　Myhill-Nerode 定理

定义 5-6　设 DFA $M=(Q,\Sigma,\delta,q_0,F)$，$M$ 所确定的 Σ^* 上的关系 R_M 定义为：对于 $\forall x,y\in\Sigma^*$，

$$xR_My\Leftrightarrow\delta(q_0,x)=\delta(q_0,y)$$

根据本定义和定义 3-6，有

$$xR_My\Leftrightarrow\exists q\in Q,x,y\in set(q)$$

因此，R_M 决定了 Σ^* 的一个分类。

例 5-8　设 $L=0^*10^*$，如图 5-4 所示 DFA M 识别 L。

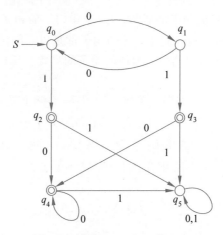

图 5-4　接受 $L=0^*10^*$ 的 DFA

按照上面的讨论，对应于图 5-4 所示的 DFA M 的每个状态，不难找到如下满足关系 R_M 的字符串对：$00R_M0000,000R_M0,001R_M00001,0001R_M01,0010R_M000010,00010R_M010,00101R_M0000101,00011R_M011,00110R_M00001100,00001100R_M011110$。一般地，

对应于 q_0：$(00)^nR_M(00)^m$ $\qquad\qquad$ $n,m\geqslant0$

对应于 q_1：$0(00)^nR_M0(00)^m$ $\qquad\qquad$ $n,m\geqslant0$

对应于 q_2：$(00)^n1\,R_M(00)^m1$ $\qquad\qquad$ $n,m\geqslant0$

对应于 q_3：$0(00)^n\,1R_M0(00)^m1$ $\qquad\qquad$ $n,m\geqslant0$

对应于 q_4：$0(00)^n\,10^kR_M\,0(00)^m10^h$ $\qquad\qquad$ $n,m\geqslant0,k,h\geqslant1$

$\qquad\qquad\quad$ $(00)^n\,10^kR_M(00)^m10^h$ $\qquad\qquad$ $n,m\geqslant0,k,h\geqslant1$

$\qquad\qquad\quad$ $0(00)^n\,10^kR_M(00)^m10^h$ $\qquad\qquad$ $n,m\geqslant0,k,h\geqslant1$

即 $0^n10^kR_M0^m10^h$ $\qquad\qquad$ $n,m\geqslant 0,k,h\geqslant 1$

对应于 q_5: xR_My $\qquad\qquad$ x,y 为至少含两个 1 的串

根据上述描述,请读者分析满足关系 R_M 的字符串对的特征。

定义 5-7 设 $L\subseteq\Sigma^*$, L 确定的 Σ^* 上的关系 R_L 定义为:对于 $\forall x,y\in\Sigma^*$,

$$xR_Ly\Leftrightarrow(对\ \forall z\in\Sigma^*,xz\in L\Leftrightarrow yz\in L)$$

本定义所指的意思为:对于 $\forall x,y\in\Sigma^*$,如果 xR_Ly,则在 x 和 y 后无论接 Σ^* 中的任何串 z, xz 和 yz 要么都是 L 的句子,要么都不是 L 的句子。显然,如果 L 是一个 RL,DFA M 接受的语言是 L,则对于 $\forall q\in Q$, $set(q)$ 中的任意两个串 x 和 y 必有 xR_Ly 成立,即 x $R_{L(M)}y$。事实上,因为

$$x,y\in set(q)$$

所以

$$\delta(q_0,x)=\delta(q_0,y)=q$$

从而使得对于 $\forall z\in\Sigma^*$,

$$\begin{aligned}\delta(q_0,xz)&=\delta(\delta(q_0,x),z)\\&=\delta(q,z)\\&=\delta(\delta(q_0,y),z)\\&=\delta(q_0,yz)\end{aligned}$$

这就是说,

$$\delta(q_0,xz)\in F\Leftrightarrow\delta(q_0,yz)\in F$$

即对于 $\forall z\in\Sigma^*$,

$$xz\in L\Leftrightarrow yz\in L$$

表明

$$xR_Ly$$

也就是

$$xR_{L(M)}y$$

成立。这表明,如果 xR_My,则必有 $xR_{L(M)}y$。但是,如果 $xR_{L(M)}y$,则不一定有 xR_My。事实上,在例 5-8 中,$00\in set(q_0)$,$0\in set(q_1)$,即 $0R_M00$ 不成立,但是 $0R_{L(M)}00$ 成立。所以,应该注意,$R_{L(M)}$ 和 R_M 表达的意义是不相同的。

定义 5-8 设 R 是 Σ^* 上的等价关系,对于 $\forall x,y\in\Sigma^*$,如果 xRy,则必有 $xzRyz$ 对于 $\forall z\in\Sigma^*$ 成立,则称 R 是右不变的(right invariant)等价关系。

命题 5-1 对于任意 DFA $M=(Q,\Sigma,\delta,q_0,F)$, M 所确定的 Σ^* 上的关系 R_M 为右不变的等价关系。

证明:下面分如下两步进行证明。

(1) R_M 是等价关系。

自反性: $\forall x\in\Sigma^*$,显然 $\delta(q_0,x)=\delta(q_0,x)$。由 R_M 的定义,知 xR_Mx。

对称性: $\forall x,y\in\Sigma^*$,

$$\begin{aligned}xR_My&\Leftrightarrow\delta(q_0,x)=\delta(q_0,y) &&根据\ R_M\ 的定义\\&\Leftrightarrow\delta(q_0,y)=\delta(q_0,x) &&"="的对称性\\&\Leftrightarrow yR_Mx &&根据\ R_M\ 的定义\end{aligned}$$

传递性:设 xR_My,yR_Mz。

由于 xR_My,所以

$$\delta(q_0,x)=\delta(q_0,y)$$

又由于 yR_Mz,所以

$$\delta(q_0,y)=\delta(q_0,z)$$

由"="的传递性知

$$\delta(q_0,x)=\delta(q_0,z)$$

再由 R_M 的定义得

$$xR_Mz$$

即 R_M 是等价关系。

(2) R_M 是右不变的。

设 xR_My。由 R_M 的定义,

$$\delta(q_0,x)=\delta(q_0,y)=q$$

所以,对于 $\forall z\in\Sigma^*$,

$$\begin{aligned}\delta(q_0,xz)&=\delta(\delta(q_0,x),z)\\&=\delta(q,z)\\&=\delta(\delta(q_0,y),z)\\&=\delta(q_0,yz)\end{aligned}$$

由 R_M 的定义,

$$xzR_Myz$$

所以,R_M 是右不变的等价关系。

命题 5-2 对于任意 $L\subseteq\Sigma^*$,L 所确定的 Σ^* 上的关系 R_L 为右不变的等价关系。

证明:与命题 5-1 的证明类似,仍然分如下两步进行证明。

(1) R_L 是等价关系。

自反性:$\forall x\in\Sigma^*$,显然对于 $\forall z\in\Sigma^*$,xz 要么是 L 的句子,要么不是 L 的句子。由 R_L 的定义,知 xR_Lx。

对称性:不难看出,$xR_Ly\Leftrightarrow$(对 $\forall z\in\Sigma^*$,$xz\in L\Leftrightarrow yz\in L$)$\Leftrightarrow yR_Lx$。

传递性:设 xR_Ly,yR_Lz。

由于

$$xR_Ly\Leftrightarrow(\text{对 }\forall w\in\Sigma^*,xw\in L\Leftrightarrow yw\in L)$$
$$yR_Lz\Leftrightarrow(\text{对 }\forall w\in\Sigma^*,yw\in L\Leftrightarrow zw\in L)$$

所以

$$\text{对 }\forall w\in\Sigma^*,xw\in L\Leftrightarrow yw\in L\text{ 且 }yw\in L\Leftrightarrow zw\in L$$

即

$$\text{对 }\forall w\in\Sigma^*,xw\in L\Leftrightarrow zw\in L$$

故

$$xR_Lz$$

即 R_L 是等价关系。

(2) R_L 是右不变的。

设 xR_Ly。由 R_L 的定义，对 $\forall w, v \subseteq \Sigma^*, xwv \subseteq L \Leftrightarrow ywv \subseteq L$。注意到 v 的任意性，知

$$xwR_Lyx$$

所以，R_L 是右不变的等价关系。

定义 5-9 设 R 是 Σ^* 上的等价关系，则称 $|\Sigma^*/R|$ 是 R 关于 Σ 的指数（index），简称为 R 的指数。Σ^* 的关于 R 的一个等价类，也就是 Σ^*/R 的任意一个元素，简称为 R 的一个等价类。

例 5-9 图 5-4 所给的 DFA M 所确定的右不变等价关系 R_M 的指数为 6。对应于 M 的 6 个状态（都是可达的），R_M 将 Σ^* 分成 6 个等价类：

$$set(q_0) = \{(00)^n \mid n \geqslant 0\}$$
$$set(q_1) = \{0(00)^n \mid n \geqslant 0\}$$
$$set(q_2) = \{(00)^n 1 \mid n \geqslant 0\}$$
$$set(q_3) = \{0(00)^n 1 \mid n \geqslant 0\}$$
$$set(q_4) = \{0^n 10^k \mid n \geqslant 0, k \geqslant 1\}$$
$$set(q_5) = \{x \mid x \text{ 为至少含两个 1 的串}\}$$

对于 $0 \leqslant i \leqslant 5$，$\forall x, y \in set(q_i)$，$xR_My$ 成立。但是对于 $0 \leqslant j \leqslant 5$，当 $i \neq j$ 时，对 $\forall z \in set(q_j)$，xR_Mz 都不成立。在这里，希望读者能用自然语言描述上述各个等价类中字符串的特征，以便于后续内容的理解。

由定义 5-7 后面的讨论可以知道，$\forall x, y \in \Sigma^*$，如果 xR_My 成立，则必有 $xR_{L(M)}y$ 成立。这表明，对于任意 DFA $M = (Q, \Sigma, \delta, q_0, F)$，有

(1) $|\Sigma^*/R_{L(M)}| \leqslant |\Sigma^*/R_M|$。即 $R_{L(M)}$ 可能比 R_M 将 Σ^* 分成更少的等价类。同时，根据 R_M 的定义，必有 $|\Sigma^*/R_M| \leqslant |Q|$。所以

$$|\Sigma^*/R_{L(M)}| \leqslant |\Sigma^*/R_M| \leqslant |Q|$$

(2) 按照 R_M 被分在同一等价类的串，在按照 $R_{L(M)}$ 分类时，一定会被分在同一个等价类中；但是，按照 R_M 被分在不同等价类的串，在按照 $R_{L(M)}$ 分类时，有可能被分在同一个等价类中。注意到等价关系的传递性，如果来自 Σ^*/R_M 的不同元素 $set(q_i)$ 和 $set(q_j)$ 的串 x 和 y 按照 $R_{L(M)}$ 被分在同一个等价类中，则由于等价关系的传递性，$set(q_i)$ 和 $set(q_j)$ 必定在 $\Sigma^*/R_{L(M)}$ 的同一个元素中。也就是说，R_M 对 Σ^* 的划分比 $R_{L(M)}$ 对 Σ^* 的划分更"细"，即 R_M 可能将 $R_{L(M)}$ 的一个等价类进一步划分成多个等价类。称 R_M 是 $R_{L(M)}$ 的"加细"（refinement）。

根据上述讨论，下面详细考查图 5-4 所给的 DFA M 确定的 R_M 所给出的 Σ^* 的等价分类

$$\Sigma^*/R_M = \{set(q_0), set(q_1), set(q_2), set(q_3), set(q_4), set(q_5)\}$$

中是否存在有根据 $R_{L(M)}$ 可以"合并"的等价类。在考查的过程中，由于实际上是要根据 $L(M)$ 对 Σ^* 进行分类，所以，需要时刻记住该语言的特征。对本例而言，需要记住的是，$L(M)$ 是由"含且仅含一个 1 的 0, 1 串"组成的集合。

(1) 取 $00 \in set(q_0)$，$000 \in set(q_1)$。

对于任意 $x \in \Sigma^*$，x 要么含一个 1，要么不含 1 或者含多个 1。当 x 含且只含一个 1 时，

$00x \in L(M),000x \in L(M)$；当 x 不含 1 或者含多个 1 时，$00x \notin L(M)$，$000x \notin L(M)$。这就是说，对于任意 $x \in \Sigma^*$，$00x \in L(M) \Leftrightarrow 000x \in L(M)$。即按照 $R_{L(M)}$，00 与 000 被分在同一个等价类中，从而 $set(q_0)$ 和 $set(q_1)$ 被包含在 $R_{L(M)}$ 的同一个等价类中。

（2）取 $00 \in set(q_0)$，$001 \in set(q_2)$。

取特殊字符串 $1 \in \Sigma^*$，$001 \in L(M)$，但 $0011 \notin L(M)$。所以，根据 $R_{L(M)}$，$set(q_0)$ 和 $set(q_2)$ 不能被"合并"到同一个等价类中。

类似地，根据 $R_{L(M)}$，$set(q_3)$，$set(q_4)$，$set(q_5)$ 也都不能被"合并"到 $set(q_0)$ 的句子所在的等价类中。

（3）取 $001 \in set(q_2)$，$01 \in set(q_3)$。

对于任意 $x \in \Sigma^*$，x 要么不含 1，要么含有 1。当 x 不含 1 时，$001x \in L(M)$，$01x \in L(M)$；当 x 含有 1 时，$001x \notin L(M)$，$01x \notin L(M)$。也就是说，对于任意 $x \in \Sigma^*$，$001x \in L(M) \Leftrightarrow 01x \in L(M)$。即按照 $R_{L(M)}$，001 与 01 被分在 $R_{L(M)}$ 的同一个等价类中，从而 $set(q_2)$ 和 $set(q_3)$ 被包含在 $R_{L(M)}$ 的同一个等价类中。

（4）取 $1 \in set(q_2)$，$10 \in set(q_4)$。

对于任意 $x \in \Sigma^*$，x 要么不含 1，要么含有 1。当 x 不含 1 时，$1x \in L(M)$，$10x \in L(M)$；当 x 含有 1 时，$1x \notin L(M)$，$10x \notin L(M)$。也就是说，对于任意 $x \in \Sigma^*$，$1x \in L(M) \Leftrightarrow 10x \in L(M)$。即按照 $R_{L(M)}$，1 与 10 被分在 $R_{L(M)}$ 的同一个等价类中，从而 $set(q_2)$ 和 $set(q_4)$ 被包含在 $R_{L(M)}$ 的同一个等价类中。

（5）取 $1 \in set(q_2)$，$11 \in set(q_5)$。

注意到 $1\varepsilon = 1$，$11\varepsilon = 11$，而 $1 \in L(M)$，$11 \notin L(M)$，即 1 和 11 不满足关系 $R_{L(M)}$，所以，$set(q_2)$ 和 $set(q_5)$ 不能被"合并"到 $R_{L(M)}$ 的同一个等价类中。在这里，$\varepsilon \in \Sigma^*$ 是一个特殊字符串。

根据上述分析，
$$\Sigma^*/R_{L(M)} = \{set(q_0) \bigcup set(q_1),\ set(q_2) \bigcup set(q_3) \bigcup set(q_4),\ set(q_5)\}$$
也就是说，$R_{L(M)}$ 将 Σ^* 分成 3 个等价类。我们不妨用"新"的符号来标记这 3 个等价类：

不含 1 的串：$[\varepsilon] = set(q_0) \bigcup set(q_1) = 0^*$。

含有一个 1 的串：$[1] = set(q_2) \bigcup set(q_3) \bigcup set(q_4) = 0^*10^*$。

含有多个 1 的串：$[11] = set(q_5) = 0^*10^*1(0+1)^*$。

这 3 个等价类之间的变换关系如图 5-5(a) 所示。把等价类对应看作状态，ε 所在的等价类 $[\varepsilon]$ 作为开始状态，L 的句子所在的等价类 $[1]$ 作为终止状态，状态之间的转换关系就是状态转移函数，就可以得到如图 5-5(b) 所示的识别 L 的 DFA：

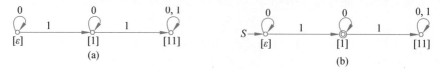

(a)   (b)

图 5-5　根据 $R_{L(M)}$ 构造 DFA M'

$$M' = (\{[\varepsilon],[1],[11]\},\{0,1\},\delta',[\varepsilon],\{[1]\}$$
$$\delta'([\varepsilon],0) = [\varepsilon]$$

$$\delta'([\varepsilon],1)=[1]$$

$$\delta'([1],0)=[1]$$

$$\delta'([1],1)=[11]$$

$$\delta'([11],0)=[11]$$

$$\delta'([11],1)=[11]$$

定理 5-7（**Myhill-Nerode 定理**） 如下 3 个命题等价：

（1）$L\subseteq\Sigma^*$ 是 RL。

（2）L 是 Σ^* 上的某一个具有有穷指数的右不变等价关系 R 的某些等价类的并。

（3）R_L 具有有穷指数。

证明：为证明这 3 个命题等价，只需证明由（1）可以推出（2），由（2）可以推出（3），由（3）可以推出（1）。

① 先证明由（1）可以推出（2）。

设 $L\subseteq\Sigma^*$ 是 RL，所以，存在 DFA $M=(Q,\Sigma,\delta,q_0,F)$，使得 $L(M)=L$。由命题 5-1，R_M 是 Σ^* 上的右不变等价关系，而且 $|\Sigma^*/R_M|\leqslant|Q|$，所以，$R_M$ 具有有穷指数。而

$$L=\bigcup_{q\in F}set(q)$$

即 L 是 Σ^* 上的具有有穷指数的右不变等价关系 R_M 的对应于 M 的终止状态的等价类的并。

② 再证明由（2）可以推出（3）。

设 L 是 Σ^* 上的具有有穷指数的右不变等价关系 R 的某些等价类的并。为了证明 R_L 具有有穷指数，只需证明 R 是 R_L 的加细。也就是说，对于任意 $x,y\in\Sigma^*$，如果 xRy，则必有 xR_Ly。设 xRy，由 R 的右不变性可知，对于任意 $z\in\Sigma^*$，

$$xzRyz$$

而 L 是 R 的某些等价类的并，所以

$$xz\in L\Leftrightarrow yz\in L$$

根据 R_L 的定义，

$$xR_Ly$$

故 R 是 R_L 的加细。由于 R 具有有穷指数，所以，R_L 具有有穷指数。

③ 最后证明由（3）可以推出（1）。

设 R_L 具有有穷指数。往证存在 DFA M'，使得 $L(M')=L$。

依照例 5-9 中图 5-5 所示的 DFA 的构造方法，根据 R_L 对 Σ^* 的分类来构造 DFA M'，用等价类对应状态，状态之间的转移依据相应的等价类的转换进行。由于 ε 属于任意 DFA 的开始状态对应的等价类，所以，Σ^* 关于 R_L 的含有 ε 的等价类对应于 M' 的开始状态。令

$$M'=(\Sigma^*/R_L,\Sigma,\delta',[\varepsilon],\{[x]|x\in L\})$$

其中，$[\varepsilon]$ 表示 ε 所在的等价类对应的状态，$[x]$ 表示 x 所在的等价类对应的状态。对于任意 $([x],a)\in(\Sigma^*/R_L)\times\Sigma$，

$$\delta'([x],a)=[xa]$$

首先需要证明 δ' 定义的相容性：如果 x,y 同处一个等价类，即如果 $[x]=[y]$，按照 δ' 的定义，对于任意 $a\in\Sigma$，有 $\delta'([x],a)=[xa]$。然而，$\delta'([y],a)=[ya]$，所以，此时必须保

证有$[xa]=[ya]$,否则,δ'的定义是无效的。事实上,如果$[x]=[y]$,则xR_Ly,由R_L的右不变性,对于任意$a\in\Sigma$,xaR_Lya,即$[xa]=[ya]$。所以,δ'的定义是相容的。

显然,$L(M')=L$。

定理得证。

利用此定理,既可以证明一个语言是 RL,也可以证明一个语言不是 RL。

例 5-10 用定理 5-7 证明$\{0^n1^n\mid n\geqslant0\}$不是 RL。

设$L=\{0^n1^n\mid n\geqslant0\}$,由定理 5-7,要证明$L$不是 RL,最方便的方法就是证明$R_L$的指数是无穷的。也就是说,根据$R_L$,$\Sigma^*$被分成无穷多个等价类。因此,并不需要找出$R$的所有等价类,而只要能找到$R_L$的无穷多个等价类就可以了。由于$R_L$的等价类完全是由$L$决定的,所以,需要根据$L$的句子的特征来寻找$R_L$的等价类。

不难看出,L的句子的主要特点有两个:

(1) 句子中所含字符 0 的个数与所含字符 1 的个数相同。

(2) 所有的 0 都在所有的 1 的前面。

这两个特点表明,对所有的串x,如果x是$0^n1^m(m\geqslant n+1)$,或者x中含有子串 10,则无论x后面接任何串z,都有$xz\notin L$成立。所以,所有这样的串属于R_L的同一个等价类。将此等价类记为$[10]$。

剩下的问题是考虑形如0^n和形如0^n1^m的串。这里$n,m\geqslant0$,且$n\geqslant m$。

注意到$01\in L$,$001\notin L$,所以,0 和 00 不在同一个等价类中。由此受到启发,如果$h\neq j$,则0^h与0^j不在同一个等价类中,这样可以得到R_L的无穷多个等价类:

$$[\varepsilon]\text{——}\varepsilon\text{ 所在的等价类}$$
$$[1]\text{——}0\text{ 所在的等价类}$$
$$[2]\text{——}00\text{ 所在的等价类}$$
$$[3]\text{——}000\text{ 所在的等价类}$$
$$\vdots$$
$$[n]\text{——}0^n\text{ 所在的等价类}$$
$$\vdots$$

所以,R_L的指数是无穷的。因此,L不是 RL。

进一步地,读者不难发现,R_L还有如下等价类,其中$m\geqslant1$。

$$[0]=\{0^h1^h\mid h\geqslant1\}$$
$$[01]=\{0^h1^m\mid h=m+1\}$$
$$[02]=\{0^h1^m\mid h=m+2\}$$
$$[03]=\{0^h1^m\mid h=m+3\}$$
$$\vdots$$
$$[0n]=\{0^h1^m\mid h=m+n\}$$
$$\vdots$$
$$[10]=\{0^n1^m\mid m\geqslant n+1\}\bigcup\{x\mid x\text{ 中含有子串 10}\}$$

由定理 5-7,可以得到如下两个推论。

推论 5-2 对于任意 RL L,如果 DFA $M=(Q,\Sigma,\delta,q_0,F)$满足$L(M)=L$,

则 $|\Sigma^*/R_L| \leqslant |Q|$。

这就是说,对于任意 DFA $M = (Q, \Sigma, \delta, q_0, F)$,$|Q| \geqslant |\Sigma^*/R_{L(M)}|$。这也表明,对任意一个 RL L,按照定理中所给的方法构造出来的 DFA M' 是一个接受 L 的状态最少的 DFA,我们称为最小 DFA。这个 DFA 是唯一的吗?

推论 5-3 对于任意 RL L,在同构意义下,接受 L 的最小 DFA 是唯一的。

证明:设 L 是一个 RL。根据定理 5-7,对于任意 DFA $M = (Q, \Sigma, \delta, q_0, F)$,如果 $L(M) = L$,则 R_M 一定是 R_L 的加细。即

$$|\Sigma^*/R_M| \geqslant |\Sigma^*/R_L|$$

假设 $M = (Q, \Sigma, \delta, q_0, F)$ 是接受 L 的最小 DFA。显然,M 中不含不可达状态,且此时必有

$$|\Sigma^*/R_M| = |\Sigma^*/R_L|$$

往证 M 与定理 5-7 中定义的 M' 同构。为此,定义映射

$$f : Q \to \Sigma^*/R_L$$

对于 Q 中的任意状态 q,必存在 $x \in \Sigma^*$,使得 $\delta(q_0, x) = q$。令

$$f(q) = f(\delta(q_0, x)) = \delta'([\varepsilon], x) = [x]$$

也就是说,让 M' 的状态 $[x]$ 与 M 的状态 $q = \delta(q_0, x)$ 对应,该状态正是 x 引导 M 从 q_0 出发所到达的状态。下面要证明的是 f 为同构映射。

首先,如果 $\delta(q_0, x) = \delta(q_0, y)$,则必有 $[x] = [y]$。事实上,如果

$$\delta(q_0, x) = \delta(q_0, y)$$

则

$$x R_M y$$

由于 R_M 是 R_L 的加细,所以

$$x R_L y$$

故

$$[x] = [y]$$

即

$$\delta'([\varepsilon], x) = \delta'([\varepsilon], y)$$

如果

$$\delta(q_0, x) \neq \delta(q_0, y)$$

则

$$\delta'([\varepsilon], x) \neq \delta'([\varepsilon], y)$$

即

$$[x] \neq [y]$$

否则,如果 $[x] = [y]$,会使得

$$|\Sigma^*/R_M| > |\Sigma^*/R_L|$$

这与 M 是最小 DFA 矛盾。

所以,f 是 Q 与 Σ^*/R_L 之间的一一对应。往证,如果 $\delta(q, a) = p$,$f(q) = \delta'([\varepsilon], x) = [x]$,由于 $\delta'([\varepsilon], xa) = [xa]$,因此,必须有 $f(p) = [xa]$。事实上,对于任意 $q \in Q$,如果

$$f(q) = f(\delta(q_0, x)) = [x]$$

则对于任意 $a\in\Sigma$,如果

$$p=\delta(q,a)=\delta(\delta(q_0,x),a)=\delta(q_0,xa)$$

由 f 的定义

$$f(p)=f(\delta(q,a))=f(\delta(\delta(q_0,x),a))=f(\delta(q_0,xa))=[xa]$$

即如果 M 在状态 q 读入字符 a 时进入状态 p,则 M' 在 q 对应的状态 $f(\delta(q_0,x))=[x]$ 读入字符 a 时进入 p 对应的状态 $f(\delta(q_0,xa))=[xa]$。所以,f 是 M 和 M' 之间的同构映射。

综上所述,M 与 M' 同构。即接受 L 的最小 DFA 在同构意义下是唯一的。

推论得证。

从上述证明中不难看出,对于给定的语言 L,所有接受 L 的最小 DFA 除了状态的名字可能不同之外,其他都是唯一的。

5.3.2　DFA 的极小化

推论 5-3 说明,对于任意给定的 RL L,接受 L 的最小 DFA 是唯一的。从定理 5-7 可以知道,按照 L 所决定的等价关系 R_L 的等价类来设立状态和状态之间的转移来构造最小 DFA 的一种方法。由于所给的求 R_L 等价类的方法含有一些难以形式化的计算,所以,要用一个计算机系统完成其求解是非常困难的。但是,从例 5-9 和定理 5-7 的证明中知道,对于任意的 RL L,如果有一个 DFA $M=(Q,\Sigma,\delta,q_0,F)$,使得 $L(M)=L$,则可以通过合并 R_M 的等价类来求出 R_L 的等价类,而这些等价类对应的都是状态。这样做实际上是在根据 R_L 寻找 M 的哪些状态对应的等价类可以合并成一个等价类——对应于最小 DFA 的一个状态。所以,可以直接考虑 M 的哪些状态可以合并成一个状态。由于合并后的状态是与 R_L 的等价类一一对应的,所以,由此合并所得到的 DFA 的状态数与 R_L 的指数相等。另外,根据推论 5-3,新的 DFA 的状态与 R_L 的等价类一一对应蕴含着相应的状态转移与定理 5-7 中的 M' 的状态转移相对应,而且与所给的 DFA 的状态转移也是相容的。这就是说,通过进行状态合并而构造出的 DFA 与 M' 同构,且与给定的 DFA M 相容,也就是要求的最小 DFA。这里所指的相容是说:如果在所给的 DFA M 中,$\delta(q,a)=p$,则在新构造出的最小 DFA 中,若 q 被并入状态 $[q]$ 中,p 被并入状态 $[p]$ 中,必有 $\delta'([q],a)=[p]$ 成立。

新的问题是,对于 M 中的任意两个不同的状态 q 和 p,要想知道它们是否可以合并,需要分别从 $set(q)$ 和 $set(p)$ 中各取一个利于考查的"适当"字符串 x,y,然后研究是否对于任意 $z\in\Sigma^*$,xz 和 yz 同时属于 L 或者同时不属于 L。实际上,根据 DFA 的性质,不难发现,只需考查长度不超过 M 的状态数 $|Q|$ 的 z 就可以了。即使这样,该算法也将具有较高的时间复杂性。

现在再换一个角度考虑问题:不直接考查 M 的哪些状态可以合并在一起,而是考虑哪些状态不可以合并在一起。显然,$Q-F$ 中的任意状态和 F 中的任意状态是不能合并在一起的。事实上,设 $q\in Q-F$,$f\in F$,$x\in set(q)$,$y\in set(f)$,则有 $x\varepsilon\notin L$,但 $y\varepsilon\in L$。即 x 和 y 不满足关系 R_L,因此它们不在 R_L 的同一个等价类中,即 q 和 f 不能合并。由此,很容易得到"第一批"不能合并的状态对。当知道状态对 q 和 p 不能合并后,再继续考查其他的还不知道是否能合并的状态对 q' 和 p'。如果 Σ 中存在字符 a,使得 $\delta(q',a)=q$,$\delta(p',a)=p$,则 q' 和 p' 也是不能合并的。当找出所有的不可以合并的状态对后,剩余的状态对就是可以合并的了。

定义 5-10 设 DFA $M=(Q,\Sigma,\delta,q_0,F)$，如果 $\exists x\in\Sigma^*$，使得 Q 中的两个状态 q 和 p，$\delta(q,x)\in F$ 和 $\delta(p,x)\in F$ 中有且仅有一个成立，则称 q 和 p 是可以区分的(distinguishable)；否则，称 q 和 p 等价，记作 $q\equiv p$。

根据以上讨论，可用如下算法找出给定的 DFA $M=(Q,\Sigma,\delta,q_0,F)$ 中的所有不可以合并的状态对——可区分的状态。这个算法称为 DFA 的极小化算法。由于讨论的是状态 q 与 p 是否可区分的问题，所以，状态对 (q,p) 与状态对 (p,q) 是同一个状态对，即

$$(q,p)\equiv(p,q)$$

极小化算法用到如下两个主要数据结构：

(1) 可区分状态表。用来记录所有的状态对是否可以区分。如果相应的表项被用×标记，则表示可区分，否则为不可区分。其形式如表 5-1 所示。

(2) 状态对关联表。用来记录与某个状态对 (q,p) 关联的状态对序列。在叙述中，将用箭头"→"指出状态对的关联表的内容。如果状态对 (q,p) 与状态对序列 (q_1,p_1)，(q_2,p_2)，…，(q_h,p_h) 关联，则状态对 (q,p) 的关联表表示为：$(q,p)\to(q_1,p_1)\to(q_2,p_2)\to\cdots\to(q_h,p_h)$。

算法 5-1 DFA 的极小化算法。

输入：给定的 DFA。

输出：可区分状态表。

主要数据结构：可区分状态表；状态对的关联表。

主要步骤：

(1) **for** $\forall(q,p)\in F\times(Q-F)$ **do**
　　　　标记可区分状态表中的表项 (q,p)；　　　　/ * p 和 q 不可合并 * /

(2) **for** $\forall(q,p)\in F\times F\bigcup(Q-F)\times(Q-F)$ 且 $q\neq p$　　**do**

(3) 　　**if** $\exists a\in\Sigma$，可区分状态表中的表项 $(\delta(q,a),\delta(p,a))$ 已被标记 **then**
　　　　begin

(4) 　　　　　　标记可区分状态表中的表项 (q,p)；

(5) 　　　　　　递归地标记本次被标记的状态对的关联表上的各个状态对在可区分状态表中的对应表项。

　　　　end

(6) 　　**else for** $\forall a\in\Sigma$ **do**

(7) 　　　　　**if** $\delta(q,a)\neq\delta(p,a)$ 且 (q,p) 与 $(\delta(q,a),\delta(p,a))$ 不是同一个状态对 **then**
　　　　　　　　将 (q,p) 放在 $(\delta(q,a),\delta(p,a))$ 的关联链表上。

定理 5-8 对于任意 DFA $M=(Q,\Sigma,\delta,q_0,F)$，$Q$ 中的两个状态 q 和 p 是可区分的充要条件是 (q,p) 在 DFA 的极小化算法中被标记。

这里所说的 (q,p) 被标记是指可区分状态表中的表项 (q,p) 被标记。

证明：(1) 先证必要性。

设 q 和 p 是可区分的，x 是区分 q 和 p 的最短字符串。现施归纳于 x 的长度，证明 (q,p) 一定被算法标记。

当 $|x|=0$ 时，ε 区分 q 和 p，表明 q 和 p 有且仅有一个为 M 的终止状态，所以

$$(q,p)\in F\times(Q-F)$$

因此,(q,p)被算法的语句(1)标记。

设当$|x|=n$时结论成立。即如果x是区分q和p的长度为n的字符串,则(q,p)被算法标记。当$|x|=n+1$时,设$x=ay$,其中$|y|=n$。由于x是区分q和p的最短的字符串,所以,$\delta(q,x)\in F$和$\delta(p,x)\in F$中有且仅有一个成立。为了确定起见,不妨假设

$$\delta(q,x)\notin F,\delta(p,x)\in F$$

也就是

$$\delta(\delta(q,a),y)\notin F,\delta(\delta(p,a),y)\in F$$

设$\delta(q,a)=u,\delta(p,a)=v$,而$y$是区分$u$和$v$的长度为$n$的字符串,由归纳假设,$(u,v)$可以被算法标记。如果在考查$(q,p)$时$(u,v)$已经被标记,则$(q,p)$被算法的语句(4)标记;如果在考查$(q,p)$时$(u,v)$还没有被标记,则$(q,p)$被算法的语句(7)放入到$(u,v)$的关联表中,当$(u,v)$被标记时,在算法语句(5)的"递归"过程中$(q,p)$被标记。即结论对$|x|=n+1$成立。

由归纳法原理,结论对任意x成立。

(2) 再证充分性。

设(q,p)在算法中被标记。下面对它被标记的顺序n施归纳,证明q和p是可区分的。

令$|F\times(Q-F)|=m$,显然,当$1\leqslant n\leqslant m$时,(q,p)是被算法的语句(1)标记的,此时,ε是区分q和p的字符串,也就是

$$\delta(q,\varepsilon)\in F \text{ 和 }\delta(p,\varepsilon)\in F$$

有且仅有一个成立。

设$n\leqslant k(k\geqslant m)$时结论成立。也就是说,如果$(q,p)$标记的顺序是在第$k$个或者第$k$个之前,则存在字符串$x,x$区分$q$和$p$。也就是

$$\delta(q,x)\in F \text{ 和 }\delta(p,x)\in F$$

有且仅有一个成立。

当$n=k+1$时,如果(q,p)是被算法的语句(4)标记的,此时,$(\delta(q,a),\delta(p,a))$一定是在第$k$个之前被标记的。设$\delta(q,a)=u,\delta(p,a)=v$,由归纳假设,存在字符串$x,x$区分$u$和$v$,也就是

$$\delta(u,x)\in F \text{ 和 }\delta(v,x)\in F$$

有且仅有一个成立,从而

$$\delta(q,ax)\in F \text{ 和 }\delta(p,ax)\in F$$

有且仅有一个成立,即ax是区分q和p的字符串。

如果(q,p)是被算法的语句(5)标记的,则它必是在这之前被放入到某个状态对的关联表中。不妨假设这个状态对为(u,v),而(u,v)必在(q,p)之前被标记。由归纳假设,存在字符串x,x区分u和v,也就是

$$\delta(u,x)\in F \text{ 和 }\delta(v,x)\in F$$

有且仅有一个成立。由于(q,p)被放在(u,v)的关联链表中,所以,必存在$a\in\Sigma$,使得

$$\delta(q,a)=u,\delta(p,a)=v$$

从而

$$\delta(q,ax)\in F \text{ 和 }\delta(p,ax)\in F$$

有且仅有一个成立。即ax是区分q和p的字符串。

所以,结论对 $n=k+1$ 成立。由归纳法原理,结论对所有的 n 成立。

定理得证。

定理 5-9 由算法 5-1 构造的 DFA 在去掉不可达状态后,是最小 DFA。

证明:设 $M=(Q,\Sigma,\delta,q_0,F)$ 为算法 5-1 的输入 DFA,$M'=(Q/\equiv,\Sigma,\delta',[q_0],F')$ 是根据相应的输出构造的 DFA。其中,

$$F'=\{[q]\mid q\in F\}$$

对于 $\forall[q]\in Q/\equiv,\forall a\in\Sigma$,定义

$$\delta'([q],a)=[\delta(q,a)]$$

由于 M' 的不可达状态对 $L(M')$ 无影响,所以,不失一般性,不妨假设 M' 中不含不可达状态。

先证 δ' 的相容性。

设 $[q]=[p]$,即 q 和 p 等价:$q\equiv p$。根据算法 5-1,状态 q 和 p 是不可区分的(未被算法标记)。此时,对于 $\forall a\in\Sigma$,必须有 $[\delta(q,a)]\equiv[\delta(p,a)]$;否则,状态对 $(\delta(q,a),\delta(p,a))$ 必定被算法标记,从而最终导致 (q,p) 被算法标记,这与 $q\equiv p$ 矛盾。所以,状态 $[\delta(q,a)]$ 和状态 $[\delta(p,a)]$ 等价,$\delta(q,a)\equiv\delta(p,a)$,故 δ' 的定义是相容的。

再证 $L(M')=L(M)$。

对 $\forall x\in\Sigma^*$,现施归纳于 $|x|$,证明 $\delta'([q_0],x)=[\delta(q_0,x)]$。当 $|x|=0$ 时,

$$\delta'([q_0],\varepsilon)=[q_0]=[\delta(q_0,\varepsilon)]$$

即结论对 $|x|=0$ 成立。设结论对 $|x|=n$ 成立,即当 $|x|=n$ 时,$\delta'([q_0],x)=[\delta(q_0,x)]$。对 $\forall a\in\Sigma,\forall x\in\Sigma^*$ 且 $|x|=n$,

$$\begin{aligned}\delta'([q_0],xa)&=\delta'(\delta'([q_0],x),a)\\&=\delta'([\delta(q_0,x)],a) \qquad \text{归纳假设}\\&=[\delta([\delta(q_0,x)],a)] \qquad \delta' \text{的定义}\\&=[\delta(q_0,xa)] \qquad \delta \text{的意义}\end{aligned}$$

即结论对 $|xa|=n+1$ 成立。由归纳法原理,结论对 $\forall x\in\Sigma^*$ 成立。

再由 F' 的定义,

$$\delta'([q_0],x)=[\delta(q_0,x)]\in F'\Longleftrightarrow\delta(q_0,x)\in F$$

所以

$$x\in L(M')\Longleftrightarrow x\in L(M)$$

即

$$L(M')=L(M)$$

根据推论 5-2,最后只需证明,M' 去掉不可达状态后,其状态数不大于 $R_{L(M')}$ 的指数。为此,使用反证法。设结论不成立,则由定理 5-7 的证明知道,$R_{M'}$ 是 $R_{L(M')}$ 的加细。由于 M' 不含不可达状态,所以,存在 $[q]$ 和 $[p]$,$[q]\neq[p]$,并且 $set([q])$ 与 $set([p])$ 都是非空的。对于 $\forall x\in set([q]),\forall y\in set([p])$,$xR_{L(M')}y$ 成立。然而,由于 $[q]\neq[p]$,所以,存在 $z\in\Sigma^*$,使得 $\delta(q,z)$ 和 $\delta(p,z)$ 有且仅有一个属于 F。确定起见,不妨假设 $\delta(q,z)\in F$,$\delta(p,z)\notin F$。对于 $\forall x\in set([q]),\forall y\in set([p])$,

$$\begin{aligned}\delta(q_0,xz)&=\delta(\delta(q_0,x),z)\\&=\delta(q,z)\in F\end{aligned}$$

$$\delta(q_0, yz) = \delta(\delta(q_0, y), z)$$
$$= \delta(p, z) \notin F$$

即

$$xz \in L(M), yz \notin L(M)$$

这与 $xR_{L(M')}y$ 矛盾。所以，这种$[q]$和$[p]$是不存在的。

综上所述，定理得证。

例 5-11 用算法 5-1 对图 5-4 所给的 DFA 进行极小化。

根据推论 5-3，所得的极小化结果应该和图 5-5(b)所示的 DFA 同构。而且，按照为构造图 5-5(b)所示的 DFA 所进行的分析，在图 5-4 所示的 DFA 中，$q_0 \equiv q_1$，$q_2 \equiv q_3 \equiv q_4$。表 5-1 是算法 5-1 所用的可区分状态表。用符号叉"×"表示"标记"。

表 5-1　图 5-4 所示 DFA 的可区分状态表

q_1				
q_2	×	×		
q_3	×	×		
q_4	×	×		
q_5	×	×	×	×	×
q_0	q_1	q_2	q_3	q_4

根据算法 5-1 的语句(1)，表项(q_0, q_2)，(q_0, q_3)，(q_0, q_4)，(q_1, q_2)，(q_1, q_3)，(q_1, q_4)，(q_2, q_5)，(q_3, q_5)，(q_4, q_5)分别被标记。剩下需要考查的状态对还有：(q_0, q_1)，(q_0, q_5)，(q_1, q_5)，(q_2, q_3)，(q_2, q_4)，(q_3, q_4)。

对(q_0, q_1)，$\delta(q_0, 0) = q_1$，$\delta(q_1, 0) = q_0$。由于$(q_0, q_1) \equiv (\delta(q_0, 0), \delta(q_1, 0))$，根据算法，不用做其他操作；$\delta(q_0, 1) = q_2$，$\delta(q_1, 1) = q_3$，此时$(q_2, q_3)$没有被标记，所以将$(q_0, q_1)$放在$(q_2, q_3)$的关联表上：$(q_2, q_3) \rightarrow (q_0, q_1)$。

对(q_0, q_5)，$\delta(q_0, 1) = q_2$，$\delta(q_5, 1) = q_5$，此时(q_2, q_5)已经被标记，所以标记(q_0, q_5)；由于(q_0, q_5)的关联表上没有状态对，算法的语句(5)不标记任何表项。

对(q_1, q_5)，$\delta(q_1, 1) = q_3$，$\delta(q_5, 1) = q_5$，此时(q_3, q_5)已经被标记，所以标记(q_1, q_5)；由于(q_1, q_5)的关联表上没有状态对，算法的语句(5)不标记任何表项。

对(q_2, q_3)，$\delta(q_2, 0) = q_4$，$\delta(q_3, 0) = q_4$，二者相等，所以关于这次计算，算法没有进一步的动作；$\delta(q_2, 1) = q_5$，$\delta(q_3, 1) = q_5$，同理，算法也没有进一步的动作。

对(q_2, q_4)，由于$\delta(q_2, 0) = \delta(q_4, 0) = q_4$，$\delta(q_2, 1) = \delta(q_4, 1) = q_5$，按照算法语句(7)的条件要求，算法没有进一步的动作。

同理，对(q_3, q_4)，由于$\delta(q_3, 0) = \delta(q_4, 0) = q_4$，$\delta(q_3, 1) = (q_4, 1) = q_5$，算法也没有进一步的动作。

到此，算法运行结束。此时可区分状态表中剩下表项(q_0, q_1)，(q_2, q_3)，(q_2, q_4)，(q_3, q_4)没有被标记。这表明 $q_0 \equiv q_1$，$q_2 \equiv q_3$，$q_2 \equiv q_4$，$q_3 \equiv q_4$。注意到"$\equiv$"的传递性，有 $q_0 \equiv q_1$，$q_2 \equiv q_3 \equiv q_4$，这与前面的分析结果是一样的。此时得到的 DFA 如图 5-6 所示，显然，该图所给的 DFA 与图 5-5(b)所给的 DFA 是同构的，状态$[q_0, q_1]$，$[q_2, q_3, q_4]$，$[q_5]$依次与状态

$[\varepsilon]$,[1],[11]对应。这"两个"DFA除状态的名字不一样外,其他都是完全相同的。而状态的命名对相应的 DFA 接受的语言是没有任何影响的,所以可以认为这两个 DFA 是相同的。一般地,认为同构的 DFA 是相同的。

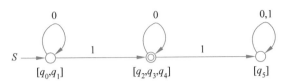

图 5-6　算法 5-1 构造出来的最小 DFA

下面的例子将进一步给出算法的运行过程。如果读者对算法的核心思想及其实现还不太清楚,请认真地阅读这个例子。

例 5-12　用算法 5-1 对图 5-7 所给的 DFA 进行极小化。

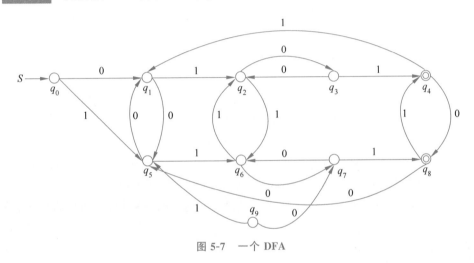

图 5-7　一个 DFA

在图 5-7 中,q_9 是不可达状态,因此,先删掉它。在对图 5-7 进行极小化的过程中,使用表 5-2 所示的可区分状态表。

表 5-2　图 5-7 所示 DFA 的可区分状态表

	q_0	q_1	q_2	q_3	q_4	q_5	q_6	q_7
q_1	×23							
q_2	×18	×26						
q_3	×15	×17	×21					
q_4	×1	×2	×3	×4				
q_5	×33	×31	×22	×25	×5			
q_6	×20	×35	×30	×27	×6	×32		
q_7	×16	×19	×24	×29	×7	×34	×36	
q_8	×8	×9	×10	×11	×28	×12	×13	×14

为了便于读者理解,在表 5-2 中,每个表项内特意添加了该表项在算法执行过程中被标记的顺序。当然,根据算法对状态(对)扫描的顺序的不同,还有可能产生其他的标注顺序。

根据算法 5-1 的语句(1)，首先状态对 (q_4,q_0)，(q_4,q_1)，(q_4,q_2)，(q_4,q_3)，(q_4,q_5)，(q_4,q_6)，(q_4,q_7)，(q_8,q_0)，(q_8,q_1)，(q_8,q_2)，(q_8,q_3)，(q_8,q_5)，(q_8,q_6)，(q_8,q_7) 对应的表项分别被标记。剩下需要考查的状态对是：(q_0,q_1)，(q_0,q_2)，(q_0,q_3)，(q_0,q_5)，(q_0,q_6)，(q_0,q_7)，(q_1,q_2)，(q_1,q_3)，(q_1,q_5)，(q_1,q_6)，(q_1,q_7)，(q_2,q_3)，(q_2,q_5)，(q_2,q_6)，(q_2,q_7)，(q_3,q_5)，(q_3,q_6)，(q_3,q_7)，(q_4,q_8)，(q_5,q_6)，(q_5,q_7)，(q_6,q_7)。

对 (q_0,q_1)，$\delta(q_0,0)=q_1$，$\delta(q_1,0)=q_5$，此时 (q_1,q_5) 没有被标记，所以将 (q_0,q_1) 放在 (q_1,q_5) 的关联表上：$(q_1,q_5) \rightarrow (q_0,q_1)$；$\delta(q_0,1)=q_5$，$\delta(q_1,1)=q_2$，此时 (q_2,q_5) 没有被标记，所以将 (q_0,q_1) 放在 (q_2,q_5) 的关联表上：$(q_2,q_5) \rightarrow (q_0,q_1)$。

对 (q_0,q_2)，$\delta(q_0,0)=q_1$，$\delta(q_2,0)=q_3$，此时 (q_1,q_3) 没有被标记，所以将 (q_0,q_2) 放在 (q_1,q_3) 的关联表上：$(q_1,q_3) \rightarrow (q_0,q_2)$；$\delta(q_0,1)=q_5$，$\delta(q_2,1)=q_6$，此时 (q_5,q_6) 没有被标记，所以将 (q_0,q_2) 放在 (q_5,q_6) 的关联表上：$(q_5,q_6) \rightarrow (q_0,q_2)$。

对 (q_0,q_3)，$\delta(q_0,1)=q_5$，$\delta(q_3,1)=q_4$，此时 (q_4,q_5) 已经被标记，所以标记 (q_0,q_3)；由于 (q_0,q_3) 的关联表上没有状态对，算法的语句(5)不标记任何表项。

对 (q_0,q_5)，$\delta(q_0,0)=q_1$，$\delta(q_5,0)=q_1$，算法不做进一步考虑；$\delta(q_0,1)=q_5$，$\delta(q_5,1)=q_6$，此时 (q_5,q_6) 没有被标记，所以将 (q_0,q_5) 放在 (q_5,q_6) 的关联表上：$(q_5,q_6) \rightarrow (q_0,q_2) \rightarrow (q_0,q_5)$。

对 (q_0,q_6)，$\delta(q_0,0)=q_1$，$\delta(q_6,0)=q_7$，此时 (q_1,q_7) 没有被标记，所以将 (q_0,q_6) 放在 (q_1,q_7) 的关联表上：$(q_1,q_7) \rightarrow (q_0,q_6)$；$\delta(q_0,1)=q_5$，$\delta(q_6,1)=q_2$，此时 (q_2,q_5) 没有被标记，所以将 (q_0,q_6) 放在 (q_2,q_5) 的关联表上：$(q_2,q_5) \rightarrow (q_0,q_1) \rightarrow (q_0,q_6)$。

对 (q_0,q_7)，$\delta(q_0,1)=q_5$，$\delta(q_7,1)=q_8$，此时 (q_5,q_8) 已经被标记，所以标记 (q_0,q_7)；由于 (q_0,q_7) 的关联表上没有状态对，算法的语句(5)不标记任何表项。

对 (q_1,q_2)，$\delta(q_1,0)=q_5$，$\delta(q_2,0)=q_3$，此时 (q_3,q_5) 没有被标记，所以将 (q_1,q_2) 放在 (q_3,q_5) 的关联表上：$(q_3,q_5) \rightarrow (q_1,q_2)$；$\delta(q_1,1)=q_2$，$\delta(q_2,1)=q_6$，此时 (q_2,q_6) 没有被标记，所以将 (q_1,q_2) 放在 (q_2,q_6) 的关联表上：$(q_2,q_6) \rightarrow (q_1,q_2)$。

对 (q_1,q_3)，$\delta(q_1,1)=q_2$，$\delta(q_3,1)=q_4$，此时 (q_2,q_4) 已经被标记，所以标记 (q_1,q_3)；由于 (q_1,q_3) 的关联表上有状态对 (q_0,q_2)，它被算法的语句(5)递归标记，而 (q_0,q_2) 的关联表上没有状态对，所以，递归过程结束。

对 (q_1,q_5)，$\delta(q_1,0)=q_5$，$\delta(q_5,0)=q_1$，算法不做进一步考虑；$\delta(q_1,1)=q_2$，$\delta(q_5,1)=q_6$，此时 (q_2,q_6) 没有被标记，所以将 (q_1,q_5) 放在 (q_2,q_6) 的关联表上：$(q_2,q_6) \rightarrow (q_1,q_2) \rightarrow (q_1,q_5)$。

对 (q_1,q_6)，$\delta(q_1,0)=q_5$，$\delta(q_6,0)=q_7$，此时 (q_5,q_7) 没有被标记，所以将 (q_1,q_6) 放在 (q_5,q_7) 的关联表上：$(q_5,q_7) \rightarrow (q_1,q_6)$；$\delta(q_1,1)=q_2$，$\delta(q_6,1)=q_2$，算法不做进一步考虑。

对 (q_1,q_7)，$\delta(q_1,1)=q_2$，$\delta(q_7,1)=q_8$，此时 (q_2,q_8) 已经被标记，所以标记 (q_1,q_7)；由于 (q_1,q_7) 的关联表上有状态对 (q_0,q_6)，它被算法的语句(5)递归标记，而 (q_0,q_6) 的关联表上没有状态对，所以，递归过程结束。

对 (q_2,q_3)，$\delta(q_2,1)=q_6$，$\delta(q_3,1)=q_4$，此时 (q_4,q_6) 已经被标记，所以标记 (q_2,q_3)；由于 (q_2,q_3) 的关联表上没有状态对，算法的语句(5)不标记任何表项。

对 (q_2,q_5)，$\delta(q_2,0)=q_3$，$\delta(q_5,0)=q_1$，此时 (q_1,q_3) 已经被标记，所以标记 (q_2,q_5)；由于 (q_2,q_5) 的关联表上有状态对 (q_0,q_1) 和 (q_0,q_6)，其中，(q_0,q_6) 已经被算法标记，所以只

需要标记 (q_0, q_1)。

对 (q_2, q_6)，$\delta(q_2, 0) = q_3$，$\delta(q_6, 0) = q_7$，此时 (q_3, q_7) 没有被标记，所以将 (q_2, q_6) 放在 (q_3, q_7) 的关联表上：$(q_3, q_7) \rightarrow (q_2, q_6)$；$\delta(q_2, 1) = q_6$，$\delta(q_6, 1) = q_2$，算法不做进一步考虑。

对 (q_2, q_7)，$\delta(q_2, 1) = q_6$，$\delta(q_7, 1) = q_8$，此时 (q_6, q_8) 已经被标记，所以标记 (q_2, q_7)；由于 (q_2, q_7) 的关联表上没有状态对，所以算法不需要进一步处理。

对 (q_3, q_5)，$\delta(q_3, 1) = q_4$，$\delta(q_5, 1) = q_6$，此时 (q_4, q_6) 已经被标记，所以标记 (q_3, q_5)；由于 (q_3, q_5) 的关联表上有状态对 (q_1, q_2)，它被算法的语句(5)递归标记，而 (q_1, q_2) 的关联表上没有状态对，所以，递归过程结束。

对 (q_3, q_6)，$\delta(q_3, 1) = q_4$，$\delta(q_6, 1) = q_2$，此时 (q_2, q_4) 已经被标记，所以标记 (q_3, q_6)；由于 (q_3, q_6) 的关联表上没有状态对，所以递归过程结束。

对 (q_3, q_7)，$\delta(q_3, 0) = q_2$，$\delta(q_7, 0) = q_6$，此时 (q_2, q_6) 没有被标记，所以将 (q_3, q_7) 放在 (q_2, q_6) 的关联表上：$(q_2, q_6) \rightarrow (q_1, q_2) \rightarrow (q_1, q_5) \rightarrow (q_3, q_7)$；$\delta(q_3, 1) = q_4$，$\delta(q_7, 1) = q_8$，此时 (q_4, q_8) 没有被标记，所以将 (q_3, q_7) 放在 (q_4, q_8) 的关联表上：$(q_4, q_8) \rightarrow (q_3, q_7)$。

对 (q_4, q_8)，$\delta(q_4, 0) = q_8$，$\delta(q_8, 0) = q_4$，算法不做进一步考虑。$\delta(q_4, 1) = q_1$，$\delta(q_8, 1) = q_4$，此时 (q_1, q_4) 已被标记，所以标记 (q_4, q_8)，并递归地标记 (q_3, q_7)，(q_2, q_6)，(q_1, q_5)，在此过程中还遇到的 (q_0, q_1)，(q_1, q_2)，(q_3, q_7) 都已被标记过，所以不重复标记。

对 (q_5, q_6)，$\delta(q_5, 0) = q_1$，$\delta(q_6, 0) = q_7$，此时 (q_1, q_7) 已经被标记，所以标记 (q_5, q_6)；由于 (q_5, q_6) 的关联表上有状态对 (q_0, q_2)，(q_0, q_5)，其中 (q_0, q_2) 已经被算法标记，所以只需要标记 (q_0, q_5)。

对 (q_5, q_7)，$\delta(q_5, 1) = q_6$，$\delta(q_7, 1) = q_8$，此时 (q_6, q_8) 已经被标记，所以标记 (q_5, q_7)；递归地标记 (q_5, q_7) 的关联表上的状态对 (q_1, q_6)，而 (q_1, q_6) 的关联表上没有状态对，所以递归结束。

对 (q_6, q_7)，$\delta(q_6, 1) = q_2$，$\delta(q_7, 1) = q_8$，此时 (q_2, q_8) 已经被标记，所以标记 (q_6, q_7)；由于 (q_6, q_7) 的关联表为空，所以算法不需要进一步处理。算法到此结束。

该算法标记了所有的状态对。这表明，图 5-7 所给的 DFA 在去掉不可达状态后就是最小 DFA。

通过"执行"算法 5-1，可以看出，在有关细节上，还可以做一些技术处理，以进一步提高算法的执行效率。例如，在恰当的数据结构的支持下，对每一个涉及的状态对，可以让系统只保持一个副本，当标记了一个状态对之后，可以将它从其他状态对的关联表中"删除"，以免在后续的运行中重复考虑它的标记问题，甚至还可以省去相应的可区分状态表的存储。

5.4　关于正则语言的判定算法

本节考虑 RL 的一些判定算法。由于在讨论了有效算法的存在性之后，相应算法的设计和实现就比较容易了。所以，这里只讨论它们的存在性，具体的设计和实现请读者自行给出。

定理 5-10　设 DFA $M = (Q, \Sigma, \delta, q_0, F)$，$L = L(M)$ 非空的充分必要条件是：存在 $x \in \Sigma^*$，$|x| < |Q|$，$\delta(q_0, x) \in F$。

证明：充分性显然。

再证必要性。设 DFA $M=(Q,\Sigma,\delta,q_0,F)$，$L=L(M)$ 非空。因此，M 的状态转移图中必存在一条从开始状态 q_0 到某一个终止状态 q_f 的路，该路中不存在重复的状态。因此，此路中的状态数 $n\leqslant|Q|$。由图论相应的知识，此路的标记 x 的长度 $|x|\leqslant n-1$，而 $\delta(q_0,x)$ $\in F$。即 x 是 $L=L(M)$ 的长度小于 $|Q|$ 的句子。定理得到证明。

根据此定理，要判断任意 DFA M 所识别的语言是否为空，只用考查它是否接受长度小于 $|Q|$ 的句子就可以了。

定理 5-11 设 DFA $M=(Q,\Sigma,\delta,q_0,F)$，$L=L(M)$ 为无穷的充分必要条件是：存在 $x\in\Sigma^*$，$|Q|\leqslant|x|<2|Q|$，$\delta(q_0,x)\in F$。

证明：先证充分性。设 $x\in L(M)$，且 $|Q|\leqslant|x|<2|Q|$。由 RL 的泵引理，存在 u,v，w，$|v|\geqslant1$，使得对于任意 $i\geqslant0$，$uv^iw\in L(M)$ 恒成立。由 i 的无穷性，以及 $i\neq j$ 蕴含着 $uv^iw\neq uv^jw$，知 $L(M)$ 是无穷的。从而充分性得证。

再证必要性。设 $L(M)$ 是无穷的，所以，$L(M)$ 中必存在 x，$|x|\geqslant|Q|$。不妨假设 x 是 $L(M)$ 中长度大于或等于 $|Q|$ 的最短的句子。如果 $|x|<2|Q|$，则 x 就是所求。如果 $L(M)$ 中不存在长度大于或等于 $|Q|$，小于 $2|Q|$ 的句子，则必定有 $|x|\geqslant2|Q|$（从而，x 也是 $L(M)$ 中长度大于 $|Q|$ 的最短的句子）。此时，由 RL 的泵引理，存在 u,v,w，使得 $x=uvw$，而且 $|Q|\geqslant|v|>1$，并使得 $uv^0w=uw\in L(M)$。注意到 $|x|\geqslant2|Q|$，所以，$|uw|=|x|-|v|\geqslant2|Q|-|Q|=|Q|$。也就是说，$uw$ 是 $L(M)$ 中长度大于或等于 $|Q|$ 的但小于 $|x|$ 的句子，这与 x 是 $L(M)$ 中长度大于或等于 $|Q|$ 的最短句子矛盾。所以，$L(M)$ 中一定存在长度大于或等于 $|Q|$，小于 $2|Q|$ 的句子。从而必要性得证。

综上所述，定理得证。

根据此定理，要想判定 $L(M)$ 是否为无穷语言，只需看 M 是否接受长度从 $|Q|$ 到 $2|Q|-1$ 的字符串就可以了。

定理 5-12 设 DFA $M_1=(Q_1,\Sigma,\delta_1,q_{01},F_1)$，DFA $M_2=(Q_2,\Sigma,\delta_2,q_{02},F_2)$，则存在判定 M_1 与 M_2 是否等价的算法。

证明：根据推论 5-3，接受一个给定的 RL 的最小 DFA 在同构意义下是唯一的。可以使用算法 5-1 分别求出 M_1 和 M_2 各自的最小 DFA。很容易设计出一个算法，判定任意两个最小 DFA 是否同构。从而定理得证。

定理 5-10 和定理 5-11 表明，RL 是否为空、是否是无穷的问题是容易判定的。读者可以设计出各种不同的算法，解决一个 RL 是否为空、是否为无穷，两个 DFA 是否等价等问题。例如，关于 $L(M)$ 是否空的问题可以通过对 M 的状态转移图进行处理来解决：删除 M 中所有的不可达状态，如果图中仍然存在有终止状态，则 $L(M)$ 非空。同样地，进一步删除 M 中的那些不能到达终止状态的非终止状态，显然，如果图中仍然存在有回路，则 $L(M)$ 是无穷的。

最后，给出 RL 的"成员关系"的判定。

定理 5-13 设 L 是字母表 Σ 上的 RL，对任意 $x\in\Sigma^*$，存在判定 x 是不是 L 的句子的算法。

证明：由于 L 是 RL，所以存在 DFA M，使得 $L(M)=L$。所以，对任意 $x\in\Sigma^*$，实现 M 的算法可以判定 x 是不是 L 的句子。

5.5　小　　结

本章讨论了 RL 的性质,包括 RL 的泵引理,RL 关于并、乘积、闭包、补、交、正则代换、同态、逆同态等运算的封闭性。此外,讨论了 Myhill-Nerode 定理与 FA 的极小化。

(1) 泵引理。泵引理不能用来证明一个语言是 RL,而是采用反证法来证明一个语言不是 RL。

(2) RL 对有关运算的封闭性。RL 在并、乘、闭包、补、交、正则代换、同态映射等运算下是有效封闭的。RL 的同态原像是 RL。

(3) 设 $L_1, L_2 \subseteq \Sigma^*$,如果 L_1 是 RL,则 L_1/L_2 也是 RL。

(4) 如果 L 是 RL,则根据 R_L 确定的 Σ^* 的等价类可以构造出接受 L 的最小 DFA。更方便的方法是通过找出给定 DFA 的哪些状态可以合并来构造出等价的最小 DFA。

(5) 存在判定 $L(M)$ 是否非空、M_1 与 M_2 是否等价、$L(M)$ 是否无穷、x 是不是RL L 的句子的算法。

习　　题

1. 证明关于 RL 的扩充泵引理。

设 L 为一个 RL,则存在仅依赖于 L 的正整数 N。对于 $\forall z_1 z_2 z_3 \in L$,如果 $|z_2| = N$,则存在 u, v, w,满足:

(1) $z_2 = uvw$。

(2) $|v| \geqslant 1$。

(3) 对于任意整数 $i \geqslant 0, z_1 uv^i wz_3 \in L$。

(4) N 不大于接受 L 的最小 DFA M 的状态数。

2. 下列语言都是字母表 $\Sigma = \{0, 1\}$ 上的语言,它们哪些是 RL? 哪些不是 RL? 如果不是 RL,请证明你的结论;如果是 RL,请构造出它们的有穷描述(FA,RG 或者 RE)。

(1) $\{0^{2n} \mid n \geqslant 1\}$。

(2) $\{0^{n^2} \mid n \geqslant 1\}$。

(3) $\{0^n 1^m 0^n \mid n, m \geqslant 1\}$。

(4) $\{0^n 1^n 0^n \mid n \geqslant 1\}$。

(5) $\{x \mid x$ 中不含形如 110 的子串$\}$。

(6) $\{x \mid x$ 中没有连续的 0,也没有连续的 1$\}$。

(7) $\{x \mid x$ 中 0 的个数比 1 的个数恰多 5 个$\}$。

(8) $\{xwx^T \mid x, w \in \Sigma^+\}$。

(9) $\{xx^T w \mid x, w \in \Sigma^+\}$。

(10) $\{awa \mid a \in \Sigma, w \in \Sigma^+\}$。

(11) $\{x \mid x = x^T\}$。

(12) $\{xx \mid x \in \Sigma^+\}$。

3. 用 RL 的扩充泵引理证明语言 $\{0^n 1^m 0^m \mid n, m \geqslant 1\}$ 不是 RL。

4. 说明为什么只能用 RL 的泵引理证明一个语言不是 RL,而不能证明一个语言是 RL。

5. 设 $L = \{0^n 1^{2n} | n \geqslant 1\}$ 是 $\{0, 1\}$ 上的语言，求 R_L 的所有等价类。

6. 设字母表 $\{0, 1\}$ 上的语言 $L = \{x | x$ 中 1 的个数恰好是 0 的个数的 2 倍 $\}$，求 R_L 的所有等价类。

7. 用 Myhill-Nerode 定理证明本章第 2 题中各题的结论。

8. 判断下列命题，并证明你的结论。

(1) RL 的每一个子集都是 RL。

(2) 每一个 RL 都有一个正则的真子集。

(3) $L = \{x | x = x^T\}$ 是 Σ 上的正则语言。

9. 设 $L = \{x | x$ 中 0 的个数不等于 1 的个数 $\}$ 是字母表 $\{0, 1\}$ 上的语言，证明 L 不是 RL。

10. 证明：无穷多个 RL 的并不一定是 RL，即 RL 对"无穷的并运算"不封闭。

11. 设 DFA $M_1 = (Q_1, \Sigma_1, \delta_1, q_{01}, F_1)$，DFA $M_2 = (Q_2, \Sigma_2, \delta_2, q_{02}, F_2)$，请分别构造满足如下条件的 DFA M，并证明构造的正确性。

(1) $L(M) = L(M_1)\{a\}L(M_2)$，其中 $a \notin \Sigma$。

(2) $L(M) = L(M_1) \bigcap L(M_2)$。

(3) $L(M) = L(M_1) - L(M_2)$。

(4) $L(M) = L(M_1) \bigcup L(M_2)$。

12. 构造图 5-8 和图 5-9 的最小 DFA。

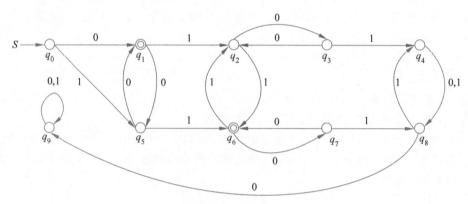

图 5-8　DFA M_1

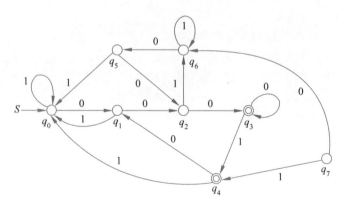

图 5-9　DFA M_2

13. 设计一个算法,该算法用于判定 DFA $M=(Q,\Sigma,\delta,q_0,F)$ 所接受的语言 $L(M)$ 是否为空。

14. 设计一个算法,该算法用于判定 DFA $M=(Q,\Sigma,\delta,q_0,F)$ 所接受的语言 $L(M)$ 是否为无穷。

15. 设计一个算法,该算法用于判定最小 DFA $M_1=(Q_1,\Sigma,\delta_1,q_{01},F_1)$,DFA $M_2=(Q_2,\Sigma,\delta_2,q_{02},F_2)$ 是否等价。

16. 构造一个 DFA M,$L(M)=\{x000y \mid x,y\in\{0,1\}^*\}$,并且 M 中存在两个不同的状态 q 和 p,满足 $[q]=[p]$。

第 6 章

上下文无关语言

从前面几章的讨论中了解到,正则文法所具有的描述能力是有限的。例如,在计算机高级程序设计语言的翻译中,正则文法只能对语言中组成单词的规则进行描述。通常称其为"词法"。也就是说,正则文法解决的是像标识符如何组成、整数如何组成、实数如何组成等问题。对于表达式、语句等更复杂的结构来说,正则文法就失去了描述能力。例如,在一般的算术表达式中,要求左括号与右括号是"配对"的,而正则文法不能表达这个"简单"的约束。事实上,不妨先忽略掉算术表达式中的其他部分,只留下"("和")"。这样,就可以用如下文法生成满足实际表达式要求的"良嵌套的"括号对序列。

$$G_{bra}: S \to S(S) \mid \varepsilon$$

考查该文法产生的如下形式的字符串,它们对应于一类简单嵌套的算术表达式:

$$(n_1)n_1(n_2)n_2 \cdots (n_h)n_h$$

用"0"表示"(",用"1"表示")",则可得到下列已经在前面几章中所熟悉的字符串形式:

$$0^{n_1}1^{n_1}0^{n_2}1^{n_2} \cdots 0^{n_h}1^{n_h}$$

根据正则语言的泵引理容易证明,$L(G_{bra})$ 不是正则语言。经验表明,高级程序设计语言的绝大多数语法结构都可以用上下文无关文法(CFG)描述。因此,高级程序设计语言的规范说明及其编译是 CFG 的一个重要应用领域。用来描述高级程序设计语言的 **BNF** 就是 CFG 的一种特殊形式。CFG 的这种表达能力,以及计算机系统对于处理 CFG 的适应性,使得 CFG 和相应的上下文无关语言(CFL)在计算机的各种相关语言的处理、相关理论的研究中占有非常重要的地位。

6.1　上下文无关文法

按照 2.4 节所叙述的乔姆斯基体系定义的语言分类,如果存在一个 CFG G,使得 $L=L(G)$,则称语言 L 为上下文无关语言(CFL)。下面,先讨论文法和语言的派生。

根据定义 2-6,在 CFG 中,对于 $\forall \alpha \to \beta \in P$,均有 $\alpha \in V$ 成立。也就是说,对于 $\forall A \in V$,如果 $A \to \beta \in P$,则无论 A 出现在句型的任何位置,都可以将 A 替换成 β,而不考虑 A 的上下文。例如,设文法

$$
\begin{aligned}
G: S &\to AB \\
A &\to aA \mid a \\
B &\to bB \mid b
\end{aligned}
$$

虽然 $L(G)$ 中含有形如 $a^n b^n (n \geqslant 1)$ 的句子,但是,文法并没有要求 a 和 b 必须按照这种形式出现。实际上,对于任意 $n \neq m$,也有 $a^n b^m \in L(G)$。也就是说,A 产生的 a 的个数并不受到 B 产生的 b 的个数的限制。所以

$$L(G) = \{a^n b^m \mid n, m \geqslant 1\}$$

由于这种文法的语法变量在变换时不用考虑上下文,所以,它们对应的语言的分析(派生或者归约)相对来说就比较简单。目前,大多数高级程序设计语言的绝大多数语法特征都是上下文无关的,这使得这些语言的翻译系统比较容易实现。而自然语言的很多语言特征都不具有这种上下文无关的特性,而且除此之外,还有着与上下文有关的更复杂语义问题,所以处理起来要困难得多。

6.1.1 上下文无关文法的派生树

给定算术表达式的文法:

$$
\begin{aligned}
G_{\text{exp1}}: & \; E \rightarrow E + T \mid E - T \mid T \\
& \; T \rightarrow T * F \mid T/F \mid F \\
& \; F \rightarrow F \uparrow P \mid P \\
& \; P \rightarrow (E) \mid N(L) \mid \text{id} \\
& \; N \rightarrow \sin \mid \cos \mid \exp \mid \text{abs} \mid \log \mid \text{int} \\
& \; L \rightarrow L, E \mid E
\end{aligned}
$$

其中,id 表示基本的运算对象,它可以是一个表示变量的标识符,也可以是一个常数。向上箭头"$\uparrow$"表示幂运算,有时用双星号"$**$"表示。根据文法 G_{exp1},一个算术表达式可能有不同的派生和归约。例如,算术表达式 $x + x/y \uparrow 2$ 就有多个不同的派生。图 6-1 给出了其中的 3 个不同派生。但是,这些不同的派生都表明,该表达式中的任何一个有意义的部分,都对应于语法变量的"同一个出现"。也就是说,这些派生只是对派生中产生的句型中的语法变量的替换顺序不同而已。如果把不同派生中用到的替换分别组成集合,这些集合是相等的。这表明,这些派生所"确认"的算术表达式 $x + x/y \uparrow 2$ 的结构是相同的。反过来,按照某一个给定的文法,一个句子的派生并不是唯一的,即一个句子可以对应多个派生。

$E \Rightarrow E + T$	$E \Rightarrow E + T$	$E \Rightarrow E + T$
$\Rightarrow T + T$	$\Rightarrow E + T/F$	$\Rightarrow T + T$
$\Rightarrow F + T$	$\Rightarrow E + T/F \uparrow P$	$\Rightarrow T + T/F$
$\Rightarrow P + T$	$\Rightarrow E + T/F \uparrow 2$	$\Rightarrow F + T/F$
$\Rightarrow x + T$	$\Rightarrow E + T/P \uparrow 2$	$\Rightarrow F + T/F \uparrow P$
$\Rightarrow x + T/F$	$\Rightarrow E + T/y \uparrow 2$	$\Rightarrow P + T/F \uparrow P$
$\Rightarrow x + F/F$	$\Rightarrow E + F/y \uparrow 2$	$\Rightarrow x + T/F \uparrow P$
$\Rightarrow x + P/F$	$\Rightarrow E + P/y \uparrow 2$	$\Rightarrow x + F/F \uparrow P$
$\Rightarrow x + x/F$	$\Rightarrow E + x/y \uparrow 2$	$\Rightarrow x + F/F \uparrow 2$
$\Rightarrow x + x/F \uparrow P$	$\Rightarrow T + x/y \uparrow 2$	$\Rightarrow x + F/P \uparrow 2$
$\Rightarrow x + x/P \uparrow P$	$\Rightarrow F + x/y \uparrow 2$	$\Rightarrow x + P/P \uparrow 2$
$\Rightarrow x + x/y \uparrow P$	$\Rightarrow P + x/y \uparrow 2$	$\Rightarrow x + P/y \uparrow 2$
$\Rightarrow x + x/y \uparrow 2$	$\Rightarrow x + x/y \uparrow 2$	$\Rightarrow x + x/y \uparrow 2$
(a)	(b)	(c)

图 6-1 算术表达式 $x + x/y \uparrow 2$ 的不同派生

　　显然,对这些派生的分析是比较烦琐的。为了能更清楚、直观地表达出句子的结构,这里略去派生中所有替换的顺序,而只保留所感兴趣的内容——替换。为此,可以用图 6-2 的树结构来表示这种对应关系。

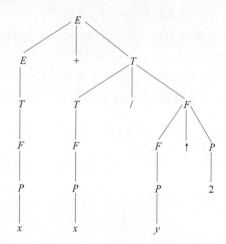

图 6-2　文法 G_{expl} 的句子 $x+x/y\uparrow 2$ 的派生树

　　由于对一个输入串进行分析的目的就是要找出它的结构,从此角度讲,在表示句子的文法结构的问题上,派生不如树形式的表示更为清楚。这种树结构的形式称为文法 G_{expl} 的一棵派生树。一般地,CFG 的派生树定义如下。

　　定义 6-1　设有 CFG $G=(V,T,P,S)$,G 的派生树(derivation tree)是满足如下条件的(有序)树(ordered tree):

　　(1) 树的每个顶点有一个标记 X,且 $X\in V\cup T\cup\{\varepsilon\}$。

　　(2) 树根的标记为 S。

　　(3) 如果一个非叶子顶点 v 标记为 A,v 的儿子从左到右依次为 $v_1,v_2,\cdots,v_n$,并且它们分别标记为 $X_1,X_2,\cdots,X_n$,则 $A\rightarrow X_1X_2\cdots X_n\in P$。

　　(4) 如果 X 是一个非叶子顶点的标记,则 $X\in V$。

　　(5) 如果一个顶点 v 标记为 ε,则 v 是该树的叶子,并且 v 是其父顶点的唯一儿子。

　　派生树也称为生成树(derivation tree)、分析树(parse tree)、语法树(syntax tree)。按照这个定义,读者不难给出文法的一些派生树。注意,这里定义的是 CFG 的派生树,显然,这种表达形式只适应于这种类型的文法。对于非 CFG,这种定义是无法适应的。所以,今后所讲的派生树,都是 CFG 的派生树。因此,可以省去“上下文无关文法的”这个限定词。

　　定义 6-2　设有文法 G 的一棵派生树 T,v_1 和 v_2 是 T 的两个不同的顶点,如果存在顶点 v,v 至少有两个儿子,使得 v_1 是 v 的较左儿子的后代,v_2 是 v 的较右儿子的后代,则称顶点 v_1 在顶点 v_2 的左边,顶点 v_2 在顶点 v_1 的右边。

　　定义 6-3　设有文法 G 的一棵派生树 T,T 的所有叶子顶点从左到右依次标记为 X_1,$X_2,\cdots,X_n$,则称符号串 $X_1X_2\cdots X_n$ 是 T 的结果(yield)。

　　根据这个定义,一个文法可以有多棵派生树,它们可以有不同的结果。所以,为了明确起见,对于任意一个 CFG G,可以称“G 的结果为 α 的派生树”为 G 的对应于句型 α 的派生树,简称为句型 α 的派生树。

定义 6-4　满足定义 6-1 中除了第(2)条以外各条的树称为派生子树(derivation subtree)。如果这个子树的根标记为 A,则称之为 A 子树。

定理 6-1　设 CFG $G=(V,T,P,S)$,$S\overset{*}{\Rightarrow}\alpha$ 的充分必要条件为 G 有一棵结果为 α 的派生树。

证明:为了证明方便,参考图 6-3,先证一个更为一般的结论:对于任意 $A\in V$,$A\overset{*}{\Rightarrow}\alpha$ 的充分必要条件为 G 有一棵结果为 α 的 A 子树。

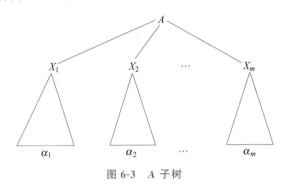

图 6-3　A 子树

充分性。设 G 有一棵结果为 α 的 A 子树,对这棵 A 子树的非叶子顶点的个数 n 施归纳,证明 $A\overset{*}{\Rightarrow}\alpha$ 成立。

当 $n=0$ 时,结论显然成立。当 $n=1$ 时,该 A 子树是一个二级子树。假设此树的叶子顶点的标记从左到右依次为 $X_1,X_2,\cdots,X_m$,由定义 6-1 的第(3)条,必有 $A\rightarrow X_1X_2\cdots X_m\in P$。注意到该子树的结果为 α,所以,$X_1X_2\cdots X_m=\alpha$,故 $A\overset{*}{\Rightarrow}\alpha$,即结论对 $n=1$ 成立。

设 $n\leqslant k(k\geqslant1)$ 时结论成立,往证当 $n=k+1$ 时结论成立。设 A 子树有 $k+1$ 个非叶子顶点,根顶点 A 的儿子从左到右依次为 $v_1,v_2,\cdots,v_m$,并且它们分别标记为 $X_1,X_2,\cdots,X_m$,由定义 6-1 的第(3)条,必有 $A\rightarrow X_1X_2\cdots X_m\in P$。设分别以 $X_1,X_2,\cdots,X_m$ 为根的子树的结果依次为 $\alpha_1,\alpha_2,\cdots,\alpha_m$,其中,当 X_i 为一个叶子的标记时,取 $\alpha_i=X_i$。显然分别以 $X_1,X_2,\cdots,X_m$ 为根的子树的非叶子顶点的个数均不大于 k,由归纳假设:

$$X_1\overset{*}{\Rightarrow}\alpha_1$$
$$X_2\overset{*}{\Rightarrow}\alpha_2$$
$$\vdots$$
$$X_m\overset{*}{\Rightarrow}\alpha_m$$

且

$$\alpha=\alpha_1\alpha_2\cdots\alpha_m$$

从而

$$A\Rightarrow X_1X_2\cdots X_m$$
$$\overset{*}{\Rightarrow}\alpha_1X_2\cdots X_m$$
$$\overset{*}{\Rightarrow}\alpha_1\alpha_2\cdots X_m$$
$$\vdots$$

$$\overset{*}{\Rightarrow}\alpha_1\alpha_2\cdots\alpha_m$$

即结论对 $n=k+1$ 成立。由归纳法原理,结论对任意的 n 成立。

必要性。设 $A\overset{*}{\Rightarrow}\alpha$,现施归纳于派生步数 n,证明存在结果为 α 的 A 子树。

当 $n=0$ 时,结论显然成立。当 $n=1$ 时,由 $A\Rightarrow\alpha$ 知 $A\to\alpha\in P$。令 $\alpha=X_1X_2\cdots X_m$,则有图 6-4 所示的 A 子树。所以,结论对 $n=1$ 成立。

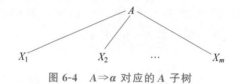

图 6-4 $A\Rightarrow\alpha$ 对应的 A 子树

设 $n\leqslant k(k\geqslant1)$ 时结论成立,往证当 $n=k+1$ 时结论也成立。令 $A\overset{k+1}{\Rightarrow}\alpha$,则有

$$A\Rightarrow X_1X_2\cdots X_m$$
$$\overset{*}{\Rightarrow}\alpha_1 X_2\cdots X_m$$
$$\overset{*}{\Rightarrow}\alpha_1\alpha_2\cdots X_m$$
$$\vdots$$
$$\overset{*}{\Rightarrow}\alpha_1\alpha_2\cdots\alpha_m$$

其中,对于任意 $i,1\leqslant i\leqslant m,X_i\overset{*}{\Rightarrow}\alpha_i$。当 $X_i=\alpha_i$ 时,X_i 是一个"只有一个顶点的 X_i 子树",X_i 所标记的顶点既是叶子又是根;当 $X_i\overset{*}{\Rightarrow}\alpha_i$,所用的步数 $n_i\geqslant1$ 时,必有 $n_i\leqslant k$,由归纳假设,存在以 α_i 为结果的 X_i 子树。即对于任意 $i,1\leqslant i\leqslant m$,对应于 $X_i\overset{*}{\Rightarrow}\alpha_i$,存在以 α_i 为结果的 X_i 子树。由于 $A\Rightarrow X_1X_2\cdots X_m$,所以,$A\to X_1X_2\cdots X_m\in P$,从而可以得到图 6-3 所示的 A 子树的上半部分,然后再将所有的 X_i 子树对应地接在 X_i 所标识的顶点上,就可以得到图 6-3 所示的树。显然,该树的结果为 α。所以,结论对 $n=k+1$ 成立。由归纳法原理,结论对任意的 n 成立。

综上所述,对于任意 $A\in V,A\overset{*}{\Rightarrow}\alpha$ 的充分必要条件为 G 有一棵结果为 α 的 A 子树。由于 $S\in V$,所以结论对 S 成立,从而定理得证。

例 6-1 设 $G_{bra}:S\to S(S)|\varepsilon,(()(()))$ 和 $(S)((S))$ 的派生树如图 6-5 所示。

由此例可以看出,派生树的结果可以是句子,也可以是句型。实际上,在定义 6-1 中,并没有要求派生树的叶子顶点的标记为文法的终结符号。

另外,定义 6-1 的第(5)条的意义在于避免一棵派生树中出现不必要的标记为 ε 的顶点。例如,如果没有这一条限制,对文法 G_{exp1} 产生的语言的句子 $x+x/y\uparrow2$,可以构造出无穷多个"派生树"。图 6-6 就是其中之一。显然,这种类型的"派生树"中标记为 ε 的顶点不仅对树的结果没有贡献,而且使得该树变得非常复杂。这种复杂化只能给分析句型增加额外的负担。

定义 6-5 设有 CFG $G=(V,T,P,S),\alpha$ 是 G 的一个句型。如果在 α 的派生过程中,每一步都是对当前句型的最左变量进行替换,则称该派生为最左派生(leftmost derivation),每一步所得到的句型也可称为左句型(left sentential form),相应的归约称为最右归约(rightmost reduction);如果在 α 的派生过程中,每一步都是对当前句型的最右变量

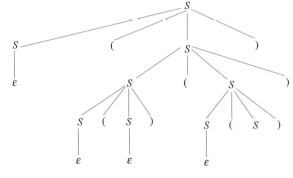

(a) (()(())) 对应的派生树

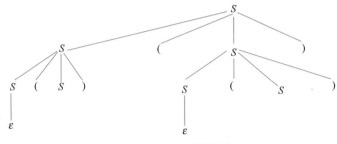

(b) (S)((S)) 对应的派生树

图 6-5　派生树举例

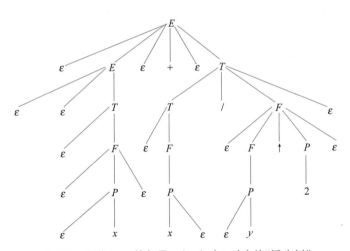

图 6-6　文法 G_{exp1} 的句子 $x+x/y\uparrow 2$ 对应的"派生树"

进行替换，则称该派生为**最右派生**(rightmost derivation)，每一步所得到的句型也可称为**右句型**(right sentential form)，相应的归约称为**最左归约**(leftmost reduction)。

在图 6-1 所给出的句子 $x+x/y\uparrow 2$ 的 3 种派生中，图 6-1(a)为最左派生，图 6-1(b)为最右派生，图 6-1(c)既不是最左派生也不是最右派生。

一般地，由于计算机系统在处理一个输入串时，通常都是从左至右进行的，这使得对句型的分析按照从左到右的顺序进行是比较自然的。所以，最右派生还称为**规范派生**

(normal derivation),规范派生产生的句型称为规范句型(normal sentential form),相应的归约称为规范归约(normal reduction)。

定理 6-2　如果 α 是 CFG G 的一个句型,则 G 中存在 α 的最左派生和最右派生。

证明:现在对派生的步数 n 施归纳,证明对于任意 $A \in V$,如果 $A \overset{n}{\Rightarrow} \alpha$,则在 G 中存在对应的从 A 到 α 的最左派生: $A \overset{n左}{\Rightarrow} \alpha$。

当 $n=1$ 时,$A \Rightarrow \alpha$ 就是最左派生: $A \overset{左}{\Rightarrow} \alpha$。所以,结论成立。设 $n \leqslant k$ 时结论成立, 令 $A \overset{k+1}{\Rightarrow} \alpha$,则有

$$A \Rightarrow X_1 X_2 \cdots X_m$$
$$\overset{*}{\Rightarrow} \alpha_1 X_2 \cdots X_m$$
$$\overset{*}{\Rightarrow} \alpha_1 \alpha_2 \cdots X_m$$
$$\vdots$$
$$\overset{*}{\Rightarrow} \alpha_1 \alpha_2 \cdots \alpha_m$$

其中,$\alpha = \alpha_1 \alpha_2 \cdots \alpha_m$。对于任意 i,$1 \leqslant i \leqslant m$,$X_i \overset{*}{\Rightarrow} \alpha_i$。当 $X_i = \alpha_i$ 时,X_i 是由 A 开始的第一步派生得到的,所以,为了描述的统一起见,不妨认为,$X_i \overset{0}{\Rightarrow} \alpha_i$ 成立时,有 $X_i \overset{*左}{\Rightarrow} \alpha_i$ 成立;当 $X_i \neq \alpha_i$ 时,注意到 $X_i \overset{*}{\Rightarrow} \alpha_i$,所用的步数 $n_i \leqslant k$,由归纳假设,存在与之对应的 X_i 到 α_i 的最左派生: $X_i \overset{*左}{\Rightarrow} \alpha_i$。从而

$$A \overset{左}{\Rightarrow} X_1 X_2 \cdots X_m$$
$$\overset{*左}{\Rightarrow} \alpha_1 X_2 \cdots X_m$$
$$\overset{*左}{\Rightarrow} \alpha_1 \alpha_2 \cdots X_m$$
$$\vdots$$
$$\overset{*左}{\Rightarrow} \alpha_1 \alpha_2 \cdots \alpha_m$$

所以,结论对 $n = k+1$ 成立。由归纳法原理,结论对任意的 n 成立。

设 α 是 CFG $G = (V, T, P, S)$ 的一个句型。由句型的定义,$S \overset{*}{\Rightarrow} \alpha$。由于 S 是 V 中的一个元素,由上述证明,$S \overset{n左}{\Rightarrow} \alpha$。

同理可证,句型 α 有最右派生。定理得证。

用反证法并参考图 6-1 与图 6-2,读者不难证明下列结论。

定理 6-3　如果 α 是 CFG G 的一个句型,α 的派生树与最左派生和最右派生是一一对应的,但是,这棵派生树可以对应多个不同的派生。

6.1.2　二义性

定理 6-3 指出了派生树与最左派生和最右派生的一一对应关系,那么,句型和派生树又有什么样的关系呢?

考查文法

$$G_{exp2}: E \to E + E \mid E - E \mid E / E \mid E * E \mid E \uparrow E \mid (E) \mid N(L) \mid id$$
$$N \to \sin \mid \cos \mid \exp \mid abs \mid \log \mid int$$

$$L \rightarrow L , E \mid E$$

$x+x/y \uparrow 2$ 是该文法的一个句子,图 6-7 给出了该句子关于文法 $G_{\exp2}$ 的 3 个不同的最左派生。显然,这 3 个不同的最左派生所表达出的句子 $x+x/y \uparrow 2$ 的"意思"是不相同的:在派生(a)中,$x+x/y \uparrow 2$ 中的第一个 x 是由句型 $E+E$ 中的第一个 E 派生出来的,$x/y \uparrow 2$ 则是由该句型中的第二个 E 派生出来的,句子表达的意义是 x 加上 $x/y \uparrow 2$;进一步地,$x/y \uparrow 2$ 中的 x 是由句型 $x+E/E$ 中的第一个 E 产生的,而 $y \uparrow 2$ 则是由句型 $x+E/E$ 中的第二个 E 产生的,因此 $x/y \uparrow 2$ 表示 x 除以 y 的平方($y \uparrow 2$)。在派生(b)中,句型 E/E 中的第一个 E 生成了 $x+x$,第二个 E 生成了 $y \uparrow 2$,所以,这个派生所表达的句子 $x+x/y \uparrow 2$ 的意思却是 $x+x$ 除以 $y \uparrow 2$。通过类似的分析可以发现,派生(c)所表达的句子 $x+x/y \uparrow 2$ 的意思是 $x+x$ 除以 y 所得的商的平方,也就是 $((x+x)/y) \uparrow 2$。它们所对应的派生树分别如图 6-8 中的(a),(b),(c)所示。

$$
\begin{array}{ccc}
E \Rightarrow E+E & E \Rightarrow E/E & E \Rightarrow E \uparrow E \\
\Rightarrow x+E & \Rightarrow E+E/E & \Rightarrow E/E \uparrow E \\
\Rightarrow x+E/E & \Rightarrow x+E/E & \Rightarrow E+E/E \uparrow E \\
\Rightarrow x+x/E & \Rightarrow x+x/E & \Rightarrow x+E/E \uparrow E \\
\Rightarrow x+x/E \uparrow E & \Rightarrow x+x/E \uparrow E & \Rightarrow x+x/E \uparrow E \\
\Rightarrow x+x/y \uparrow E & \Rightarrow x+x/y \uparrow E & \Rightarrow x+x/y \uparrow E \\
\Rightarrow x+x/y \uparrow 2 & \Rightarrow x+x/y \uparrow 2 & \Rightarrow x+x/y \uparrow 2 \\
(a) & (b) & (c)
\end{array}
$$

图 6-7 句子 $x+x/y \uparrow 2$ 关于文法 $G_{\exp2}$ 的 3 个不同的最左派生

实际上,读者还可以找出文法 $G_{\exp2}$ 派生出的句子 $x+x/y \uparrow 2$ 对应的其他的不同派生树。按照这里的分析,不同的最左派生(派生树)表达出句子(句型)的不同含义。这就是说,按照所给的文法 $G_{\exp2}$,句子 $x+x/y \uparrow 2$ 有多种不同的意义。显然,一般在利用文法定义语言,或者对语言进行分析时,是不希望这种情况发生的。句子的多义性会带来许多麻烦。可用如下定义描述这种现象。

定义 6-6 设有 CFG $G=(V,T,P,S)$,如果存在 $w \in L(G)$,w 至少有两棵不同的派生树,则称 G 是二义性的(ambiguity);否则,称 G 为非二义性的。

上面所给的文法 $G_{\exp2}$ 是二义性的,而文法 $G_{\exp1}$ 派生出的句子 $x+x/y \uparrow 2$ 对应的派生树是唯一的。实际上,对于任意 $w \in L(G_{\exp1})$,$G_{\exp1}$ 派生出的句子 w 对应的派生树都是唯一的。也就是说,$G_{\exp1}$ 是无二义性的。然而 $G_{\exp1}$ 和 $G_{\exp2}$ 是等价的:

$$L(G_{\exp1}) = L(G_{\exp2})$$

这表明,对于一个语言,在产生它的众多文法中,有的可能是二义性的,有的则可能是非二义性的。没有一个一般的方法来证明一个文法是不是二义性的。也就是说,判定任给 CFG G 是否为二义性的问题是一个不可解的(unsolvable)问题。

例 6-2 下列是描述高级程序设计语言的 if 语句的不同文法,其中,G_{ifa} 是二义性的,G_{ifm} 和 G_{ifh} 是为了消除 G_{ifa} 的二义性而对其进行改造的结果。实际上,这里的问题是 else 与哪一个 if 匹配的问题。在 G_{ifm} 和 G_{ifh} 中都规定了"就近匹配"的原则。

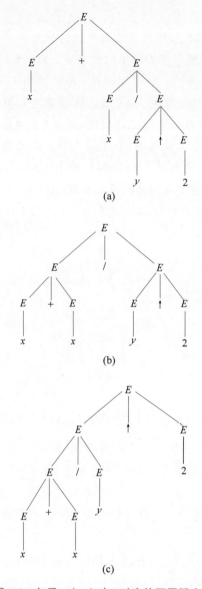

图 6-8　句子 $x+x/y\uparrow2$ 对应的不同派生树

G_{ifa}：$S{\to}\mathrm{if}\ E\ \mathrm{then}\ S\ \mathrm{else}\ S\ \mid\ \mathrm{if}\ E\ \mathrm{then}\ S$

G_{ifm}：$S{\to}U\mid M$

　　　$U{\to}\mathrm{if}\ E\ \mathrm{then}\ S$

　　　$U{\to}\mathrm{if}\ E\ \mathrm{then}\ M\ \mathrm{else}\ U$

　　　$M{\to}\mathrm{if}\ E\ \mathrm{then}\ M\ \mathrm{else}\ M\mid S$

G_{ifh}：$S{\to}TS\mid CS$

　　　$C{\to}\mathrm{if}\ E\ \mathrm{then}$

　　　$T{\to}CS\ \mathrm{else}$

　　在文法 G_{ifm} 中，M 表示一个匹配的 if 语句（即含 else），U 表示一个非匹配的 if 语句（即不含 else），该文法除了迫使 then 和 else 之间必须有一个匹配的语句之外，还需要执行最长匹配原则才能完全地消除二义性。另外,也可以要求它的 M 产生式的第二个候选式 S 表示赋值语句、循环语句等非 if 语句,以此来避免一个 U 被归约成 M。对文法 G_{ifh},也要求在分析中增加最长匹配原则才能完全地消除二义性。也就是说,文法 G_{ifm} 和 G_{ifh} 都没有完全消除二义性(请读者考虑这两个文法的二义性问题)。要想彻底地消除二义性,还需要使用其他的一些限制,如这里提到的"最长匹配原则"和"M 的第二个候选式 S 是非 if 语句"等文法本身并未表达出来的限制。

解决二义性文法的方法还有一些,例如,给匹配确定优先级、增加标志等。

现在的问题是,是否所有的语言都有对应的非二义性文法呢?

例 6-3　设 $L_{ambiguity} = \{0^n 1^n 2^m 3^m \mid n, m \geq 1\} \bigcup \{0^n 1^m 2^m 3^n \mid n, m \geq 1\}$。

可以用如下文法产生语言 $L_{ambiguity}$:

$$G: S \to AB \mid 0C3$$
$$A \to 01 \mid 0A1$$
$$B \to 23 \mid 2B3$$
$$C \to 0C3 \mid 12 \mid 1D2$$
$$D \to 12 \mid 1D2$$

不难找到句子 00112233 的如下两个不同的最左派生:

$$S \Rightarrow AB$$
$$\Rightarrow 0A1B$$
$$\Rightarrow 0011B$$
$$\Rightarrow 00112B3$$
$$\Rightarrow 00112233$$
$$S \Rightarrow 0C3$$
$$\Rightarrow 00C33$$
$$\Rightarrow 001D233$$
$$\Rightarrow 00112233$$

读者很容易画出这两个最左派生对应的不同派生树,因此,G 是二义性的。实际上,对于 $L_{ambiguity}$ 中形如 $0^n 1^n 2^n 3^n (n \geq 1)$ 的句子,都有不同的派生树存在。可以证明,语言 $L_{ambiguity}$ 不存在非二义性的文法。

定义 6-7　如果语言 L 不存在非二义性文法,则称 L 是固有二义性的(inherent ambiguity),又称 L 是先天二义性的。

定义 6-6 和定义 6-7 表明,文法可以是二义性的,语言可以是固有二义性的。一般地,不说文法是固有二义性的,也不说语言是二义性的。

6.1.3　自顶向下的分析和自底向上的分析

对于一个给定的文法,要想判定一个符号串是否为该文法的句子,需要考查是否可以从该文法的开始符号派生出此符号串。注意到归约是派生的逆过程,也可以考查这个符号串是否可以归约成文法的开始符号。第一种分析方法称为自顶向下的分析方法,第二种分析方法称为自底向上的分析方法。

例如,给定文法如下:

$$S \to aAb \mid bBa$$

$$A \rightarrow aAb \mid bBa$$
$$B \rightarrow d$$

判断 *aabdabb* 是否为该文法的句子。按照自顶向下的分析思路,需要寻找该句子的一个派生:

$$S \Rightarrow aAb \Rightarrow aaAbb \Rightarrow aabBabb \Rightarrow aabdabb$$

这个派生过程对应于相应的派生树从根到叶子的生长过程。如图 6-9 所示,从图 6-9(a)开始,依次"长成"图 6-9(b)、图 6-9(c)、图 6-9(d)、图 6-9(e)所示的派生树。

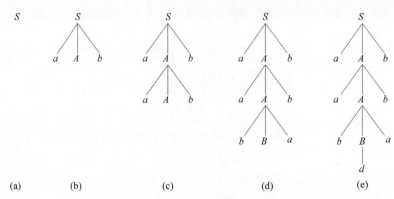

图 6-9   *aabdabb* 的派生树的自顶向下的"生长"过程

自底向上的分析对应于归约过程:

$$aabdabb \Leftarrow aabBabb \Leftarrow aaAbb \Leftarrow aAb \Leftarrow S$$

这个过程对应的派生树的形成过程如图 6-10 所示,从图 6-10(a)开始,依次"长成"图 6-10(b)、图 6-10(c)、图 6-10(d)所示的派生树。

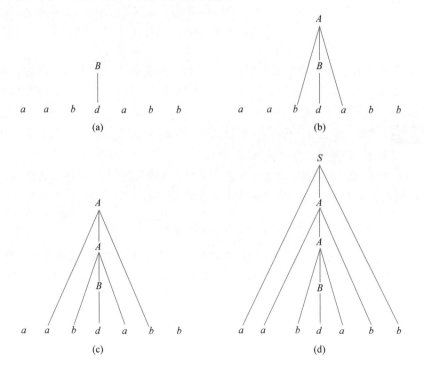

图 6-10   *aabdabb* 的派生树的自底向上的"生长"过程

在句子的自顶向下分析和自底向上分析过程中，会遇到一系列的问题，采用不同的处理办法将会对应不同的具体方法。例如，递归子程序法、预测分析法、算符优先分析法、LR分析法等。由于这些具体的方法不在本书的讨论范围内，所以在这里不做进一步的介绍。

6.2 上下文无关文法的化简

在构造文法的过程中，有时因为某种原因，文法中出现的符号以及所用的产生式并不一定是恰当的。例如，从文法

$$G_1: S \rightarrow 0 \mid 0A \mid E$$
$$A \rightarrow \varepsilon \mid 0A \mid 1A \mid B$$
$$B \rightarrow \_C$$
$$C \rightarrow 0 \mid 1 \mid 0C \mid 1C$$
$$D \rightarrow 1 \mid 1D \mid 2D$$
$$E \rightarrow 0E2 \mid E02$$

定义的语言

$$L(G_1) = \{0x \mid x \in \{0,1\}^*\} \bigcup \{0x\_y \mid x \in \{0,1\}^*, y \in \{0,1\}^+\}$$

中不难看出，文法中的终极符号"2"未出现在 $L(G_1)$ 的任何句子中。所以，"2"实际上对语言是没有贡献的，也就是"无用的"。由于"2"是无用的，进而想到文法中所有含"2"的产生式应该都是"无用的"。另外，$L(G_1)$ 的句子都是从 S 出发派生出来的，而在任何句子的派生过程中，D 都不会出现。也就是说，D 不在 G 的任何句型中出现。所以，D 是"无用的"，从而文法中所有含有 D 的产生式都是"无用的"。再看文法中有关 E 的所有产生式，这些产生式的右部都含有 E，因此，在派生过程中，一旦 E 出现在句型中，它就永远不会从句型中消失，这使得句型永远不能变成句子。所以，有关 E 和含有 E 的所有产生式都是"无用的"。去掉这些"无用的东西"之后，文法就变成了如下的形式：

$$G_2: S \rightarrow 0 \mid 0A$$
$$A \rightarrow \varepsilon \mid 0A \mid 1A \mid B$$
$$B \rightarrow \_C$$
$$C \rightarrow 0 \mid 1 \mid 0C \mid 1C$$

由于 $\varepsilon \notin L(G_1)$，所以，产生式 $A \rightarrow \varepsilon$ 也应该是可以去掉的。从而又有

$$G_3: S \rightarrow 0 \mid 0A$$
$$A \rightarrow 0 \mid 1 \mid 0A \mid 1A \mid B$$
$$B \rightarrow \_C$$
$$C \rightarrow 0 \mid 1 \mid 0C \mid 1C$$

注意，在将 $A \rightarrow \varepsilon$ 从 G_2 中删除而获得等价的文法 G_3 时，并不是简单地删除 $A \rightarrow \varepsilon$，而是在删除 $A \rightarrow \varepsilon$ 的同时，加进了 $A \rightarrow 0 \mid 1$。实际上，还同时需要加进 $S \rightarrow 0$，只不过 G_2 中原来就含有该产生式罢了。此外，在句子的派生过程中，产生式 $A \rightarrow B$ 仅仅是将一个变量变成另一个变量，所以，也需要将其去掉。当然，在删除该产生式时，需要加进产生式 $A \rightarrow \_C$。这样得到如下形式的文法：

$$G_4: S \rightarrow 0 \mid 0A$$

$$A \rightarrow 0 \mid 1 \mid 0A \mid 1A \mid \_C$$
$$C \rightarrow 0 \mid 1 \mid 0C \mid 1C$$

这里有

$$L(G_1) = L(G_2) = L(G_3) = L(G_4)$$

显然,其中 G_4 是最简单的。本节将讨论如何进行这些化简工作。

6.2.1　去无用符号

按照上面所述,文法 $G = (V, T, P, S)$ 中的不在任何句子的派生中出现的符号都是无用的。形式地,有如下定义。

定义 6-8　设有 CFG $G = (V, T, P, S)$。对于任意的 $X \in V \cup T$,如果存在 $w \in L(G)$,X 出现在 w 的派生过程中,即存在 $\alpha, \beta \in (V \cup T)^*$,使得

$$S \overset{*}{\Rightarrow} \alpha X \beta \overset{*}{\Rightarrow} w$$

则称 X 是有用的;否则,称 X 是无用符号(useless symbol)。

根据此定义,可以看出,对于 G 的任意符号 X,

(1) X 既可能是有用的,也可能是无用的。当 X 是无用的时候,它既可能是终极符号,也可能是语法变量。因此,在消除文法的无用符号的过程中,应该逐个考查 $V \cup T$ 中的所有符号。

(2) 对于任意的 $X \in V \cup T$,如果 X 是有用的,它必须同时满足如下两个条件:

① 存在 $w \in T^*$,使得 $X \overset{*}{\Rightarrow} w$。

② 存在 $\alpha, \beta \in (V \cup T)^*$,使得 $S \overset{*}{\Rightarrow} \alpha X \beta$。

不难看出,这两个条件相当于 $S \overset{*}{\Rightarrow} \alpha X \beta \overset{*}{\Rightarrow} w$ 的前后两部分。之所以将它们拆开,主要是考虑到处理过程的清晰性和理解的方便性。

(3) 注意到文法是语言的有穷描述,所以,集合 V, T, P 都是有穷的。从而有可能构造出有效的算法,完成消除文法的无用符号的工作。

算法 6-1 和算法 6-2 分别用于删除 CFG 中的无用符号。

算法 6-1

输入:CFG $G = (V, T, P, S)$。

输出:CFG $G' = (V', T, P', S)$,其中 V' 中不含派生不出终极符号行的变量。此外有 $L(G') = L(G)$。

主要步骤:

(1) OLDV $= \varnothing$;

(2) NEWV $= \{A \mid A \rightarrow w \in P \text{ 且 } w \in T^*\}$;

(3) **while** OLDV $\neq$ NEWV **do**

　　　　begin

(4)　　　　　　OLDV $=$ NEWV;

(5)　　　　　　NEWV $=$ OLDV $\cup \{A \mid A \rightarrow \alpha \in P \text{ 且 } \alpha \in (T \cup \text{OLDV})^*\}$;

　　　　end

(6) $V' =$ NEWV;

(7) $P' = \{A \rightarrow \alpha \mid A \rightarrow \alpha \in P \text{ 且 } A \in V' \text{ 且 } \alpha \in (T \cup V')^*\}$

由于对 $\forall a\in T$，a 本身就是终极符号，所以，在算法 6-1 中，没有考虑对终极符号的处理。经过算法 6-1 的处理，对于 $\forall X\in V'\cup T$，存在 $w\in T^*$，使得 $X\overset{*}{\Rightarrow}w$。

定理 6-4 算法 6-1 是正确的。

证明：设 CFG $G=(V,T,P,S)$ 是算法的输入，CFG $G'=(V',T,P',S)$ 是算法的输出。首先证明对于任意的 $A\in V$，A 被放入 V' 中的充要条件是存在 $w\in T^*$，$A\overset{*}{\Rightarrow}w$。

先证必要性。设 A 是在算法的第 n 次循环中被放入 NEWV 的。现施归纳于 n，证明必存在 $w\in T^*$，满足 $A\overset{+}{\Rightarrow}w$。

当 $n=0$ 时，A 是被算法的语句(2)放入 NEWV 的，此时必有 $A\rightarrow w\in P$ 且 $w\in T^*$，所以，$A\overset{0+1}{\Rightarrow}w$。

设当 $n\leqslant k(k\geqslant 1)$ 时结论正确。则当 $n=k+1$ 时，A 必定是由算法的语句(5)放入 NEWV 的。所以，此时有 $A\rightarrow X_1X_2\cdots X_m\in P$ 且 $X_1X_2\cdots X_m\in(T\cup\text{OLDV})^*$，从而

$$A\Rightarrow X_1X_2\cdots X_m$$

$X_1X_2\cdots X_m$ 中所含的符号必定是 OLDV 中的符号，或者是终极符号。注意算法的语句(4)，在第 n 次循环时，OLDV 是第 $n-1$ 次循环的 NEWV，所以，OLDV 中的任意变量 B 最迟是在第 $n-1$ 次循环时被放入 NEWV 的。因此，由归纳假设，对 $X_1X_2\cdots X_m$ 中的任意变量 X_i，存在 $w_i\in T^*$，

$$X_i\overset{*}{\Rightarrow}w_i$$

设 $X_1\overset{*}{\Rightarrow}w_1$，$X_2\overset{*}{\Rightarrow}w_2$，$\cdots$，$X_m\overset{*}{\Rightarrow}w_m$，从而

$$\begin{aligned}A&\Rightarrow X_1X_2\cdots X_m\\&\overset{*}{\Rightarrow}w_1X_2\cdots X_m\\&\overset{*}{\Rightarrow}w_1w_2\cdots X_m\\&\quad\vdots\\&\overset{*}{\Rightarrow}w_1w_2\cdots w_m\end{aligned}$$

所以，结论对 $n=k+1$ 成立。由归纳法原理，结论对任意 n 成立。

再证充分性。设 $w\in T^*$，$A\overset{n}{\Rightarrow}w$。往证 A 被算法 6-1 放入 NEWV 中。不失一般性，不妨假设 w 是从 A 出发，用最少步数派生出来的终极符号行。施归纳于 n：

当 $n=1$ 时，A 被算法的语句(2)放入 NEWV。设当 $n\leqslant k(k\geqslant 1)$ 时，A 可以被算法成功地放入 NEWV。当 $n=k+1$ 时，有

$$\begin{aligned}A&\Rightarrow X_1X_2\cdots X_m\\&\overset{*}{\Rightarrow}w_1X_2\cdots X_m\\&\overset{*}{\Rightarrow}w_1w_2\cdots X_m\\&\quad\vdots\\&\overset{*}{\Rightarrow}w_1w_2\cdots w_m\end{aligned}$$

由于 $X_1\overset{*}{\Rightarrow}w_1$，$X_2\overset{*}{\Rightarrow}w_2$，$\cdots$，$X_m\overset{*}{\Rightarrow}w_m$，所用的步数均不大于 k，根据归纳假设，当派生步数不为 0 时，X_i 被算法的语句(2)或(5)放入 NEWV。当这些不为终极符号的 X_i 都被放入 NEWV，算法进入下一次循环时，NEWV 的值被赋给 OLDV，从而使得条件

$$A\rightarrow\alpha\in P\text{ 且 }\alpha\in(T\cup\text{OLDV})^*$$

被满足,A 被放入 NEWV。所以,结论对 $n=k+1$ 也成立。由归纳法原理,结论对任意的 n 成立。

下面再证 $L(G')=L(G)$。显然 $L(G')\subseteq L(G)$,所以只需证明 $L(G)\subseteq L(G')$。设 $w\in L(G)$,从而有 $S\overset{+}{\underset{G}{\Rightarrow}}w$,在这个派生过程中出现的任意一个句型中,都不可能出现派生不出终极符号行的语法变量,所以,$S\overset{+}{\underset{G}{\Rightarrow}}w$ 中的所有派生在 G' 中成立:$S\overset{+}{\underset{G'}{\Rightarrow}}w$,即 $w\in L(G')$。故有 $L(G)\subseteq L(G')$。

综上所述,经过算法 6-1 处理后的文法与原来的文法等价。定理得证。

下面的算法将保证 X 是有用的第二个条件成立。

算法 6-2

输入:CFG $G=(V,T,P,S)$。

输出:CFG $G'=(V',T',P',S)$,其中 $V'\cup T'$ 中的符号必在 G 的某个句型中出现。此外有 $L(G')=L(G)$。

主要步骤:

(1) OLDV$=\varnothing$;

(2) OLDT$=\varnothing$;

(3) NEWV$=\{S\}\cup\{A\mid S\rightarrow\alpha A\beta\in P\}$;

(4) NEWT$=\{a\mid S\rightarrow\alpha a\beta\in P\}$;

(5) **while** OLDV$\neq$NEWV 或者 OLDT$\neq$NEWT **do**

        begin

(6)   OLDV$=$NEWV;

(7)   OLDT$=$NEWT;

(8)   NEWV$=$OLDV$\cup\{B\mid A\in$OLDV 且 $A\rightarrow\alpha B\beta\in P$ 且 $B\in V\}$;

(9)   NEWT$=$OLDT$\cup\{a\mid A\in$OLDV 且 $A\rightarrow\alpha a\beta\in P$ 且 $a\in T\}$;

        end

(10) $V'=$NEWV;

(11) $T'=$NEWT;

(12) $P'=\{A\rightarrow\alpha\mid A\rightarrow\alpha\in P$ 且 $A\in V'$ 且 $\alpha\in(T'\cup V')^*\}$

定理 6-5 算法 6-2 是正确的。

证明:首先证明 $X\in V\cup T$ 被算法 6-2 放入 NEWV 或者 NEWT 的充分必要条件是存在 $\alpha,\beta\in$(NEWV$\cup$NEWT)*,使得 $S\overset{n}{\Rightarrow}\alpha X\beta$,这里,$n\geqslant 0$。

充分性。设 $S\overset{n}{\Rightarrow}\alpha X\beta$,现施归纳于 n。当 $n=0$ 时,$S=X$,X 在算法 6-2 的语句(3)被放入 NEWV。当 $n=1$ 时,必定存在 $S\rightarrow\alpha X\beta\in P$,所以,当 $X\in T$ 时,它被算法 6-2 的语句(4)放入 NEWT;当 $X\in V$ 时,它被算法 6-2 的语句(3)放入 NEWV。

设当 $n\leqslant k$ 时结论成立,则当 $n=k+1$ 时,有

$$S\overset{n}{\Rightarrow}\alpha_1 A\beta_2\Rightarrow\alpha_1\alpha_2 X\beta_1\beta_2$$

这里,$\alpha_1\alpha_2=\alpha$,$\beta_1\beta_2=\beta$。由归纳假设,A 必定被放入 NEWV,则算法 6-2 在紧随其后的那次循环中,含有 A 的 NEWV 被赋值于 OLDV,从而在本次循环中,当 $X\in V$ 时,条件 $A\in$ OLDV 且 $A\rightarrow\alpha X\beta\in P$ 成立,此时,X 被算法 6-2 的语句(8)放入 NEWV;而当 $X\in T$ 时,条

件 $A \in OLDV$ 且 $A \rightarrow \alpha x \beta \in P$ 成立,此时,X 被算法 6-2 的语句(9)放入 NEWT。所以,结论对 $n = k+1$ 成立。由归纳法原理,结论对任意的 n 成立。

必要性。设 X 是在算法 6-2 的第 n 次循环中被放入 NEWT 或者 NEWV 的,对 n 施归纳,采用与定理 6-1 的证明相应部分类似的讨论,易证结论成立。

最后证明 $L(G') = L(G)$。显然 $L(G') \subseteq L(G)$,所以只需证明 $L(G) \subseteq L(G')$。事实上,对于 $\forall w \in L(G)$,存在 n,使得 $S \stackrel{n}{\underset{G}{\Rightarrow}} w$。由上面的证明可知,在此派生过程中出现的所有句型中出现的符号都被放入 NEWV 或者 NEWT。所以,所用到的产生式必属于 P'。因此,$S \underset{G'}{\stackrel{n}{\Rightarrow}} w$ 成立,即 $w \in L(G')$。故有 $L(G) \subseteq L(G')$。这表明,经过算法 6-2 处理后的文法与原来的文法等价。到此,定理得证。

定理 **6-6** 对于任意 CFL L,$L \neq \varnothing$,存在不含无用符号的 CFG G,使得 $L(G) = L$。

证明:设 L 为一 CFL,从而存在 CFG G_1 使得 $L(G_1) = L$。用算法 6-1 对 G_1 进行处理,可以得到 CFG G_2,该文法的所有变量都能派生出终极符号行,并且 $L(G_2) = L(G_1)$。再将 G_2 作为算法 6-2 的输入,它的输出就是所求的 G。从而定理得证。

值得注意的是,对于任意一个 CFG,当要消除它的无用符号时,首先要用算法 6-1 消除派生不出终结符号行的变量,然后再用算法 6-2 消除不可能出现在任何句型中的符号。如果先使用算法 6-2,后使用算法 6-1,则不一定能得到理想的结果。

例 **6-4** 设有如下文法:

$$S \rightarrow AB \mid a \mid BB , A \rightarrow a , C \rightarrow b \mid ABa$$

当先用算法 6-2 时,符号 C 和 b 被删除,从而使得产生式 $C \rightarrow b \mid Aba$ 也被删除。此时文法被化简成

$$S \rightarrow AB \mid a \mid BB , A \rightarrow a$$

再用算法 6-1 处理。由于 B 不能派生出终极符号行,所以,变量 B 被删除,从而含有变量 B 的产生式也被删除,此时可得到如下文法:

$$S \rightarrow a , A \rightarrow a$$

显然,该文法中的变量 A 是新的无用变量。而先用算法 6-1,后用算法 6-2 就不会出现这种现象。

6.2.2 去 ε-产生式

定义 **6-9** 形如 $A \rightarrow \varepsilon$ 的产生式称为**ε-产生式**(ε-production),又称为**空产生式**(null production)。对于文法 $G = (V, T, P, S)$ 中的任意变量 A,如果 $A \stackrel{+}{\Rightarrow} \varepsilon$,则称 A 为**可空**(nullable)变量。

经验表明,虽然 ε-产生式给构造文法带来了很大的方便,但是,它使得对文法所定义语言的分析变得比较复杂。所以,希望能够对构造出来的文法进行化简,以尽可能地消除这些 ε-产生式。

实际上,当 $\varepsilon \notin L(G)$ 时,可以消除所有的 ε-产生式;而当 $\varepsilon \in L(G)$ 时,虽然不可能消除所有的 ε-产生式,但是,可以先构造出语言 $L(G) - \{\varepsilon\}$ 的不含 ε-产生式的文法。根据定理 2-5,不妨假设该文法的开始符号 S 不出现在任何产生式的右部。此时,只要再加入产生式 $S \rightarrow \varepsilon$ 即可。这样,在对文法所产生的语言进行处理中,只用在处理 ε 语句时使用 ε-产生

式。所以，这里只考虑 $\varepsilon \notin L(G)$ 的情况。

不难看出，当 $\varepsilon \notin L(G)$ 时，如果 G 中含有 ε-产生式，就不能简单地删除所有的 ε-产生式。例如，设

$$G_1 : S \rightarrow 0S1 \mid 0A1 \mid 01$$
$$A \rightarrow 2A \mid \varepsilon$$

此时有

$$L(G_1) = \{0^n 2^m 1^n \mid n \geqslant 1, m \geqslant 0\} \neq \varnothing$$

如果简单地删除 G_1 中的 ε-产生式，会得到文法

$$G_2 : S \rightarrow 0S1 \mid 0A1 \mid 01$$
$$A \rightarrow 2A$$

此时有

$$L(G_2) = \{0^n 1^n \mid n \geqslant 1\} \neq L(G_1)$$

问题主要出在将 $A \rightarrow \varepsilon$ 删除之后，产生式 $S \rightarrow 0A1$ 和 $A \rightarrow 2A$ 右部的变量 A 再无法"消失"，原来它可以变成 ε，现在失去了这种可能。为了解决这个问题，应该在删除 $A \rightarrow \varepsilon$ 之后，要保证产生式 $S \rightarrow 0A1$ 和 $A \rightarrow 2A$ 右部的变量 A 生成 ε 的"结果"出现。为此，需要添加产生式 $S \rightarrow 01$ 和 $A \rightarrow 2$，这样，得到文法

$$G_3 : S \rightarrow 0S1 \mid 0A1 \mid 01$$
$$A \rightarrow 2A \mid 2$$

一般地，需要对形如 $A \rightarrow X_1 X_2 \cdots X_m$ 的产生式进行考查，从中找出所有可以派生出 ε 的变量 X——可空变量，它们组成可空变量集合 U，然后对于 $\forall H \subseteq U$，从产生式 $A \rightarrow X_1 X_2 \cdots X_m$ 中删除 H 中的变量。对于不同的 H，将得到不同的 A 产生式，用这组 A 产生式替代产生式 $A \rightarrow X_1 X_2 \cdots X_m$。但是，必须避免在这个过程中产生新的 ε-产生式。当

$$\{X_1, X_2, \cdots, X_m\} \subseteq U$$

时，不可将 $X_1, X_2, \cdots, X_m$ 同时从产生式 $A \rightarrow X_1 X_2 \cdots X_m$ 中删除。

算法 6-3 求 CFG G 的可空变量集 U。

输入：CFG $G = (V, T, P, S)$。

输出：G 的可空变量集 U。

主要步骤：

(1) OLDU $= \varnothing$；

(2) NEWU $= \{A \mid A \rightarrow \varepsilon \in P\}$；

(3) **while** NEWU $\neq$ OLDU **do**

      begin

(4)   OLDU $=$ NEWU；

(5)   NEWU $=$ OLDU $\bigcup \{A \mid A \rightarrow \alpha \in P$ 且 $\alpha \in \text{OLDU}^*\}$

      end

(6) $U =$ NEWU

定理 6-7 对于任意 CFG G，存在不含 ε-产生式的 CFG G' 使得

$$L(G') = L(G) - \{\varepsilon\}$$

证明：设 CFG $G = (V, T, P, S)$，为求 $G' = (V, T, P', S)$，先用算法 6-3 求出 G 的可空

变量集 U, 然后按下列过程求出 P':

　对于 $\forall A \to X_1 X_2 \cdots X_m \in P$, 将 $A \to \alpha_1 \alpha_2 \cdots \alpha_m$ 放入 P', 其中,

　　if $X_i \in U$ **then** $\alpha_i = X_i$ 或者 $\alpha_i = \varepsilon$;

　　if $X_i \notin U$ **then** $\alpha_i = X_i$;

要求: 在同一产生式中, $\alpha_1, \alpha_2, \cdots, \alpha_m$ 不能同时为 ε。

　往证 $L(G') = L(G) - \{\varepsilon\}$。为此, 先证明对于任意 $w \in T^+$, $A \underset{G}{\overset{n}{\Rightarrow}} w$ 的充分必要条件是 $A \underset{G'}{\overset{m}{\Rightarrow}} w$。

　必要性。设 $A \underset{G}{\overset{n}{\Rightarrow}} w$。现施归纳于 n, 证明 $A \underset{G'}{\overset{m}{\Rightarrow}} w$ 成立。

　当 $n = 1$ 时, 由 $A \underset{G}{\Rightarrow} w$ 知, $A \to w \in P$, 按照上面所给的构造 G' 的方法, 必定有 $A \to w \in P'$。所以, $A \underset{G'}{\Rightarrow} w$ 成立。

　设当 $n \leq k (k \geq 1)$ 时结论成立。则当 $n = k+1$ 时, 有

$$A \Rightarrow X_1 X_2 \cdots X_m$$
$$\underset{G}{\overset{*}{\Rightarrow}} w_1 X_2 \cdots X_m$$
$$\underset{G}{\overset{*}{\Rightarrow}} w_1 w_2 \cdots X_m$$
$$\vdots$$
$$\underset{G}{\overset{*}{\Rightarrow}} w_1 w_2 \cdots w_m$$

其中, $w_1 w_2 \cdots w_m = w$, 且 $w_1, w_2, \cdots, w_m \in T^*$。注意到 $w \neq \varepsilon$, 必存在 $1 \leq i \leq m$, $w_i \neq \varepsilon$。设 $i, j, \cdots, k$ 是 $w_1, w_2, \cdots, w_m$ 中所有非空串的下标, 并且 $1 \leq i \leq j \leq \cdots \leq k \leq m$, 即

$$w = w_i w_j \cdots w_k$$

按照 G' 的构造方法, $A \to X_i X_j \cdots X_k \in P'$, 再由归纳假设, 有

$$X_i \underset{G'}{\overset{*}{\Rightarrow}} w_i, X_j \underset{G'}{\overset{*}{\Rightarrow}} w_j, \cdots, X_k \underset{G'}{\overset{*}{\Rightarrow}} w_k$$

从而

$$A \underset{G'}{\overset{*}{\Rightarrow}} X_i X_j \cdots X_k$$
$$\underset{G'}{\overset{*}{\Rightarrow}} w_i X_j \cdots X_k$$
$$\underset{G'}{\overset{*}{\Rightarrow}} w_i w_j \cdots X_k$$
$$\vdots$$
$$\underset{G'}{\overset{*}{\Rightarrow}} w_i w_j \cdots w_k$$

所以, 结论对 $n = k+1$ 成立。由归纳法原理, 结论对任意 n 成立。

　充分性。设 $A \underset{G'}{\overset{m}{\Rightarrow}} w$。现施归纳于 m, 证明 $A \underset{G}{\overset{n}{\Rightarrow}} w$ 成立。

　当 $m = 1$ 时, 由 $A \underset{G'}{\Rightarrow} w$ 知, $A \to w \in P'$, 按照前面所给的构造 G' 的方法, 必定有 $A \to \alpha \in P$。$A \to w$ 是通过删除产生式 $A \to \alpha$ 右部中的可空变量而构造出来的, 所以

$$A \underset{G}{\Rightarrow} \alpha \underset{G}{\overset{*}{\Rightarrow}} w$$

成立。

　设当 $m \leq k (k \geq 1)$ 时结论成立。当 $m = k+1$ 时, 有

$$A \underset{G'}{\overset{*}{\Rightarrow}} X_i X_j \cdots X_k$$

$$\underset{G'}{\overset{*}{\Rightarrow}} w_i X_j \cdots X_k$$

$$\underset{G'}{\overset{*}{\Rightarrow}} w_i w_j \cdots X_k$$

$$\vdots$$

$$\underset{G'}{\overset{*}{\Rightarrow}} w_i w_j \cdots w_k$$

其中，$X_i \underset{G'}{\overset{*}{\Rightarrow}} w_i, X_j \underset{G'}{\overset{*}{\Rightarrow}} w_j, \cdots, X_k \underset{G'}{\overset{*}{\Rightarrow}} w_k$，且 $w_i w_j \cdots w_k = w$。这表明 $A \rightarrow X_i X_j \cdots X_k \in P'$。按照 G' 的构造方法，必定存在 $A \rightarrow X_1 X_2 \cdots X_m \in P'$，而且

$$\{X_i, X_j, \cdots, X_k\} \subseteq \{X_1, X_2, \cdots, X_m\}$$

$$\{X_1, X_2, \cdots, X_m\} - \{X_i, X_j, \cdots, X_k\} \subseteq U$$

从而

$$A \underset{G}{\Rightarrow} X_1 X_2 \cdots X_m$$

$$\underset{G}{\overset{*}{\Rightarrow}} X_i X_j \cdots X_k$$

再根据 $X_i \underset{G'}{\overset{*}{\Rightarrow}} w_i, X_j \underset{G'}{\overset{*}{\Rightarrow}} w_j, \cdots, X_k \underset{G'}{\overset{*}{\Rightarrow}} w_k$ 和归纳假设，有

$$X_i \underset{G}{\overset{*}{\Rightarrow}} w_i, X_j \underset{G}{\overset{*}{\Rightarrow}} w_j, \cdots, X_k \underset{G}{\overset{*}{\Rightarrow}} w_k$$

这表明，如下派生成立：

$$A \underset{G}{\Rightarrow} X_1 X_2 \cdots X_m$$

$$\underset{G}{\overset{*}{\Rightarrow}} X_i X_j \cdots X_k$$

$$\underset{G}{\overset{*}{\Rightarrow}} w_i X_j \cdots X_k$$

$$\underset{G}{\overset{*}{\Rightarrow}} w_i w_j \cdots X_k$$

$$\vdots$$

$$\underset{G}{\overset{*}{\Rightarrow}} w_i w_j \cdots w_k$$

故结论对 $m = k+1$ 成立。由归纳法原理，结论对任意 m 成立。

注意到 A 的任意性，则当 $S = A$ 时结论成立。即 $S \underset{G}{\overset{*}{\Rightarrow}} w$ 的充分必要条件是 $S \underset{G'}{\overset{*}{\Rightarrow}} w$。

亦即 $L(G') = L(G) - \{\varepsilon\}$。

定理得证。

6.2.3 去单一产生式组

考虑 6.1.1 节中所给出的如下关于算术表达式的文法：

$$
\begin{aligned}
G_{\text{expl}} : \quad & E \rightarrow E + T \mid E - T \mid T \\
& T \rightarrow T * F \mid T/F \mid F \\
& F \rightarrow F \uparrow P \mid P \\
& P \rightarrow (E) \mid N(L) \mid \text{id} \\
& N \rightarrow \sin \mid \cos \mid \exp \mid \text{abs} \mid \log \mid \text{int} \\
& L \rightarrow L, E \mid E
\end{aligned}
$$

该文法虽然消除了二义性，但却增加了句子的分析步骤。例如，终结符号 id 需要用 4 步派生才能被产生出来：

$$E \Rightarrow T \Rightarrow F \Rightarrow P \Rightarrow \text{id}$$

这一现象显然是由形如 $A \to B$ 的产生式造成的。现在探讨将文法 G_{exp1} 中的这类产生式去掉。

为了保证在去掉 $F \to P$ 后 F 仍能派生出它在原文法中所能派生出来的符号串,需要用产生式 $P \to (E) \mid N(L) \mid \text{id}$ 的每个候选式去替代 $F \to P$ 中的 P,从而可以得到如下产生式组:

$$F \to (E) \mid N(L) \mid \text{id}$$

由于产生式 $F \to F \uparrow P$ 不是 $A \to B$ 形式的产生式,所以,不用对其右部的 P 进行替换。现在,有如下 F 产生式组:

$$F \to F \uparrow P \mid (E) \mid N(L) \mid \text{id}$$

用同样的方法,可以用产生式组

$$T \to F \uparrow P \mid (E) \mid N(L) \mid \text{id}$$

去替代产生式

$$T \to F$$

此时,有如下 T 产生式组:

$$T \to T * F \mid T/F \mid F \uparrow P \mid (E) \mid N(L) \mid \text{id}$$

同样的道理,可以用产生式组

$$E \to T * F \mid T/F \mid F \uparrow P \mid (E) \mid N(L) \mid \text{id}$$

去替代产生式

$$E \to T$$

到此,得到与 G_{exp1} 等价的算术表达式文法:

$$
\begin{aligned}
G_{\text{exp3}}: \quad & E \to E + T \mid E - T \mid T * F \mid T/F \mid F \uparrow P \mid (E) \mid N(L) \mid \text{id} \\
& T \to T * F \mid T/F \mid F \uparrow P \mid (E) \mid N(L) \mid \text{id} \\
& F \to F \uparrow P \mid (E) \mid N(L) \mid \text{id} \\
& P \to (E) \mid N(L) \mid \text{id} \\
& N \to \sin \mid \cos \mid \exp \mid \text{abs} \mid \log \mid \text{int} \\
& L \to L, E \mid E + T \mid E - T \mid T * F \mid T/F \mid F \uparrow P \mid (E) \mid N(L) \mid \text{id}
\end{aligned}
$$

一般地,有如下定义和结论。

定义 6-10 形如 $A \to B$ 的产生式称为单一产生式(unit production)。

定理 6-8 对于任意 CFG G,$\varepsilon \notin L(G)$,存在等价的 CFG G_1,G_1 不含无用符号、ε-产生式和单一产生式。

证明:设 CFG $G = (V, T, P, S)$。根据定理 6-6 和定理 6-7,不妨假设 G 中不含无用符号和 ε-产生式。

(1) 构造 G_2,满足 $L(G_2) = L(G)$,并且 G_2 中不含单一产生式。

按照如下方法构造 G_2:

如果 $A \to \alpha \in P$ 不是单一产生式,则将 $A \to \alpha$ 放入 P_2;

如果 $A \underset{G}{\overset{+}{\Rightarrow}} B$,且 $B \to \alpha$ 不是单一产生式,则将 $A \to \alpha$ 放入 P_2。

显然,如果在 $A \underset{G}{\overset{+}{\Rightarrow}} B$ 的过程中,某一个变量出现多次,可以不考虑它的第一次出现到它的最后一次出现过程中所进行的派生。例如,C 在下列都使用单一产生式进行的派生中出现了多次:

$$A_1 \Rightarrow A_2 \Rightarrow \cdots \Rightarrow A_i \Rightarrow C \Rightarrow A_{i+1} \Rightarrow \cdots \Rightarrow A_j \Rightarrow A_{j+1} \Rightarrow C \Rightarrow \cdots \Rightarrow C \Rightarrow A_k \Rightarrow A_{k+1} \Rightarrow \cdots \Rightarrow B$$

其中,

$$A_1 \Rightarrow A_2 \Rightarrow \cdots \Rightarrow A_i$$

和

$$A_k \Rightarrow A_{k+1} \Rightarrow \cdots \Rightarrow B$$

的过程中没有出现 C,则只要考虑如下派生序列即可:

$$A_1 \Rightarrow A_2 \Rightarrow \cdots \Rightarrow A_i \Rightarrow C \Rightarrow A_k \Rightarrow A_{k+1} \Rightarrow \cdots \Rightarrow B$$

注意到 V 是有穷的,所以,给出的构造是有效的。

（2）证明 $L(G_2)=L(G)$。

根据 G_2 的构造方法,显然,对于任意的 $A \in V$,如果 $A \rightarrow \alpha \in P_2$,则必有 $A \overset{+}{\underset{G}{\Rightarrow}} \alpha$ 成立。因此,对于 G_2 中的任意一个直接派生,G 中都有一个派生序列与之对应。这表明,如果 $S \overset{+}{\underset{G_2}{\Rightarrow}} w$,则必有 $S \overset{+}{\underset{G}{\Rightarrow}} w$。即 $L(G_2) \subseteq L(G)$。

设 $w \in L(G)$,往证 $w \in L(G_2)$。设 w 在 G 中的一个最短的最左派生如下:

$$S = \alpha_0 \underset{G}{\Rightarrow} \alpha_1 \underset{G}{\Rightarrow} \alpha_2 \underset{G}{\Rightarrow} \cdots \underset{G}{\Rightarrow} \alpha_n = w$$

对于 $1 \leqslant i \leqslant n$,如果 $\alpha_{i-1} \underset{G}{\Rightarrow} \alpha_i$ 用的不是单一产生式,则 $\alpha_{i-1} \underset{G_2}{\Rightarrow} \alpha_i$ 成立。如果

$$\alpha_{i-1} \underset{G}{\Rightarrow} \alpha_i \underset{G}{\Rightarrow} \cdots \underset{G}{\Rightarrow} \alpha_k$$

用的都是单一产生式,而 $\alpha_{i-2} \underset{G}{\Rightarrow} \alpha_{i-1}$ 和 $\alpha_k \underset{G}{\Rightarrow} \alpha_{k+1}$ 用的都不是单一产生式;或者 $i-2 \leqslant -1$（即 $\alpha_{i-1}=S$）且 $\alpha_k \underset{G}{\Rightarrow} \alpha_{k+1}$ 用的不是单一产生式,则 $\alpha_{i-1}, \alpha_i, \cdots, \alpha_k$ 是长度相同的句型,它们仅仅是最左变量不同,而其他均对应相同。即存在 $x \in T^*, \beta \in (V \cup T)^*, A, B, \cdots, C \in V$,使得

$$\alpha_{i-1}=xA\beta, \alpha_i=xB\beta, \cdots, \alpha_k=xC\beta$$

不妨假定 $\alpha_k \underset{G}{\Rightarrow} \alpha_{k+1}$ 所用的非单一产生式为 $C \rightarrow \gamma$,此时,$\alpha_{k+1}=x\gamma\beta$。从而,由 G_2 的构造方法知,$A \rightarrow \gamma \in P_2$,所以

$$\alpha_{i-1} \underset{G_2}{\Rightarrow} \alpha_{k+1}$$

故

$$S = \alpha_0 \overset{+}{\underset{G_2}{\Rightarrow}} \alpha_n = w$$

即 $L(G) \subseteq L(G_2)$。

综上所述,$L(G_2)=L(G)$。

（3）删除 G_2 中的无用符号。

再用定理 6-6,可以删除 G_2 中的无用符号,从而得到满足定理要求的文法 G_1。到此,完成了定理的证明。

对一个给定的 CFG,可以按照如下过程进行化简:先删除其中的无用符号;再删除其中的 ε-产生式;在此基础上删除单一产生式。当删除单一产生式后,文法中可能出现新的无用符号,因此,还需要再次删除新出现的无用符号。例如,对下列文法,当删除单一产生式后就会出现新的无用符号 A,虽然该文法原来并不存在无用符号。

$$S \rightarrow A \mid B$$
$$A \rightarrow a$$

$$B \rightarrow bB \mid b$$

按照上述删除单一产生式的方法,可以先得到如下文法:

$$S \rightarrow a \mid bB \mid b$$
$$A \rightarrow a$$
$$B \rightarrow bB \mid b$$

显然,文法中的变量 A 不再出现在任何句型中,所以,它变成了无用符号,应该删除。因此,最终得到化简后的文法为

$$S \rightarrow a \mid bB \mid b$$
$$B \rightarrow bB \mid b$$

一般来说,删除 ε-产生式可能会产生新的单一产生式,所以,在化简一个 CFG 时,应该先删除 ε-产生式。如果将删除无用符号放在最后进行,那么在删除 ε-产生式和删除单一产生式的时候,可能要考虑与无用符号相关的工作。

为了叙述方便起见,今后称满足定理 6-8 的 CFG 为化简过的文法。

6.3 乔姆斯基范式

根据定义 2-6 和定理 2-1,正则语言的文法是非常规范的,这给正则语言的分析带来了极大的方便。受此启发,希望找到 CFL 的规范文法——范式文法。

定义 6-11 如果 CFG $G = (V, T, P, S)$ 中的所有产生式都具有形式:

$$A \rightarrow BC$$
$$A \rightarrow a$$

则称 G 为乔姆斯基范式文法(Chomsky normal form),简称为乔姆斯基文法,或乔姆斯基范式,简记为 CNF。其中,$A, B, C \in V, a \in T$。

显然,乔姆斯基文法中不允许有 ε-产生式、单一产生式,当然也不希望它含有无用符号。为了方便起见,在以后章节的讨论中,一般都假定所给的 CFG 是经过化简的。

例 6-5 试将文法 G_{exp4} 转换成等价的 CNF。

$$G_{exp4}: E \rightarrow E + T \mid T * F \mid F \uparrow P \mid (E) \mid \text{id}$$
$$T \rightarrow T * F \mid F \uparrow P \mid (E) \mid \text{id}$$
$$F \rightarrow F \uparrow P \mid (E) \mid \text{id}$$
$$P \rightarrow (E) \mid \text{id}$$

由于所给文法是经过化简的,所以,其右部长度为 1 的产生式都是满足要求的。因此,第一步,先将右部长度大于或等于 2 的产生式中的终极符号用新的变量替代,从而需要引入以下产生式:$A_+ \rightarrow +, A_* \rightarrow *, A_\uparrow \rightarrow \uparrow, A_(\rightarrow (, A_) \rightarrow)$。这样,可以得到如下形式的文法:

$$E \rightarrow EA_+T \mid TA_*F \mid FA_\uparrow P \mid A_(EA_) \mid \text{id}$$
$$T \rightarrow TA_*F \mid FA_\uparrow P \mid A_(EA_) \mid \text{id}$$
$$F \rightarrow FA_\uparrow P \mid A_(EA_) \mid \text{id}$$
$$P \rightarrow A_(EA_) \mid \text{id}$$
$$A_+ \rightarrow +$$

$$A_* \to *$$
$$A_\uparrow \to \uparrow$$
$$A_(\to ($$
$$A_) \to)$$

显然,上述文法应该是与文法 $G_{\exp 4}$ 等价的。此时,需要进一步改造右部的长度大于 2 的产生式,为此再引入新变量,并增加下列产生式:$A_1 \to A_+ T, A_2 \to A_* F, A_3 \to A_\uparrow P, A_4 \to EA_)$。这样,就得到如下与文法 $G_{\exp 4}$ 等价的文法:

$$G_{\exp \mathrm{CNF}}:\ E \to EA_1 \mid TA_2 \mid FA_3 \mid A_(A_4 \mid \mathrm{id}$$
$$T \to TA_2 \mid FA_3 \mid A_(A_4 \mid \mathrm{id}$$
$$F \to FA_3 \mid A_(A_4 \mid \mathrm{id}$$
$$P \to A_(A_4 \mid \mathrm{id}$$
$$A_+ \to +$$
$$A_* \to *$$
$$A_\uparrow \to \uparrow$$
$$A_(\to ($$
$$A_) \to)$$
$$A_1 \to A_+ T$$
$$A_2 \to A_* F$$
$$A_3 \to A_\uparrow P$$
$$A_4 \to EA_)$$

定理 6-9 对于任意 CFG G,$\varepsilon \notin L(G)$,存在等价的 CNF G_2。

证明:根据定理 6-8,不妨假设 G 为化简过的文法。根据例 6-5 所给的文法规范化的思路,下面分两步进行规范化处理。

(1) 构造 $G_1 = (V_1, T, P_1, S)$,使得 $L(G_1) = L(G)$,并且 G_1 中的产生式都是形如

$$A \to B_1 B_2 \cdots B_m$$
$$A \to a$$

的产生式,其中,$A, B_1, B_2, \cdots, B_m \in V_1, a \in T, m \geq 2$。

对于 P 中的每一个产生式 $A \to \alpha$,如果 $\alpha \in T \cup V^+$,则直接将 $A \to \alpha$ 放入 P_1;否则,对 $A \to \alpha$ 进行如下处理:

设 $\alpha = X_1 X_2 \cdots X_m$,则对于每一个 X_i,如果 $X_i = a \in T$,则引入新变量 B_a 和产生式 $B_a \to a$(将它放入 P_1),并且用 B_a 替换产生式 $A \to \alpha$ 中的 X_i;如果 $X_i \in V$,则取 $B_i = X_i$,然后将处理后的形如 $A \to B_1 B_2 \cdots B_m$ 的产生式放入 P_1。

根据 G_1 的构造方法知道,如果 $S \underset{G}{\overset{*}{\Rightarrow}} w$,则必定有 $S \underset{G_1}{\overset{*}{\Rightarrow}} w$。所以,$L(G_1) \subseteq L(G)$。

往证 $L(G) \subseteq L(G_1)$。为此,施归纳于派生的步数 n,证明对于任意的 $A \in V$,如果 $A \underset{G}{\overset{*}{\Rightarrow}} w$,则 $A \underset{G_1}{\overset{*}{\Rightarrow}} w$。

当 $n = 1$ 时,结论显然成立。

设当 $n \leq k(k \geq 1)$ 时结论成立。现在假设 $S \underset{G_1}{\overset{k+1}{\Rightarrow}} w$。由于 $k \geq 1$,所以 $k + 1 \geq 2$,这就是

说,在派生 $S \underset{G_1}{\overset{k+1}{\Rightarrow}} w$ 中,其第一步用的一定是形如 $A \to B_1 B_2 \cdots B_m$ 的产生式,所以,可以将 w 写成 $w_1 w_2 \cdots w_m$,其中,$B_1 \underset{G_1}{\overset{*}{\Rightarrow}} w_1$,$B_2 \underset{G_1}{\overset{*}{\Rightarrow}} w_2, \cdots, B_m \underset{G_1}{\overset{*}{\Rightarrow}} w_m$。考查每一个 B_i,如果 B_i 是因为某一个终极符号 a 所引入的新变量 B_a,则相应的 $w_i = a$ 必定成立。根据 P_1 的构造方法知道,对应于产生式 $A \to B_1 B_2 \cdots B_m$,P 中有产生式 $A \to X_1 X_2 \cdots X_m$ 存在:如果 $B_i \in V$,则 $X_i = B_i$;如果 $B_i \in V_1 - V$,则 X_i 为 B_i 对应的终极符号 a。显然,对于任意 $B_i \in V$,$B_i \underset{G_1}{\overset{*}{\Rightarrow}} w_i$ 所用的步数不大于 k,由归纳假设,$B_i \underset{G}{\overset{*}{\Rightarrow}} w_i$ 成立。注意到对于任意的字符串 α,$\alpha \underset{G}{\overset{*}{\Rightarrow}} \alpha$ 成立,所以,对于 $1 \leqslant i \leqslant m$,有 $X_i \underset{G}{\overset{*}{\Rightarrow}} w_i$ 成立。从而

$$
\begin{aligned}
A &\underset{G}{\Rightarrow} X_1 X_2 \cdots X_m \\
&\underset{G}{\Rightarrow} w_1 X_2 \cdots X_m \\
&\vdots \\
&\underset{G}{\Rightarrow} w_1 w_2 \cdots w_m
\end{aligned}
$$

由于 $S \in V$,所以上述结论对 S 也成立,这表明 $L(G) \subseteq L(G_1)$。

综上所述,$L(G) = L(G_1)$。

(2) 构造 CNF $G_2 = (V_2, T, P_2, S)$,使得 $L(G_2) = L(G_1)$。

按照下列方法改造 G_1:先将 V_1 中的变量全部放入 V_2,然后对于 P_1 中的每一个产生式 $A \to \alpha$,如果 $\alpha \in T$,则直接将 $A \to \alpha$ 放入 P_2;否则,$A \to \alpha$ 一定是具有如下形式的产生式:

$$A \to A_1 A_2 \cdots A_m$$

对这种产生式,按如下方法进行处理:

如果 $m = 2$,则将 $A \to A_1 A_2 \cdots A_m$ 直接放入 P_2;当 $m \geqslant 3$ 时,引入新变量 $B_1, B_2, \cdots, B_{m-2}$,将这些新变量放入 V_2,并将下列产生式组放入 P_2:

$$
\begin{aligned}
A &\to A_1 B_1 \\
B_1 &\to A_2 B_2 \\
&\vdots \\
B_{m-2} &\to A_{m-1} A_m
\end{aligned}
$$

实际上是用产生式组 $\{A \to A_1 B_1, B_1 \to A_2 B_2, \cdots, B_{m-2} \to A_{m-1} A_m\}$ 来替换产生式 $A \to A_1 A_2 \cdots A_m$。由于 $B_1, B_2, \cdots, B_{m-2}$ 都是引入的新变量,所以,它们只在派生

$$A \underset{G_2}{\Rightarrow} A_1 B_1 \underset{G_2}{\Rightarrow} A_1 A_2 B_2 \underset{G_2}{\Rightarrow} \cdots \underset{G_2}{\Rightarrow} A_1 A_2 \cdots A_{m-2} B_{m-2} \underset{G_2}{\Rightarrow} A_1 A_2 \cdots A_{m-2} A_{m-1} A_m$$

中出现,而产生式 $A \to A_1 A_2 \cdots A_m$ 在 G_1 中所能进行的派生恰是 $A \Rightarrow A_1 A_2 \cdots A_m$。可见,这种替换是等价的。因此,$L(G_2) = L(G_1)$。

定理得证。

例 6-6 试将下列文法转换成等价的 CNF。

$$
\begin{aligned}
S &\to bA \mid aB \\
A &\to bAA \mid aS \mid a \\
B &\to aBB \mid bS \mid b
\end{aligned}
$$

按照定理证明中所给的方法,首先引入变量 B_a,B_b 和产生式 $B_a \to a$、$B_b \to b$,得到 G_2 的如下产生式集合:

$$S \rightarrow B_b A \mid B_a B$$
$$A \rightarrow B_b AA \mid B_a S \mid a$$
$$B \rightarrow B_a BB \mid B_b S \mid b$$
$$B_a \rightarrow a$$
$$B_b \rightarrow b$$

第二步,对产生式 $A \rightarrow B_b AA$ 引入新变量 B_1,并用产生式 $A \rightarrow B_b B_1$ 和 $B_1 \rightarrow AA$ 替代它;对产生式 $B \rightarrow B_a BB$ 引入新变量 B_2,并用产生式 $B \rightarrow B_a B_2$ 和 $B_2 \rightarrow BB$ 替代它。此时,得到与原文法等价的 CNF:

$$S \rightarrow B_b A \mid B_a B$$
$$A \rightarrow B_b B_1 \mid B_a S \mid a$$
$$B \rightarrow B_a B_2 \mid B_b S \mid b$$
$$B_a \rightarrow a$$
$$B_b \rightarrow b$$
$$B_1 \rightarrow AA$$
$$B_2 \rightarrow BB$$

在本例所给文法的规范化过程中,并没有因为原来有产生式 $A \rightarrow a$ 和 $B \rightarrow b$ 而放弃引进变量 B_a, B_b 和产生式 $B_a \rightarrow a$, $B_b \rightarrow b$。实际上,读者略加分析就可以看出,A 与 B_a 以及 B 与 B_b 所代表的语法范畴是不相同的:

$$L(A) = \{x \mid x \in \{a, b\}^+ \text{ 且 } x \text{ 中 } a \text{ 的个数比 } b \text{ 的个数恰多 1 个}\}$$
$$L(B) = \{x \mid x \in \{a, b\}^+ \text{ 且 } x \text{ 中 } b \text{ 的个数比 } a \text{ 的个数恰多 1 个}\}$$
$$L(B_a) = \{a\}$$
$$L(B_b) = \{b\}$$

6.4 格雷巴赫范式

定义 6-12 如果 CFG $G = (V, T, P, S)$ 中的所有产生式都具有形式

$$A \rightarrow a\alpha$$

则称 G 为格雷巴赫范式文法(Greibach normal form),简称为格雷巴赫文法,或格雷巴赫范式,简记为 GNF。其中,$A \in V$, $a \in T$, $\alpha \in V^*$。

根据此定义,在 GNF 中,有如下两种形式的产生式:

$$A \rightarrow a$$
$$A \rightarrow aA_1 A_2 \cdots A_m \quad (m \geqslant 1)$$

因此,右线性文法是一种特殊的 GNF。例 6-6 所给的原始文法

$$S \rightarrow bA \mid aB$$
$$A \rightarrow bAA \mid aS \mid a$$
$$B \rightarrow aBB \mid bS \mid b$$

是 GNF。

在对 CFG 的句型进行分析处理时,这种规范的产生式形式提供了很大的方便。例如,

当需要判定符号串 $a_1a_2\cdots a_m$ 是否为一个给定的 CFG G 产生的合法句子时,可以看该符号串是否可以从 G 的开始符号 S 派生出来。如果 G 是 GNF,在构造符号串 $a_1a_2\cdots a_m$ 的最左派生时,就可以从左到右扫描此符号串,并通过判定当前的输入符号是句型中的最左变量的哪个候选式的首符号,决定用哪一个产生式进行当前的派生。然后,用同样的方法考虑新句型的最左变量。如此下去,直到分析结束。

由于 GNF 中不存在 ε-产生式,所以对任意的 GNF G,$\varepsilon \notin L(G)$。因此,希望对于任意一个 CFG G',当 $\varepsilon \notin L(G')$ 时,能够找到一个 GNF G,使得 $L(G) = L(G')$。也就是说,希望所有的经过化简的 CFG,都有一个等价的 GNF。为此,先证明如下两个引理。

引理 6-1 对于任意的 CFG $G = (V, T, P, S)$,$A \rightarrow \alpha B\beta \in P$,且 G 中所有的 B 产生式为

$$B \rightarrow \gamma_1 \mid \gamma_2 \mid \cdots \mid \gamma_n$$

取

$$G_1 = (V, T, P_1, S)$$

则 $L(G_1) = L(G)$。其中,

$$P_1 = (P - \{A \rightarrow \alpha B\beta\}) \bigcup \{A \rightarrow \alpha\gamma_1\beta, A \rightarrow \alpha\gamma_2\beta, \cdots, A \rightarrow \alpha\gamma_n\beta\}$$

证明:对于任意 $w \in L(G_1)$,$S \underset{G_1}{\overset{*}{\Rightarrow}} w$,如果在 w 的派生过程中没有用到过

$$\{A \rightarrow \alpha\gamma_1\beta, A \rightarrow \alpha\gamma_2\beta, \cdots, A \rightarrow \alpha\gamma_n\beta\} - P$$

中的产生式,则 $S \underset{G}{\overset{*}{\Rightarrow}} w$ 成立;否则,只考虑使用

$$\{A \rightarrow \alpha\gamma_1\beta, A \rightarrow \alpha\gamma_2\beta, \cdots, A \rightarrow \alpha\gamma_n\beta\} - P$$

中的产生式进行派生的情况。例如,当用到产生式 $A \rightarrow \alpha\gamma_k\beta \notin P$ 时,对应于该产生式的派生必定为

$$\alpha_1 A\alpha_2 \underset{G_1}{\Rightarrow} \alpha_1\alpha\gamma_k\beta\alpha_2$$

在 G 中可以用产生式 $A \rightarrow \alpha B\beta$ 和 $B \rightarrow \gamma_k$ 对应的派生

$$\alpha_1 A\alpha_2 \underset{G}{\Rightarrow} \alpha_1\alpha B\beta\alpha_2 \underset{G}{\Rightarrow} \alpha_1\alpha\gamma_k\beta\alpha_2$$

来完成。所以,$S \underset{G}{\overset{*}{\Rightarrow}} w$ 成立。故 $L(G_1) \subseteq L(G)$。

再证 $L(G) \subseteq L(G_1)$。

设 $S \underset{G}{\overset{*}{\Rightarrow}} w$ 成立。由于

$$P - P_1 = \{A \rightarrow \alpha B\beta\}$$

所以,此时只考虑 $S \underset{G}{\overset{*}{\Rightarrow}} w$ 过程中是否用过产生式 $A \rightarrow \alpha B\beta$。如果没有用过,则显然有 $S \underset{G_1}{\overset{*}{\Rightarrow}} w$;如果用到过产生式 $A \rightarrow \alpha B\beta$,注意到文法是上下文无关的,每用一次该产生式,就必定有唯一的一次使用形如 $B \rightarrow \gamma_k$ 的产生式对应的派生与它对应,而这种一一对应的两步派生在 G_1 中可以由产生式 $A \rightarrow \alpha\gamma_k\beta$ 对应的派生完成。所以

$$S \underset{G_1}{\overset{*}{\Rightarrow}} w$$

成立。这表明 $L(G) \subseteq L(G_1)$。

综上所述,$L(G) = L(G_1)$。引理得证。

另一个问题是,需要解决形如 $A \rightarrow A\alpha$ 的产生式带来的问题。

定义 6-13 如果 G 中存在形如

$$A \overset{n}{\Rightarrow} \alpha A \beta$$

的派生，则称该派生是关于变量 A 的递归（recursive）派生，简称为递归派生。当 $n=1$ 时，称该派生是关于变量 A 的直接递归（directly recursive）派生，简称为直接递归派生。称形如 $A \to \alpha A \beta$ 的产生式是关于变量 A 的直接递归产生式。当 $n \geqslant 2$ 时，称该派生是关于变量 A 的间接递归（indirectly recursive）派生，简称为间接递归派生。当 $\alpha = \varepsilon$ 时，称相应的（直接/间接）递归为（直接/间接）左递归（left-recursive）；当 $\beta = \varepsilon$ 时，称相应的（直接/间接）递归为（直接/间接）右递归（right-recursive）。

实际上，无论是直接左递归还是间接左递归，对进行语言句子的分析都是不利的。所以，需要消除文法中的左递归。

引理 6-2 对于任意的 CFG $G = (V, T, P, S)$，

$$A \to A\alpha_1 \mid A\alpha_2 \mid \cdots \mid A\alpha_n$$
$$A \to \beta_1 \mid \beta_2 \mid \cdots \mid \beta_m$$

是 G 中所有 A 的产生式。对于 $1 \leqslant h \leqslant m$，$\beta_h$ 的最左符号都不是 A。将这组产生式暂时记为产生式组 1，取

$$G_1 = (V \cup \{B\}, T, P_1, S)$$

其中，$B \notin V$，为新引进的变量；P_1 是删除 P 中的所有 A 产生式，然后加入以下产生式组（暂时记为产生式组 2）得到的产生式集合：

$$A \to \beta_1 \mid \beta_2 \mid \cdots \mid \beta_m$$
$$A \to \beta_1 B \mid \beta_2 B \mid \cdots \mid \beta_m B$$
$$B \to \alpha_1 \mid \alpha_2 \mid \cdots \mid \alpha_n$$
$$B \to \alpha_1 B \mid \alpha_2 B \mid \cdots \mid \alpha_n B$$

则 $L(G_1) = L(G)$。

证明：由于 P_1 和 P 除了产生式组 1 和产生式组 2 不同外，其他产生式都是完全相同的，所以，在 G_1 和 G 中，从 S 出发，除了关于 A 的派生之外，其他派生都是完全相同的。实际上，只是在新构造的文法中用直接右递归取代了原来文法中的直接左递归。所以，为了证明 $L(G_1) = L(G)$，仅需要证明产生式组 1 和产生式组 2 是可以互相替代的。

事实上，利用产生式组 1，从 A 出发所能进行的所有最左派生都是如下形式的派生：

$$
\begin{aligned}
A &\Rightarrow A\alpha_{h1} \\
&\Rightarrow A\alpha_{h2}\alpha_{h1} \\
&\vdots \\
&\Rightarrow A\alpha_{h_{q-1}} \cdots \alpha_{h2}\alpha_{h1} \\
&\Rightarrow A\alpha_{h_q}\alpha_{h_{q-1}} \cdots \alpha_{h2}\alpha_{h1} \\
&\Rightarrow \beta_k \alpha_{h_q}\alpha_{h_{q-1}} \cdots \alpha_{h2}\alpha_{h1}
\end{aligned}
$$

这就是说，从 A 出发，利用产生式组 1 能且仅能派生出形如 $\beta_k \alpha_{h_q} \cdots \alpha_{h2}\alpha_{h1}$ 的符号串。

再看产生式组 2，用这一组产生式，由 A 出发所能进行的最右派生都具有如下形式：

$$
\begin{aligned}
A &\Rightarrow \beta_k \alpha_{h_q} B \\
&\Rightarrow \beta_k \alpha_{h_q}\alpha_{h_{q-1}} B \\
&\vdots \\
&\Rightarrow \beta_k \alpha_{h_q}\alpha_{h_{q-1}} \cdots \alpha_{h2} B
\end{aligned}
$$

$$\Rightarrow \beta_k \alpha_{h_q} \alpha_{h_{q-1}} \cdots \alpha_{h_2} \alpha_{h_1}$$

这就是说，从 A 出发，利用产生式组 2 能且仅能派生出形如 $\beta_k \alpha_{h_q} \cdots \alpha_{h_2} \alpha_{h_1}$ 的符号串。同时也注意到，在任意 CFG 中，任意一个派生序列，都对应有（唯一的）最左派生和最右派生。也就是说，当考虑 CFG 所能派生出来的符号串时，仅需要考虑最左派生或者最右派生就足够了。所以，上面关于最左派生的讨论包括了对 A 可以派生出来的所有符号串的讨论。

综上所述，$L(G_1) = L(G)$。引理得证。

定理 6-10　对于任意 CFG G，$\varepsilon \notin L(G)$，存在等价的 GNF G_3。

证明：根据定理 6-8，不妨假设 G 为化简过的文法。下面分 3 步进行规范化处理。

（1）构造 $G_1 = (V_1, T, P_1, S)$，使得 $L(G_1) = L(G)$，并且 G_1 中的产生式都是形如

$$A \rightarrow A_1 A_2 \cdots A_m$$
$$A \rightarrow a A_1 A_2 \cdots A_{m-1}$$
$$A \rightarrow a$$

的产生式。其中，$A, A_1, A_2, \cdots, A_m \in V_1, a \in T, m \geqslant 2$。

为此，对于 P 中的每一个产生式 $A \rightarrow \alpha$，如果 $\alpha \in T \cup V^+ \cup TV^+$，则直接将 $A \rightarrow \alpha$ 放入 P_1；否则，对 $A \rightarrow \alpha$ 进行如下处理：

设 $\alpha = X_1 X_2 \cdots X_m$，则对于每一个 $X_i, i \geqslant 2$，如果 $X_i = a \in T$，则引入新变量 A_a（将它放入 V_1）和产生式 $A_a \rightarrow a$（将它放入 P_1），并且用 A_a 替换产生式 $A \rightarrow \alpha$ 中的 X_i，然后将处理后的形如 $A \rightarrow A_1 A_2 \cdots A_m$ 或者 $A \rightarrow a A_1 A_2 \cdots A_{m-1}$ 的产生式放入 P_1。用类似定理 6-9 证明的第一部分的讨论，不难证明 $L(G_1) = L(G)$。

（2）设 $V_1 = \{A_1, A_2, \cdots, A_m\}$，构造 $G_2 = (V_2, T, P_2, S)$，使得 $L(G_2) = L(G_1)$，并且 G_2 中的产生式都是形如

$$A_i \rightarrow A_j \alpha \quad (i < j)$$
$$A_i \rightarrow a\alpha$$
$$B_i \rightarrow \alpha$$

的产生式。其中，$V_2 = V_1 \cup \{B_1, B_2, \cdots, B_n\}$，$V_1 \cap \{B_1, B_2, \cdots, B_n\} = \varnothing$，$\{B_1, B_2, \cdots, B_n\}$ 是在文法的改造过程中引入的新变量，$\alpha \in V_2^*, a \in T$。

为此，执行算法 6-4。注意到该算法中进行的产生式替换都是引理 6-1 和引理 6-2 证明过的等价替换，所以，所得到的文法 $G_2 = (V_2, T, P_2, S)$ 满足 $L(G_2) = L(G_1)$。

算法 6-4

输入：$G_1 = (V_1, T, P_1, S)$。

输出：$G_2 = (V_2, T, P_2, S)$。

主要步骤：

① **for** $k = 1$ **to** m **do**

　　　begin

②　　　　**for** $j = 1$ **to** $k - 1$ **do**

③　　　　　　**for** 每个形如 $A_k \rightarrow A_j \alpha$ 的产生式 **do**

　　　　　　　begin

④　　　　　　　　标记产生式 $A_k \rightarrow A_j \alpha$。设 $A_j \rightarrow \gamma_1 | \gamma_2 | \cdots | \gamma_n$ 为所有的 A_j 产生式，根据引理 6-1，将产生式组

$$A_k \rightarrow \gamma_1\alpha \mid \gamma_2\alpha \mid \cdots \mid \gamma_n\alpha$$

添加到产生式集合 P_2 中;

end

⑤ 设 $A_k \rightarrow A_k\alpha_1 \mid A_k\alpha_2 \mid \cdots \mid A_k\alpha_p$ 是所有的右部第一个字符为 A_k 的 A_k 产生式,$A_k \rightarrow \beta_1 \mid \beta_2 \mid \cdots \mid \beta_q$ 是所有其他的 A_k 产生式。根据引理 6-2,标记所有的 A_k 产生式,并引入新的变量 B,将下列产生式添加到产生式集合 P_2 中:

$$A_k \rightarrow \beta_1 \mid \beta_2 \mid \cdots \mid \beta_q$$
$$A_k \rightarrow \beta_1 B \mid \beta_2 B \mid \cdots \mid \beta_q B$$
$$B \rightarrow \alpha_1 \mid \alpha_2 \mid \cdots \mid \alpha_p$$
$$B \rightarrow \alpha_1 B \mid \alpha_2 B \mid \cdots \mid \alpha_p B$$

end

⑥ 将 P_1 中未被标记的产生式全部都添加到产生式集合 P_2 中。

(3) 设 $V_2 = V_1 \cup \{ B_1, B_2, \cdots, B_n \}$,构造 $G_3 = (V_2, T, P_3, S)$,使得 $L(G_2) = L(G_3)$。根据引理 6-1,用下列算法构造等价的文法 G_3。

算法 6-5

输入: $G_2 = (V_2, T, P_2, S)$。

输出: $G_3 = (V_2, T, P_3, S)$。

主要步骤:

① **for** $k = m-1$ **to** 1 **do**

②   **if** $A_k \rightarrow A_j\beta \in P_? \& j > k$ **then**

③   **for** 所有的 A_j 产生式 $A_j \rightarrow \gamma$ **do**

           将产生式 $A_k \rightarrow \gamma\beta$ 放入 P_3;

④ **for** $k = 1$ **to** n **do**

⑤   根据引理 6-1,用 P_3 中的产生式将所有的 B_k 产生式变换成满足 GNF 要求的形式。

例 6-7 将下列文法转换成 GNF。

$$A_1 \rightarrow A_2 b A_3 \mid a A_1$$
$$A_2 \rightarrow A_3 c A_3 \mid b$$
$$A_3 \rightarrow A_1 c A_3 \mid A_2 bb \mid a$$

首先,引入变量 B 和 C,对文法进行如下改造:

$$A_1 \rightarrow A_2 B A_3 \mid a A_1$$
$$A_2 \rightarrow A_3 C A_3 \mid b$$
$$A_3 \rightarrow A_1 C A_3 \mid A_2 BB \mid a$$
$$B \rightarrow b$$
$$C \rightarrow c$$

由于 $A_1 \rightarrow A_2 B A_3 \mid a A_1$ 和 $A_2 \rightarrow A_3 C A_3 \mid b$ 满足定理 6-10 证明中第(2)步的要求,所以暂时不进行处理。$A_3 \rightarrow A_1 C A_3 \mid a$ 不满足要求,所以,用 A_1 产生式的所有候选式替换产生式 $A_3 \rightarrow A_1 C A_3$ 中的 A_1,得到所有的 A_3 产生式:

$$A_3 \rightarrow A_2BA_3CA_3 \mid aA_1CA_3 \mid A_2BB \mid a$$

再用 A_2 产生式的所有候选式替换产生式 $A_3 \rightarrow A_2BA_3CA_3$ 和 $A_3 \rightarrow A_2BB$ 中的 A_2，得到所有的 A_3 产生式：

$$A_3 \rightarrow A_3CA_3BA_3CA_3 \mid bBA_3CA_3 \mid aA_1CA_3 \mid A_3CA_3BB \mid bBB \mid a$$

引入变量 B_1，消除 A_3 产生式中的左递归：

$$A_3 \rightarrow bBA_3CA_3 \mid aA_1CA_3 \mid bBB \mid a$$
$$A_3 \rightarrow bBA_3CA_3B_1 \mid aA_1CA_3B_1 \mid bBBB_1 \mid aB_1$$
$$B_1 \rightarrow CA_3BA_3CA_3 \mid CA_3BB$$
$$B_1 \rightarrow CA_3BA_3CA_3B_1 \mid CA_3BBB_1$$

此时，具有最大下标的 A_3 产生式已经满足 GNF 的要求。将这些产生式代入还不满足要求的 A_2 产生式，使得所有的 A_2 产生式都满足 GNF 的要求：

$$A_2 \rightarrow bBA_3CA_3CA_3 \mid aA_1CA_3CA_3 \mid bBBCA_3 \mid aCA_3 \mid bBA_3CA_3B_1CA_3 \mid aA_1CA_3B_1CA_3$$
$$A_2 \rightarrow bBBB_1CA_3 \mid aB_1CA_3 \mid b$$

将这些产生式代入还不满足要求的 A_1 产生式，使得所有的 A_1 产生式都满足 GNF 的要求：

$$A_1 \rightarrow bBA_3CA_3CA_3BA_3 \mid aA_1CA_3CA_3BA_3 \mid bBBCA_3BA_3 \mid aCA_3BA_3 \mid bBA_3CA_3B_1CA_3BA_3$$
$$A_1 \rightarrow aA_1CA_3B_1CA_3BA_3 \mid bBBB_1CA_3BA_3 \mid aB_1CA_3BA_3 \mid bBA_3 \mid aA_1$$

最后，将所有的 B_1 产生式变换成满足 GNF 要求的形式：

$$B_1 \rightarrow cA_3BA_3CA_3 \mid cA_3BB \mid cA_3BA_3CA_3B_1 \mid cA_3BBB_1$$

到此，得到所给文法的 GNF：

$$A_1 \rightarrow bBA_3CA_3CA_3BA_3 \mid aA_1CA_3CA_3BA_3 \mid bBBCA_3BA_3 \mid aCA_3BA_3 \mid bBA_3CA_3B_1CA_3BA_3$$
$$A_1 \rightarrow aA_1CA_3B_1CA_3BA_3 \mid bBBB_1CA_3BA_3 \mid aB_1CA_3BA_3 \mid bBA_3 \mid aA_1$$
$$A_2 \rightarrow bBA_3CA_3CA_3 \mid aA_1CA_3CA_3 \mid bBBCA_3 \mid aCA_3 \mid bBA_3CA_3B_1CA_3 \mid aA_1CA_3B_1CA_3$$
$$A_2 \rightarrow bBBB_1CA_3 \mid aB_1CA_3 \mid b$$
$$A_3 \rightarrow bBA_3CA_3 \mid aA_1CA_3 \mid bBB \mid a$$
$$A_3 \rightarrow bBA_3CA_3B_1 \mid aA_1CA_3B_1 \mid bBBB_1 \mid aB_1$$
$$B_1 \rightarrow cA_3BA_3CA_3 \mid cA_3BB \mid cA_3BA_3CA_3B_1 \mid cA_3BBB_1$$
$$B \rightarrow b$$
$$C \rightarrow c$$

6.5　自嵌套文法

设 L 是一个 CFL，$G = (V, T, P, S)$ 是产生 L 的文法。如果 L 是一个有无穷多个句子的语言（简称为无穷语言），由于 G 是它的有穷描述，则必存在 $w \in L$，$A \in V$，$\alpha, \beta \in (V \cup T)^*$，且 α 和 β 中至少有一个不为 ε，使得如下派生成立：

$$S \overset{*}{\Rightarrow} \gamma A\delta \overset{+}{\Rightarrow} \gamma\alpha A\beta\delta \overset{+}{\Rightarrow} w$$

这就是说，在文法 G 中有形如

$$A \overset{+}{\Rightarrow} \alpha A\beta$$

的派生。其中，α, β 中至少有一个是可以产生非空终极符号行的。包括正则文法在内，它们正是利用了这种递归形式来解决对无穷语言的描述的。

定义 6-14 设 CFG $G = (V, T, P, S)$ 是化简后的文法，如果 G 中存在有形如

$$A \overset{+}{\Rightarrow} \alpha A \beta$$

的派生，则称 G 为自嵌套文法(self-embedding grammar)，其中 $\alpha, \beta \in (V \cup T)^{+}$。

第一个问题，自嵌套文法描述的语言一定不是正则语言吗？第二个问题，非自嵌套文法描述的语言是正则语言吗？对第一个问题的回答比较容易。例如，设 $T = \{0, 1\}$，如下是产生正则语言 T^{+} 的正则文法：

$$S \to 0S \mid 1S \mid 0 \mid 1$$

按照定义 6-14，不难得到它的自嵌套文法：

$$S \to 0S0 \mid 1S1 \mid 0S1 \mid 1S0 \mid 0S \mid 1S \mid 0 \mid 1$$

所以，自嵌套文法产生的语言可能是正则语言。对于第二个问题，有如下定理：

定理 6-11 非自嵌套文法产生的语言是正则语言。

证明：略。

6.6 小 结

本章讨论了 CFG 的派生树，A-子树，最左派生与最右派生，派生与派生树的关系，二义性文法与固有二义性语言，句子的自顶向下分析和自底向上分析，无用符号的消去算法，空产生式的消除，单一产生式的消除，CFG 的 CNF 和 GNF，CFG 的自嵌套特性。主要结论有：

(1) $S \overset{*}{\Rightarrow} \alpha$ 的充分必要条件是 G 有一棵结果为 α 的派生树。

(2) 如果 α 是 CFG G 的一个句型，则 G 中存在 α 的最左派生和最右派生。

(3) 文法可能是二义性的，但语言只可能是固有二义性的，且这种语言是存在的。

(4) 对于任意 CFG G，$\varepsilon \notin L(G)$，存在等价的 CFG G_1，G_1 不含无用符号、ε-产生式和单一产生式。

(5) 对于任意 CFG G，$\varepsilon \notin L(G)$，存在等价的 CNF G_2。

(6) 对于任意 CFG G，$\varepsilon \notin L(G)$，存在等价的 GNF G_3。

(7) 非嵌套的文法产生的语言是正则语言。

习 题

1. 请分别构造产生下列语言的 CFG。

(1) $\{1^n 0^m \mid n \geqslant m \geqslant 1\}$。

(2) $\{1^n 0^{2m} 1^n \mid n, m \geqslant 1\}$。

(3) $\{1^n 0^n 1^m 0^m \mid n, m \geqslant 1\}$。

(4) 含有相同个数的 0 和 1 的所有的 0,1 串。

(5) 字母表 $\{1, 2, 3\}$ 上的所有正则表达式。

2. CSG 有无派生树？为什么？

3. 根据文法 G_{exp1}，请给出 $x + y \sin(x \uparrow y) - \cos(\text{abs}(x - y) / x / y)$ 的最左派生、最右派生，并画出相应的派生树。

4. 图 6-11 所示是某个 CFG 的一棵派生树，该派生树所表达出来的派生用到了相应文

法的所有产生式。根据此派生树：

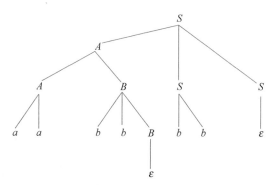

图 6-11　某个给定 CFG 的一棵派生树

（1）给出此派生树的结果的最左派生。

（2）这棵派生树对应多少个不同的派生？

（3）写出相应的 CFG。

（4）$aabb$,$abab$ 是相应的 CFG 产生的句子吗？ 如果是,请给出相应的最右派生,同时画出它的派生树;如果不是,请证明你的结论。

5. 请总结非二义性 CFG 的句型的派生、最左/最右派生以及派生树之间的关系。

6. 请总结二义性文法中派生、最左/最右派生以及派生树之间的关系。

7. 描述语言的固有二义性与文法的二义性之间的关系。

8. 请构造一个二义性的文法 G,使得 $L(G)=\{01\}$。

9. 给定如下文法,请分别给出句子 $aacb$,$aacabccb$ 的最左归约和最右归约,并画出相应的派生树。

$$S \rightarrow aAcB \mid BdS$$
$$B \rightarrow aScA \mid cAB \mid b$$
$$A \rightarrow BaB \mid aBc \mid a$$

10. 证明下列文法是二义性文法。

$$G_{\text{ifm}}: S \rightarrow U \mid M$$
$$U \rightarrow \text{if } E \text{ then } S$$
$$U \rightarrow \text{if } E \text{ then } M \text{ else } U$$
$$M \rightarrow \text{if } E \text{ then } M \text{ else } M \mid S$$
$$G_{\text{ifh}}: S \rightarrow TS \mid CS$$
$$C \rightarrow \text{if } E \text{ then}$$
$$T \rightarrow CS \text{ else}$$

11. 删除下列文法中的无用符号。

（1）$S \rightarrow AB \mid CA \mid a$

　　$A \rightarrow a$

　　$B \rightarrow BC \mid AB \mid DE \mid d$

　　$C \rightarrow aB \mid b$

(2) $S \rightarrow aABC \mid bCES \mid aE$

$A \rightarrow bE \mid SCD \mid d$

$B \rightarrow dFS \mid aBC$

$C \rightarrow aES \mid bE$

$D \rightarrow aAC \mid d$

$E \rightarrow aCE \mid aCT \mid \varepsilon$

$F \rightarrow eATB \mid aF$

$T \rightarrow eT \mid eF$

12. 消除下列文法中的 ε-产生式。

(1) $S \rightarrow ABCDE \mid aB \mid \varepsilon$

$A \rightarrow aBCA \mid BC \mid \varepsilon$

$B \rightarrow b \mid bB \mid \varepsilon$

$C \rightarrow c \mid cC \mid \varepsilon$

$D \rightarrow d \mid dD \mid \varepsilon$

$E \rightarrow e \mid eE \mid \varepsilon$

(2) $S \rightarrow ABDC$

$A \rightarrow BD \mid aa \mid \varepsilon$

$B \rightarrow aB \mid a$

$C \rightarrow DC \mid c \mid \varepsilon$

$D \rightarrow \varepsilon$

13. 消除上述第 12 题中所给文法在消除 ε-产生式后出现的单一产生式。

14. 消除下列文法中存在的左递归。

(1) $A \rightarrow Ab \mid CAA \mid dB$

$B \rightarrow CAB \mid Cc \mid c$

$C \rightarrow ACB \mid a$

(2) $A \rightarrow BBC \mid CAB \mid CA$

$B \rightarrow Abab \mid ab$

$C \rightarrow Add$

(3) $E \rightarrow ET+ \mid ET- \mid T$

$T \rightarrow TF* \mid TF/ \mid F$

$F \rightarrow (E) \mid id$

15. 构造与下列文法等价的 CNF。

$$S \rightarrow aBB \mid bAA$$

$$B \rightarrow aBa \mid aa \mid \varepsilon$$

$$A \rightarrow bbA \mid \varepsilon$$

16. 构造与下列文法等价的 GNF。

$$S \rightarrow aBB \mid bAA$$

$$B \rightarrow BaBa \mid Aaa \mid \varepsilon$$

$$A \rightarrow SbbA \mid \varepsilon$$

17. 构造一个算法,判断任意 CFG $G = (V, T, P, S)$, $L(G)$ 是否为空。

18. 设 G 为一个 CFG, $\varepsilon \notin L(G)$, $w \in L(G)$。

（1）如果 G 是 CNF, w 在 G 中的派生步数是否会因为 G 的不同而不同（例如, G 可能是二义性文法,也可能不是二义性文法）？ 如果不会,请给出所需的步数；如果会,请说明之。

（2）如果 G 是 GNF,如何回答上述问题？

19. 证明：对于任意 CFG G,存在一种等价的特殊的 GNF G_1, G_1 的产生式都是具有下列形式的产生式：

$$A \rightarrow a$$
$$A \rightarrow aB$$
$$A \rightarrow aBC$$

其中, A, B, C 为变量, a 为终极符号。

20. 证明：对于任意 CFG $G = (V, T, P, S)$, 存在一种等价的特殊的 CFG $G_1 = (V_1, T, P_1, S)$, 对于 $\forall A \in V_1 - \{S\}$, $\{w \mid A \underset{G_1}{\overset{+}{\Rightarrow}} w$ 且 $w \in T^*\}$ 是无穷的。

21. 如果 CFG G 中不存在形如 $A \rightarrow \alpha BC\beta$ 的产生式,则称 G 为算符文法（operator grammar, OG）。证明对于任意 CFG G, $\varepsilon \notin L(G)$, 存在与之等价的算符文法。

22. 证明非自嵌套的文法产生的语言是正则语言。

第 7 章

下推自动机

有穷状态自动机(FA)是正则语言(RL)的处理装置,它较好地解决了语言的识别问题,人们也希望上下文无关语言(CFL)有类似的处理装置。由于 RL 是 CFL 的一个子类,因此,人们很自然地会要求处理 CFL 的装置能够方便地处理 RL。也就是说,该装置能够兼顾 FA 的运行方式。这种装置称为下推自动机。本章将讨论下推自动机的构造及其与上下文无关文法(CFG)的等价性。

7.1 基 本 定 义

有穷状态自动机(FA)是 RL 的识别器。在 FA 与正则文法(RG)的等价证明中,FA 的状态实际上代表的是相应 RG 的派生中产生的句型中的唯一语法变量。而且,对右线性文法来说,这个变量总在句型的最尾端;对左线性文法来说,这个变量总处在句型的最前端。对于 CFG $G=(V,T,P,S)$,当它是 GNF 的时候,通过实施最左派生,可以保证句型中的变量构成的子串作为句型的后缀出现。即这个变量串总是处在句型的最右端,并且在它之前,该句型与这个变量串对应的前缀中不再有任何变量。但是,由于这个后缀的长度是不定的,因此,要想用有穷个状态来表示这些后缀不一定总是可能的。注意到变量的种类是有限的(V 是有穷集合),如果按照最左派生来考虑句子的分析,则可以用一个栈来存放这个后缀:最左边的变量因为要最先分析,所以放在栈的最上面;最右边的变量将最后分析,所以将其放在最下面。一般地讲,对该后缀中变量的出现,较左的放在栈的较上面,较右的放在栈的较下面。分析开始时,只有文法的开始符号在栈中,在分析过程中,一旦栈空,句子就被产生了。按照这个思路,可以设计出如图 7-1 所示的 CFL 的识别模型。

从图 7-1 可以看出,识别 CFL 的模型含有 3 个基本结构:存放输入符号串的输入带、存放文法符号的栈、有穷状态控制器。模型在有穷状态控制器的控制下根据控制器的当前状态、栈顶符号以及输入符号做出相应的动作。有时不需要考虑输入符号。具体地,将它的动作分成两类。

(1) 根据有穷状态控制器的当前状态、栈顶符号以及当前的输入符号选择动作:将状态改变为新的状态;修改栈顶——用新的语法符号串代替当前的栈顶符号;向右移动读头,使读头指向下一个输入符号。

(2) 根据有穷状态控制器的当前状态、栈顶符号选择动作:将状态改变为新的状态;修

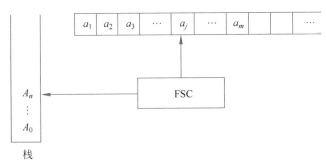

图 7-1　CFL 的识别模型

改栈顶——用新的语法符号串代替当前的栈顶符号。这种动作与(1)类似,只是不移动读头。也就是说,本次动作不读入符号,是一次 ε 移动(空移动)。

另外,考虑到 RL 是 CFL 的子类,RG 是一种特殊的 CFG,所以,该模型应该具有 FA 的处理功能。因此,它需要在 FA 的基础上增加栈处理功能。该模型称为下推自动机。

定义 7-1　下推自动机(pushdown automaton,PDA)M 是一个七元组:

$$M = (Q, \Sigma, \Gamma, \delta, q_0, Z_0, F)$$

其中,Q——状态的非空有穷集合。$\forall q \in Q$,q 称为 M 的一个状态(state)。

Σ——输入字母表(input alphabet)。要求 M 的输入字符串都是 Σ 上的字符串。

Γ——栈符号表(stack alphabet)。$\forall A \in \Gamma$ 称为一个栈符号。

Z_0——$Z_0 \in \Gamma$ 称为开始符号(start symbol),是 M 启动的时候栈内唯一的一个符号。所以,习惯地称其为栈底符号。

q_0——$q_0 \in Q$ 是 M 的开始状态(initial state),也可称为初始状态或者启动状态。

F——$F \subseteq Q$ 是 M 的终止状态(final state)集合,简称为终态集。$\forall q \in F$,q 称为 M 的终止状态,简称为终态。

δ——状态转移函数(transition function),有时又称为状态转换函数或者移动函数,δ:$Q \times (\Sigma \cup \{\varepsilon\}) \times \Gamma \rightarrow 2^{Q \times \Gamma^*}$。对 $\forall (q, a, Z) \in Q \times \Sigma \times \Gamma$,

$$\delta(q, a, Z) = \{(p_1, \gamma_1), (p_2, \gamma_2), \cdots, (p_m, \gamma_m)\}$$

表示 M 在状态 q,栈顶符号为 Z 时,读入字符 a,对于 $i = 1, 2, \cdots, m$,可以选择地将状态变成 p_i,并将栈顶符号 Z 弹出,将 γ_i 中的符号从右到左依次压入栈,然后将读头向右移动一个字符而指向输入字符串的下一个字符。

对 $\forall (q, Z) \in Q \times \Gamma$,

$$\delta(q, \varepsilon, Z) = \{(p_1, \gamma_1), (p_2, \gamma_2), \cdots, (p_m, \gamma_m)\}$$

称为 M 进行一次 ε 移动(空移动),表示 M 在状态 q,栈顶符号为 Z 时,无论输入符号是什么,对于 $i = 1, 2, \cdots, m$,可以选择地将状态变成 p_i,并将栈顶符号 Z 弹出,将 γ_i 中的符号从右到左依次压入栈。

与 FA 的定义相同,虽然将 F 中的状态称为终止状态,但并不是说 M 一旦进入这种状态就停止工作了,而是说一旦 M 在处理完输入字符串时到达这种状态,M 就接受当前处理的字符串。所以,有时又称终止状态为接受状态(accept state)。为了今后的叙述和理解方便,与文法定义时所给的约定类似,一般地,也将按照下列约定使用符号:

英文字母表较为前面的小写字母，如 $a,b,c,\cdots$ 表示输入符号；

英文字母表较为后面的小写字母，如 $x,y,z,\cdots$ 表示输入字符串；

英文字母表的大写字母表示栈符号；

希腊字母 $\alpha,\beta,\gamma,\cdots$ 表示栈符号串。

定义 7-2 设 PDA $M=(Q,\Sigma,\Gamma,\delta,q_0,Z_0,F)$，$\forall(q,w,\gamma)\in(Q,\Sigma^*,\Gamma^*)$ 称为 M 的一个即时描述(instantaneous description,ID)。它表示：M 处于状态 q，w 是当前还未处理的输入字符串，而且 M 正注视着 w 的首字符；栈中的符号串为 γ，γ 的最左符号为栈顶符号，最右符号为栈底符号，较左的符号在栈的较上面，较右的符号在栈的较下面。

如果 $(p,\gamma)\in\delta(q,a,Z)$，$a\in\Sigma$，且 M 在状态 q，栈顶为 Z，读入 a 时，选择进入状态 p，用 γ 替换栈顶 Z，记作

$$(q,aw,Z\beta)\underset{M}{\vdash}(p,w,\gamma\beta)$$

表示 M 做一次非空移动，它的 ID 从 $(q,aw,Z\beta)$ 变成 $(p,w,\gamma\beta)$。

如果 $(p,\gamma)\in\delta(q,\varepsilon,Z)$，且 M 在状态 q，栈顶为 Z 时选择进入状态 p，并用 γ 替换栈顶 Z，记作

$$(q,w,Z\beta)\underset{M}{\vdash}(p,w,\gamma\beta)$$

表示 M 做一次空移动，它的 ID 从 $(q,w,Z\beta)$ 变成 $(p,w,\gamma\beta)$。

显然，$\underset{M}{\vdash}$ 是 $Q\times\Sigma^*\times\Gamma^*$ 上的一个二元关系。根据二元关系合成的意义：

如果 $(q_1,w_1,\beta_1)(\underset{M}{\vdash})^n(q_n,w_n,\beta_n)$，则表示 M 的 ID 从 (q_1,w_1,β_1) 出发，经过 n 次移动变成 (q_n,w_n,β_n)。即存在 ID 序列

$$(q_1,w_1,\beta_1),(q_2,w_2,\beta_2),\cdots,(q_n,w_n,\beta_n)$$

满足

$$(q_1,w_1,\beta_1)\underset{M}{\vdash}(q_2,w_2,\beta_2)\underset{M}{\vdash}\cdots\underset{M}{\vdash}(q_n,w_n,\beta_n)$$

显然，对于 $w_1,w_2,\cdots,w_n$，当 $i\leqslant j$ 时，w_j 是 w_i 的后缀。

如果 $(q,w,\alpha)(\underset{M}{\vdash})^*(p,x,\beta)$，则表示 M 的 ID 从 (q,w,α) 出发，经过若干次移动变成 (p,x,β)。

如果 $(q,w,\alpha)(\underset{M}{\vdash})^+(p,x,\beta)$，则表示 M 的 ID 从 (q,w,α) 出发，经过至少一次移动变成 (p,x,β)。这里，x 是 w 的后缀。

为了简单清晰起见，用 $\underset{M}{\overset{n}{\vdash}},\underset{M}{\overset{*}{\vdash}},\underset{M}{\overset{+}{\vdash}}$ 分别表示 $(\underset{M}{\vdash})^n,(\underset{M}{\vdash})^*,(\underset{M}{\vdash})^+$。当讨论的问题中只有唯一的一个 PDA M 时，所进行的移动只能是 M 中的移动。此时，符号中的 M 就可以省略。所以，在意义清楚时，将符号 $\underset{M}{\vdash},\underset{M}{\overset{n}{\vdash}},\underset{M}{\overset{*}{\vdash}},\underset{M}{\overset{+}{\vdash}}$ 中的 M 省去，分别用 $\vdash,\overset{n}{\vdash},\overset{*}{\vdash},\overset{+}{\vdash}$ 表示。

在前面的讨论中，提到既希望 PDA M 能够模拟 GNF 的最左派生，又希望 PDA M 能够具有 FA 的功能。如果按照对 GNF 的最左派生的模拟考虑问题，PDA M 应该在"消耗完"栈内的符号(栈空)时表示处理完的字符串被接受；如果考虑要具备 FA 的功能，PDA M

应该在进入终止状态时接受被处理完的字符串。从而可以有如下定义。

定义 7-3　设有 PDA $M = (Q, \Sigma, \Gamma, \delta, q_0, Z_0, F)$，则 M 用终态接受的语言

$$L(M) = \{w \mid (q_0, w, Z_0) \vdash^* (p, \varepsilon, \beta) \text{ 且 } p \in F\}$$

M 用空栈接受的语言

$$N(M) = \{w \mid (q_0, w, Z_0) \vdash^* (p, \varepsilon, \varepsilon)\}$$

例 7-1　考虑接受语言 $L = \{w2w^{\mathrm{T}} \mid w \in \{0,1\}^*\}$ 的 PDA 的设计。

解法 1：先设计产生 L 的 CFG

$$G_1: S \to 2 \mid 0S0 \mid 1S1$$

再将此文法转化成 GNF

$$G_2: S \to 2 \mid 0SA \mid 1SB$$
$$A \to 0$$
$$B \to 1$$

下面考查句子 0102010 的最左派生和相应的 PDA M 的动作。

派生	M 应该完成的动作
$S \Rightarrow 0SA$	从 q_0 启动，读入 0，将 S 弹出栈，将 SA 压入栈，状态不变
$\Rightarrow 01SBA$	在状态 q_0，读入 1，将 S 弹出栈，将 SB 压入栈，状态不变
$\Rightarrow 010SABA$	在状态 q_0，读入 0，将 S 弹出栈，将 SA 压入栈，状态不变
$\Rightarrow 0102ABA$	在状态 q_0，读入 2，将 S 弹出栈，将 ε 压入栈，状态不变
$\Rightarrow 01020BA$	在状态 q_0，读入 0，将 A 弹出栈，将 ε 压入栈，状态不变
$\Rightarrow 010201A$	在状态 q_0，读入 1，将 B 弹出栈，将 ε 压入栈，状态不变
$\Rightarrow 0102010$	在状态 q_0，读入 0，将 A 弹出栈，将 ε 压入栈，状态不变

根据上述分析，可得 PDA

$$M_1 = (\{q_0\}, \{0,1,2\}, \{S,A,B\}, \delta_1, q_0, S, \varnothing)$$

其中，

$$\delta_1(q_0, 0, S) = \{(q_0, SA)\}$$
$$\delta_1(q_0, 1, S) = \{(q_0, SB)\}$$
$$\delta_1(q_0, 2, S) = \{(q_0, \varepsilon)\}$$
$$\delta_1(q_0, 0, A) = \{(q_0, \varepsilon)\}$$
$$\delta_1(q_0, 1, B) = \{(q_0, \varepsilon)\}$$

此时有 $N(M_1) = L$。在考虑用终态接受时，可以有 PDA

$$M_2 = (\{q_0, q_1\}, \{0,1,2\}, \{S,A,B,Z,Z_0\}, \delta_2, q_0, Z_0, \{q_1\})$$

其中，

$$\delta_2(q_0, 0, Z_0) = \{(q_0, SAZ)\}$$
$$\delta_2(q_0, 1, Z_0) = \{(q_0, SBZ)\}$$
$$\delta_2(q_0, 2, Z_0) = \{(q_1, \varepsilon)\}$$
$$\delta_2(q_0, 0, S) = \{(q_0, SA)\}$$
$$\delta_2(q_0, 1, S) = \{(q_0, SB)\}$$

$$\delta_2(q_0,2,S)=\{(q_0,\varepsilon)\}$$
$$\delta_2(q_0,0,A)=\{(q_0,\varepsilon)\}$$
$$\delta_2(q_0,1,B)=\{(q_0,\varepsilon)\}$$
$$\delta_2(q_0,\varepsilon,Z)=\{(q_1,\varepsilon)\}$$

此时,有 $N(M_2)=L(M_2)=L$。

从上述构造可以看出,当对应的文法变量派生出一个字符时,相应的 PDA 读入这个字符,并将栈顶符号换成相应产生式右部除了首字符之外的后缀。另外,M_1 中只用了一个状态。这相当于说,M_1 的每一个动作恰由栈顶符号决定。而在 M_2 中,添加的终止状态 q_1 和栈底符号 Z_0 只是为了实现终态接受。建议读者根据本例的处理方式,先行考虑如何根据 GNF 构造等价的 PDA 的一般方法。

解法 2:注意到 $L=\{w2w^{\mathrm{T}}\mid w\in\{0,1\}^*\}$,所以 PDA M_3 的工作可以分成两大阶段:

在读到字符 2 之前,为"记载"阶段:每读到一个符号就在栈中做一次相应的记载,以便在读到 2 以后再读到字符时进行匹配。例如,读到 0,就在栈中压入一个栈符号 A;读到 1,就在栈中压入另一个栈符号 B。

在读到 2 以后,进入"匹配"阶段。此时再读到字符,就执行匹配操作。由于栈的"先进后出"特性,使栈中符号串正好与 w^{T} 相对应,所以,可以用栈顶符号逐一地与输入字符匹配:在当前栈顶符号为 A 时,如果读到的字符为 0,则表示匹配成功;如果读到的字符为 1,则表示匹配失败,此时便得知输入字符串不是句子。在当前栈顶符号为 B 时,如果读到的字符为 1,则表示匹配成功;否则,表示匹配失败,输入字符串不是句子。

当发现输入字符串不是句子时,可以让 PDA 停机——不再有下一个动作,也可以让它进入一个"陷阱"状态。按照上述分析,可得 PDA

$$M_3=(\{q_0,q_1,q_2,q_f,q_t\},\{0,1,2\},\{A,B,Z_0\},\delta_3,q_0,Z_0,\{q_f\})$$

其中,q_0 为开始状态,q_1 为记录状态,q_2 为匹配状态,q_f 为终止状态,q_t 为陷阱状态。

$$\delta_3(q_0,0,Z_0)=\{(q_1,AZ_0)\}$$
$$\delta_3(q_0,1,Z_0)=\{(q_1,BZ_0)\}$$
$$\delta_3(q_0,2,Z_0)=\{(q_f,\varepsilon)\}$$
$$\delta_3(q_1,0,A)=\{(q_1,AA)\}$$
$$\delta_3(q_1,1,A)=\{(q_1,BA)\}$$
$$\delta_3(q_1,0,B)=\{(q_1,AB)\}$$
$$\delta_3(q_1,1,B)=\{(q_1,BB)\}$$
$$\delta_3(q_1,2,A)=\{(q_2,A)\}$$
$$\delta_3(q_1,2,B)=\{(q_2,B)\}$$
$$\delta_3(q_2,0,A)=\{(q_2,\varepsilon)\}$$
$$\delta_3(q_2,0,B)=\{(q_t,\varepsilon)\}$$
$$\delta_3(q_2,1,B)=\{(q_2,\varepsilon)\}$$
$$\delta_3(q_2,1,A)=\{(q_t,\varepsilon)\}$$
$$\delta_3(q_2,\varepsilon,Z_0)=\{(q_f,\varepsilon)\}$$

此时,有 $N(M_3)=L(M_3)=L$。

另外,在 δ_3 的定义中,并没有包含在状态 q_f 时应该有什么样的动作。这与在匹配状态 q_2 发现不匹配时没有相应的动作是一样的。事实上,这种情况可以视为 PDA 进入了缺省处理——出错处理。所以,实际上引入的状态 q_f 没有特别的用处,可以删除。如果不追求让 PDA 同时用终止状态和空栈接受同样的语言,还可以删除状态 q_f。这样可以得到 PDA

$$M_4 = (\{q_0, q_1, q_2\}, \{0, 1, 2\}, \{A, B, Z_0\}, \delta_4, q_0, Z_0, \varnothing)$$

其中,q_0 为开始状态,q_1 为记录状态,q_2 为匹配状态。

$$\delta_4(q_0, 0, Z_0) = \{(q_1, A)\}$$
$$\delta_4(q_0, 1, Z_0) = \{(q_1, B)\}$$
$$\delta_4(q_0, 2, Z_0) = \{(q_2, \varepsilon)\}$$
$$\delta_4(q_1, 0, A) = \{(q_1, AA)\}$$
$$\delta_4(q_1, 1, A) = \{(q_1, BA)\}$$
$$\delta_4(q_1, 0, B) = \{(q_1, AB)\}$$
$$\delta_4(q_1, 1, B) = \{(q_1, BB)\}$$
$$\delta_4(q_1, 2, A) = \{(q_2, A)\}$$
$$\delta_4(q_1, 2, B) = \{(q_2, B)\}$$
$$\delta_4(q_2, 0, A) = \{(q_2, \varepsilon)\}$$
$$\delta_4(q_2, 1, B) = \{(q_2, \varepsilon)\}$$

请读者考虑,是否可以让 q_2 同时作为终止状态。

M_1, M_2, M_3, M_4 在处理语言 $\{w2w^{\mathrm{T}} \mid w \in \{0,1\}^*\}$ 的过程中,都是先将 w 的字符按照出现的先后顺序依次记录在栈中,然后利用栈的先进后出特性,正好与 w^{T} 的字符按照出现的先后顺序逐个进行匹配。由于无法将一个栈的内容在该栈中实现倒序操作,所以,要想用此思路构造一个 PDA,用于识别 $\{w2w \mid w \in \{0,1\}^*\}$ 将是不可能的。事实上,今后可以证明 $\{w2w \mid w \in \{0,1\}^*\}$ 不是 CFL。所以,根本不存在接受该语言的 PDA。请读者进一步考虑这其中原因的关键点。

另外,请读者注意 δ 的表示,在以上所给的例子中,虽然对于 $\forall (q, a, A) \in Q \times \Sigma \times \Gamma$,要么 $|\delta(q, w, A)| = 1$,要么 $|\delta(q, w, A)| = 0$,但是,都是用集合的形式表示它们的值的。这是 PDA 的定义所要求的。按照 FA 的说法,这里的 PDA 应该都是"不确定的"。实际上,这些 PDA 在每一个状态 q 和一个栈顶符号下的动作都是唯一的,从这个意义上讲,它们又都是确定的。为此,需要重新定义 PDA 的确定性。

定义 7-4 确定的(deterministic)PDA $M = (Q, \Sigma, \Gamma, \delta, q_0, Z_0, F)$ 是满足如下条件的 PDA:对于 $\forall (q, a, Z) \in Q \times \Sigma \times \Gamma$,$|\delta(q, a, Z)| + |\delta(q, \varepsilon, Z)| \leqslant 1$。简单地记为 DPDA M。

例 7-2 构造接受 $L = \{ww^{\mathrm{T}} \mid w \in \{0,1\}^*\}$ 的 PDA。取

$$M = (\{q_0, q_1, q_f\}, \{0, 1\}, \{A, B, Z_0\}, \delta, q_0, Z_0, \{q_f\})$$

其中,q_0——处理句子中的 w 部分。

q_1——处理句子中的 w^{T} 部分。

q_f——终止状态。

$$\delta(q_0, 0, Z_0) = \{(q_0, AZ_0)\} \qquad \text{记下最开始读到的待匹配的 0}$$

$$\delta(q_0,1,Z_0)=\{(q_0,BZ_0)\} \qquad 记下最开始读到的待匹配的 1$$

$$\delta(q_0,0,B)=\{(q_0,AB)\} \qquad 记下读到的待匹配的 0$$

$$\delta(q_0,1,A)=\{(q_0,BA)\} \qquad 记下读到的待匹配的 1$$

$$\delta(q_0,0,A)=\{(q_0,AA), \qquad 记下读到的待匹配的 0$$

$$(q_1,\varepsilon)\} \qquad 遇到 w^\mathrm{T} 的首字符 0,并开始匹配$$

$$\delta(q_0,1,B)=\{(q_0,BB), \qquad 记下读到的待匹配的 1$$

$$(q_1,\varepsilon)\} \qquad 遇到 w^\mathrm{T} 的首字符 1,并开始匹配$$

$$\delta(q_1,0,A)=\{(q_1,\varepsilon)\} \qquad 0 和 A 匹配$$

$$\delta(q_1,1,B)=\{(q_1,\varepsilon)\} \qquad 1 和 B 匹配$$

$$\delta(q_1,\varepsilon,Z_0)=\{(q_f,\varepsilon)\} \qquad 将栈清空,并进入终止状态$$

$$\delta(q_0,\varepsilon,Z_0)=\{(q_f,\varepsilon)\} \qquad 接受 \varepsilon$$

此时,有 $N(M)=L(M)=L$。

在例 7-1 和例 7-2 中,都要求 $w\in\{0,1\}^*$。请读者考虑,如果是要求 $w\in\{0,1\}^+$,那么需要如何修改上述构造的 PDA 才能满足要求?

7.2　PDA 与 CFG 等价

由于定义 7-3 给 PDA 定义了两种接受语言的方式,因此,首先需要证明这两种接受方式是等价的。这里所要进行的等价性证明并不是 7.1 节的例子中所表现的同一个 PDA 用空栈接受的语言和用终止状态接受的语言是相同的,而是要证明对于任意 PDA M_1,存在 PDA M_2,使得 $L(M_2)=N(M_1)$;类似地,对于任意 PDA M_1,存在 PDA M_2,使得 $N(M_2)=L(M_1)$。当完成此证明之后,再去证明 PDA 与 CFG 的等价性。到那时,可以根据需要证明,CFG 与用空栈接受语言的 PDA 等价或者与用终态接受语言的 PDA 等价。

7.2.1　PDA 用空栈接受和用终止状态接受等价

定理 7-1　对于任意 PDA M_1,存在 PDA M_2,使得 $N(M_2)=L(M_1)$。

证明:本证明分为两大步,先根据给定的 PDA M_1 构造等价的 M_2,然后再证明它们的等价性。

(1) 设 PDA $M_1=(Q,\Sigma,\Gamma,\delta_1,q_{01},Z_{01},F)$,构造等价的 M_2。

由于 M_1 是以终止状态接受语言的,要想使新构造的 M_2 以空栈接受相同的语言,两个 PDA 的基本动作应该是相同的,所要考虑的问题是终止状态接受和空栈接受之间的差异。因此,在用 M_2 模拟 M_1 的过程中,需要解决两个问题。第一个问题是,当 w 引导 M_1 进入终止状态后,M_1 的栈不空,此时 M_2 必须将栈清空。第二个问题是,M_1 在运行的过程中没有进入终止状态,但此时栈已经空,M_2 要能够避免出现这种情况时发生的误接受。因此,需要一个状态,在 M_1 进入终止状态而栈非空时,它来完成清栈的工作。另外,还需要一个状态和栈符号,以防止 M_1 未进入终止状态而栈已空的情况发生时所导致的错误接受。

取 PDA $M_2=(Q\cup\{q_{02},q_e\},\Sigma,\Gamma\cup\{Z_{02}\},\delta,q_{02},Z_{02},F)$,其中,$Q\cap\{q_{02},q_e\}=\Gamma\cap\{Z_{02}\}=\varnothing$。增加的 q_e 用于解决第一个问题,增加的 q_{02} 和 Z_{02} 用于解决第二个问题。这样,除开始和结束外,M_2 可以完全地模拟 M_1。具体地,δ_2 的定义如下:

① 首先，在忽略 M_2 的栈底符号的前提下，让 M_2 启动后立即进入 M_1 的初始 ID。即进入 M_1 的开始状态，并将 M_1 的栈底符号压入栈。

$$\delta_2(q_{02}, \varepsilon, Z_{02}) = \{(q_{01}, Z_{01} Z_{02})\}$$

② M_2 完全模拟 M_1 的非空移动。

对于 $\forall (q, a, Z) \in Q \times \Sigma \times \Gamma$，

$$\delta_2(q, a, Z) = \delta_1(q, a, Z)$$

③ M_2 在非终止状态下完全模拟 M_1 的空移动。

对于 $\forall (q, Z) \in (Q - F) \times \Gamma$，

$$\delta_2(q, \varepsilon, Z) = \delta_1(q, \varepsilon, Z)$$

④ 在 M_1 的终止状态下，M_2 除了模拟 M_1 的空移动外，还需要模拟 M_1 的"接受动作"。由于在此动作之后，M_1 的栈可能仍然是不空的，故 M_2 需要进入清栈状态。

对于 $\forall (q, Z) \in F \times \Gamma$，

$$\delta_2(q, \varepsilon, Z) = \delta_1(q, \varepsilon, Z) \bigcup \{(q_e, \varepsilon)\}$$

⑤ M_1 的栈已空，并且已经进入了终止状态，所以，M_2 进入清栈状态 q_e，准备将栈清空。

对于 $\forall q \in F$，

$$\delta_2(q, \varepsilon, Z_{02}) = \{(q_e, \varepsilon)\}$$

⑥ M_2 完成清栈工作。

对于 $\forall Z \in \Gamma \bigcup \{Z_{02}\}$，

$$\delta_2(q_e, \varepsilon, Z) = \{(q_e, \varepsilon)\}$$

（2）证明 $N(M_2) = L(M_1)$。

设 $x \in L(M_1)$，根据定义 7-3，有

$$(q_{01}, x, Z_{01}) \mathop{\vert\!\!\!-}\limits_{M_1}^{*} (q, \varepsilon, \gamma) \text{ 且 } q \in F$$

注意到 M_1 在移动过程中未涉及 Z_{02}，在栈底事先放置 Z_{02} 不会影响 M_1 的上述移动过程，因此，可以得到

$$(q_{01}, x, Z_{01} Z_{02}) \mathop{\vert\!\!\!-}\limits_{M_1}^{*} (q, \varepsilon, \gamma Z_{02}) \text{ 且 } q \in F$$

按照 M_2 定义的第②，③，④条，M_1 所能进行的移动 M_2 都可以进行，所以

$$(q_{01}, x, Z_{01} Z_{02}) \mathop{\vert\!\!\!-}\limits_{M_2}^{*} (q, \varepsilon, \gamma Z_{02}) \text{ 且 } q \in F$$

由于 $q \in F$，所以，根据 M_2 定义的第④，⑤，⑥条，有

$$(q_{01}, x, Z_{01} Z_{02}) \mathop{\vert\!\!\!-}\limits_{M_2}^{*} (q, \varepsilon, \gamma Z_{02}) \mathop{\vert\!\!\!-}\limits_{M_2}^{*} (q_e, \varepsilon, \gamma Z_{02}) \mathop{\vert\!\!\!-}\limits_{M_2}^{*} (q_e, \varepsilon, \varepsilon) \text{ 且 } q \in F$$

即

$$(q_{01}, x, Z_{01} Z_{02}) \mathop{\vert\!\!\!-}\limits_{M_2}^{*} (q_e, \varepsilon, \varepsilon)$$

再注意到 M_2 定义的第①条，可得

$$(q_{02}, x, Z_{02}) \mathop{\vert\!\!\!-}\limits_{M_2} (q_{01}, x, Z_{01} Z_{02}) \mathop{\vert\!\!\!-}\limits_{M_2}^{*} (q_e, \varepsilon, \varepsilon)$$

即

$$(q_{02}, x, Z_{02}) \mathop{\vert\!\!\!-}\limits_{M_2}^{*} (q_e, \varepsilon, \varepsilon)$$

由定义 7-3 知,$x \in N(M_2)$。这表明 $L(M_1) \subseteq N(M_2)$。

类似地,将上述过程反推,可以得到 $N(M_2) \subseteq L(M_1)$。

综上所述,$L(M_1) = N(M_2)$。到此,定理得证。

在定理的证明过程中,虽然将 M_2 的终止状态集合定义为 F,但是对 M_2 来说是没有实际意义的。所以,可以将它的终止状态集合定义为任意集合 $P \subseteq Q$。不过,读者也许会"习惯地"将它定义为 $\varnothing$。

定理 7-2 对于任意 PDA M_1,存在 PDA M_2,使得 $L(M_2) = N(M_1)$。

证明:与定理 7-1 的证明类似,本证明也分为两大步:先根据给定的 PDA M_1 构造等价的 M_2,然后再证明它们的等价性。

(1) 设 PDA $M_1 = (Q, \Sigma, \Gamma, \delta_1, q_{01}, Z_{01}, \varnothing)$,构造等价的 M_2。

由于 M_1 是以空栈接受语言的,要想使新构造的 M_2 以终止状态接受相同的语言,只要 M_2 发现 M_1 在运行过程中将栈弹空就可以进入终止状态。所以,与定理 7-1 的 PDA 的构造类似,这两个 PDA 的基本动作也应该是相同的。为了使 M_2 在模拟 M_1 的过程中能够知道 M_1 在什么时候将栈弹空了,需要让 M_2 在开始时将自己的栈底符号留在栈底,并将 M_1 的栈底符号压入栈,同时进入 M_1 的开始状态。在 M_2 模拟 M_1 的运行过程中,一旦发现自己的栈底符号变成栈顶符号,就进入终止状态。按照此分析,应在 M_1 的基础上给 M_2 新增一个栈底符号、一个开始状态和一个终止状态。因此,取

$$\text{PDA } M_2 = (Q \cup \{q_{02}, q_f\}, \Sigma, \Gamma \cup \{Z_{02}\}, \delta, q_{02}, Z_{02}, \{q_f\})$$

其中,$Q \cap \{q_{02}, q_f\} = \Gamma \cap \{Z_{02}\} = \varnothing$。

① 让 M_2 进入 M_1 的开始状态,并将 M_1 的栈底符号压入栈。

$$\delta_2(q_{02}, \varepsilon, Z_{02}) = \{(q_{01}, Z_{01}Z_{02})\}$$

② M_2 完全模拟 M_1 的移动。

对于 $\forall (q, a, Z) \in Q \times (\Sigma \cup \{\varepsilon\}) \times \Gamma$,

$$\delta_2(q, a, Z) = \delta_1(q, a, Z)$$

③ M_1 的栈已空时,M_2 的栈底符号成为栈中的唯一符号。因此,无论此时处于什么状态,M_2 都应该进入终止状态。

$$\delta_2(q, \varepsilon, Z_{02}) = \{(q_f, \varepsilon)\}$$

(2) 证明 $L(M_2) = N(M_1)$。

设 $x \in L(M_2)$,根据定义 7-3 和 M_2 定义的第③条,有

$$(q_{02}, x, Z_{02}) \underset{M_2}{\overset{*}{\vdash}} (q_f, \varepsilon, \varepsilon)$$

注意到 M_2 定义的第①条,必定有

$$(q_{02}, x, Z_{02}) \underset{M_2}{\vdash} (q_{01}, x, Z_{01}Z_{02})$$

为 M_2 的第一个移动,所以

$$(q_{02}, x, Z_{02}) \underset{M_2}{\vdash} (q_{01}, x, Z_{01}Z_{02}) \underset{M_2}{\overset{*}{\vdash}} (q_f, \varepsilon, \varepsilon)$$

根据上式和 M_2 定义的第③条,必定存在 $q \in Q$,使得

$$(q_{01}, x, Z_{01}Z_{02}) \underset{M_2}{\overset{*}{\vdash}} (q, \varepsilon, Z_{02})$$

和

$$(q,\varepsilon,Z_{02}) \mathop{\vert\!\!\!-}\limits_{M_2}^{*} (q_f,\varepsilon,\varepsilon)$$

同时成立。在 M_2 的 ID 从 $(q_{01},x,Z_{01}Z_{02})$ 变到 (q,ε,Z_{02}) 的过程中，经过的状态都是 Q 中的状态。因此一方面，M_2 的 ID 变成 (q,ε,Z_{02}) 之前不可能变成一个以 Z_{02} 为栈顶符号的 ID；另一方面，按照 M_2 定义的第②条，在这个过程中，M_2 所能进行的移动 M_1 都可以进行。所以

$$(q_{01},x,Z_{01}Z_{02}) \mathop{\vert\!\!\!-}\limits_{M_1}^{*} (q,\varepsilon,Z_{02})$$

由于 Z_{02} 与 M_1 无关，并且它一直处于栈底，因此

$$(q_{01},x,Z_{01}) \mathop{\vert\!\!\!-}\limits_{M_1}^{*} (q,\varepsilon,\varepsilon)$$

由定义 7-3 知，$x \in N(M_1)$。这表明 $L(M_2) \subseteq N(M_1)$。

类似地，将上述过程反推，可以得到 $N(M_1) \subseteq L(M_2)$。

综上所述，$L(M_2)=N(M_1)$。到此，定理得证。

7.2.2　PDA 与 CFG 等价

根据定义 PDA 的初始期望和分析，以及例 7-1 所给的启示，用 PDA 模拟 GNF 的最左派生是恰当的，所以，先证明如下定理。

定理 7-3　对于任意 CFL L，存在 PDA M，使得 $N(M)=L$。

证明：首先考虑识别 $L-\{\varepsilon\}$ 的 PDA，然后再考虑对 ε 的处理问题。

设 L 为不含 ε 的 CFL，根据定理 6-10，存在 GNF G，使得 $L(G)=L$。设相应的 GNF 为

$$G=(V,T,P,S)$$

由于希望构造出来的 PDA 能够模拟 GNF 的最左派生，而 GNF 的句子在派生过程中，其变量决定派生如何进行，所以，此时可以不使用 PDA M 的状态与栈顶符号配合来决定 PDA M 的动作。这样一来，PDA M 只需要有一个状态，而且，该状态仅仅是 PDA 的定义所要求的。所以，取 PDA

$$M=(\{q\},T,V,\delta,q,S,\varnothing)$$

对于任意 $A \in V, a \in T$，

$$\delta(q,a,A)=\{(q,\gamma) \mid A \rightarrow a\gamma \in P\}$$

也就是说，$(q,\gamma) \in \delta(q,a,A)$ 的充分必要条件是 $A \rightarrow a\gamma \in P$。

往证 $N(M)=L$。为此，施归纳于 w 的长度 n，证明

$(q,w,S) \mathop{\vert\!\!\!-}\limits_{M}^{n} (q,\varepsilon,\alpha)$ 的充分必要条件是 $S \mathop{\Rightarrow}\limits^{n} w\alpha$。

先证必要性。也就是说，如果 $(q,w,S) \mathop{\vert\!\!\!-}\limits_{M}^{n} (q,\varepsilon,\alpha)$，则必定有 $S \mathop{\Rightarrow}\limits^{n} w\alpha$。

当 $n=1$ 时，必定有 $(q,a,S) \mathop{\vert\!\!\!-}\limits_{M}^{n} (q,\varepsilon,\alpha)$，这里 $a \in T$ 成立，且

$$(q,\alpha) \in \delta(q,a,S)$$

根据 δ 的定义，$S \rightarrow a\alpha \in P$，所以，$S \Rightarrow a\alpha$ 成立。

设 $n=k$ 时结论成立，则当 $n=k+1$ 时有 $w=xa$，$|x|=k$，$a\in T$，使得

$$(q,w,S)=(q,xa,S)\vdash^{k}_{M}(q,a,\gamma)\vdash_{M}(q,\varepsilon,\alpha)$$

成立。因此，必定存在 $A\in V$，$\gamma=A\beta_1$，$(q,\beta_2)\in\delta(q,a,A)$，即

$$(q,a,\gamma)=(q,a,A\beta_1)\vdash_{M}(q,\varepsilon,\beta_2\beta_1)=(q,\varepsilon,\alpha)$$

由 $(q,\beta_2)\in\delta(q,a,A)$，可得 $A\to a\beta_2\in P$，再从

$$(q,xa,S)\vdash^{k}_{M}(q,a,\gamma)$$

可以得到

$$(q,x,S)\vdash^{k}_{M}(q,\varepsilon,\gamma)$$

由归纳假设，此时必定有

$$S\overset{k}{\Rightarrow}x\gamma$$

注意到 $\gamma=A\beta_1$，并且 $A\to a\beta_2\in P$，从而有

$$S\overset{k}{\Rightarrow}xA\beta_1\Rightarrow xa\beta_2\beta_1$$

即

$$S\overset{k+1}{\Rightarrow}w\alpha$$

故结论对 $n=k+1$ 成立。由归纳法原理，结论对任意 n 成立。

再证充分性。即如果 $S\overset{n}{\Rightarrow}w\alpha$，则必定有 $(q,w,S)\vdash^{n}_{M}(q,\varepsilon,\alpha)$。

当 $n=1$ 时，由 $S\Rightarrow w\alpha$ 知道，$w\in T$ 且 $S\to w\alpha\in P$。根据 δ 的定义，

$$(q,\alpha)\in\delta(q,w,S)$$

所以有

$$(q,w,S)\vdash_{M}(q,\varepsilon,\alpha)$$

成立。

现在假设 $n=k$ 时结论成立，往证 $n=k+1$ 时结论成立。为此，设

$$S\overset{k}{\Rightarrow}xA\beta_1\Rightarrow xa\beta_2\beta_1$$

从

$$xA\beta_1\Rightarrow xa\beta_2\beta_1$$

知道

$$A\to a\beta_2\in P$$

根据 δ 的定义，

$$(q,\beta_2)\in\delta(q,a,A)$$

另一方面，由归纳假设，根据 $S\overset{k}{\Rightarrow}xA\beta_1$ 得

$$(q,xa,S)\vdash^{k}_{M}(q,a,A\beta_1)$$

而

$$(q,a,A)\vdash_{M}(q,\varepsilon,\beta_2)$$

所以

$$(q, xa, S) \vdash_{\overline{M}}^{k} (q, a, A\beta_1) \vdash_{\overline{M}} (q, \varepsilon, \beta_2\beta_1)$$

即结论对 $n = k+1$ 成立。由归纳法原理,结论对任意 n 成立。

综上所述,$(q, w, S) \vdash_{\overline{M}}^{n} (q, \varepsilon, \alpha)$ 的充分必要条件是 $S \stackrel{n}{\Rightarrow} w\alpha$。注意到 α 的任意性,知 $(q, w, S) \vdash_{\overline{M}}^{n} (q, \varepsilon, \varepsilon)$ 的充分必要条件是 $S \stackrel{n}{\Rightarrow} w$,亦即

$$N(M) = L(G)$$

最后,需要证明的是当 $\varepsilon \in L$ 的情况:先构造出 PDA M,使得 $N(M) = L - \{\varepsilon\}$。这里有

$$M = (Q, \Sigma, \Gamma, \delta, q_0, Z_0, \varnothing)$$

令

$$M' = (Q \cup \{q_0'\}, \Sigma, \Gamma \cup \{Z'\}, \delta', q_0', Z', \varnothing)$$

其中,$q_0' \notin Q, Z' \notin \Gamma$。令

$$\delta'(q_0', \varepsilon, Z_0') = \{(q_0', \varepsilon), (q_0, Z_0)\}$$

对于 $\forall (q, w, Z) \in Q \times (\Sigma \cup \{\varepsilon\}) \times \Gamma$,

$$\delta'(q, a, Z) = \delta(q, a, Z)$$

显然,$N(M') = N(M) \cup \{\varepsilon\}$。到此,定理得证。

例 7-3　构造与如下 GNF 等价的 PDA。

$$S \rightarrow aT \mid a$$
$$T \rightarrow aT \mid bT \mid a \mid b$$

根据上述定理证明中所给的方法,等价 PDA 的 δ 函数定义为

$$\delta(q, a, S) = \{(q, T), (q, \varepsilon)\}$$
$$\delta(q, a, T) = \{(q, T), (q, \varepsilon)\}$$
$$\delta(q, b, T) = \{(q, T), (q, \varepsilon)\}$$

读者不难看出,在该 PDA 的运行过程中,栈中一直只有一个符号,直到最后栈被弹空。由此促使我们考虑这样一个问题:PDA 在某一时刻,根据当前状态和栈符号串构成的"全局状态"决定对输入符号的处理,由于某一时刻栈内存放的符号是不确定的,所以,在处理输入串的过程中将要经历的这种"全局状态"的个数可能是无穷的。因此,对于非 RL 的 CFL 来说,就无法构造出用有穷个"全局状态"实现分析的自动机。而对一个 RL 来说,它对应的 PDA 的分析栈中最多只有一个符号,所以,其"全局状态"的个数最多为 $|Q|(|\Gamma|+1)$ 个。由此也可以看出,RL 可以用 FA 处理。

下面考虑如何根据给定的 PDA 构造等价的 CFG。显然,应该用 CFG 的派生去模拟相应的 PDA M 的移动。假设

$$(q_1, A_1 A_2 \cdots A_n) \in \delta(q, a, A)$$

按照 PDA 的定义,该式子表明:M 在状态 q,栈顶符号为 A 时读入字符 a,将状态改为 q_1,弹出栈顶符号 A,并将符号 $A_1, A_2, \cdots, A_n$ 依次压入栈。根据 FA 与 RG 之间的等价转换方法和 PDA 移动的"依据",可以考虑用状态 q 和栈顶符号 A 构成文法的语法变量,从而有

$$[q, A] \rightarrow a[q_1, A_1 A_2 \cdots A_n]$$

注意到 δ 是定义在 $Q\times(\Sigma\cup\{\varepsilon\})\times\Gamma$ 上的，所以，一则，如果仅仅以此来定义产生式，当 $n\geqslant2$ 时，我们难以给出变量 $[q_1,A_1A_2\cdots A_n]$ 的定义式；二则，PDA 是根据当前状态和栈顶符号来决定对当前的输入字符的处理的，所以，CFG 对应的变量也就不可能是 $[q_1,A_1A_2\cdots A_n](n\geqslant2)$ 的形式。也就是说，如同 q 与 A 对应，q_1 与 A_1 对应，应该有状态序列 $q_2,q_3,\cdots,q_n$ 分别与 $A_2,A_3,\cdots,A_n$ 对应。这时，可以得到如下形式的产生式：

$$[q,A]\to a[q_1,A_1][q_2,A_2]\cdots[q_n,A_n]$$

考虑到 q 与 A 对应以及 q_1 与 A_1 对应是当前状态与当前状态下栈顶符号的对应，因此，q_2 与 A_2、q_3 与 A_3、$\cdots$、q_n 与 A_n 的对应也应该分别是届时的当前状态与该状态下栈顶符号的对应。值得注意的是，在 q_i 状态下弹出 A_i 后 PDA 可能会向栈中压入其他符号，而状态 q_{i+1} 却是 A_{i+1} 为栈顶符号时的状态。按照文法最左派生的要求，当完成 $[q_i,A_i]$ 的派生之后（即完成 $[q_i,A_i]\overset{k}{\Rightarrow}w$ 后），才开始进行 $[q_{i+1},A_{i+1}]$ 的派生。为了完整地表现出"完成 $[q_i,A_i]\overset{k}{\Rightarrow}w$"的意义，变量 $[q_i,A_i]$ 还需要表现出 PDA 到达状态 q_{i+1} 的意义。因此，考虑将相应的变量表示成如下形式：

$$[q_i,A_i,q_{i+1}]$$

其中，q_i 为当前状态，符号 A_i 表示相应的栈顶符号，q_{i+1} 表示当前的次栈顶 A_{i+1} 变成栈顶时的状态。显然，在根据 PDA 构造 CFG 时，并不知道哪个符号应该与哪两个状态是这样的对应关系。因此，需要穷举所有的可能。而当这个"可能"不存在时，该变量就无法派生出终极符号行来。按照这一思路，完成如下定理的证明。

定理 7-4 对于任意 PDA M，存在 CFG G，使得 $L(G)=N(M)$。

证明：设 PDA $M=(Q,\Sigma,\Gamma,\delta,q_0,Z_0,\varnothing)$，取 CFG $G=(V,\Sigma,P,S)$，其中，

$V=\{S\}\cup Q\times\Gamma\times Q$

$P=\{S\to[q_0,Z_0,q]\mid q\in Q\}\cup$

$\{[q,A,q_{n+1}]\to a[q_1,A_1,q_2][q_2,A_2,q_3]\cdots[q_n,A_n,q_{n+1}]\mid(q_1,A_1A_2\cdots A_n)\in\delta$

(q,a,A)

且 $a\in\Sigma\cup\{\varepsilon\},q_2,q_3,\cdots,q_n,q_{n+1}\in Q$ 且 $n\geqslant1\}\cup$

$\{[q,A,q_1]\to a\mid(q_1,\varepsilon)\in\delta(q,a,A)\}$

先证 $[q,A,p]\overset{*}{\Rightarrow}x$ 的充分必要条件是 $(q,x,A)\vdash(p,\varepsilon,\varepsilon)$。

必要性。设 $[q,A,p]\overset{i}{\Rightarrow}x$，现施归纳于 i，证明 $(q,x,A)\overset{*}{\vdash}(p,\varepsilon,\varepsilon)$。

当 $i=1$ 时，必定有 $x\in\Sigma\cup\{\varepsilon\}$，从而 $[q,A,p]\to x\in P$。根据 P 的定义，

$$(p,\varepsilon)\in\delta(q,a,A)$$

所以

$$(q,x,A)\vdash(p,\varepsilon,\varepsilon)$$

即结论对 $i=1$ 成立。

设 $i\leqslant k$ 时结论成立，即如果 $[q,A,p]\overset{i}{\Rightarrow}x$，则 $(q,x,A)\overset{*}{\vdash}(p,\varepsilon,\varepsilon)$。则当 $i=k+1$ 时，有

$$[q,A,p]\Rightarrow a[q_1,A_1,q_2][q_2,A_2,q_3]\cdots[q_n,A_n,p]\overset{k}{\Rightarrow}ax_1x_2\cdots x_n$$

其中，

$$[q_1,A_1,q_2]\overset{k_1}{\Rightarrow}x_1,[q_2,A_2,q_3]\overset{k_2}{\Rightarrow}x_2,\cdots,[q_n,A_n,p]\overset{k_n}{\Rightarrow}x_n$$

并且

$$k_1+k_2+\cdots+k_n=k$$

由归纳假设，

$$(q_1,x_1,A_1)\overset{*}{\vdash}(q_2,\varepsilon,\varepsilon),(q_2,x_2,A_2)\overset{*}{\vdash}(q_3,\varepsilon,\varepsilon),\cdots,(q_n,x_n,A_n)\overset{*}{\vdash}(p,\varepsilon,\varepsilon)$$

而 $[q,A,p]\Rightarrow a[q_1,A_1,q_2][q_2,A_2,q_3]\cdots[q_n,A_n,p]$ 表明

$$(q_1,A_1A_2\cdots A_n)\in\delta(q,a,A)$$

从而

$$(q,ax_1x_2\cdots x_n,A)\vdash(q_1,x_1x_2\cdots x_n,A_1A_2\cdots A_n)$$

$$\overset{*}{\vdash}(q_2,x_2\cdots x_n,A_2\cdots A_n)$$

$$\vdots$$

$$\overset{*}{\vdash}(q_n,x_n,A_n)$$

$$\overset{*}{\vdash}(p,\varepsilon,\varepsilon)$$

即 $i=k+1$ 时结论成立。由归纳法原理，结论对任意 i 成立。必要性得证。

充分性。设 $(q,x,A)\overset{i}{\vdash}(p,\varepsilon,\varepsilon)$ 成立，现施归纳于 i，证明 $[q,A,p]\overset{*}{\Rightarrow}x$。

当 $i=1$ 时，由 $(q,x,A)\vdash(p,\varepsilon,\varepsilon)$ 可以知道，必定有

$$(p,\varepsilon)\in\delta(q,x,A)$$

根据 G 的定义，

$$[q,A,p]\rightarrow x\in P$$

成立。所以

$$[q,A,p]\Rightarrow x$$

即 $i=1$ 时结论成立。

设 $i=k$ 时结论成立，即如果

$$(q,x,A)\overset{k}{\vdash}(p,\varepsilon,\varepsilon)$$

成立，则

$$[q,A,p]\overset{*}{\Rightarrow}x$$

现在设

$$(q,x,A)\overset{k+1}{\vdash}(p,\varepsilon,\varepsilon)$$

从而存在 $a,x_1,x_2,\cdots,x_n,A_1,A_2,\cdots,A_n$，使得

$$x=ax_1x_2\cdots x_n$$

$$(q,x,A) = (q,a\,x_1x_2\cdots x_n,A)$$

$$\vdash (q_1,x_1x_2\cdots x_n,A_1A_2\cdots A_n)$$

$$\vdash^{k_1} (q_2,x_2\cdots x_n,A_2\cdots A_n)$$

$$\vdash^{k_2} (q_3,x_3\cdots x_n,A_3\cdots A_n)$$

$$\vdots$$

$$\vdash^{k_{n-1}} (q_n,x_n,A_n)$$

$$\vdash^{k_n} (p,\varepsilon,\varepsilon)$$

由此可以得到

$$(q,a,A) \vdash (q_1,\varepsilon,A_1A_2\cdots A_n)$$

$$(q_1,x_1,A_1) \vdash^{k_1} (q_2,\varepsilon,\varepsilon)$$

$$(q_2,x_2,A_2) \vdash^{k_2} (q_3,\varepsilon,\varepsilon)$$

$$\vdots$$

$$(q_n,x_n,A_n) \vdash^{k_n} (p,\varepsilon,\varepsilon)$$

再注意到

$$k_1 + k_2 + \cdots + k_n = k$$

由归纳假设得

$$[q_1,A_1,q_2] \overset{*}{\Rightarrow} x_1, [q_2,A_2,q_3] \overset{*}{\Rightarrow} x_2, \cdots, [q_n,A_n,p] \overset{*}{\Rightarrow} x_n$$

由于

$$(q,a,A) \vdash (q_1,\varepsilon,A_1A_2\cdots A_n)$$

必定有

$$(q_1,A_1A_2\cdots A_n) \in \delta(q,a,A)$$

再根据 G 的定义，

$$[q,A,p] \rightarrow a[q_1,A_1,q_2][q_2,A_2,q_3]\cdots[q_n,A_n,p] \in P$$

综上，有

$$[q,A,p] \Rightarrow a[q_1,A_1,q_2][q_2,A_2,q_3]\cdots[q_n,A_n,p]$$

$$\overset{*}{\Rightarrow} a\,x_1[q_2,A_2,q_3]\cdots[q_n,A_n,p]$$

$$\overset{*}{\Rightarrow} a\,x_1x_2[q_3,A_3,q_4]\cdots[q_n,A_n,p]$$

$$\vdots$$

$$\overset{*}{\Rightarrow} a\,x_1x_2\cdots x_{n-1}[q_n,A_n,p]$$

$$\overset{*}{\Rightarrow} a\,x_1x_2\cdots x_n$$

即 $i=k+1$ 时结论成立。根据归纳法原理，结论对任意 i 成立。充分性得证。

由 q 和 A 的任意性，取 $q=q_0$，$A=S$，可得

$[q_0,S,p] \overset{*}{\Rightarrow} x$ 的充分必要条件是 $(q_0,x,S) \vdash (p,\varepsilon,\varepsilon)$。

故

$$L(G) = N(M)$$

到此,定理得证。

根据本定理证明中所给的方法,对于一个 PDA M,得到的 CFG 的产生式是具有如下形式的产生式:

$$A \rightarrow aA_1A_2 \cdots A_n$$
$$A \rightarrow A_1A_2 \cdots A_n$$
$$A \rightarrow \varepsilon$$

其中,$A,A_1,A_2,\cdots,A_n \in \{S\} \cup Q \times \Gamma \times Q$。

例 7-4 构造 CFG G,使得 G 产生的语言为如下 PDA M 用空栈接受的语言。

$$M = (\{q_0\},\{0,1,2\},\{Z,A,B\},\delta,q_0,Z,\varnothing)$$

其中

$$\delta(q_0,0,Z) = \{(q_0,ZA)\}$$
$$\delta(q_0,1,Z) = \{(q_0,ZB)\}$$
$$\delta(q_0,2,Z) = \{(q_0,\varepsilon)\}$$
$$\delta(q_0,0,A) = \{(q_0,\varepsilon)\}$$
$$\delta(q_0,1,B) = \{(q_0,\varepsilon)\}$$

设 S 为开始符号,G 的产生式集合的构造过程如下:

$$S \rightarrow [q_0,Z,q_0]$$

根据 $\delta(q_0,0,Z) = \{(q_0,ZA)\}$,可得

$$[q_0,Z,q_0] \rightarrow 0[q_0,Z,q_0][q_0,A,q_0]$$

根据 $\delta(q_0,1,Z) = \{(q_0,ZB)\}$,可得

$$[q_0,Z,q_0] \rightarrow 1[q_0,Z,q_0][q_0,B,q_0]$$

根据 $\delta(q_0,2,Z) = \{(q_0,\varepsilon)\}$,可得

$$[q_0,Z,q_0] \rightarrow 2$$

根据 $\delta(q_0,0,A) = \{(q_0,\varepsilon)\}$,可得

$$[q_0,A,q_0] \rightarrow 0$$

根据 $\delta(q_0,1,B) = \{(q_0,\varepsilon)\}$,可得

$$[q_0,B,q_0] \rightarrow 1$$

显然,在上述产生式中,变量标识符中的 q_0 实际上已经失去了符号之间的区分作用。因此,可以将其删除。删除之后,可得到如下产生式组:

$$S \rightarrow Z$$
$$Z \rightarrow 0ZA \mid 1ZB \mid 2$$
$$A \rightarrow 0$$
$$B \rightarrow 1$$

化简后可得到一个 GNF:

$$S \rightarrow 0ZA \mid 1ZB \mid 2$$

$$Z \rightarrow 0ZA \mid 1ZB \mid 2$$
$$A \rightarrow 0$$
$$B \rightarrow 1$$

然而,对按照这种方式构造出来的文法,并不是每次都可以如此顺利地完成相应的化简。有时用人工进行的化简是非常烦琐的,好在前面的章节中已经解决了文法的自动化简问题。

例 7-5 构造 CFG G,使得 G 产生的语言为如下 PDA M 用空栈接受的语言。

$$M = (\{q_0, q_1, q_2\}, \{0, 1, 2\}, \{B, A, Z\}, \delta, q_0, Z, \varnothing)$$

其中,

$$\delta(q_0, 0, Z) = \{(q_1, AZ)\}$$
$$\delta(q_0, 1, Z) = \{(q_1, BZ)\}$$
$$\delta(q_0, 2, Z) = \{(q_1, \varepsilon)\}$$
$$\delta(q_1, 0, A) = \{(q_1, AA)\}$$
$$\delta(q_1, 1, A) = \{(q_1, BA)\}$$
$$\delta(q_1, 0, B) = \{(q_1, AB)\}$$
$$\delta(q_1, 1, B) = \{(q_1, BB)\}$$
$$\delta(q_1, 2, A) = \{(q_2, A)\}$$
$$\delta(q_1, 2, B) = \{(q_2, B)\}$$
$$\delta(q_2, 0, A) = \{(q_2, \varepsilon)\}$$
$$\delta(q_2, 1, B) = \{(q_2, \varepsilon)\}$$

设 S 为开始符号,G 的产生式集合的构造过程如下:

首先,有 S 产生式:

$$S \rightarrow [q_0, Z, q_0] \mid [q_0, Z, q_1] \mid [q_0, Z, q_2]$$

根据 $\delta(q_0, 0, Z) = \{(q_1, AZ)\}$,可得

$$[q_0, Z, q_0] \rightarrow 0[q_1, A, q_0][q_0, Z, q_0]$$
$$[q_0, Z, q_0] \rightarrow 0[q_1, A, q_1][q_1, Z, q_0]$$
$$[q_0, Z, q_0] \rightarrow 0[q_1, A, q_2][q_2, Z, q_0]$$
$$[q_0, Z, q_1] \rightarrow 0[q_1, A, q_0][q_0, Z, q_1]$$
$$[q_0, Z, q_1] \rightarrow 0[q_1, A, q_1][q_1, Z, q_1]$$
$$[q_0, Z, q_1] \rightarrow 0[q_1, A, q_2][q_2, Z, q_1]$$
$$[q_0, Z, q_2] \rightarrow 0[q_1, A, q_0][q_0, Z, q_2]$$
$$[q_0, Z, q_2] \rightarrow 0[q_1, A, q_1][q_1, Z, q_2]$$
$$[q_0, Z, q_2] \rightarrow 0[q_1, A, q_2][q_2, Z, q_2]$$

根据 $\delta(q_0, 1, Z) = \{(q_1, BZ)\}$,可得

$$[q_0, Z, q_0] \rightarrow 1[q_1, B, q_0][q_0, Z, q_0]$$
$$[q_0, Z, q_0] \rightarrow 1[q_1, B, q_1][q_1, Z, q_0]$$
$$[q_0, Z, q_0] \rightarrow 1[q_1, B, q_2][q_2, Z, q_0]$$

$$[q_0,Z,q_1] \rightarrow 1[q_1,B,q_0][q_0,Z,q_1]$$
$$[q_0,Z,q_1] \rightarrow 1[q_1,B,q_1][q_1,Z,q_1]$$
$$[q_0,Z,q_1] \rightarrow 1[q_1,B,q_2][q_2,Z,q_1]$$
$$[q_0,Z,q_2] \rightarrow 1[q_1,B,q_0][q_0,Z,q_2]$$
$$[q_0,Z,q_2] \rightarrow 1[q_1,B,q_1][q_1,Z,q_2]$$
$$[q_0,Z,q_2] \rightarrow 1[q_1,B,q_2][q_2,Z,q_2]$$

根据 $\delta(q_0,2,Z)=\{(q_1,\varepsilon)\}$，可得

$$[q_0,Z,q_1] \rightarrow 2$$

根据 $\delta(q_1,0,A)=\{(q_1,AA)\}$，可得

$$[q_1,A,q_0] \rightarrow 0[q_1,A,q_0][q_0,A,q_0]$$
$$[q_1,A,q_0] \rightarrow 0[q_1,A,q_1][q_1,A,q_0]$$
$$[q_1,A,q_0] \rightarrow 0[q_1,A,q_2][q_2,A,q_0]$$
$$[q_1,A,q_1] \rightarrow 0[q_1,A,q_0][q_0,A,q_1]$$
$$[q_1,A,q_1] \rightarrow 0[q_1,A,q_1][q_1,A,q_1]$$
$$[q_1,A,q_1] \rightarrow 0[q_1,A,q_2][q_2,A,q_1]$$
$$[q_1,A,q_2] \rightarrow 0[q_1,A,q_0][q_0,A,q_2]$$
$$[q_1,A,q_2] \rightarrow 0[q_1,A,q_1][q_1,A,q_2]$$
$$[q_1,A,q_2] \rightarrow 0[q_1,A,q_2][q_2,A,q_2]$$

根据 $\delta(q_1,1,A)=\{(q_1,BA)\}$，可得

$$[q_1,A,q_0] \rightarrow 1[q_1,B,q_0][q_0,A,q_0]$$
$$[q_1,A,q_0] \rightarrow 1[q_1,B,q_1][q_1,A,q_0]$$
$$[q_1,A,q_0] \rightarrow 1[q_1,B,q_2][q_2,A,q_0]$$
$$[q_1,A,q_1] \rightarrow 1[q_1,B,q_0][q_0,A,q_1]$$
$$[q_1,A,q_1] \rightarrow 1[q_1,B,q_1][q_1,A,q_1]$$
$$[q_1,A,q_1] \rightarrow 1[q_1,B,q_2][q_2,A,q_1]$$
$$[q_1,A,q_2] \rightarrow 1[q_1,B,q_0][q_0,A,q_2]$$
$$[q_1,A,q_2] \rightarrow 1[q_1,B,q_1][q_1,A,q_2]$$
$$[q_1,A,q_2] \rightarrow 1[q_1,B,q_2][q_2,A,q_2]$$

根据 $\delta(q_1,0,B)=\{(q_1,AB)\}$，可得

$$[q_1,B,q_0] \rightarrow 0[q_1,A,q_0][q_0,B,q_0]$$
$$[q_1,B,q_0] \rightarrow 0[q_1,A,q_1][q_1,B,q_0]$$
$$[q_1,B,q_0] \rightarrow 0[q_1,A,q_2][q_2,B,q_0]$$
$$[q_1,B,q_1] \rightarrow 0[q_1,A,q_0][q_0,B,q_1]$$
$$[q_1,B,q_1] \rightarrow 0[q_1,A,q_1][q_1,B,q_1]$$
$$[q_1,B,q_1] \rightarrow 0[q_1,A,q_2][q_2,B,q_1]$$
$$[q_1,B,q_2] \rightarrow 0[q_1,A,q_0][q_0,B,q_2]$$
$$[q_1,B,q_2] \rightarrow 0[q_1,A,q_1][q_1,B,q_2]$$
$$[q_1,B,q_2] \rightarrow 0[q_1,A,q_2][q_2,B,q_2]$$

根据 $\delta(q_1,1,B)=\{(q_1,BB)\}$,可得

$$
\begin{cases}
[q_1,B,q_0] \rightarrow 1[q_1,B,q_0][q_0,B,q_0] \\
[q_1,B,q_0] \rightarrow 1[q_1,B,q_1][q_1,B,q_0] \\
[q_1,B,q_0] \rightarrow 1[q_1,B,q_2][q_2,B,q_0]
\end{cases}
$$

$$
\begin{cases}
[q_1,B,q_1] \rightarrow 1[q_1,B,q_0][q_0,B,q_1] \\
[q_1,B,q_1] \rightarrow 1[q_1,B,q_1][q_1,B,q_1] \\
[q_1,B,q_1] \rightarrow 1[q_1,B,q_2][q_2,B,q_1]
\end{cases}
$$

$$
\begin{cases}
[q_1,B,q_2] \rightarrow 1[q_1,B,q_0][q_0,B,q_2] \\
[q_1,B,q_2] \rightarrow 1[q_1,B,q_1][q_1,B,q_2] \\
[q_1,B,q_2] \rightarrow 1[q_1,B,q_2][q_2,B,q_2]
\end{cases}
$$

根据 $\delta(q_1,2,A)=\{(q_2,A)\}$,可得

$$
\begin{cases}
[q_1,A,q_0] \rightarrow 2[q_2,A,q_0] \\
[q_1,A,q_1] \rightarrow 2[q_2,A,q_1] \\
[q_1,A,q_2] \rightarrow 2[q_2,A,q_2]
\end{cases}
$$

根据 $\delta(q_1,2,B)=\{(q_2,B)\}$,可得

$$
\begin{cases}
[q_1,B,q_0] \rightarrow 2[q_2,B,q_0] \\
[q_1,B,q_1] \rightarrow 2[q_2,B,q_1] \\
[q_1,B,q_2] \rightarrow 2[q_2,B,q_2]
\end{cases}
$$

根据 $\delta(q_2,0,A)=\{(q_2,\varepsilon)\}$,可得

$$
[q_2,A,q_2] \rightarrow 0
$$

根据 $\delta(q_2,1,B)=\{(q_2,\varepsilon)\}$,可得

$$
[q_2,B,q_2] \rightarrow 1
$$

在这些产生式中,存在一些无用符号和单一产生式,这里不再进一步进行文法的化简。一般情况下,建议读者也不要将精力放在对这种文法的化简上,而是将它们的化简问题交由一个自动化简系统完成。

7.3 小　结

PDA M 是一个七元组: $M=(Q,\Sigma,\Gamma,\delta,q_0,Z_0,F)$,它是 CFL 的识别模型,比 FA 多了栈符号,这些符号和状态一起用来记录相关的语法信息。在决定移动时,PDA 将栈顶符号作为考虑的因素之一。PDA 可以用终态接受语言,也可以用空栈接受语言。与 DFA 不同,对于 $\forall(q,a,Z)\in Q\times\Sigma\times\Gamma$,DPDA 仅要求 $|\delta(q,a,Z)|+|\delta(q,\varepsilon,Z)|\leqslant 1$。关于 CFG 和 PDA 主要有如下结论:

(1) 对于任意 PDA M_1,存在 PDA M_2,使得 $N(M_2)=L(M_1)$。

(2) 对于任意 PDA M_1,存在 PDA M_2,使得 $L(M_2)=N(M_1)$。

(3) 对于任意 CFL L,存在 PDA M,使得 $N(M)=L$。

(4) 对于任意 PDA M,存在 CFG G,使得 $L(G)=N(M)$。

1. 构造识别下列语言的 PDA：

(1) $\{1^n0^m \mid n \geqslant m \geqslant 1\}$。

(2) $\{1^n0^{2m}1^n \mid n,m \geqslant 1\}$。

(3) $\{1^n0^n1^m0^m \mid n,m \geqslant 1\}$。

(4) $\{0^n1^m \mid n \leqslant m \leqslant 2n\}$。

(5) 含有相同个数的 0 和 1 的所有的 0,1 串。

(6) $\{w2w^{\mathrm{T}} \mid w \in \{0,1\}^*\}$。

(7) $\{ww^{\mathrm{T}} \mid w \in \{0,1\}^*\}$。

(8) 简单算术表达式。

2. 构造 PDA M，使 $L(M) = \{1^n0^n \mid n \geqslant 1\}\{1^n0^{2n} \mid n \geqslant 1\}$。

3. 构造 PDA M，使 $L(M) = \{1^n0^n \mid n \geqslant 1\} \bigcup \{1^n0^{2n} \mid n \geqslant 1\}$。

4. 构造 PDA M，使 $N(M) = \{1^n0^n \mid n \geqslant 1\}\{1^n0^{2n} \mid n \geqslant 1\}$。

5. 构造 PDA M，使 $N(M) = \{1^n0^n \mid n \geqslant 1\} \bigcup \{1^n0^{2n} \mid n \geqslant 1\}$。

6. 构造 PDA M，使 $L(M) = N(M) = \{1^n0^n \mid n \geqslant 1\}\{1^n0^{2n} \mid n \geqslant 1\}$。

7. 构造 PDA M，使 $L(M) = N(M) = \{1^n0^n \mid n \geqslant 1\} \bigcup \{1^n0^{2n} \mid n \geqslant 1\}$。

8. 构造与下列文法等价的 PDA：

(1) $S \rightarrow aBB \mid bAA$

    $B \rightarrow aBB \mid aA \mid a$

    $A \rightarrow bBA \mid \varepsilon$

(2) $S \rightarrow aBcB \mid bAAd$

    $B \rightarrow aBa \mid Da \mid \varepsilon$

    $A \rightarrow bbA \mid \varepsilon$

    $D \rightarrow d$

9. 下列文法不是 GNF，是否可以按照定理 7-3 证明中所给的方法，构造与如下文法等价的 PDA？ 如果可以，请给出相应的 PDA；如果不能，请说明理由，并且寻找一种合适的方法，构造出等价的 PDA。

(1) $A \rightarrow Ab \mid CAA \mid dB$

    $B \rightarrow CAB \mid Cc \mid c$

    $C \rightarrow ACB \mid a$

(2) $A \rightarrow BBC \mid CAB \mid CA$

    $B \rightarrow Abab \mid ab$

    $C \rightarrow Add$

(3) $E \rightarrow ET+ \mid ET- \mid T$

    $T \rightarrow TF* \mid TF/ \mid F$

    $F \rightarrow (E) \mid \mathrm{id}$

10. 设 L 是一个 CFL，$\varepsilon \notin L$，证明存在满足下列条件的 PDA M：

（1）M 最多只有两个状态。

（2）M 不含 ε 移动。

（3）$L(M)=L$。

11. 构造 CFG，它们分别产生如下 PDA 用空栈接受的语言：

（1）$M=(\{q,p\},\{0,1\},\{A,B,C\},\delta,q,A,\varnothing)$。

其中，δ 定义为

$$\delta(q,0,A)=\{(q,B),(q,BB)\}$$

$$\delta(q,1,A)=\{(q,C),(q,CC)\}$$

$$\delta(q,0,B)=\{(q,BB),(q,BBB),(p,\varepsilon)\}$$

$$\delta(q,1,B)=\{(q,CB),(q,CCB)\}$$

$$\delta(q,0,C)=\{(q,BC),(q,BBC)\}$$

$$\delta(q,1,C)=\{(q,CC),(q,CCC),(p,\varepsilon)\}$$

$$\delta(p,0,B)=\{(p,\varepsilon)\}$$

$$\delta(p,1,C)=\{(p,\varepsilon)\}$$

（2）$M=(\{q,p\},\{0,1\},\{A,B,C\},\delta,q,A,\varnothing)$。

其中，δ 定义为

$$\delta(q,0,A)=\{(q,BA)\}$$

$$\delta(q,0,B)=\{(q,BB)\}$$

$$\delta(q,1,B)=\{(p,\varepsilon)\}$$

$$\delta(p,0,B)=\{(q,\varepsilon)\}$$

$$\delta(p,1,B)=\{(p,\varepsilon)\}$$

$$\delta(p,\varepsilon,B)=\{(p,\varepsilon)\}$$

$$\delta(p,\varepsilon,A)=\{(p,\varepsilon)\}$$

第 8 章

上下文无关语言的性质

上下文无关语言(CFL)是上下文有关语言(CSL)的真子类。从前面的讨论中知道,对于一个给定的语言 L,有许多等价的文法。根据乔姆斯基体系所定义的分类,正则文法 (RG)比上下文无关文法(CFG)容易处理,CFG 比上下文有关文法(CSG)容易处理。所以,如果该语言 L 是一个正则语言(RL),我们希望能找到产生 L 的 RG;如果该语言不是 RL, 而是 CFL,我们希望找到相应的 CFG……以上前提是能事先判定出该语言所属的类别。第 5 章曾经通过讨论 RL 的性质找出了相应的判别方法,本章将通过讨论 CFL 的性质找出一些判别方法,具体包括三部分:第一部分为 CFL 的泵引理及其应用以及 Ogden 引理;第二部分为 CFL 的封闭性,讨论封闭运算和不封闭运算;第三部分为有关 CFL 的判定算法,在这一部分,将分别讨论判定 CFG 产生的语言是否为空、有穷、无穷,以及一个给定的符号串是否为该文法产生的语言的一个句子等问题。

8.1 上下文无关语言的泵引理

根据第 5 章对 RL 性质的讨论,对于 RL L,当 L 是无穷的时候,总能找到一个足够长的 $x \in L$,在 x 中能够找到一个非空的子串 v,将 x 中的这一子串 v 重复任意多次后得到的串仍是 L 的句子。在那里,我们用确定的有穷状态自动机(DFA)完成了相应的证明。实际上,使用文法也是可以完成该证明的。假设有 RG $G = (V, T, P, S)$,使得 $L(G) = L$,当 x 足够长时,如 $|x| \geqslant |V| + 1$ 时,存在 $u, v, w \in T^{*}$,$|V| \geqslant 1$,使得 $x = uvw$,而且,当 G 为右线性文法时,必定存在语法变量 A,使得如下派生成立:

$$S \overset{*}{\Rightarrow} uA \overset{*}{\Rightarrow} uvA \overset{*}{\Rightarrow} \cdots \overset{*}{\Rightarrow} uv^{i}A \overset{*}{\Rightarrow} uv^{i}w$$

另外,在第 6 章曾经讨论了 CFL 的自嵌套特性:如果 L 是一个 CFL,CFG $G = (V, T, P, S)$ 是产生 L 的文法。当 L 是一个无穷语言时,由于 G 是它的有穷描述,则必存在 $z \in L, A \in V, \alpha, \beta \in (V \cup T)^{*}$,且 α 和 β 中至少有一个不为 ε,使得如下派生成立:

$$S \overset{*}{\Rightarrow} \gamma A \delta \overset{+}{\Rightarrow} \gamma \alpha A \beta \delta \overset{*}{\Rightarrow} z$$

也就是说,在文法 G 中存在形如

$$A \overset{+}{\Rightarrow} \alpha A \beta$$

的派生,其中,α, β 中至少有一个是可以产生非空终极符号行的。这种递归形式表现出 CFL 的一种类似于 RL 的特性。设

$$\alpha \overset{*}{\Rightarrow} v, \beta \overset{*}{\Rightarrow} x, \gamma \overset{*}{\Rightarrow} u, A \overset{*}{\Rightarrow} w, \delta \overset{*}{\Rightarrow} y$$

则

$$S \overset{*}{\Rightarrow} \gamma A \delta$$
$$\overset{*}{\Rightarrow} u \alpha A \beta \delta$$
$$\overset{*}{\Rightarrow} u \alpha A \beta y$$
$$\vdots$$
$$\overset{*}{\Rightarrow} u \alpha^n A \beta^n y$$
$$\overset{*}{\Rightarrow} u v^n A x^n y$$
$$\overset{*}{\Rightarrow} u v^n w x^n y$$

这表明,对于无穷的 CFL L 来说,只要 $z \in L$ 的长度足够长,就可以将 z 划分成子串 u, v, $w, x, y, z = uvwxy$,其中,v 和 x 中至少有一个非空子串,它们可以同步地被重复任意多次,所得到的串仍然是 L 的句子。一般地,有如下关于 CFL 的泵引理。

引理 8-1(CFL 的泵引理) 对于任意 CFL L,存在仅仅依赖于 L 的正整数 N,对于任意 $z \in L$,当 $|z| \geqslant N$ 时,存在 u, v, w, x, y,使得 $z = uvwxy$,同时满足:

(1) $|vwx| \leqslant N$。

(2) $|vx| \geqslant 1$。

(3) $uv^i w x^i y \in L, i = 0, 1, 2, \cdots$。

证明:设 L 为一个 CFL。由于我们考虑的是一些非空的句子,所以不妨假设 $\varepsilon \notin L$,从而存在乔姆斯基文法(CNF) $G = (V, T, P, S)$,使得 $L = L(G)$。对于任意 $z \in L$,当 k 是 z 的语法树的最大路长时,必有

$$|z| \leqslant 2^{k-1}$$

成立。实际上,仅当 z 的语法树呈图 8-1 所示的满二元树时,等号才成立:$|z| = 2^{k-1}$,其他时候均为 $|z| < 2^{k-1}$。图中,$h = 2^{k-2}$,$g = 2^{k-1}$。此时每条路的长度为 k,并且每条路上恰有 k 个标记为语法变量的非叶子顶点,1 个标记为终结符号的叶子顶点。

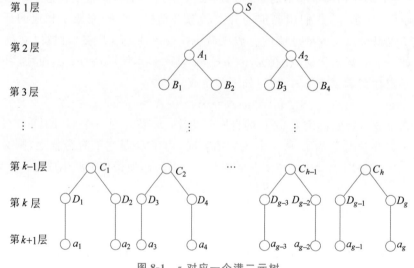

图 8-1 z 对应一个满二元树

现在取 $N=2^{|V|}=2^{|V|+1-1}$，$z\in L$，$|z|\geqslant N$，此时 z 的语法树中至少有一条长度大于或等于 $|V|+1$ 的路，该路上的非叶子顶点的个数大于或等于 $|V|+1$。取该树中的最长的一条路 p，p 中的非叶子顶点数大于或等于 $|V|+1$，它们的标记都是语法变量。由于 $|V|+1\geqslant|V|$，这些非叶子顶点中必定有不同的顶点标有相同的语法变量。现在取路 p 中最接近叶子的两个顶点 v_1 和 v_2，它们都标有相同的语法变量 A。为了确定起见，不妨设 v_1 是 v_2 的祖先顶点。显然，v_1 到叶子顶点的路长小于或等于 $|V|+1$。

如图 8-2 所示，设顶点 v_1 左边的所有叶子顶点的标记从左到右构成的字符串为 u。

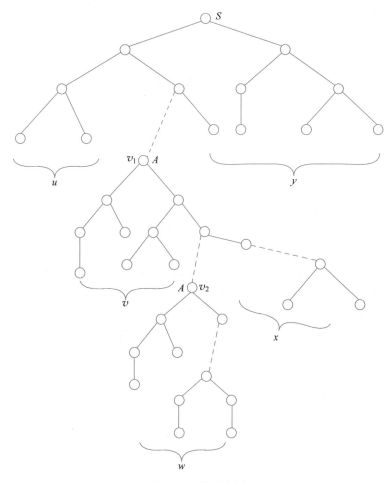

图 8-2　z 的派生树

以顶点 v_1 为根的子树中，顶点 v_2 左边的所有叶子顶点的标记从左到右构成的字符串为 v。

以顶点 v_2 为根的子树的结果为 w。

以顶点 v_1 为根的子树中，顶点 v_2 右边的所有叶子顶点的标记从左到右构成的字符串为 x。

顶点 v_1 右边的所有叶子顶点的标记从左到右构成的字符串为 y。

此时，有

$$z = uvwxy$$

注意到以 v_1 为根的 A 子树的最大路长小于或等于 $|V|+1$,所以,v_1 的结果 vwx 满足

$$|vwx| \leqslant 2^{(|V|+1)-1} = 2^{|V|} = N$$

再注意到 G 是 CNF,而 v_1 的后代 v_2 标记为变量 A,所以

$$|vx| \geqslant 1$$

此时,有

$$S \overset{*}{\Rightarrow} uAy \overset{+}{\Rightarrow} uvAxy \overset{+}{\Rightarrow} uvwxy$$

显然,对于 $i = 0,1,2,3,\cdots$

$$A \overset{*}{\Rightarrow} v^i A x^i \overset{+}{\Rightarrow} v^i w x^i$$

所以

$$S \overset{*}{\Rightarrow} uAy \overset{+}{\Rightarrow} uv^i A x^i y \overset{+}{\Rightarrow} uv^i w x^i y$$

这就是说,对于 $i = 0,1,2,3,\cdots$

$$uv^i w x^i y \in L$$

引理得证。

例 8-1　证明 $L = \{a^n b^n c^n \mid n \geqslant 1\}$ 不是 CFL。

证明:与应用 RL 的泵引理证明 L 不是 RL 类似,仍然使用反证法。为此,假定 L 是 CFL,N 为泵引理所说的正整数,取 $z = a^N b^N c^N \in L$,并且有 $|a^N b^N c^N| = 3N$。往证不存在 $u,v,w,x,y,z = uvwxy$,使得对于 $i = 0,1,2,3,\cdots,uv^i w x^i y \in L$。也就是说,对于 u,v,w,x,y 的任意取法,都能找到一个特殊的 i,使得 $uv^i w x^i y \notin L$。注意到影响 $uv^i w x^i y$ 是否为 L 的句子的因素是 v 和 x,而 u,w,y 对 $uv^i w x^i y$ 来说是不变的,所以,证明将集中精力考查 v 和 x 的不同取法。再注意到 $|vwx| \leqslant N$,所以 v,w 和 x 并在一起不能同时有 3 种字符。也就是说,v 和 x 不能同时分别为 a 和 c 组成的串。当然,也不可以取它们为形如 $a^h b^f (h,f \geqslant 1)$ 的串,因为此时有 $uv^2 w x^2 y \notin L$ 恒成立。所以,还有如下两种情况需要讨论:

(1) $v = a^h, x = b^f, h + f \geqslant 1$。

此时有 $uv^i w x^i y = a^{N+(i-1)h} b^{N+(i-1)f} c^N$。当 $i \neq 1$ 时,$N+(i-1)h \neq N$ 和 $N+(i-1)f \neq N$ 中至少有一个成立,所以,当 $i \neq 1$ 时,$uv^i w x^i y = a^{N+(i-1)h} b^{N+(i-1)f} c^N \notin L$。

(2) $v = b^h, x = c^f, h + f \geqslant 1$。

此时有 $uv^i w x^i y = a^N b^{N+(i-1)h} c^{N+(i-1)f}$。当 $i \neq 1$ 时,$N+(i-1)h \neq N$ 和 $N+(i-1)f \neq N$ 中至少有一个成立,所以,当 $i \neq 1$ 时,$uv^i w x^i y = a^N b^{N+(i-1)} c^{N+(i-1)f} \notin L$。

这些都与泵引理矛盾,所以,L 不是 CFL。

例 8-2　证明 $L = \{a^n b^m c^n d^m \mid n,m \geqslant 1\}$ 不是 CFL。

证明:假设 L 是 CFL,N 为泵引理所说的正整数,取 $z = a^N b^N c^N d^N$,由例 8-1 知道,这里只用讨论 $v = a^h, x = b^f; v = b^h, x = c^f; v = c^h, x = d^f, h + f \geqslant 1$ 这 3 种情况。

设 $v = a^h, x = b^f$,并且 $h + f \geqslant 1$,此时有

$$uv^i w x^i y = a^{N+(i-1)h} b^{N+(i-1)f} c^N d^N$$

当 $i \neq 1$ 时,

$$N+(i-1)h \neq N$$

和
$$N+(i-1)f\neq N$$
至少有一个成立，所以，当 $i\neq 1$ 时，
$$uv^iwx^iy=a^{N+(i-1)h}b^{N+(i-1)f}c^Nd^N\notin L$$

同理可以证明，当 $v=b^h,x=c^f$ 或者 $v=c^h,x=d^f,h+f\geq 1$ 时，
$$uv^iwx^iy=a^{N+(i-1)h}b^{N+(i-1)f}c^Nd^N\notin L$$
对 $i\neq 1$ 成立。

由泵引理，L 不是 CFL。

设 $L=\{a^nb^mc^k\,|\,n\neq m,m\neq k,k\neq n\}$，$L$ 是 CFL 吗？从语言句子的结构特征来看，L 不是 CFL。因为，如果 L 是 CFL，则一定存在一个 CFG G，使得 $L(G)=L$。L 的句子的结构特征要求文法在产生句子的过程中，每产生一个字符，就必须考虑其他两种字符的产生，而这 3 种字符又是不能交叉出现的。所以，当产生一个字符时要考虑到与之相隔若干字符的另一种字符的产生问题。因此，L 可能不是 CFL。但是是否可以用所给的泵引理来证明这个猜测呢？为此，假设 N 是引理所说的正整数，取
$$z=a^Nb^{N+n}c^{N+m}$$
其中，$n\neq m,n\neq 0,m\neq 0$。根据在例 8-1 和例 8-2 的证明中所获得的经验，v 和 x 只能是由单种字符组成的字符串。由于 $n\neq m$，所以，要想找出矛盾来，只能让 v 或 x 由若干 a 组成，这样才有可能随着 i 的变化，使得 uv^iwx^iy 中 a 的个数与 b 的个数或者 c 的个数相同。为了确定起见，不妨设 $v=a^k,x=b^h$，其中 $N\geq k\geq 1$。显然，只要令 $k=h$，就能保证对于任意 i,uv^iwx^iy 中字符 a 的个数永远不能等于字符 b 的个数。因此，只能寄希望于使 uv^iwx^iy 中字符 a 的个数等于字符 c 的个数。为此，必须想办法保证在 $N\geq k\geq 1$ 的条件下，总能找到一个 i，使得 uv^iwx^iy 中字符 a 的个数能够等于字符 c 的个数。对任意 i，在 uv^iwx^iy 中，字符 a 的个数为 $N+(i-1)k$，而 c 的个数为 $N+m$。要使
$$N+(i-1)k=N+m$$
要求，无论 k 取 $N\sim 1$ 的任意一个值，
$$i=m/k+1$$
必须是一个整数。为达到此目的，一个最为简单的做法是让 m 为 $N!$ 的整数倍。由此可以取
$$z=a^Nb^{N+N!}c^{N+2N!}$$
注意到 $v=a^k,x=b^h,N\geq k\geq 1$，当
$$i=2N!/k+1$$
时，有
$$\begin{aligned}uv^iwx^iy&=a^{N+(i-1)k}b^{N+N!+(i-1)h}c^{N+2N!}\\&=a^{N+(2N!/k+1-1)k}b^{N+N!+(2N!/k+1-1)h}c^{N+2N!}\\&=a^{N+(2N!/k)k}b^{N+N!+(2N!/k)h}c^{N+2N!}\\&=a^{N+2N!}b^{N+N!+(2N!/k)h}c^{N+2N!}\end{aligned}$$
此时，有 $uv^iwx^iy=a^{N+2N!}b^{N+N!+(2N!/k)h}c^{N+2N!}\notin L$。

但是，当取 $v=b^k,x=c^h,N\geq k\geq 1$ 时，就无法找到矛盾了，而这种取法是满足泵引理的要求的。这就是说，取 $z=a^Nb^{N+N!}c^{N+2N!}$ 也无法证明 L 不是 CFL。如果引理能够根据

我们的希望，要求 v 和 x 中至少有一个必须含有 a——我们"感兴趣"的字符，那么就可以完成这个证明了。事实上，有如下的 Ogden 引理。为了叙述方便，称这些令我们感兴趣的字符为特异点(distinguished position)。

引理 8-2(Ogden 引理)　对于任意 CFL L，存在仅仅依赖于 L 的正整数 N，对于任意 $z \in L$，当 z 中至少含有 N 个特异点时，存在 u,v,w,x,y，使得 $z = uvwxy$，同时满足：

(1) $|vwx|$ 中特异点的个数小于或等于 N。

(2) $|vx|$ 中特异点的个数大于或等于 1。

(3) $uv^iwx^iy \in L, i = 0, 1, 2, \cdots$。

证明：设 L 为一个 CFL。不妨假设 $\varepsilon \notin L$，从而存在 CNF $G = (V, T, P, S)$，使得 $L = L(G)$。与泵引理的证明类似，取 $N = 2^{|V|} + 1$。

设 $z \in L$，并且 z 中特异点的个数不少于 N。定义 z 的语法树中满足下列条件的非叶子顶点为分支点(branch point)：该顶点有两个儿子，并且它的这两个儿子均有特异点后代。按照如下方式构造路径 p：先将树根放入 p。设 r 是刚刚被放入路径 p 中的顶点，如果 r 是叶子，则完成 p 的构造；如果 r 只有一个儿子具有特异点后代，则将这个儿子放入 p；如果 r 的两个儿子都有特异点后代，则将含特异点较多的那个儿子放入 p。重复上述过程，直到结束。显然 p 中至少有 $|V| + 1$ 个分支点，在这些分支顶点中，至少有两个不同的顶点标记有相同的变量。设顶点 v_1 和 v_2 为 p 中最接近叶子的两个都标有相同变量 A 的分支点。为了确定起见，不妨设 v_1 是 v_2 的祖先顶点。与泵引理的证明类似，设

顶点 v_1 左边的所有叶子顶点的标记从左到右构成的字符串为 u。

以顶点 v_1 为根的子树中，顶点 v_2 左边的所有叶子顶点的标记从左到右构成的字符串为 v。

以顶点 v_2 为根的子树的结果为 w。

以顶点 v_1 为根的子树中，顶点 v_2 右边的所有叶子顶点的标记从左到右构成的字符串为 x。

顶点 v_1 右边的所有叶子顶点的标记从左到右构成的字符串为 y。

此时，有

$$z = uvwxy$$

注意到路径 p 在 v_1 子树部分所含的分支点的个数小于或等于 $|V| + 1$，所以，v_1 的结果 vwx 所含的特异点最多为 N 个。再注意到 v_1 是分支点，并且 v_2 是它的后代之一，所以，vx 中至少有一个特异点。此时，有

$$S \overset{*}{\Rightarrow} uAy \overset{+}{\Rightarrow} uvAxy \overset{+}{\Rightarrow} uvwxy$$

显然，对于 $i = 0, 1, 2, 3, \cdots$

$$S \overset{*}{\Rightarrow} uAy \overset{+}{\Rightarrow} uv^iAx^iy \overset{+}{\Rightarrow} uv^iwx^iy$$

这就是说，对于 $i = 0, 1, 2, 3, \cdots$

$$uv^iwx^iy \in L$$

引理得证。

例 8-3　证明 $L = \{a^nb^mc^hd^j \mid n = 0 \text{ 或者 } m = h = j\}$ 不是 CFL。

证明：前面的讨论表明，难以用泵引理完成这个证明，下面用 Ogden 引理来进行这个

证明。设 N 是该引理所说的正整数，取 $z = ab^N c^N d^N$，令该字符串中的所有 b 为特异点。显然，v 和 x 都不能同时含有不同的字符，所以，对于 v 和 x 的取法只有以下几种情况值得考虑：

(1) $v = a$，$x = b^k$，$k \neq 0$。

此时，$uv^2 wx^2 y = aab^{N+k} c^N d^N \notin L$。

(2) $v = b^k$，$x = c^g$，$k \neq 0$，$g \neq 0$。

此时，$uv^2 wx^2 y = ab^{N+k} c^{N+g} d^N \notin L$。

(3) $v = b^k$，$x = d^g$，$k \neq 0$，$g \neq 0$。

此时，$uv^2 wx^2 y = aab^{N+k} c^N d^{N+g} \notin L$。

这与 Ogden 引理矛盾，所以，L 不是 CFL。结论得证。

实际上，对 $z = ab^N c^N d^N$，也可以令所有的字符 c 为特异点，或者 d 为特异点，或者 b，c 为特异点，或者 b，d 为特异点，……，或者 b，c，d 都是特异点，无论如何取都可以完成相应的证明。但显然不能只取 a 为特异点。另外，如果在上述任意一种取法中，再增加 a 为特异点，相应的证明也是无法完成的。

8.2　上下文无关语言的封闭性

定理 8-1　CFL 在并、乘积、闭包运算下是封闭的。

证明：设 L_1，L_2 是 CFL，G_1，G_2 分别是产生 L_1，L_2 的 CFG。

$$G_1 = (V_1, T_1, P_1, S_1), L(G_1) = L_1$$
$$G_2 = (V_2, T_2, P_2, S_2), L(G_2) = L_2$$

由于可以重新命名，所以，不妨假设 $V_1 \cap V_2 = \varnothing$，且 $S_3, S_4, S_5 \notin V_1 \cup V_2$。取

$$G_3 = (V_1 \cup V_2 \cup \{S_3\}, T_1 \cup T_2, P_1 \cup P_2 \cup \{S_3 \rightarrow S_1 \mid S_2\}, S_3)$$
$$G_4 = (V_1 \cup V_2 \cup \{S_4\}, T_1 \cup T_2, P_1 \cup P_2 \cup \{S_4 \rightarrow S_1 S_2\}, S_4)$$
$$G_5 = (V_1 \cup \{S_5\}, T_1, P_1 \cup \{S_5 \rightarrow S_1 S_5 \mid \varepsilon\}, S_5)$$

显然，G_3，G_4，G_5 都是 CFG，并且

$$L(G_3) = L_1 \cup L_2$$
$$L(G_4) = L_1 L_2$$
$$L(G_5) = L_1^*$$

定理得证。

定理 8-2　CFL 在交运算下是不封闭的。

证明：设 $L_1 = \{0^n 1^n 2^m \mid n, m \geqslant 1\}$，$L_2 = \{0^n 1^m 2^m \mid n, m \geqslant 1\}$。取

$$G_1 : S_1 \rightarrow AB$$
$$A \rightarrow 0A1 \mid 01$$
$$B \rightarrow 2B \mid 2$$
$$G_2 : S \rightarrow AB$$
$$A \rightarrow 0A \mid 0$$
$$B \rightarrow 1B2 \mid 12$$

显然，$L(G_1)=L_1$、$L(G_2)=L_2$，所以，这两个语言都是 CFL。但是，
$$L = L_1 \cap L_2 = \{0^n 1^n 2^n \mid n \geqslant 1\}$$
由例 8-1 知，L 不是 CFL。所以，CFL 在交运算下是不封闭的。

由于 CFL 在并运算下是封闭的，而
$$L_1 \cap L_2 = \overline{\overline{L_1 \cap L_2}} = \overline{\overline{L_1} \cup \overline{L_2}}$$
所以，CFL 在补运算下是不封闭的。从而有如下推论。

推论 8-1　CFL 在补运算下是不封闭的。

虽然有此结论，但是，以下定理成立。

定理 8-3　CFL 与 RL 的交是 CFL。

证明：设 L_1 是 CFL，L_2 是 RL，并且
$$\text{PDA } M_1 = (Q_1, \Sigma, \Gamma, \delta_1, q_{01}, Z_0, F_1)$$
$$\text{DFA } M_2 = (Q_2, \Sigma, \delta_2, q_{02}, F_2)$$
使得 $L_1 = L(M_1)$、$L_2 = L(M_2)$。令 PDA
$$M = (Q_1 \times Q_2, \Sigma, \Gamma, \delta, [q_{01}, q_{02}], Z_0, F_1 \times F_2)$$
其中，对 $\forall ([q, p], a, Z) \in (Q_1 \times Q_2) \times (\Sigma \cup \{\varepsilon\}) \times \Gamma$
$$\delta([q, p], a, Z) = \{([q', p'], \gamma) \mid (q', \gamma) \in \delta_1(q, a, Z) \text{ 且 } p' = \delta(p, a)\}$$
图 8-3 为 M 的构造示意图。

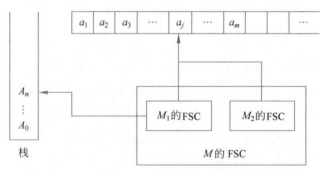

图 8-3　M 的构造示意图

可见，M 使用的栈就是 M_1 的栈，M 的有穷状态控制器（FSC）由 M_1 的 FSC 和 M_2 的 FSC 组成。M 的状态包括两个分量：一个为 M_1 的状态，用来使 M 的动作能准确地模拟 M_1 的动作；另一个为 M_2 的状态，用来使 M 的动作能准确地模拟 M_2 的动作。唯一的疑问是，在对一个输入串的处理过程中，M_1 有时可能出现 ε 移动，而 M_2 是没有 ε 移动的。但是，对于 $\forall p \in Q_2$，有 $\delta_2(p, \varepsilon) = p$。所以，当 $a = \varepsilon$ 时，如果
$$|\delta_1(q, a, Z)| \neq 0$$
则有
$$\delta([q, p], \varepsilon, Z) = \{([q', p], \gamma) \mid (q', \gamma) \in \delta_1(q, \varepsilon, Z)\}$$
因此，M 在处理一个输入串时，可以同时模拟 M_1 和 M_2。

施归纳于 PDA 在处理输入串 w 的过程中移动的步数 n，容易证明
$$([q_{01}, q_{02}], w, Z_0) \vdash_M^n ([q, p], \varepsilon, \gamma)$$

的充分必要条件是

$$(q_{01}, w, Z_0) \mathop{\vdash}\limits_{M_1}^{n} (q, \varepsilon, \gamma) \text{ 且 } \delta(q_{02}, w) = p$$

再注意到 M 的终止状态集为 M_1 和 M_2 的终止状态集的笛卡儿积，所以

$$[q, p] \in F_1 \times F_2$$

的充分必要条件是

$$q \in F_1 \text{ 且 } p \in F_2$$

这就是说，对于 $\forall x \in \Sigma^*$，

$$x \in L(M) \text{ 当且仅当 } x \in L(M_1) \text{ 且 } x \in L(M_2)$$

所以

$$L(M) = L(M_1) \bigcap L(M_2)$$

即 $L(M_1) \bigcap L(M_2)$ 是 CFL。故 CFL 与 RL 的交为 CFL。定理得证。

请读者注意，虽然 RL 是 CFL 的"子类"，但是，RL 与 CFL 的交不一定是 RL。

该定理的证明给了我们一个重要启示：当构造一个与两个语言相关的识别器的时候，可以考虑使用原来这两个语言的识别器的有穷状态控制器来构成新的识别器的有穷状态控制器。而且这个思路可以扩充到多个语言的情况。例如，N 个正则语言的交的识别器（DFA）的有穷状态控制器可以由这 N 个正则语言 $L_1, L_2, \cdots, L_N$ 的识别器（DFA）的有穷状态控制器构成。设 DFA $M_i = (Q_i, \Sigma, \delta_i, q_{i0}, F_i)$，$L_i = L(M_i)$，$1 \leqslant i \leqslant N$，则识别语言

$$L = L_1 \bigcap L_2 \bigcap \cdots \bigcap L_N$$

的 DFA M 的有穷状态控制器可由这 N 个 DFA 的有穷状态控制器组合而成：

$$M_{\bigcap} = (Q_1 \times Q_2 \times \cdots \times Q_N, \Sigma, \delta, [q_{10}, q_{20}, \cdots, q_{N0}], F_1 \times F_2 \times \cdots \times F_N)$$

即 M 的状态有 N 个分量，它的每个分量对应识别 L 的某个 DFA 的状态。M 的状态相当于由 N 个 DFA 的状态组成。事实上，当求 N 个正则语言 $L_1, L_2, \cdots, L_N$ 的并

$$L = L_1 \bigcup L_2 \bigcup \cdots \bigcup L_N$$

的识别器（DFA）$M_{\bigcup}$ 时，它的有穷状态控制器仍然可由这 N 个 DFA 的有穷状态控制器组合而成，只不过可能还有简单一些的组合方式罢了。

现在开始考虑 CFL 的代换问题。与讨论正则语言的代换类似，这里仍然将代换限制在同类语言中。设 CFG $G = (V, T, P, S)$，f 是 T 到某一个字母表 Σ 的代换，对于 $\forall a \in T$，$f(a)$ 是 Σ 上的 CFL。对这种意义下的代换，有如下结论。

定理 8-4 CFL 在代换下是封闭的。

证明：设 L 是 CFL，CFG $G = (V, T, P, S)$，$L = L(G)$。对于 $\forall a \in T$，$f(a)$ 是 Σ 上的 CFL，且 CFG $G_a = (V_a, \Sigma, P_a, S_a)$，$f(a) = L(G_a)$。不失一般性，为方便起见，不妨假设对于 $\forall a, b \in T$，如果 $a \neq b$，则 $V_a \bigcap V_b = \varnothing$，且 $V_a \bigcap V = \varnothing$。取

$$G' = \left(\bigcup_{a \in T} V_a \bigcup V, \Sigma, \bigcup_{a \in T} P_a \bigcup P', S \right)$$

$$P' = \{A \to A_1 A_2 \cdots A_n \mid A \to X_1 X_2 \cdots X_n \in P \text{ 且如果 } X_i \in V, \text{则 } A_i = X_i; \text{否则 } A_i = S_{X_i}\}$$

往证 $L(G') = f(L)$。

先证 $L(G') \subseteq f(L)$。设 $x \in L(G')$，从而

$$S \mathop{\Rightarrow}\limits_{G'}^{*} S_a S_b \cdots S_c$$

$$\underset{G'}{\overset{+}{\Rightarrow}} x_a S_b \cdots S_c$$

$$\underset{G'}{\overset{+}{\Rightarrow}} x_a x_b \cdots S_c$$

$$\vdots$$

$$\underset{G'}{\overset{+}{\Rightarrow}} x_a x_b \cdots x_c$$

$$= x$$

其中,$S_a, S_b, S_c \in \{S_d | d \in T\}$,且

$$S_a \underset{G'}{\overset{*}{\Rightarrow}} x_a$$

$$S_b \underset{G'}{\overset{*}{\Rightarrow}} x_b$$

$$\vdots$$

$$S_c \underset{G'}{\overset{*}{\Rightarrow}} x_c$$

由 G' 的定义知

$S \underset{G'}{\overset{*}{\Rightarrow}} S_a S_b \cdots S_c$ 的充要条件是 $S \underset{G}{\overset{*}{\Rightarrow}} ab \cdots c$,

并且,对于 $\forall d \in T$,

$$S_d \underset{G'_d}{\overset{*}{\Rightarrow}} x_d \text{ 的充要条件是 } S_d \underset{G_d}{\overset{*}{\Rightarrow}} x_d。$$

由此可见,$ab \cdots c \in L$,$x_a \in L(G_a)$,$x_b \in L(G_b)$,$\cdots$,$x_c \in L(G_c)$。所以

$$x = x_a x_b \cdots x_c \in f(a) f(b) \cdots f(c) = f(ab \cdots c) \subseteq f(L)$$

即 $x \in f(L)$。从而 $L(G') \subseteq f(L)$。

用类似的方法,不难证明 $f(L) \subseteq L(G')$。

综上所述,定理得证。

注意到任意有穷集合为 CFL,所以,根据这个定理,有以下推论。

推论 8-2 CFL 的同态像是 CFL。

定理 8-5 CFL 的同态原像是 CFL。

证明:设 L 是 Σ_2 上的一个 CFL,f 是从 Σ_1 到 Σ_2 的同态映射,需要证明 $f^{-1}(L)$ 是 CFL。现在,将思路限制在 CFL 的 PDA 描述上。设 M_2 是接受 L 的 PDA:

$$M_2 = (Q_2, \Sigma_2, \Gamma, \delta_2, q_0, Z_0, F)$$

对于任意 $x \in \Sigma_1^*$,设 $x = a_1 a_2 \cdots a_n$,则存在 $x_1, x_2, \cdots, x_n$,使得

$$f(a_1) = x_1, f(a_2) = x_2, \cdots, f(a_n) = x_n$$

显然,$x \in f^{-1}(L)$ 的充要条件是 $x_1 x_2 \cdots x_n \in L$。因此,要考查 x 是否为 L 的句子,只要考查 $x_1 x_2 \cdots x_n$ 是否可以被 M_2 接受,也就是考查 $f(a_1) f(a_2) \cdots f(a_n)$ 是否可以被 M_2 接受。这就是说,当构造接受语言 $f^{-1}(L)$ 的 PDA M_1 时,希望 M_1 在遇到 Σ_1 的字符 a 时,能够模拟 M_2 对 $f(a)$ 的处理。由于 $f(a)$ 是一个字符串,所以,当 M_1 读入字符 a 后,需要用一系列空移动来模拟 M_2 对 $f(a)$ 的处理。此外,由于 M_2 对 $f(a)$ 的处理也是逐字符进行的,所以,M_1 必须有能力存放 $f(a)$ 及其后缀。综上所述,M_1 的有穷状态控制器应该包含 M_2 的有穷状态控制器,而且还有存放 Σ_1 中所有字符的像的所有后缀的缓冲区。注意到 Σ_1 是字母表,而且对于任意同态映射 f 和任意字符 a,$f(a)$ 的后缀只有有限种,因此,如此构造出的 PDA 的有穷状态控制器具有有穷个状态。另外,由于希望 M_1 对自己的输入串 x 的处理是

通过模拟 M_2 对 $f(x)$ 的处理来实现,所以,M_1 用的栈就是 M_2 的栈。形式地,需要的 M_1 的定义如下:

$$M_1 = (Q_1, \Sigma_1, \Gamma, \delta_1, [q_0, \varepsilon], Z_0, F \times \{\varepsilon\})$$

其中,

$$Q_1 = \{[q, x] \mid q \in Q_2, \text{存在 } a \in \Sigma_1, x \text{ 是 } f(a) \text{ 的后缀}\}$$

δ_1 是按照如下方式定义的:

① 对任意 $a \in \Sigma_1$,M_1 将 $f(a)$ 存入自己的有穷状态控制器。

对任意 $(q, a, A) \in Q_2 \times \Sigma_1 \times \Gamma$,

$$([q, f(a)], A) \in \delta_1([q, \varepsilon], a, A)$$

② M_1 用 ε 移动模拟 M_2 的非 ε 移动。

如果 $(p, \gamma) \in \delta_2(q, a, A)$,则

$$([p, x], \gamma) \in \delta_1([q, a x], \varepsilon, A)$$

③ M_1 用 ε 移动模拟 M_2 的 ε 移动。

如果 $(p, \gamma) \in \delta_2(q, \varepsilon, A)$,则

$$([p, x], \gamma) \in \delta_1([q, x], \varepsilon, A)$$

可以用图 8-4 来表示上述构造。

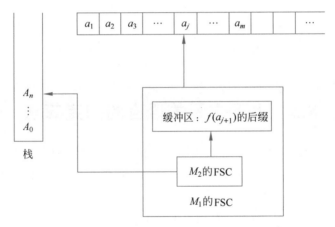

图 8-4　M 的构造示意图

往证 $L(M_1) = f^{-1}(L(M_2))$。为此,先证 $L(M_1) \subseteq f^{-1}(L(M_2))$。

设 $x \in L(M_1)$,且 $x = a_1 a_2 \cdots a_n$,所以,存在 $q_1, q_2, \cdots, q_{n-1} \in Q_2$,$q_n \in F$,满足

$$([q_0, \varepsilon], a_1 a_2 \cdots a_n, Z_0) \mathrel{\underset{M_1}{\vdash}} ([q_0, f(a_1)], a_2 \cdots a_n, Z_0)$$

$$([q_0, f(a_1)], a_2 \cdots a_n, Z_0) \mathrel{\underset{M_1}{\overset{*}{\vdash}}} ([q_1, \varepsilon], a_2 \cdots a_n, \gamma_1)$$

$$([q_1, \varepsilon], a_2 \cdots a_n, \gamma_1) \mathrel{\underset{M_1}{\vdash}} ([q_1, f(a_2)], a_3 \cdots a_n, \gamma_1)$$

$$([q_1, f(a_2)], a_3 \cdots a_n, \gamma_1) \mathrel{\underset{M_1}{\overset{*}{\vdash}}} ([q_2, \varepsilon], a_3 \cdots a_n, \gamma_2)$$

$$\vdots$$

$$([q_{n-1},\varepsilon],a_n,\gamma_{n-1}) \left|\frac{}{M_1}\right. ([q_{n-1},f(a_n)],\varepsilon,\gamma_{n-1})$$

$$([q_{n-1},f(a_n)],\varepsilon,\gamma_{n-1}) \left|\frac{*}{M_1}\right. ([q_n,\varepsilon],\varepsilon,\gamma_n)$$

根据 M_1 的定义,必有

$$(q_0,f(a_1)f(a_2)\cdots f(a_n),Z_0) \left|\frac{*}{M_2}\right. (q_1,f(a_2)\cdots f(a_n),\gamma_1)$$

$$(q_1,f(a_2)\cdots f(a_n),\gamma_1) \left|\frac{*}{M_2}\right. (q_2,f(a_3)\cdots f(a_n),\gamma_2)$$

$$\vdots$$

$$(q_{n-1},f(a_n),\gamma_{n-1}) \left|\frac{*}{M_2}\right. (q_n,\varepsilon,\gamma_n)$$

这表明 $f(a_1)f(a_2)\cdots f(a_n)\in L(M_2)$,注意到

$$a_1a_2\cdots a_n = f^{-1}(f(a_1)f(a_2)\cdots f(a_n))$$

也就是说,

$$a_1a_2\cdots a_n \in f^{-1}(L(M_2))$$

即

$$L(M_1)\subseteq f^{-1}(L(M_2))$$

类似可证 $f^{-1}(L(M_2))\subseteq L(M_1)$。

综上所述, $L(M_1)=f^{-1}(L(M_2))$。

定理得证。

8.3 上下文无关语言的判定算法

在关于 CFL 的研究中,一些看似非常简单的判定问题总是困扰着人们。例如,对于一个给定的 CFL L,构造出一个 CFG G, $L(G)=L$,如果 G 是二义性的,则将是很麻烦的,甚至会在一些实际应用中带来极大的危险。是否可以构造出一个有效的算法来判定 G 是不是二义性的? 推论 8-1 指出,CFL 在补运算下是不封闭的。但是,对于一个给定的 CFL L, L 的补是否确实不是 CFL? 任意给定的两个 CFG,这两个 CFG 是等价的吗? 实际上,人们已经证明,不存在算法来实现这些问题的判断。有的问题则是可以通过一定的算法来回答的,这些问题包括: L 是非空语言吗? L 是有穷的吗? 一个给定的字符串 x 是 L 的句子吗?

8.3.1 L 空否的判定

设 L 为一个 CFL,则存在 CFG G,使得 $L(G)=L$。由算法 6-1,可以求出等价的 CFG G', G' 中不含派生不出终极符号行的变量。显然,如果 NEWV 中包含 G 的开始符号,则 L 就是非空的;否则,L 就是空的。因此,通过改造算法 6-1,可得到判定 L 是否为空的算法 8-1。

算法 8-1 判定 CFL L 是否为空。

输入:CFG $G=(V,T,P,S)$。

输出:G 是否为空的判定;CFG $G'=(V',T,P',S)$,其中,V' 中不含派生不出终极符号行的变量,并且 $L(G')=L(G)$。

主要步骤：

（1）OLDV $=\varnothing$ ；

（2）NEWV $=\{A \mid A \rightarrow w \in P$ 且 $w \in T^{*}\}$ ；

（3）**while** OLDV $\neq$ NEWV **do**

   begin

（4）   OLDV $=$ NEWV；

（5）   NEWV $=$ OLDV $\bigcup \{A \mid A \rightarrow \alpha \in P$ 且 $\alpha \in (T \cup \text{OLDV})^{*}\}$ ；

   end

（6）$V' =$ NEWV；

（7）$P' = \{A \rightarrow \alpha \mid A \rightarrow \alpha \in P$ 且 $A \in V'$ 且 $\alpha \in (T \cup V')^{*}\}$ ；

（8）**if** $S \in$ NEWV **then** $L(G)$ 非空 **else** $L(G)$ 为空。

由定理 6-4 及 $L(G)$ 的定义可知，算法 8-1 是正确的。

8.3.2 L 是否有穷的判定

对于任意给定的 CFL L，有 CFG G，使得 $L(G) = L$。由 8.1 节对 CFL 的泵引理的讨论知道，L 为无穷的充分必要条件是在 G 中存在如下派生：

$$S \overset{*}{\Rightarrow} \gamma A \delta \overset{+}{\Rightarrow} \gamma \alpha A \beta \delta \overset{+}{\Rightarrow} z$$

也就是说，存在 $x \in L$，派生 $A \overset{+}{\Rightarrow} \alpha A \beta$ 在 x 的派生中出现。那么，如何判定一个文法中是否有这样的派生存在呢？为此，引入 CFG 的可派生性图表示。

定义 8-1 设 CFG $G = (V, T, P, S)$，G 的可派生性图表示（derivability graph of G，DG）是满足下列条件的有向图：

（1）对于 $\forall X \in V \cup T$，图中有且仅有一个标记为 X 的顶点。

（2）如果 $A \rightarrow X_1 X_2 \cdots X_n \in P$，则图中存在从标记为 A 的顶点到分别标记为 $X_1, X_2, \cdots,$ X_n 顶点的弧。

（3）图中只有满足条件（1）和（2）的顶点和弧。

需要注意，在 G 的可派生性图表示中，任意两个顶点之间最多有一条相同方向的弧。也就是说，如果从标记为 A 的顶点到标记为 B 的顶点已经有了一条弧，则如果再次遇到形如

$$A \rightarrow \alpha B \beta$$

的产生式，则不在图中增加新的从顶点 A 到顶点 B 的弧。

显然，G 的可派生性图表示表达了文法 G 中的语法变量之间的派生关系：对于任意语法变量 $A \in V$ 和任意语法符号 $X \in V \cup T$，X 能够出现在 A 派生出的符号行中的充分必要条件是：G 的可派生性图表示中存在一条从标记为 A 的顶点到标记为 X 的顶点的有向路。从而，派生

$$A \overset{+}{\Rightarrow} \alpha A \beta$$

存在的充分必要条件是：G 的可派生性图表示中存在一条从标记为 A 的顶点到标记为 A 的顶点的长度非 0 的有向回路。

然而，并不是 G 的可派生性图表示中存在一条这样的有向回路就说明 G 产生的语言是无穷语言。还必须要求这个回路中的顶点是从标记为 S 的顶点"可达"的。从而有如下定理。

定理 8-6 设 CFG $G=(V,T,P,S)$ 中不含无用符号，$L(G)$ 为无穷语言的充分必要条件是 G 的可派生性图表示中存在一条有向回路。

证明：留作习题。

事实上，由于终极符号不可能进一步派生出其他符号，它们在 G 的可派生性图表示中一定都处在某一条有向路的终点，而且它们都不可能有后继。因此，这些顶点在判定图中是否存在有向回路是可以不考虑的。所以，在进行判定之前，应该将终极符号对应的顶点全部删除。

定义 8-2 设 CFG $G=(V,T,P,S)$，G 的简化的可派生性图表示（simplified derivability graph of G，SDG）是从 G 的可派生性图表示中删除所有标记为终极符号的顶点后得到的图。

定理 8-7 设 CFG $G=(V,T,P,S)$ 中不含无用符号，$L(G)$ 为无穷语言的充分必要条件是 G 的简化的可派生性图表示中存在一条有向回路。

证明：留作习题。

算法 8-2 判定 CFL L 是否为无穷语言。

输入：CFG $G=(V,T,P,S)$。

输出：G 是否为无穷的判定；CFG $G'=(V',T,P',S)$，其中，V' 中不含派生不出终极符号行的变量，并且 $L(G')=L(G)$。

主要步骤：

(1) 以 $G=(V,T,P,S)$ 为参数依次调用算法 6-1 和算法 6-2

(2) **if** $S \notin V'$ **then** $L(G)$ 为有穷语言

  else

   begin

(3)   构造 G' 的简化的可派生性图表示 SDG；

(4)   **if** SDG 中含有回路 **then** $L(G')$ 为无穷语言

(5)   **else** $L(G')$ 为有穷语言

   end

对于任意 CFG $G=(V,T,P,S)$，算法 8-2 能正确地判定出 $L(G)$ 是否为无穷语言。请读者自己证明此结论。

8.3.3 x 是否为 L 的句子的判定

判定一个给定的串 x 是否为一个给定文法 G 产生的语言的句子问题，是利用计算机进行语言处理的一个重要问题。一般地，人们不仅需要给出"是"与"否"的回答，而且还希望能够给出该句子的"语法结构"。在高级语言的翻译系统中，这是语法分析阶段的任务。高级语言的主要语法结构可以用 CFG 来描述。人们通常将语法分析方法分为自顶向下的分析和自底向上的分析两大类。递归子程序法、LL(1)分析法、状态矩阵法等是典型的自顶向下的分析方法；LR 分析法、算符优先分析法等是典型的自底向上的分析方法。需要指出的是，这些基本方法均只能分析 CFG 的一个真子类。

最简单的算法是用穷举法来寻找 x 在 G 中的派生，如果相应的派生不存在，则它不是

G 的句子；如果相应的派生存在，则它是 G 的句子。这种算法可以"试错"的方式进行，所以，又称该算法为"试错法"。另外，在分析过程中，由于每一步可能存在不同的派生可用，而且很可能在某一步选择的是错误的派生，而这个错误要等到若干步派生之后才可能发现，此时就需要沿着原来的分析过程一步步地回退，去找出并消除相应的错误。所以，人们将这种"语法分析方法"称为"带回溯"的分析方法。显然，这种语法分析方法的时间复杂性是非常高的。可以按照下列方法来分析这种算法的时间复杂性。

由于可以很容易地使用算法 6-3 求出 G 的可空变量集 U，因此，只要判定 $S \in U$ 是否成立就可以知道 $\varepsilon \in L(G)$ 是否成立了。所以，暂时不用考虑 $\varepsilon \in L(G)$ 是否成立的问题。设 $G = (V, T, P, S)$ 为 GNF，$x \neq \varepsilon$，G 中的语法变量最多含 n 个候选式（对于任意 $A \in V$，G 中最多有 n 个 A 产生式）。由于 G 的每个产生式的右部有且仅有一个终结符，而且这个终结符恰是产生式右部的第一个符号，所以，长度为 m 的串最多有 n^m 个不同的最左派生。所以，穷举法的时间复杂性为串长的指数函数。

一种时间复杂度为 $O(m^3)$ 的算法由 Cocke，Younger 和 Kasami 在 20 世纪 60 年代分别独立地给出来，所以称为 **CYK 算法**。

CYK 算法的思想为：设给定的文法为 CNF，对于任给的字符串 x，如果 x 的第 k 个字符 a 可以由 B 派生出，并且 x 的第 $k+1$ 个字符 b 可以由 C 派生出，即 $B \rightarrow a \in P$，$C \rightarrow b \in P$，则当 $A \rightarrow BC \in P$ 时，ab 可以由 A 派生出来。一般地，如果 $x_{i,k}$ 是 x 的第 i 个字符开始的长度为 k 的子串，$x_{i+k,j}$ 是 x 的第 $i+k$ 个字符开始的长度为 j 的子串，并且 $B \overset{+}{\Rightarrow} x_{i,k}$，$C \overset{+}{\Rightarrow} x_{i+k,j}$，则如果 $A \rightarrow BC \in P$，那么 $A \overset{+}{\Rightarrow} x_{i,k} x_{i+k,j}$。按照 x 的子串的记法，$x_{i,k} x_{i+k,j}$ 可以记为 $x_{i,k+j}$。显然，$x = x_{1,|x|}$。

由于对于任意子串 $x_{i,k}$，G 中可能存在若干变量可以将它派生出来。因此，对应于子串 $x_{i,k}$，用 $V_{i,k}$ 表示这些变量的集合。从而，有算法 8-3。

算法 8-3

输入：CNF $G = (V, T, P, S)$，x。

输出：$x \in L(G)$ 或者 $x \notin L(G)$。

主要数据结构：集合 $V_{i,k}$——可以派生出子串 $x_{i,k}$ 的变量的集合。

主要步骤：

(1) **for** $i = 1$ **to** $|x|$ **do**

(2) $\qquad V_{i,1} = \{A \mid A \rightarrow x_{i,1} \in P\}$；

(3) **for** $k = 2$ **to** $|x|$ **do**

(4) $\qquad$ **for** $i = 1$ **to** $|x| - k + 1$ **do**

$\qquad\qquad$ **begin**

(5) $\qquad\qquad\qquad V_{i,k} = \varnothing$；

(6) $\qquad\qquad\qquad$ **for** $j = 1$ **to** $k - 1$ **do**

(7) $\qquad\qquad\qquad\qquad V_{i,k} = V_{i,k} \bigcup \{A \mid A \rightarrow BC \in P \text{ 且 } B \in V_{i,j} \text{ 且 } C \in V_{i+j,k-j}\}$；

$\qquad\qquad$ **end**

算法中，语句(1)和(2)完成长度为 1 的子串的派生变量集合的计算，其时间复杂度为 $|P|$；语句(3)控制算法依次完成长度是 $2, 3, \cdots, |x|$ 的子串的派生变量集合的计算；语句(4)控制完成串 x 中所有长度为 k 的子串的派生变量集合的计算，这里的计算顺序为从第 1

个字符开始的长度为 k 的子串、从第 2 个字符开始的长度为 k 的子串、……、从第 $|x|-k+$ 1 个字符开始的长度为 k 的子串；语句(6)控制实现长度为 k 的子串不同切分方式下派生的可能性，如子串 $abcd$ 可以依次切分成 a 与 bcd、ab 与 cd、abc 与 d 这 3 种情况。

k 控制的循环执行 $O(|x|)$ 次。对于每一个 k,i 控制的循环执行 $|x|-k+1$ 次，即 $O(|x|)$ 次。对于每一个 k 和 i,j 控制的循环执行 $k-1$ 次，即 $O(|x|)$ 次。所以，该算法的时间复杂度为

$$O(|x|)+O(|x|^3)=O(|x|^3)$$

8.4 小　　结

本章讨论了 CFL 的性质和 CFL 的一些判定问题。

（1）泵引理：与 RL 的泵引理类似，CFL 的泵引理不能用来证明一个语言是 CFL，而是采用反证法来证明一个语言不是 CFL。Ogden 引理是对泵引理的强化，它可以使我们将注意力集中到所给字符串的那些令我们感兴趣的地方——特异点。

（2）CFL 在并、乘、闭包、代换、同态映射、逆同态映射等运算下是封闭的。

（3）CFL 在交、补运算下是不封闭的。

（4）存在判定 CFG 产生的语言是否为空、有穷、无穷，以及一个给定的符号串是否为该文法产生的语言的一个句子的算法。

习　　题

1. 用泵引理证明下列语言不是 CFL。

（1）$\{0^n 1^m \mid n=m^2\}$。

（2）$\{0^n \mid n=2^k, k \geqslant 0$ 且为整数$\}$。

（3）$\{0^n \mid n$ 为素数$\}$。

（4）$\{0^n 1^n 2^n \mid n \geqslant 0\}$。

（5）$\{0^n 1^n 0^n 1^n \mid n \geqslant 0\}$。

（6）$\{0^n \# 0^{2n} \# 0^{4n} \mid n \geqslant 0\}$。

（7）$\{x \# y \mid x,y \in \{0,1\}^*$ 且 y 是 x 的子串$\}$。

（8）$\{x_i x_{i+1} \mid x_i, x_{i+1} \in \{0,1\}^+$ 且 x_i, x_{i+1} 分别是 i 和 $i+1$ 的二进制表示$\}$。

（9）$\{x_1 \# x_2 \# \cdots \# x_i \mid x_1, x_2, \cdots, x_i \in \{0,1\}^+$ 且 $i \geqslant 2$ 且存在 $j \neq k$，使得 $x_j = x_k\}$。

（10）$\{xx \mid x \in \{0,1\}^+\}$。

2. 用 Ogden 引理证明下列语言不是 CFL。

（1）$\{0^n 1^m \mid n=m^2\}$。

（2）$\{2^m 1^k 0^n \mid k=\max\{n,m\}\}$。

（3）$\{0^n 1^m 2^k \mid n \geqslant m$ 且 $n \geqslant k\}$。

（4）$\{0^n 1^n 0^m \mid n \neq m\}$。

3. 证明下列语言不是 CFL。

（1）$\{xx^{\mathrm{T}} x \mid x \in \{0,1\}^+\}$。

(2) $\{xyxy \mid x, y \in \{0,1\}^+\}$。

(3) $\{x \mid x \in \{0,1,2\}^* \text{ 且 } x \text{ 中 } 0,1,2 \text{ 的个数相等}\}$。

(4) $\{0^n 1^n 0^m 1^m \mid n \neq m\}$。

4. 证明定理 8-7。

5. 证明算法 8-2 的正确性。

第 9 章

图灵机

前面的章节已经介绍了两种基本的计算模型：有穷状态自动机（FA）和下推自动机（PDA）。FA 只具有有限的存储，因此只能用来处理正则语言（RL）；PDA 虽然具有无限的存储功能，但是 PDA 的存储必须遵循后进先出的原则，它处理的语言类为上下文无关语言（CFL）。所以，它们都不能作为计算机的通用模型。本章将介绍图灵机（Turing machine，TM），这个模型是由图灵（Alan Mathison Turing）在 1936 年提出的，它是一个通用的计算模型。可以认为，TM 是计算机的一个简单的数学模型，与现今看到的计算机具有相同的功能。我们希望通过研究图灵机来研究它所定义的语言——递归可枚举集（recursively enumerable set，r. e.）和它所能计算的整函数——部分递归函数（partial recursive function），同时也为算法和可计算性的研究提供形式化描述工具。

第 1 章曾经提到，计算机科学与技术学科研究的根本问题是什么能且如何被有效地自动计算。也就是说，对于某一类问题，我们希望能有一个有效过程（effective procedure）来进行处理。直观地讲，这个有效的过程就是我们习惯的算法（algorithm）。然而，通常问题并不是一个简单的问题。例如，对于具有有穷描述的语言说，判断它是否为空？是否为有穷？构造处理它们的算法并不总是可以做到的，甚至难以构造出判定 CFL 的补是否为空的算法。

早在 20 世纪初，数学家希尔伯特（David Hilbert）曾计划构造一个可以判定所有数学命题真假的算法，该计划也被称为希尔伯特纲领，其依赖的基础是 19 世纪英国数学家乔治·布尔（George Boole）所创立的布尔代数。他从构造判定所有的关于整数的一阶谓词演算公式的真、假的算法入手，来展开此项工作。由于一阶谓词演算足以表示 CFG 产生的 Σ^* 中的任何句子，因此，这个问题的解决就相当于"判定一个 CFL 的补是否为空？"的问题的解决。当然，希尔伯特没能获得成功。1931 年，奥地利 25 岁的数理逻辑学家哥德尔（Kurt Gödel）发表了著名的不完整性理论，指出这种形式系统根本就不存在，从而宣布了希尔伯特计划的失败。不完整性理论告诉人们，一种形式系统是不能够穷尽所有的数学命题的。哥德尔构造了一个关于整数的谓词演算公式，在这个逻辑系统中，既不能否定它，也不能肯定它。这个问题的形式化和随后给出的关于有效过程的说明和形式化，被认为是 20 世纪最有深度的进展。

现在考虑这样的问题：设 $\mathbf{N}$ 为正整数的集合，$\mathbf{R}$ 为实数的集合。$\mathbf{R}$ 与 $[0,1]$ 具有相同的势，$\mathbf{N}$ 是 $\mathbf{R}$ 的真子集，而且 $\mathbf{N}$ 是可数无穷的，$\mathbf{R}$ 是不可数无穷的。取

$$F = \{f \mid f \text{ 是 } \mathbf{N} \text{ 到} \{0,1\} \text{ 的映射}\}$$
$$P = \{p \mid p \text{ 是具有有穷描述的过程}\}$$

对于 F 中的任意函数 f，用函数 g 与 f 对应：

$$H - \{g \mid g(\mathbf{N}) = \{n \mid f(n) - 1\}\}$$

显然，F 与 H 之间存在一一对应的关系，集合 H 的定义中给出的一一对应就是其中之一。对于 H 中的任意 g，可以将 g 中的整数从小到大进行排列，并且顺序地写在小数点后，从而得到 $[0,1]$ 中的一个实数。按照这种方式，可以构造出 H 与 $[0,1]$ 的一个一一对应的关系。这就是说，从 $\mathbf{N}$ 到 $\{0,1\}$ 的映射有不可数无穷多个。注意到 P 是所有具有有穷描述的过程的集合，显然 P 与 $\mathbf{N}$ 是对等的。这表明，具有有穷描述的过程是可数无穷多的。这就是说，世界上存在着许多问题和函数是无法用具有有穷描述的过程完成计算的——是不可计算的（incomputable），而且这种函数有不可数无穷多个，远远"多于"使用具有有穷描述的过程可以完成计算的函数。也就是说，在数学、计算机科学与技术以及其他学科中，存在着许许多多的问题和函数是没有有效的（计算机）处理过程的。

现在，TM 已经成为人们所接受的算法的形式化描述。但是，关于 TM 模型与实际的计算机是等价的问题还无法证明。与图灵提出的 TM 具有同样计算能力的还有丘奇（Alonzo Church）提出的 λ 演算、哥德尔提出的递归函数、波斯特（E. L. Post）提出的波斯特系统。在此基础上，形成了著名的丘奇-图灵论题：可计算函数的直观概念可以用部分递归函数来等同。可计算性就是图灵可计算性。

9.1 基 本 概 念

图灵提出 TM 的目的是为了对有效的计算过程，也就是算法，进行形式化的描述。为了讨论方便，忽略了其中包括模型的存储容量在内的一些枝节问题，只考虑算法的基本特征。因此，该形式模型应该具有以下两个性质：

（1）具有有穷描述。

（2）过程必须是由离散的、可以机械执行的步骤组成。

图灵给出的基本模型包括一个有穷状态控制器（FSC），一条含有无穷多个带方格的输入带，一个读头。对基本模型来说，输入带具有左端点，并且是右端无穷的。每个带方格恰能容纳一个符号。在 TM 最初启动时，长度为 n 的输入串被存放在输入带左端开始的连续 n 个带方格中，在这 n 个带方格之后，其他带方格均含有一个表示空白的符号，该符号不是输入符号。TM 的每一个移动与所读的符号、所处的状态有关。读头每次读一个符号，则在所读的符号所在的带方格中印刷一个符号。一个移动将完成以下 3 个动作：

（1）改变有穷状态控制器的状态。

（2）在当前所读符号所在的带方格中印刷一个符号。

（3）将读头向右或者向左移动一格。

基本模型的直观物理模型如图 9-1 所示。

9.1.1 基本图灵机

根据上述分析，有 TM 的如下形式定义。

定义 9-1 图灵机（Turing machine，TM）M 是一个七元组：

$$M = (Q, \Sigma, \Gamma, \delta, q_0, B, F)$$

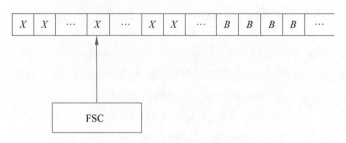

图 9-1　基本图灵机的物理模型

其中，Q——状态的非空有穷集合，$\forall q \in Q$，q 为 M 的一个状态。

q_0——$q_0 \in Q$ 是 M 的开始状态。对于一个给定的输入串，M 从状态 q_0 启动，读头注视着输入带的最左端的符号。

F——$F \subseteq Q$ 是 M 的终止状态集合。$\forall q \in F$，q 为 M 的一个终止状态。与 FA 和 PDA 不同，一般地，一旦 M 进入终止状态，它就停止运行。

Γ——带符号表（tape symbol）。$\forall X \in \Gamma$，X 为 M 的一个带符号，表示在 M 的运行过程中，X 可以在某一时刻出现在输入带上。

B——$B \in \Gamma$ 称为空白符（blank symbol）。含有空白符的带方格被认为是空的。

Σ——$\Sigma \subseteq \Gamma - \{B\}$ 为输入字母表。$\forall a \in \Sigma$，a 为 M 的一个输入符号。除空白符号 B 外，只有 Σ 中的符号才能在 M 启动时出现在输入带上。

δ——$\delta : Q \times \Gamma \rightarrow Q \times \Gamma \times \{R, L\}$ 为 M 的移动函数。

$\delta(q, X) = (p, Y, R)$ 表示 M 在状态 q 读入符号 X，将状态改为 p，并在这个 X 所在的带方格中印刷符号 Y，然后将读头向右移动一格。

$\delta(q, X) = (p, Y, L)$ 表示 M 在状态 q 读入符号 X，将状态改为 p，并在这个 X 所在的带方格中印刷符号 Y，然后将读头向左移动一格。

为了后面进行图灵机的扩展时叙述方便，我们称满足定义 9-1 的图灵机为基本图灵机（basic Turing machine）。

例 9-1　设 $M_1 = (\{q_0, q_1, q_2\}, \{0, 1\}, \{0, 1, B\}, \delta, q_0, B, \{q_2\})$，其中，$\delta$ 的定义如下，对于此定义，也可以用表 9-1 表示。

$$\delta(q_0, 0) = (q_0, 0, R)$$
$$\delta(q_0, 1) = (q_1, 1, R)$$
$$\delta(q_1, 0) = (q_1, 0, R)$$
$$\delta(q_1, B) = (q_2, B, R)$$

表 9-1　M_1 的移动函数

	0	1	B
q_0	$(q_0, 0, R)$	$(q_1, 1, R)$	
q_1	$(q_1, 0, R)$		(q_2, B, R)
q_2			

M_1 在 q_0 状态寻找符号 1，一旦找到一个 1，就进入 q_1 状态，在 q_1 状态，它扫描所有剩余的 0，直到遇到空白符 B，便进入终止状态 q_2。在它进入状态 q_1 后，不再允许串中有 1 出现。所以，可以将状态 q_1 看成检查以输入串当前位置开始的后缀中是否还有更多的 1。事实上，读者不难看出，含且只含一个 1 的 0,1 串才能将 TM M_1 引导到终止状态，其他的串均不能达到此目的。

定义 9-2 设 TM $M=(Q,\Sigma,\Gamma,\delta,q_0,B,F)$，$\alpha_1\alpha_2\in\Gamma^*$，$q\in Q$，$\alpha_1 q\alpha_2$ 称为 M 的即时描述（instantaneous description，ID）。其中，q 为 M 的当前状态。当 M 的读头注视的符号右边还有非空白符时，$\alpha_1\alpha_2$ 为 M 的输入带从最左端到最右端的非空白符号组成的符号串；否则，$\alpha_1\alpha_2$ 是 M 的输入带从最左端到 M 的读头注视的带方格的符号组成的符号串。此时，M 正注视着 α_2 的最左符号。

设

$$X_1X_2\cdots X_{i-1}qX_iX_{i+1}\cdots X_n$$

是 M 的一个 ID，如果

$$\delta(q,X_i)=(p,Y,R)$$

则 M 的下一个 ID 为

$$X_1X_2\cdots X_{i-1}YpX_{i+1}\cdots X_n$$

记作

$$X_1X_2\cdots X_{i-1}qX_iX_{i+1}\cdots X_n\underset{M}{\vdash} X_1X_2\cdots X_{i-1}YpX_{i+1}\cdots X_n$$

表示 M 在 ID $X_1X_2\cdots X_{i-1}qX_iX_{i+1}\cdots X_n$ 下，经过一次移动，将 ID 变成 $X_1X_2\cdots X_{i-1}YpX_{i+1}\cdots X_n$；如果

$$\delta(q,X_i)=(p,Y,L)$$

则当 $i\neq 1$ 时，M 的下一个 ID 为

$$X_1X_2\cdots pX_{i-1}YX_{i+1}\cdots X_n$$

记作

$$X_1X_2\cdots X_{i-1}qX_iX_{i+1}\cdots X_n\underset{M}{\vdash} X_1X_2\cdots pX_{i-1}YX_{i+1}\cdots X_n$$

表示 M 在 ID $X_1X_2\cdots X_{i-1}qX_iX_{i+1}\cdots X_n$ 下，经过一次移动，将 ID 变成 $X_1X_2\cdots pX_{i-1}YX_{i+1}\cdots X_n$。

当 $i=1$ 时，M 在移动之前，它的读头已经处在输入带的最左端，此时再让 M 左移读头，会使 M 的读头离开输入带，这是不允许的。为了避免此现象出现，我们规定，在此情况下，M 没有下一个 ID。

显然，$\underset{M}{\vdash}$ 是 $\Gamma^*Q\Gamma^*$ 上的一个二元关系。令

$\underset{M}{\overset{n}{\vdash}}$ 表示 $\underset{M}{\vdash}$ 的 n 次幂：$\underset{M}{\overset{n}{\vdash}}=\left(\underset{M}{\vdash}\right)^n$。

$\underset{M}{\overset{+}{\vdash}}$ 表示 $\underset{M}{\vdash}$ 的正闭包：$\underset{M}{\overset{+}{\vdash}}=\left(\underset{M}{\vdash}\right)^+$。

$\underset{M}{\overset{*}{\vdash}}$ 表示 $\underset{M}{\vdash}$ 的克林闭包：$\underset{M}{\overset{*}{\vdash}}=\left(\underset{M}{\vdash}\right)^*$。

设 ID_1，ID_2 是 M 的两个 ID，按照二元关系合成的意义，不难看出，

$\mathrm{ID}_1 \left|\frac{n}{M}\right. \mathrm{ID}_2$ 表示 M 经过 n 次移动,从 ID_1 变成 ID_2。

$\mathrm{ID}_1 \left|\frac{+}{M}\right. \mathrm{ID}_2$ 表示 M 经过至少一次移动,从 ID_1 变成 ID_2。

$\mathrm{ID}_1 \left|\frac{*}{M}\right. \mathrm{ID}_2$ 表示 M 经过若干次移动,从 ID_1 变成 ID_2。

在意义明确时,分别用 $\left|\!\!\!-\,,\right. \left|^n\,,\right. \left|^+\,,\right. \left|^*\right.$ 表示 $\left|\frac{}{M}\,,\right. \left|\frac{n}{M}\,,\right. \left|\frac{+}{M}\,,\right. \left|\frac{*}{M}\right.$。

例 9-2 例 9-1 所给的 M_1 在处理输入串的过程中经历的 ID 变换序列。

由于符号 B 不是输入符号,所以,在输入串中不含 B,但是,在输入串后,紧随的就是 B,因此,在 M_1 处理完输入串时,它读的符号为 B。按照定义 9-2,我们仅在需要的时候在相应的 ID 中加入符号 B。

(1) 处理输入串 000100 的过程中经历的 ID 变换序列如下:

$$q_0 000100 \left|\frac{}{M_1}\right. 0q_0 00100 \left|\frac{}{M_1}\right. 00q_0 0100 \left|\frac{}{M_1}\right. 000q_0 100 \left|\frac{}{M_1}\right. 0001q_1 00 \left|\frac{}{M_1}\right. 00010q_1 0 \left|\frac{}{M_1}\right. 000100$$

$$q_1 \left|\frac{}{M_1}\right. 000100Bq_2$$

(2) 处理输入串 0001 的过程中经历的 ID 变换序列如下:

$$q_0 0001 \left|\frac{}{M_1}\right. 0q_0 001 \left|\frac{}{M_1}\right. 00q_0 01 \left|\frac{}{M_1}\right. 000q_0 1 \left|\frac{}{M_1}\right. 0001q_1 \left|\frac{}{M_1}\right. 0001Bq_2$$

(3) 处理输入串 000101 的过程中经历的 ID 变换序列如下:

$$q_0 000101 \left|\frac{}{M_1}\right. 0q_0 00101 \left|\frac{}{M_1}\right. 00q_0 0101 \left|\frac{}{M_1}\right. 000q_0 101 \left|\frac{}{M_1}\right. 0001q_1 01 \left|\frac{}{M_1}\right. 00010q_1 1$$

M_1 在 q_1 状态下遇到 1 时,因为没有相应的移动,所以它停机。此时,M_1 处于 q_1 状态,这样它就无法进入终止状态了。这表明,当输入串中含有多个 1 时,M_1 无法进入终止状态。

(4) 处理输入串 1 的过程中经历的 ID 变换序列如下:

$$q_0 1 \left|\frac{}{M_1}\right. 1q_1 \left|\frac{}{M_1}\right. 1Bq_2$$

(5) 处理输入串 00000 的过程中经历的 ID 变换序列如下:

$$q_0 00000 \left|\frac{}{M_1}\right. 0q_0 0000 \left|\frac{}{M_1}\right. 00q_0 000 \left|\frac{}{M_1}\right. 000q_0 00 \left|\frac{}{M_1}\right. 0000 q_0 0 \left|\frac{}{M_1}\right. 00000q_0 B$$

M_1 在 q_0 状态下遇到 B 时,因为在移动函数的定义中没有给出相应的移动,所以它停机。此时,M_1 处于 q_0 状态。这表明,它发现输入串中没有符号 1。由于串中不含 1,所以,M_1 也无法进入终止状态。

类似 FA 和 PDA 所能接受语言的有关定义,定义能够引导 TM 从启动状态出发,最终到达终止状态的输入串为该 TM 接受的符号串。所有这样的符号串构成的集合为这个图灵机接受的语言。

定义 9-3 设 TM $M = (Q, \Sigma, \Gamma, \delta, q_0, B, F)$,$M$ 接受的语言

$$L(M) = \{x \mid x \in \Sigma^*, q_0 x \left|\frac{*}{M}\right. \alpha_1 q \alpha_2, q \in F, \alpha_1, \alpha_2 \in \Gamma^*\}$$

定义 9-4 TM 接受的语言称为递归可枚举语言(recursively enumerable language,r.

e.)。如果存在 TM $M=(Q,\Sigma,\Gamma,\delta,q_0,B,F)$,$L=L(M)$,并且对每一个输入串 x,M 都停机,则称 L 为递归语言(recursive language)。

显然,递归语言是递归可枚举语言的子类。

例 9-3 设有 $M_2=(\{q_0,q_1,q_2,q_3\},\{0,1\},\{0,1,B\},\delta,q_0,B,\{q_3\})$,其中,$\delta$ 的定义如下(表 9-2 是 δ 的表格表示),试分析 M_2 接受的语言。

$$\delta(q_0,0)=(q_0,0,R)$$
$$\delta(q_0,1)=(q_1,1,R)$$
$$\delta(q_1,0)=(q_1,0,R)$$
$$\delta(q_1,1)=(q_2,1,R)$$
$$\delta(q_2,0)=(q_2,0,R)$$
$$\delta(q_2,1)=(q_3,1,R)$$

表 9-2 M_2 的移动函数

	0	1	B
q_0	$(q_0,0,R)$	$(q_1,1,R)$	
q_1	$(q_1,0,R)$	$(q_2,1,R)$	
q_2	$(q_2,0,R)$	$(q_3,1,R)$	
q_3			

为了弄清楚 M_2 接受的语言,需要从分析它的工作过程入手。为此,首先考查它处理几个典型的输入串的 ID 变化过程。

(1)处理输入串 00010101 的过程中经历的 ID 变换序列如下:

$$q_000010101 \vdash_{M_2} 0q_00010101 \vdash_{M_2} 00q_0010101 \vdash_{M_2} 000q_010101 \vdash_{M_2} 0001q_10101 \vdash_{M_2}$$

$$00010q_1101 \vdash_{M_2} 000101 q_201 \vdash_{M_2} 0001010 q_21 \vdash_{M_2} 00010101q_3$$

M_2 在 q_0 状态下遇到 0 时状态仍然保持为 q_0,同时将读头向右移动一格而指向下一个符号;在 q_0 状态下遇到第一个 1 时状态改为 q_1,并继续右移读头,以寻找下一个 1;在遇到第二个 1 时,动作类似,只是将状态改为 q_2;当遇到第三个 1 时,M_2 进入终止状态 q_3,此时 M_2 正好扫描完整个输入符号串,表示符号串被 M_2 接受。

(2)处理输入串 1001100101100 的过程中经历的 ID 变换序列如下:

$$q_01001100101100 \vdash_{M_2} 1q_0001100101100 \vdash_{M_2} 10 q_101100101100 \vdash_{M_2} 100q_11100101100 \vdash_{M_2}$$

$$1001 q_2100101100 \vdash_{M_2} 10011q_300101100$$

M_2 遇到第三个 1 时,进入终止状态 q_3,此时它的 ID 为 $10011q_300101100$,输入串的后缀 00101100 还没有被处理。但是,由于 M_2 已经进入终止状态,表示符号串 1001100101100 被 M_2 接受。这就是说,与 FA 和 PDA 不同,TM 并不一定要扫描完输入串中的所有符号,就可以决定是否应该接受此输入串。

（3）处理输入串 000101000 的过程中经历的 ID 变换序列如下：

$$q_0000101000 \underset{M_2}{\vdash} 0q_000101000 \underset{M_2}{\vdash} 00q_00101000 \underset{M_2}{\vdash} 000q_0101000 \underset{M_2}{\vdash} 0001q_101000 \underset{M_2}{\vdash}$$

$$00010q_11000 \underset{M_2}{\vdash} 000101q_2000 \underset{M_2}{\vdash} 0001010\ q_200 \underset{M_2}{\vdash} 00010100\ q_20 \underset{M_2}{\vdash} 000101000\ q_2B$$

当 M_2 的 ID 变为 $000101000\ q_2B$ 时，它因为无法进行下一个移动而停机。由于此时 M_2 处于状态 q_2，所以，它不接受输入串 000101000。由此可见，TM 要决定一个输入串是否应该接受，有时需要读入所有的符号，有时则只需读入部分符号。

根据以上分析，不难看出，M_2 接受的语言是字母表 $\{0,1\}$ 上那些至少含有 3 个 1 的 0,1 符号串。请读者考虑，如何构造出接受字母表 $\{0,1\}$ 上那些含且仅含有 3 个 1 的符号串的 TM。

例 9-4 构造 TM M_3，使得 $L(M_3)=\{0^n1^n2^n\,|\,n\geqslant 1\}$。

分析：由于 TM 的状态数是有限的，因此，不能通过"数"0,1,2 的个数来实现检查，而只能使用最为原始的方法来比较它们的个数是否相同：消除一个 0，然后消除一个 1，最后消除一个 2。循环地执行这个消除过程，直到最后恰好将这些 0,1,2 全部消除。为了清楚起见，可以在消除 0 的带方格上印刷一个 X，在消除 1 的带方格上印刷一个 Y，在消除 2 的带方格上印刷一个 Z。这样，正常情况下，M 启动时输入带上的符号串的一般形式为

$$00\cdots\cdots0011\cdots\cdots1122\cdots\cdots22$$

TM 启动后，经过一段运行，输入带上的符号串可能变为

$$X\cdots X0\cdots0Y\cdots Y1\cdots1Z\cdots Z2\cdots2BB$$

在这个前提下，相应的边界情况有多种，例如：

$$X\cdots XX\cdots XY\cdots YY\cdots YZ\cdots Z2\cdots2BB$$

$$X\cdots XX\cdots XY\cdots Y1\cdots1Z\cdots Z2\cdots2BB$$

$$X\cdots X0\cdots0Y\cdots YY\cdots YZ\cdots Z2\cdots2BB$$

$$X\cdots X0\cdots0Y\cdots Y1\cdots1Z\cdots ZZ\cdots ZBB$$

$$X\cdots X0\cdots0Y\cdots YY\cdots YZ\cdots ZZ\cdots ZBB$$

可以按照图 9-2 的形式来描述这个 TM 的构造思路。

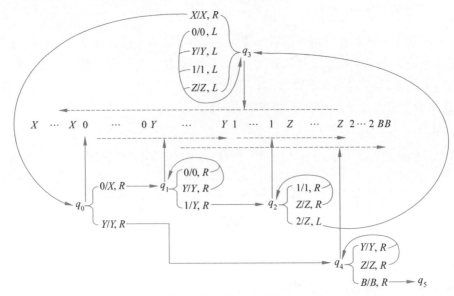

图 9-2 接受语言 $\{0^n1^n2^n\,|\,n\geqslant 1\}$ 的 TM 的构造思路

在图 9-2 中,只给出了正常运行情况下的动作。实际上,对于不正常的情况,由于这里没给出定义,所以,TM 在运行中遇到非正常情况时就停机。下面通过解释图 9-2 所表示的 M_3 的运行来说明图中符号的意义。q_0 为开始状态,M_3 读一个 0,将其改写为 X,并将读头右移一格,该动作用"$0/X,R$"表示,然后转到状态 q_1,这用从"$0/X,R$"到 q_1 的箭头表示;在状态 q_1,M_3 扫描剩余的 0 和已经标记过的 1(即 Y)。当遇到第一个未标记的 1 时,M_3 将其标记为 Y,然后进入状态 q_2。在状态 q_2,M_3 扫描剩余的 1 和已经标记过的 2(即 Z)。当遇到第一个未标记的 2 时,M_3 将其标记为 Z,然后进入状态 q_3,此时,M_3 完成了一次匹配处理。在状态 q_3,M_3 将读头移回到输入带中的最后一个 X,并在回到状态 q_0 时将读头指向第一个待处理的 0。为此,M_3 需要依次扫描串中的 Z,1,Y,0,直到遇到 X。此时,M_3 完成一个处理循环。图中的虚线箭头表示 M_3 的读头移动的方向。

按照图 9-2,有 TM $M_3 = (\{q_0, q_1, q_2, q_3, q_4, q_5\}, \{0,1,2\}, \{0,1,2,X,Y,Z,B\}, \delta, q_0, B, \{q_5\})$,其状态转移函数为

$\delta(q_0, 0) = (q_1, X, R)$　　　　标记一个 0

$\delta(q_1, 0) = (q_1, 0, R)$　　　　扫描所有剩余的 0,去寻找待匹配的 1

$\delta(q_1, Y) = (q_1, Y, R)$　　　　扫描所有的 Y,去寻找待匹配的 1

$\delta(q_1, 1) = (q_2, Y, R)$　　　　标记一个 1

$\delta(q_2, 1) = (q_2, 1, R)$　　　　扫描所有剩余的 1,去寻找待匹配的 2

$\delta(q_2, Z) = (q_2, Z, R)$　　　　扫描所有的 Z,去寻找待匹配的 2

$\delta(q_2, 2) = (q_3, Z, L)$　　　　标记一个 2

$\delta(q_3, Z) = (q_3, Z, L)$　　　　回退走过所有剩余的 Z,去寻找下一个匹配循环的开始

$\delta(q_3, 1) = (q_3, 1, L)$　　　　回退走过所有剩余的 1,去寻找下一个匹配循环的开始

$\delta(q_3, Y) = (q_3, Y, L)$　　　　回退走过所有剩余的 Y,去寻找下一个匹配循环的开始

$\delta(q_3, 0) = (q_3, 0, L)$　　　　回退走过所有剩余的 0,去寻找下一个匹配循环的开始

$\delta(q_3, X) = (q_0, X, R)$　　　　已经找到上次标记的 0,因此回到 q_0 准备下一次循环

$\delta(q_0, Y) = (q_4, Y, R)$　　　　所有的 0 都已经标记完,以后将检查是否已将所有的 1 和所有的 2 都标记完

$\delta(q_4, Y) = (q_4, Y, R)$　　　　检查是否已将所有的 1 都标记完

$\delta(q_4, Z) = (q_4, Z, R)$　　　　检查是否已将所有的 2 都标记完

$\delta(q_4, B) = (q_5, B, R)$　　　　完全匹配,进入终止状态

同样地,可以用表 9-3 表示该移动函数。

表 9-3　M_3 的移动函数

	0	1	2	X	Y	Z	B
q_0	(q_0, X, R)				(q_4, Y, R)		
q_1	$(q_1, 0, R)$	(q_2, Y, R)			(q_1, Y, R)		
q_2		$(q_2, 1, R)$	(q_3, Z, L)			(q_2, Z, R)	

续表

	0	1	2	X	Y	Z	B
q_3	$(q_3,0,L)$	$(q_3,1,L)$		(q_0,X,R)	(q_3,Y,L)	(q_3,Z,L)	
q_4					(q_4,Y,R)	(q_4,Z,R)	(q_5,B,R)
q_5							

显然,表 9-3 比起函数式的写法要简单一些。在这里,我们坚持写函数式的目的是希望读者能从中看出,构造 TM 实际上是在用 TM 的定义编写一个处理程序,只不过它的处理对象是一个符号串。因此,对于一般的问题,需要先对该问题进行编码表示,然后再对该编码表示进行处理。另外,在表 9-3 中,终止状态所在的行没有下一个移动。因此,在制表时,如果做出相应的约定,这一行可以省去。

9.1.2 图灵机作为非负整函数的计算模型

TM 除了作为语言识别器外,还可以作为非负整数函数的计算器。为了方便起见,给所有的非负整数进行编码。编码体系可以有多种,依据理解和处理的方便程度以及习惯等来决定。例如,可以用 $n+1$ 个 1 表示 n,当有多个数时,用";"将表示不同 n 的 1 分开。本书用所谓的一进制来表示 n,对于任意的非负整数 n,我们用符号串 0^n 表示。对于一个 k 元函数 $f(n_1,n_2,\cdots,n_k)$,用符号串 $0^{n_1}10^{n_2}1\cdots10^{n_k}$ 表示它的 k 个变元 $n_1,n_2,\cdots,n_k$ 的值,并将其作为相应的 TM 的输入。如果 $f(n_1,n_2,\cdots,n_k)=m$,则该 TM 的输出为 0^m。也就是说,该 TM 在处理完相应的输入串后停机,并且此时输入带上留下符号串 0^m。

定义 9-5 设有 k 元函数 $f(n_1,n_2,\cdots,n_k)=m$,TM $M=(Q,\Sigma,\Gamma,\delta,q_0,B,F)$ 接受输入串 $0^{n_1}10^{n_2}1\cdots10^{n_k}$,输出符号串 0^m。当 $f(n_1,n_2,\cdots,n_k)$ 无定义时,TM M 没有恰当的输出。称 TM M 计算 k 元函数 $f(n_1,n_2,\cdots,n_k)$,$f(n_1,n_2,\cdots,n_k)$ 为 TM M 计算的函数。也称 f 是**图灵可计算的**(Turing computable)。

与 TM 作为语言的识别器类似,对于一个 k 元函数 $f(n_1,n_2,\cdots,n_k)$ 的某一个输入 $0^{n_1}10^{n_2}1\cdots10^{n_k}$,TM 也可能不停机。另外,考虑到一个处理装置有时候可能会遇到一些不恰当的输入串,所以,有如下定义。

定义 9-6 设 k 元函数 $f(n_1,n_2,\cdots,n_k)$,如果对于任意的 $n_1,n_2,\cdots,n_k$,f 均有定义,也就是计算 f 的 TM 总能给出确定的输出,则称 f 为**完全递归函数**(total recursive function)。一般地,TM 计算的函数称为**部分递归函数**(partial recursive function)。

由于整数的加、乘、幂等运算都有确定的值,所以,按照这个定义,有限次使用这些运算构造出来的函数都是可计算的。实际上,使用恰当的编码表示,其他运算也是可以用图灵机实现的。所以,常用的算术运算函数都是完全递归函数。

另外,从是否对任意一个输入串都停机等意义上讲,部分递归函数可以与递归可枚举语言相对应,完全递归函数可以与递归语言对应。

例 9-5 构造 TM M_4,对于任意非负整数 n,m,M_4 计算 $n+m$。

M_4 的输入为 0^n10^m,按照上述关于输出值表示的约定,M_4 停机时输入带上应该出现形如 0^{n+m} 的符号串。n 和 m 为 0 的情况需要特殊考虑。下面分别进行分析。

（1）当 n 为 0 时，只用将 1 变成 B 就完成了计算，此时，无须考查 m 是否为 0。

（2）当 m 为 0 时，需要扫描表示 n 的符号 0，并将 1 改为 B。此时，在符号 1 之后会立即发现符号 B。

（3）当 n 和 m 都不为 0 时，需要将符号 1 改为 0，并将最后一个 0 改为 B。

综合（2）和（3），可以将 1 先统一地改写为 0，然后向右扫描直到遇到 B 时再回过头来将最后一个 0 改为 B。

图 9-3 表达出 M_4 的构造思路，按照此思路，有

$$\text{TM } M_4 = (\{q_0, q_1, q_2, q_3\}, \{0,1\}, \{0,1,B\}, \delta, q_0, B, \{q_1\})$$

其中，δ 的定义为

$$\delta(q_0, 1) = (q_1, B, R)$$
$$\delta(q_0, 0) = (q_2, 0, R)$$
$$\delta(q_2, 0) = (q_2, 0, R)$$
$$\delta(q_2, 1) = (q_2, 0, R)$$
$$\delta(q_2, B) = (q_3, B, L)$$
$$\delta(q_3, 0) = (q_1, B, R)$$

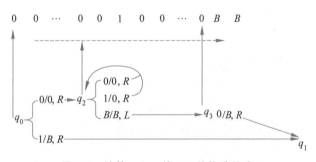

图 9-3 计算 $n+m$ 的 TM 的构造思路

这里比较重要的一点是，由于将中间的 1 改成了 0，所以需要找到串中的最后一个 0，并将其改为 B。不过，要想找到最后这个 0，需要扫描过表示 m 的所有 0 而读到第一个 B。利用这种方法，读者不难构造出计算 $n+1$ 的 TM。

例 9-6　构造 TM M_5，对于任意非负整数 n, m，M_5 计算 $n \dot{-} m$，当 $n > m$ 时，$n \dot{-} m = n - m$；当 $n \leqslant m$ 时，$n \dot{-} m = 0$。

分析：一般情况下，输入带上为 $0^n 1 0^m$。要想完成上述计算，需要在逐个消除后 m 个 0 中的 0 的过程中，对应地逐个消除前 n 个 0 中的 0。由于扫描一般是从左到右的，所以在执行中，每消除前面的一个 0，就到后面消除一个 0，由于后面的 0 之后紧接着有无穷多个 B，因此，可以用 B 来替代 1 前面的被消除的 0，而用 X 替代 1 后面的被消除的 0。在运行过程中，当完成一次循环后，如果在 1 前面找不到需要进一步消除的 0，则表示 $n \leqslant m$，此时应该将带上的所有非 B 符号改成 B；如果在消除了 1 前面的 0 之后，未能在 1 后面找到待消除的 0，则将带上的符号 X 改成 B，将 1 改成 0。这个过程可以用图 9-4 表示。

按照上述思路，有

$$\text{TM } M_5 = (\{q_0, q_1, q_2, q_3, q_4, q_5, q_6\}, \{0,1\}, \{0,1,X,B\}, \delta, q_0, B, \{q_6\})$$

其中，δ 的定义为

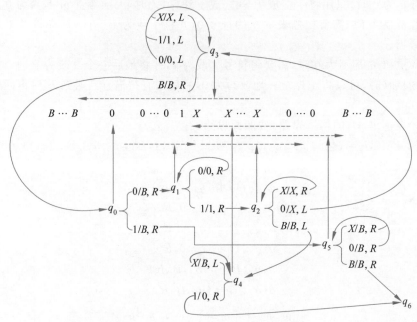

图 9-4　计算 $n \dot{-} m$ 的 TM 的构造思路

$$\delta(q_0,0)=(q_1,B,R)$$
$$\delta(q_0,1)=(q_5,B,R)$$
$$\delta(q_1,0)=(q_1,0,R)$$
$$\delta(q_1,1)=(q_2,1,R)$$
$$\delta(q_2,X)=(q_2,X,R)$$
$$\delta(q_2,0)=(q_3,X,L)$$
$$\delta(q_2,B)=(q_4,B,L)$$
$$\delta(q_3,X)=(q_3,X,L)$$
$$\delta(q_3,1)=(q_3,1,L)$$
$$\delta(q_3,0)=(q_3,0,L)$$
$$\delta(q_3,B)=(q_0,B,R)$$
$$\delta(q_4,X)=(q_4,B,L)$$
$$\delta(q_4,1)=(q_6,0,R)$$
$$\delta(q_5,X)=(q_5,B,R)$$
$$\delta(q_5,0)=(q_5,B,R)$$
$$\delta(q_5,B)=(q_6,B,R)$$

9.1.3　图灵机的构造

1. 状态的有穷存储功能的利用

在研究 FA 的构造时，通常是根据 FA 有有穷个状态，这些状态可以存放有穷的内容——状态的有穷存储功能的特性，比较自然地完成了识别某些语言的 FA 的构造。TM

也有有穷个状态,所以,也可以认为 TM 具有有穷存储功能。利用这一点,同样对完成图灵机的构造是非常有意义的。用如下例子进行说明。

例 9-7　构造 TM M_6,使得 $L(M_6)=\{x \mid x \in \{0,1\}^* 且 x 中至多含 3 个 1\}$。

分析:M_6 在考查一个串是否满足条件时,只用记录已经读到的 1 的个数。因此,分别用

$q[0]$表示当前已经读到 0 个 1。

$q[1]$表示当前已经读到 1 个 1。

$q[2]$表示当前已经读到 2 个 1。

$q[3]$表示当前已经读到 3 个 1。

由于在读到 3 个 1 之后,还要检查此后是否还有更多的 1,所以,当 M_6 进入 $q[3]$ 后并不能停机,而是要继续检查剩余的串中是否还有更多的 1,而这要看它在遇到 B 之前是否遇到其他的 1。如果没有更多的 1,则进入终止状态 $q[f]$。从而

$M_6=(\{q[0], q[1], q[2], q[3], q[f]\}, \{0,1\}, \{0,1,B\}, \delta, q[0], B, \{q[f]\})$

其中,δ 的定义为

$$\delta(q[0],0)=(q[0],0,R)$$
$$\delta(q[0],1)=(q[1],1,R)$$
$$\delta(q[0],B)=(q[f],B,R)$$
$$\delta(q[1],0)=(q[1],0,R)$$
$$\delta(q[1],1)=(q[2],1,R)$$
$$\delta(q[1],B)=(q[f],B,R)$$
$$\delta(q[2],0)=(q[2],0,R)$$
$$\delta(q[2],1)=(q[3],1,R)$$
$$\delta(q[2],B)=(q[f],B,R)$$
$$\delta(q[3],0)=(q[3],0,R)$$
$$\delta(q[3],B)=(q[f],B,R)$$

按照这个思路,如果要构造的 TM 是接受恰含 3 个 1 的 0,1 串的图灵机,则可以简单地对 M_6 进行修改,得到 M_7,使得

$$L(M_7)=\{x \mid x \in \{0,1\}^* 且 x 中含且仅含 3 个 1\}$$

取

$M_7=(\{q[0],q[1],q[2],q[3],q[f]\}, \{0,1\}, \{0,1,B\}, \delta, q[0], B, \{q[f]\})$

其中,δ 的定义为

$$\delta(q[0],0)=(q[0],0,R)$$
$$\delta(q[0],1)=(q[1],1,R)$$
$$\delta(q[1],0)=(q[1],0,R)$$
$$\delta(q[1],1)=(q[2],1,R)$$
$$\delta(q[2],0)=(q[2],0,R)$$
$$\delta(q[2],1)=(q[3],1,R)$$
$$\delta(q[3],0)=(q[3],0,R)$$
$$\delta(q[3],B)=(q[f],B,R)$$

类似地，可以构造出 M_8，使得

$$L(M_8) = \{x \mid x \in \{0,1\}^* \text{ 且 } x \text{ 中至少含 3 个 1}\}$$

取

$$M_8 = (\{q[0], q[1], q[2], q[f]\}, \{0,1\}, \{0,1,B\}, \delta, q[0], B, \{q[f]\})$$

其中，δ 的定义为

$$\delta(q[0], 0) = (q[0], 0, R)$$
$$\delta(q[0], 1) = (q[1], 1, R)$$
$$\delta(q[1], 0) = (q[1], 0, R)$$
$$\delta(q[1], 1) = (q[2], 1, R)$$
$$\delta(q[2], 0) = (q[2], 0, R)$$
$$\delta(q[2], 1) = (q[f], 1, R)$$

注意，M_8 所接受的语言与例 9-3 中的 M_2 接受的语言是相同的。实际上，M_8 与 M_2 是"同构"的，两个 TM 的差别仅仅是状态的名字不同而已。它们状态之间的对应关系为

$$q_0 \sim q[0], q_1 \sim q[1], q_2 \sim q[2], q_3 \sim q[f]$$

例 9-8 构造 TM M_9，它的输入字母表为 $\{0,1\}$，现在要求 M_9 在它的输入符号串的尾部添加子串 101。

分析：要想在符号串的尾部添加给定的符号串 x，TM 需要首先找到符号串的尾部，然后将给定的符号串中的符号依次地印刷在输入带上。这里用 $q[x]$ 代表寻找原始串的尾部的状态，在找到输入串的尾部后，将 x 中的符号从左到右逐个地印刷出去，并且每印刷一个符号，就将它从有穷状态控制器的"存储器"中删去，当该"存储器"空时，TM 就完成了工作。对于状态 $q[ay]$，设 b 是输入字母表中的符号，定义

$$\delta(q[ay], b) = (q[ay], b, R)$$
$$\delta(q[ay], B) = (q[y], a, R)$$

按照这个思路，M_9 可被构造成如下形式。注意状态的排列顺序，这个顺序与通常的习惯不同，但该顺序却能更好地表达出 M_9 的工作过程和这些状态所表达的意义。

$$M_9 = (\{q[101], q[01], q[1], q[\varepsilon]\}, \{0,1\}, \{0,1,B\}, \delta, q[101], B, \{q[\varepsilon]\})$$

其中，δ 的定义为

$$\delta(q[101], 0) = (q[101], 0, R)$$
$$\delta(q[101], 1) = (q[101], 1, R)$$
$$\delta(q[101], B) = (q[01], 1, R)$$
$$\delta(q[01], B) = (q[1], 0, R)$$
$$\delta(q[1], B) = (q[\varepsilon], 1, R)$$

TM 状态的有穷存储功能的另外一个应用，是将一个输入符号串的某一个后缀向后移动指定数目的带方格。

例 9-9 构造 TM M_{10}，它的输入字母表为 $\{0,1\}$，现在要求 M_{10} 在它的输入符号串的开始处添加子串 101。

仍然用上例中使用的方法，只不过要想在符号串的开始处添加一个子串，必须将原有的符号串后移若干带方格，后移的带方格数为待添加的子串的长度。为了清楚起见，将有穷控制器

中的"存储器"分成两部分:第一部分用来存放待添加的子串,第二部分用来存储因添加符号串,当前需要移动的输入带上暂时无带方格存放的子串。该 TM 的状态的一般形式为 $q[x,y]$,其中 x 为待添加的子串,y 为当前需要移动的输入带上暂时无带方格存放的子串。当 x 为待添加的符号串时,$q[x,\varepsilon]$ 为开始状态,$q[\varepsilon,\varepsilon]$ 为终止状态。设 a,b 为输入符号,一般地,

$$\delta(q[ax,y],b)=(q[x,yb],a,R)$$

表示在没有完成将需要插入的子串印刷到输入带上之前,要将该子串的当前后缀的首字符印刷在图灵机当前扫描的带方格上。因此,要将读头当前所指的带方格中的符号 b 存入"存储器"的第二部分的尾部,并将"存储器"的第一部分中的当前首符号 a 印刷在此带方格上。然后将字符 a 从存储器的第一部分中删除,以便下一次可以按照相同的方法印刷出 a 后紧随的那一个字符,直到待插入子串中的所有符号都被印出。

$$\delta(q[\varepsilon,ay],b)=(q[\varepsilon,yb],a,R)$$

表示当完成待插入子串的插入工作之后,必须将插入点之后的子串顺序地向后移动,因此,需要将读头当前所指的带方格中的符号 b 存入"存储器"的第二部分中,并放在该部分所存的符号串的尾部,然后将该符号串的当前首符号 a 印刷在此带方格上,同时将这个符号从存储器中删除。在本次子串的插入过程中,"存储器"的第一部分和第二部分使用相同的存储容量。这个量就是本次被插入子串的长度。

$$\delta(q[\varepsilon,ay],B)=(q[\varepsilon,y],a,R)$$

表示读头当前所指的带方格为空白,现将"存储器"的第二部分中的当前首符号 a 印刷在此带方格上,同时将这个符号从存储器中删除。

从而有

$$\begin{aligned}
M_{10}=(\{&q[101,\varepsilon],q[01,0],q[01,1],q[1,00],q[1,01],q[1,10],q[1,11],\\
&q[\varepsilon,000],q[\varepsilon,001],q[\varepsilon,010],q[\varepsilon,011],q[\varepsilon,100],q[\varepsilon,101],q[\varepsilon,110],\\
&q[\varepsilon,111],q[\varepsilon,00],q[\varepsilon,01],q[\varepsilon,10],q[\varepsilon,11],q[\varepsilon,0]q[\varepsilon,1],q[\varepsilon,\varepsilon]\},\\
&\{0,1\},\{0,1,B\},\delta,q[101,\varepsilon],B,\{q[\varepsilon,\varepsilon]\})
\end{aligned}$$

其中,δ 的定义为

$\delta(q[101,\varepsilon],0)=(q[01,0],1,R)$ 　　输出第一个符号 1

$\delta(q[101,\varepsilon],1)=(q[01,1],1,R)$

$\delta(q[01,0],0)=(q[1,00],0,R)$ 　　输出第二个符号 0,此时读入的是 0

$\delta(q[01,1],0)=(q[1,10],0,R)$

$\delta(q[01,0],1)=(q[1,01],0,R)$ 　　输出第二个符号 0,此时读入的是 1

$\delta(q[01,1],1)=(q[1,11],0,R)$

$\delta(q[1,00],0)=(q[\varepsilon,000],1,R)$ 　　输出第三个符号 1,此时读入的是 0

$\delta(q[1,01],0)=(q[\varepsilon,010],1,R)$

$\delta(q[1,10],0)=(q[\varepsilon,100],1,R)$

$\delta(q[1,11],0)=(q[\varepsilon,100],1,R)$

$\delta(q[1,00],1)=(q[\varepsilon,001],1,R)$ 　　输出第三个符号 1,此时读入的是 1

$\delta(q[1,01],1)=(q[\varepsilon,011],1,R)$

$\delta(q[1,10],1)=(q[\varepsilon,101],1,R)$

$\delta(q[1,11],1)=(q[\varepsilon,101],1,R)$

$\delta(q[\varepsilon,000],0)=(q[\varepsilon,000],0,R)$ 利用存储器的第二部分向后移动剩余的串

$\delta(q[\varepsilon,000],1)=(q[\varepsilon,001],0,R)$

$\delta(q[\varepsilon,001],0)=(q[\varepsilon,010],0,R)$

$\delta(q[\varepsilon,001],1)=(q[\varepsilon,011],0,R)$

$\delta(q[\varepsilon,010],0)=(q[\varepsilon,100],0,R)$

$\delta(q[\varepsilon,010],1)=(q[\varepsilon,101],0,R)$

$\vdots$

$\delta(q[\varepsilon,111],0)=(q[\varepsilon,110],1,R)$

$\delta(q[\varepsilon,111],1)=(q[\varepsilon,111],1,R)$

$\delta(q[\varepsilon,000],B)=(q[\varepsilon,00],0,R)$ 已经到达串尾,将存储器的第二部分内容逐个符号
地输出

$\delta(q[\varepsilon,001],B)=(q[\varepsilon,01],0,R)$

$\vdots$

$\delta(q[\varepsilon,111],B)=(q[\varepsilon,11],1,R)$

$\delta(q[\varepsilon,00],B)=(q[\varepsilon,0],0,R)$

$\vdots$

$\delta(q[\varepsilon,11],B)=(q[\varepsilon,1],1,R)$

$\delta(q[\varepsilon,0],B)=(q[\varepsilon,\varepsilon],0,R)$

$\delta(q[\varepsilon,1],B)=(q[\varepsilon,\varepsilon],1,R)$

请读者考虑是否可以用形如 $q[x]$ 的状态完成将 x 插入到输入串的开始的工作。

2. 多道(multi-track)技术

例 9-10 构造 M_{11},使得 $L(M_{11})=\{xcy \mid x,y\in\{0,1\}^+$ 且 $x\neq y\}$。

分析：M_{11} 处理符号串的算法思想是,以符号 c 为分界线,逐个地将 c 前的符号与 c 后的符号进行比较。当发现对应符号不同时,就进入终止状态,表示符号串被接受;否则就继续进行比较,直到发现 x 与 y 的长度不相同而进入终止状态,或者发现它们相同而停机。为了实现对已比较过的符号的标记,将输入带分成两个道,一个道存放被检查的符号串,另一个存放标记符。当对应的符号已被检查过后,在该符号对应的另一道上印刷一个标记符,如 √;当对应的符号还没有被检查时,则该符号对应的另一道上的符号是空白符 B。在这里,使用了多道的概念。具体的实现可以用图 9-5 表示,其中的 $a,b,d,a_1,a_2,a_3,a_4,b_1,b_2,b_3,b_4$ 都用来表示符号 0 或者 1。

按照图 9-5 所给出的构造思路,有

TM $M_{11}=(\{q[\varepsilon],q[0],q[1],p[0],p[1],q,p,s,f\},\{[B,0],[B,1],$
$[B,c]\},\{[B,0],[B,1],[B,c],[\surd,0],[\surd,1],[B,B]\},\delta,q[\varepsilon],[B,B],$
$\{f\})$

其中,δ 的定义为

$\delta(q[\varepsilon],[B,0])=(q[0],[\surd,0],R)$ 标记第一个符号 1,并将它记在状态中

$\delta(q[\varepsilon],[B,1])=(q[1],[\surd,1],R)$

$\delta(q[a],[B,d])=(q[a],[B,d],R)$ 去寻找 c

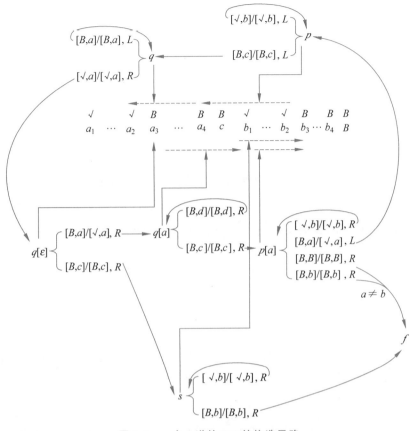

图 9-5　一个 2 道的 TM 的构造思路

$\delta(q[a], [B,c]) = (p[a], [B,c], R)$　已经找到 c，准备寻找 y 中的下一个匹配符号

$\delta(p[a], [\checkmark,b]) = (p[a], [\checkmark,b], R)$　寻找 y 中的下一个符号

$\delta(p[a], [B,a]) = (p, [\checkmark,a], L)$　找到 y 中的下一个符号，该符号正好与存储器中的符号匹配，因此，需要考查下一对符号是否匹配

$\delta(p, [\checkmark,b]) = (p, [\checkmark,b], L)$　考查下一对符号是否匹配

$\delta(p, [B,c]) = (q, [B,c], L)$

$\delta(q, [B,a]) = (q, [B,a], L)$

$\delta(q, [\checkmark,a]) = (q[\varepsilon], [\checkmark,a], R)$

$\delta(p[a], [B,b]) = (f, [B,b], R)$　发现 $a \neq b$，这表明 $x \neq y$，所以进入终止状态

$\delta(p[a], [B,B]) = (p, [B,B], R)$　发现 $x = yz$，且 $z \neq \varepsilon$，这表明 $x \neq y$，所以进入终止状态

$\delta(q[\varepsilon], [B,c]) = (s, [B,c], R)$　发现 $y = xz$，此时需要检查 $z = \varepsilon$ 是否成立

$\delta(s, [\checkmark,b]) = (s, [\checkmark,b], R)$　扫描 y 中已经被标示过的符号

$\delta(s, [B,a]) = (f, [B,a], R)$　发现 $x = yz$，并且 $z \neq \varepsilon$，这表明 $x \neq y$，所以进入终止状态

在该例子中,$q[\varepsilon]$是开始状态,f是终止状态。而且在前面几个例子中,都将 TM 设计成恰有一个开始状态和一个终止状态的形式。实际上,终止状态可以有多个,这样做的目的是要遵循算法的单入口和单出口的设计习惯。

3. 子程序(subroutine)技术

将 TM 的设计看作一种特殊的程序设计,还可以将子程序的概念引进来。完成某一个给定功能的 TM M'从一个状态 q 开始,到达某一个固定的状态 f 结束。将这两个状态作为另一个 TM M 的两个一般状态。当 M 进入状态 q 时,相当于启动 M'(调用 M'对应的子程序);当 M'进入状态 f 时,相当于返回到 M 的状态 f。我们用这种方法来设计实现正整数乘法运算的 TM。

例 9-11 构造 M_{12},使得 M_{12}完成正整数的乘法运算。

分析:设两个正整数分别为 m 和 n,按照 TM 作为整数的计算器的约定,M_{12}接受的输入串为 0^n10^m,输出应该为 0^{nm}。处理的算法思想是,每次将 n 个 0 中的 1 个 0 改成 B,则在输入串的后面复写 m 个 0。这样,在 M_{12}的运行过程中,输入带的内容为

$$B^h0^{n-h}10^m10^{mh}B$$

M_{12}的功能可以分成 3 部分:

(1) 初始化。完成将第一个 0 变成 B,并在最后一个 0 后写上 1。我们用 q_0 表示开始状态,用 q_1 表示完成初始化后的状态。消除前 n 个 0 中的第一个 0,

$$q_00^n10^m \vdash^{\underline{+}} Bq_10^{n-1}10^m1$$

(2) 主控系统。首先,从状态 q_1 开始,扫描前 n 个 0 中剩余的 0 和第一个 1,将读头指向 m 个 0 中的第一个,此时的状态为 q_2。这个状态相当于子程序的开始状态。已经消除了前 n 个 0 中的某一个,准备将 m 个 0 抄写到带上记录 nm 个 0 的地方。此步的 ID 变化呈如下形式:

$$B^hq_10^{n-h}10^m10^{m(h-1)}B \vdash^{\underline{+}} B^h0^{n-h}1\,q_20^m10^{m(h-1)}B$$

其次,当子程序完成 m 个 0 的复写后,回到 q_3。这个状态相当于子程序的返回(终止)状态。然后在 q_3 状态下,将读头移回到前 n 个 0 中剩余的 0 中的第一个 0,并将这个 0 改成 B,进入 q_1 状态,准备进行下一次循环。当返回时找不到前 n 个 0 中的 0 时,则表示乘法运算已完成,此时,进入第三步,完成带的清理工作。此步的 ID 变化呈如下形式:

$$B^h0^{n-h}1\,q_30^m10^{mh}B \vdash^{\underline{+}} B^{h+1}q_10^{n-h-1}10^m10^{mh}B$$

最后,当完成 mn 个 0 的复写之后,清除输入带上除这 mn 个 0 外的其他非空白符号。q_4 为终止状态。

$$B^nq_110^m10^{nm}B \vdash^{\underline{+}} B^{n+1+m+1}\,q_40^{nm}B$$

(3) 子程序。完成将 m 个 0 复写到后面的任务。子程序从状态 q_2 启动,到状态 q_3 结束时完成本次任务,并返回到主控程序。

$$B^{h+1}0^{n-h-1}1\,q_20^m10^{mh}B \vdash B^{h+1}0^{n-h-1}1\,q_30^m10^{mh+1}B$$

至于详细的构造,留给读者自己去完成。

9.2 图灵机的变形

9.1 节介绍了最基本的图灵机及其一些构造方法。本节从不同的方面对图灵机进行扩充,包括双向无穷带图灵机、多带图灵机、不确定的图灵机、多维图灵机等。与基本图灵机相比,它们虽然都在一定的方面有了一定的扩展,但它们与基本的图灵机仍然是等价的。提出这些变形的好处是,可以像对 FA 的扩充那样,使得相应的构造变得更容易。

由于这些扩展实际上都是在技术上的扩展,而且它们的基本描述相对比较复杂,所以在叙述中,将致力于基本思想和基本方法的介绍,忽略那些比较繁杂的描述,包括一些形式化的描述。这与前面较为严格的论述是不相同的。但是,根据这里给出的基本思想和方法,读者将很容易给出相应的形式化描述和较为严格的证明,因为这些描述和证明是我们已经比较熟悉的,只不过是面向新的对象,可能更加烦琐罢了。

9.2.1 双向无穷带图灵机

根据定义 9-1,基本图灵机的输入带具有左端点。所以,在构造图灵机的时候,必须注意不要让图灵机将自己的读头移出输入带的左端点。现在将其输入带定义成双向无穷的,从而得到双向无穷带图灵机,其物理模型如图 9-6 所示。

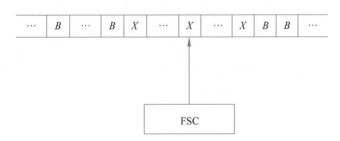

图 9-6 双向无穷带图灵机模型

定义 9-7 双向无穷带图灵机(Turing machine with two-way infinite tape)TM $M = (Q, \Sigma, \Gamma, \delta, q_0, B, F)$ 是一个七元组,其中,$Q, \Sigma, \Gamma, \delta, q_0, B, F$ 的意义与定义 9-1 中所给相同。M 的即时描述 ID 也与定义 9-2 所给相同。

不同的是,我们允许 M 的读头处在输入串的最左端时仍然可以向左移动。为了便于阅读,将 M 的 ID 变换重新定义如下。设

$$X_1 X_2 \cdots X_{i-1} q X_i X_{i+1} \cdots X_n$$

是 M 的一个 ID,如果

$$\delta(q, X_i) = (p, Y, R)$$

则当 $i \neq 1$ 或者 $Y \neq B$ 时,M 的下一个 ID 为

$$X_1 X_2 \cdots X_{i-1} Y p X_{i+1} \cdots X_n$$

记作

$$X_1 X_2 \cdots X_{i-1} q X_i X_{i+1} \cdots X_n \underset{M}{\vdash} X_1 X_2 \cdots X_{i-1} Y p X_{i+1} \cdots X_n$$

表示 M 在 ID $X_1 X_2 \cdots X_{i-1} q X_i X_{i+1} \cdots X_n$ 下,经过一次移动,将 ID 变成 $X_1 X_2 \cdots X_{i-1}$ $Y p X_{i+1} \cdots X_n$。

当 $i=1$ 并且 $Y=B$ 时,M 的下一个 ID 为

$$p X_2 \cdots X_n$$

记作

$$q X_1 X_2 \cdots X_n \vdash_M p X_2 \cdots X_n$$

也就是说,当双向无穷带图灵机的读头左边全部是 B 时,和基本图灵机在读头右边全部是 B 时,这些 B 不在 ID 中出现一样,这些 B 也不在双向无穷带图灵机的 ID 中出现。

如果

$$\delta(q, X_i) = (p, Y, L)$$

则当 $i \neq 1$ 时,M 的下一个 ID 为

$$X_1 X_2 \cdots p X_{i-1} Y X_{i+1} \cdots X_n$$

记作

$$X_1 X_2 \cdots X_{i-1} q X_i X_{i+1} \cdots X_n \vdash_M X_1 X_2 \cdots p X_{i-1} Y X_{i+1} \cdots X_n$$

表示 M 在 ID $X_1 X_2 \cdots X_{i-1} q X_i X_{i+1} \cdots X_n$ 下,经过一次移动,将 ID 变成 $X_1 X_2 \cdots p X_{i-1}$ $Y X_{i+1} \cdots X_n$;

当 $i=1$ 时,M 的下一个 ID 为

$$p B Y X_2 \cdots X_n$$

记作

$$q X_1 X_2 \cdots X_n \vdash_M p B Y X_2 \cdots X_n$$

表示 M 在 ID $q X_1 X_2 \cdots X_n$ 下,经过一次移动,将 ID 变成 $p B Y X_2 \cdots X_n$。

关于 $\vdash, \vdash^n, \vdash^+, \vdash^*$ 表示 $\vdash_M, \vdash_M^n, \vdash_M^+, \vdash_M^*$ 的约定在这里仍然有效。

另外,由于双向无穷带图灵机是基本图灵机的扩充,这种扩充使得基本图灵机仅仅是双向无穷带图灵机的一个特例,所以,要证明这两种模型是等价的,只需证明如下定理即可。

定理 9-1 对于任意一个双向无穷带图灵机 M,存在一个等价的基本图灵机 M',即 $L(M') = L(M)$。

证明:设 $M = (Q, \Sigma, \Gamma, \delta, q_0, B, F)$ 是一个双向无穷带图灵机,按照如下方法构造一个与其等价的基本图灵机。关键是用单向无穷描述双向无穷。为此,我们很自然地想到让基本图灵机 M' 用两个道的带模拟 M 的双向无穷带,其中一个道用来存放 M 开始启动时读头所注视的带方格(A_0 所在的带方格)及其右边所有带方格中存放的内容,另一个道按照相反的顺序存放 M 开始启动时读头所注视的带方格左边的所有带方格中存放的内容。为了方便,在与 A_0 对应的带方格的第二道上印刷符号 ¢,以表示这是带的最左端,如图 9-7 所示。

当然,M' 在运行过程中,必须知道自己当前是在处理第一道上的符号,还是在处理第二道上的符号。为此,可以考虑让 M' 的"基本"状态与 M 的相同,而在"基本"状态上标出当前是在处理哪一道上的符号。例如,可以用 1 表示当前正在处理第一道上的符号,用 2 表示当前正在处理第二道上的符号。显然,当 M' 在处理第一道上的符号(简称为在第一道上运

···	B	A_{-n}	···	A_{-1}	A_0	···	A_i	···	A_m	B	B	···

(a) M 的双向无穷带

A_0	A_1	···	A_i	···	B	···
¢	A_{-1}	···	A_{-i}	···	B	···

(b) M' 用单向无穷带模拟 M 的双向无穷带

图 9-7 用单向无穷带模拟双向无穷带

行)时,它的读头的移动方向与 M 完全相同;当 M' 在处理第二道上的符号(简称为在第二道上运行)时,它的读头的移动方向正好与 M 相反。这样一来,M' 的状态有两个分量,一个分量为 M 的状态,另一个分量表示它当前所运行的道。M' 的空白符号为 $[B,B]$。M' 的终止状态集合为 M 的终止状态集与表示所处道的标示的笛卡儿积。M' 的带符号集合为 M 的带符号集合与自身的笛卡儿积再添上形如 $[X,¢]$ 的符号。M' 的输入符号集合为形如 $[X,B]$ 的符号。形式地,有
$$M' = (Q \times \{1,2\}, \Sigma \times \{B\}, \Gamma \times \Gamma \bigcup \Gamma \times \{¢\}, \delta', q_0, [B,B], F \times \{1,2\})$$
其中,δ' 的定义为

① M' 在启动时,要模拟 M 的启动动作,并且要将输入带的左端点标示符 $¢$ 印刷在第一个带方格的第二道上,然后按照右移和左移分别进入第一道或者第二道运行。

对于 $\forall a \in \Sigma \bigcup \{B\}$,如果 $\delta(q_0, a) = (p, X, R)$,那么令
$$\delta'(q_0, [a,B]) = ([p,1], [X,¢], R)$$
如果 $\delta(q_0, a) = (p, X, L)$,那么令
$$\delta'(q_0, [a,B]) = ([p,2], [X,¢], R)$$

② 当 M' 的读头未指向带的最左端的符号时,它在第一道上完全模拟 M 的动作。

对于 $\forall [X,Z] \in \Gamma \times \Gamma$,如果 $\delta(q,X) = (p,Y,R)$,那么令
$$\delta'([q,1], [X,Z]) = ([p,1], [Y,Z], R)$$
如果 $\delta(q,X) = (p,Y,L)$,那么令
$$\delta'([q,1], [X,Z]) = ([p,1], [Y,Z], L)$$

即当 M' 在第一道上运行时,它可以完全地模拟 M 的动作。此时,它只关注第一道上的符号,对于第二道上的符号,它不做任何处理——只是按照图灵机的基本要求,将第二道上的符号重新印刷一遍。

③ 当 M' 的读头未指向带的最左端的符号时,它在第二道上模拟 M 的动作,但需要向相反的方向移动。

对于 $\forall [Z,X] \in \Gamma \times \Gamma$,如果 $\delta(q,X) = (p,Y,R)$,那么令
$$\delta'([q,2], [Z,Y]) = ([p,2], [Z,Y], L)$$
如果 $\delta(q,X) = (p,Y,L)$,那么令
$$\delta'([q,2], [Z,X]) = ([p,2], [Z,Y], R)$$

即当 M' 在第二道上运行时,它通过用与 M 的移动方向恰恰相反的移动来模拟 M 的动作。此时,它只关注第二道上的符号,对于第一道上的符号,它不做任何处理——只是按照图灵

机的基本要求,将第一道上的符号重新印刷一遍。

④ 当 M' 的读头正指向带的最左端的符号时,由于第二道上的符号只是端点的标记,所以此时无论 M' 的状态表示出它当前是在第一道上运行,还是在第二道上运行,它实际上只可能是在第一道上运行。

因此,对于 $\forall q \in Q, \forall X \in \Gamma$,如果 $\delta(q, X) = (p, Y, R)$,那么令

$$\delta'([q, 1], [X, \mathbb{C}]) = ([p, 1], [Y, \mathbb{C}], R)$$
$$\delta'([q, 2], [X, \mathbb{C}]) = ([p, 1], [Y, \mathbb{C}], R)$$

如果 $\delta(q, X) = (p, Y, L)$,那么令

$$\delta'([q, 1], [X, \mathbb{C}]) = ([p, 2], [Y, \mathbb{C}], R)$$
$$\delta'([q, 2], [X, \mathbb{C}]) = ([p, 2], [Y, \mathbb{C}], R)$$

不难证明,$L(M') = L(M)$。

9.2.2 多带图灵机

进一步将图灵机扩展到多个双向无穷带上。这种图灵机有多条双向无穷带,每个带上有一个相互独立的读头。在每一个动作中,图灵机根据其有穷控制器的状态以及每个读头当前正注视的符号确定下一个状态,而且各个读头可以相互独立地向希望的方向移动一个带方格。即在一次移动中,图灵机完成如下 3 个动作:

(1) 改变当前状态。

(2) 各个读头在自己所注视的带方格上印刷一个希望的符号。这些带方格分别处于不同的带上。

(3) 各个读头向各自希望的方向移动一个带方格。

一般地,具有多个双向无穷带的图灵机在启动的时候,输入只出现在第一条带上,其他的带都是空的。具有多个双向无穷带的图灵机简称为多带图灵机(multi-tape Turing machine)。图 9-8 是多带图灵机的物理模型。为了方便起见,称具有 k 条双向无穷带的图灵机为 k 带图灵机(k-tape Turing machine)。

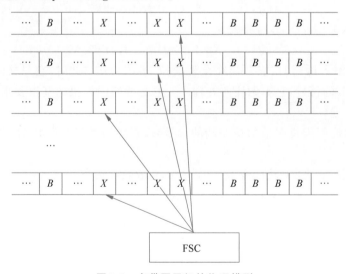

图 9-8　多带图灵机的物理模型

下面非形式地证明如下定理。

定理 9-2 多带图灵机与基本图灵机等价。

证明：由于基本图灵机是多带图灵机的一个特例，所以只用证明，对于任意一个多带图灵机，都有一个与之等价的基本图灵机。

设 $M = (Q, \Sigma, \Gamma, \delta, q_0, B, F)$ 是一个 k 带图灵机，现在构造与之等价的基本图灵机。根据定理 9-1，单带单向无穷带的基本图灵机可以实现对单带双向图灵机的模拟。因此，不妨假设这 k 个带都是单向无穷的。此外，在定理 9-1 的证明中，曾经用一条两道的单向无穷带成功地完成了对一条双向无穷带的模拟。受此启发，这里用一条具有 $2k$ 道的双向无穷带图灵机 M' 实现对 k 带图灵机 M 的模拟。对应 M 的每一条带，M' 用两个道来实现模拟，其中，第一条道用来存放对应带的内容，第二条道专门用来标记对应带上的读头所在的位置。也就是说，第二条道上只有一个带方格有一个非 B 符号，这个非 B 符号指出，该带的读头正注视着这个非 B 的符号所在的带方格对应的第一条道的符号。图 9-9 给出了 $k = 3$ 时的模拟情况。它表示带 1 的读头正注视着 A_0，带 2 的读头正注视着 C_n，带 3 的读头正注视着 D_{10}。

读头 1 的位置	✓											
带 1 的内容	A_0	A_1	⋯	A_{10}	⋯	A_n	A_{n+1}	⋯	A_m	⋯	B	⋯
读头 2 的位置						✓						
带 2 的内容	C_0	C_1	⋯	C_{10}		C_n	B	⋯	B		B	⋯
读头 3 的位置				✓								
带 3 的内容	D_0	D	⋯	D_{10}		D_n	D_{n+1}	⋯	D_m		B	⋯

图 9-9　M' 的一条有 2×3 个道的带模拟 M 的 3 条带

M' 有一个读头，这个读头将用来对输入带进行扫描，以发现各个原始读头当前所注视的字符，并将这些字符记在自己的有穷状态控制器中。另外，由于带是双向无穷的，所以，为了使 M' 在运行过程中更好地掌握当前还需要移过多少个读头标记，最好记住 M 的读头注视的带方格的右侧还有多少个原始读头位置标示。因此，如果 Q 是 M 的状态集合，Γ 是 M 的带符号集合，则 M' 的状态集合为

$$Q \times (\Gamma \times \Gamma \times \{R, L\}) \times \cdots \times (\Gamma \times \Gamma \times \{R, L\}) \times \{1, 2, \cdots, k\}$$

上式中共有 $2k$ 个 Γ。所以，当 M 有 k 条带时，M' 的状态应该有 $3k + 2$ 个分量。对于第 j 组 $(\Gamma \times \Gamma \times \{R, L\})$ 中的元素 $[X, Y, D]$，表示 M 的第 j 个读头目前正注视着 X，M 在当前要进行的动作中，将把这个 X 改印成 Y，同时，还要根据 D 所指示的方向移动该读头。显然，印刷符号 Y 和移动方向都是由 M 在该带上的处理动作所统一决定的。

由于 M 的每个动作是根据它的 k 个读头所读的内容和它的当前状态来确定每个读头如何印刷符号、如何移动，状态如何变化，所以，M' 每次都需要从最左的原始读头的标示位置开始，从左到右地进行扫描，直到读到最右的原始读头的标示位置。而且在这个扫描过程中，要记下各个原始读头当前所注视的字符。当获得所有的原始读头正注视的字符后，M' 便可以知道 M 在此情况下要做的动作，然后将这个动作记录下来，再开始将读头向左移动，每遇到一个原始读头的标示，就完成该读头原来应该完成的动作的模拟，即印刷符号，标示

读头的新位置。在完成所有读头的本次动作的模拟后,再开始下一次循环,直到到达终止状态。

第 j 组($\Gamma \times \Gamma \times \{R,L\}$)中的元素$[X,Y,D]$中的 X 是在读头从左向右的移动过程中记录下来的,Y 和 D 是完成本循环的右移之后写入的。

根据上述讨论,M'需要用一系列的动作才能完成对 M 的一个动作的模拟。所需要用的动作的个数与最左读头与最右读头的位置的距离有关,而且是这个距离的线性函数。

9.2.3　不确定的图灵机

在定义 9-1 中是这样定义图灵机的移动函数的:设 TM $M=(Q,\Sigma,\Gamma,\delta,q_0,B,F)$,则它的移动函数 δ 为 $Q \times \Gamma$ 到 $Q \times \Gamma \times \{R,L\}$ 的映射。现在用类似于将 DFA 扩展为 NFA 的方式来将图灵机扩展为不确定的图灵机。

不(非)确定的图灵机(nondeterministic Turing machine)TM $M=(Q,\Sigma,\Gamma,\delta,q_0,B,F)$,其中,$Q,\Sigma,\Gamma,q_0,B,F$ 的意义与定义 9-1 所给相同。δ 为 $Q \times \Gamma$ 到 $2^{Q \times \Gamma \times \{R,L\}}$ 的映射,即对于任意的$(q,X) \in Q \times \Gamma$,

$$\delta(q,X)=\{(q_1,Y_1,D_1),(q_2,Y_2,D_2),\cdots,(q_k,Y_k,D_k)\}$$

其中,D_j 为读头的移动方向,即 $D_j \in \{R,L\}$ $(j=1,2,\cdots,k)$。该移动函数表示 M 在状态 q 读到带符号 X 时,可以有选择地进入状态 q_j,在当前的带方格中印刷字符 Y_j,并按照 D_j 移动读头。

对于一个输入串,如果存在一个移动序列,该序列能够引导图灵机进入到终止状态,则认为这个符号串可以被 M 接受。也就是说,

$$L(M)=\{w \mid w \in \Sigma^*,\text{存在 ID 序列 } \mathrm{ID}_1,\mathrm{ID}_2,\cdots,\mathrm{ID}_n,\text{满足 } \mathrm{ID}_1 \vdash \mathrm{ID}_2 \vdash \cdots \vdash \mathrm{ID}_n,$$

$$\mathrm{ID}_1=q_0 w,\mathrm{ID}_n \text{ 中所含的状态为 } M \text{ 的终止状态}\}$$

实际上,与 NFA 类似,一方面可以认为,对给定的输入串,M 能够自动地选择正确的移动序列,该序列使 M 最后进入终止状态。也就是说,M 具有一定的“智能”。另一方面,由于处理一个输入串的所有可能的序列都是可以逐个列举的,所以,对于任意输入串,可以让 M 逐一地按照当前列举出的移动序列去处理输入串,如果该串是 M 接受的语言的句子,则 M 终究会执行接受这个串的移动序列。不确定的图灵机与基本图灵机的等价性证明就是基于这一思想。

定理 9-3　不确定的图灵机与基本图灵机等价。

证明:由于基本图灵机是不确定的图灵机的一个特例,所以只用证明,对于任意一个不确定的图灵机,都存在一个与之等价的基本图灵机。设 $M=(Q,\Sigma,\Gamma,\delta,q_0,B,F)$ 是一个不确定的图灵机,现在来给出构造与之等价的基本图灵机的基本方法。

取 $m=\mathrm{MAX}\{|\delta(q,X)| \mid (q,X) \in Q \times \Gamma\}$

对于任意的$(q,X) \in Q \times \Gamma$,

$$\delta(q,X)=\{(q_1,Y_1,D_1),(q_2,Y_2,D_2),\cdots,(q_k,Y_k,D_k)\}$$

用 $1,2,\cdots,k$ 分别代表选择$(q_1,Y_1,D_1),(q_2,Y_2,D_2),\cdots,(q_k,Y_k,D_k)$。对任意的输入字符串,则 M 用来处理它的移动序列都可以用$\{1,2,\cdots,m\}$ 上的数字序列表示,由于$m \geq k$,所以其中有的序列是有效的,有的是无效的。

在等价的基本图灵机 M' 中设置 3 条带,第一条带用来存放输入,第二条带用来存放生成的用于处理输入串的移动序列。由于第二条带上存放的移动序列是系统生成的,所以依照该序列对输入串进行处理并不一定能够保证成功。为了解决此问题,M' 的第三条带相当于是一个草稿纸。对系统生成的每一个移动系列,M' 将输入串抄写到它的第三条带上,然后按照第二条带上的移动序列对第三条带上的内容进行处理,如果最后达到终止状态,则表示接受该输入串。在执行此移动序列的过程中,如果 M' 没有进入终止状态,则表示当前这个移动序列是无效的。此时,M' 再在它的第二条带上系统生成下一个移动序列,并将第一条带上的内容抄写到第三条带上,并进入下一次循环。

如果能导致 M' 接受输入串的移动序列存在,M' 终将会接受输入串;否则,M' 将不会接受此输入串。

系统生成移动序列的方法通常是这样的,先生成较短的序列,后生成较长的序列。对于同样长度的移动序列,则可以按照移动序列的编号的值的大小来排定顺序。值较小的排在前面,值较大的排在后面。例如,61289 排在 62000 的前面。

请读者考虑,M' 是否一定需要执行完它的第二条带上存放的移动序列中的所有移动,才能决定是进入终止状态还是进入下一个移动序列的测试。

9.2.4 多维图灵机

前面介绍过的图灵机的带都是一维的。也就是说,那些图灵机的输入带要么是只可以向右无限延长的,要么是只可以向左和向右延长的,因而读头只能向前或者向后移动。现在将图灵机的带定义成多维的。这种图灵机的读头可以沿着多个维移动,称这种图灵机为多维图灵机(multi-dimensional Turing machine)。如果一个图灵机可以沿着 k 维移动,则称之为 k 维图灵机(k-dimensional Turing machine)。k 维图灵机的带由 k 维阵列组成,而且在所有的 $2k$ 个方向上都是无穷的,它的读头可以向着 $2k$ 个方向中的任一个移动。对前面曾经讨论过的双向无穷带图灵机来说,虽然它的带在左、右两个方向上都是无穷,但是,在图灵机的运行期间的任意时刻,只有有限长度的带上含有非空白的内容。与此相同,在任意时刻,一个 k 维图灵机的每一维上也只有有限多个道各自含有有穷多个非空白字符。这就是说,这些非空白的内容可以被一个有限的 k 维立方体所包含。这使得我们可以将这 k 个维上的有穷长度的字符串用适当的方式组合成可以在一维带上存放的字符串。这种做法与我们在计算机中存放多维数组的做法一样。

为了说明具体的做法,下面讨论二维图灵机如何被一维图灵机模拟。只要找到了相应的模拟方法,按照"递归定义"和"递归求解"的思路,很容易得到 k 维图灵机到一维图灵机的转换方法。

设 M 是一个二维图灵机,按照"行优先"的方式用一维带来存放它的内容。图 9-10 是 M 在某一时刻带上的所有非空白字符的存储情况,可以用一个字符串表示这一内容。它正好对应于一维带的表示。我们约定,每行的内容之间用一个特殊的带符号 ♯ 相隔。称一行的内容为一段(segment),并且将 ♯ 称为段分隔符。$¢$ 用作该字符串的开始标志,$ 用作该字符串的结束标志。这样,图 9-10 所示的带内容可以用如下字符串表示:

$¢ B a_1 a_2 a_3 a_4 BBBBBB \sharp B a_5 B a_6 a_7 a_8 a_9 a_{10} BBB \sharp B a_{11} BBBB a_{12} B a_{13} B a_{14} \sharp a_{15} a_{16}$
$BBBBBBBB a_{16} \sharp BBB a_{17} BBBBB a_{18} B \sharp a_{19} a_{20} BBBBBBBBBB \sharp BBBBBBBBBBB a_{21} \$$

B	a_1	a_2	a_3	a_4	B	B	B	B	B	B
B	a_5	B	a_6	a_7	a_8	a_9	a_{10}	B	B	B
B	a_{11}	B	B	B	B	a_{12}	B	a_{13}	B	a_{14}
a_{15}	a_{16}	B	B	B	B	B	B	B	B	a_{16}
B	B	B	a_{17}	B	B	B	B	a_{18}	B	
a_{19}	a_{20}	B	B	B	B	B	B	B	B	
B	B	B	B	B	B	B	B	B	B	a_{21}

图 9-10　包含一个二维的图灵机在某一时刻所有非空白字符的最小方阵

现在来具体考虑一维图灵机 M' 如何实现对二维图灵机 M 的移动的模拟。当 M 沿着水平方向移动，并且未离开当前时刻包含所有非空白字符的最小方阵时，M' 所需的模拟动作比较简单。但是当 M 沿着垂直方向移动，或者移出当前时刻包含所有非空白字符的最小方阵时，M' 就需要用一系列的模拟动作来完成相应动作。为了能成功地完成这些动作的模拟，让 M' 拥有两个带，其中一个带用来存放 M 的带内容的一维表示，另一个带用来统计出读头的当前位置到左端最近的 ♯ 的距离，或者记录当前的段长。下面按照 M 移动的不同分别说明 M' 的模拟过程。

(1) M 沿着水平方向移动，并且未离开当前时刻包含所有非空白字符的最小方阵。

M' 和 M 执行类似的动作，即在当前读头所指的字符处印刷相同的字符，读头按原移动方向移一带方格并在有穷状态控制器中记下 M 的新状态。

(2) M 沿着水平方向移动，但是离开当前时刻包含所有非空白字符的最小方阵。

当 M 是在向右移动中移出当前时刻包含所有非空白字符的最小方阵时，M' 除了在当前读头所指的字符处印刷相同的字符，并在有穷状态控制器中记下 M 的新状态外，它还需要使用字符移动技术在每个段的右端增加一个 B。

当 M 是在向左移动时移出当前时刻包含所有非空白字符的最小方阵时，M' 除了在当前读头所指的字符处印刷相同的字符，并在有穷状态控制器中记下 M 的新状态外，它还需要使用字符移动技术在每个段的左端增加一个 B。

(3) M 沿着垂直方向移动，并且未离开当前时刻包含所有非空白字符的最小方阵。

M' 除了在当前读头所指的字符处印刷相同的字符，并在有穷状态控制器中记下 M 的新状态外，它还要在其第二个带上统计出读头的当前位置到左端最近的 ♯ 的距离。

当 M 是向上移动时，M' 就根据它在第二个带上记录的统计数，将读头向左移动适当的带方格数（实际上是当前段的长度）。

当 M 是向下移动时，M' 就根据它在第二个带上记录的统计数，将读头向右移动适当的带方格数（实际上也是当前段的长度）。

(4) M 沿着垂直方向移动，但是离开当前时刻包含所有非空白字符的最小方阵。

M' 除了在当前读头所指的字符处印刷 M 要印刷的字符，并在有穷状态控制器中记下 M 的新状态外，它还要完成如下动作：

当 M 是向上移动时，M' 就根据它在第二个带上记录的统计数，利用字符移动技术，在符号 ¢ 和第一段的第一个字符之间，插入一个具有当前段长度的由 B 组成的段，并在该段之后增加段分隔符 ♯。在完成此工作后，将读头移到相应的位置。

当 M 是向下移动时，M' 就根据它在第二个带上记录的统计数，利用字符移动技术，在符号 $\$$ 和最后一段的最后一个字符之间，插入一个具有当前段长度的由 B 组成的段，并在该段之前增加段分割符 $\sharp$。同样地，在完成此工作后，将读头移到相应的位置。

根据上述讨论，有如下定理。

定理 9-4　多维图灵机与基本图灵机等价。

9.2.5　其他图灵机

1. 多头图灵机

多头图灵机（multi-head Turing machine）是指在一条带上有多个读头，它们受 M 的有穷控制器的统一控制。M 根据当前的状态和这多个读头当前读到的字符，确定要执行的移动。在 M 的每个动作中，各个读头所印刷的字符和所移动的方向都可以是相互独立的。

按照与多带图灵机与基本图灵机的等价证明类似的方法，可以用带上具有 $k+1$ 个道的基本图灵机来模拟具有 k 个头的多头图灵机，其中，一个道用来存放原输入带上的内容，另外 k 个道分别用来记录 k 个读头位置的标示。由此，有如下定理。

定理 9-5　多头图灵机与基本图灵机等价。

证明：略。

2. 离线图灵机

离线图灵机（off-line Turing machine）是一种多带图灵机，其中一条输入带是只读带，通常用符号 $\mathbb{C}$ 和 $\$$ 来限定其有限长的输入串存放区域，$\mathbb{C}$ 在左边，$\$$ 在右边。由于这条带是只读的，所以，不允许该带上的读头移出由 $\mathbb{C}$ 和 $\$$ 限定的输入串之外。由此可见，离线图灵机只不过是多带图灵机的一种特例。另外，由于只允许只读带上的读头在 $\mathbb{C}$ 和 $\$$ 之间来回移动，所以，称这种图灵机为离线图灵机。如果只允许只读带上的读头从左向右移动，则称这种图灵机为在线图灵机（on-line Turing machine）。

虽然离线图灵机只是多带图灵机的一种特例，但是离线图灵机却能模拟任何一个图灵机 M。最简单的考虑是让模拟 M 的离线图灵机比 M 多一条带，并且用这多出来的带复制 M 的输入串，然后将这条带看作 M 的输入带，模拟 M 进行相应的处理。所以，有如下定理。

定理 9-6　离线图灵机与基本图灵机等价。

证明：略。

3. 作为枚举器的图灵机

在 9.1 节中，曾经将图灵机定义为递归可枚举语言的识别器和非负整函数的计算器。除此之外，图灵机还可以用作语言的产生装置。

产生语言的图灵机是这样一种图灵机。首先，它是一个多带图灵机；其次，在多个带中，有一条带专门作为输出带，而且规定，一旦一个字符被写在了输出带上，它就不能被更改。如果读头的正常移动方向是向右移动的话，这个带上的读头是不允许向左移动的。

前面定义的那些图灵机每次启动一般只处理输入字母表上的一个字符串，作为枚举器

的图灵机(Turing machine as enumerator),正如其名字所表示的,与前面定义的图灵机不同。在启动以后,这种图灵机将产生相应语言的每一个句子。显然,如果这个语言有无穷多个句子,则它将永不停机。它每产生一个句子,就在其后打印一个分隔符"♯"。为了与前面定义的图灵机所识别的语言相区别,下面将作为枚举器的图灵机所产生的语言记为 $G(M)$。

定理 9-7 一个语言 L 为递归可枚举语言的充分必要条件是存在一个图灵机 M,使得 $L = G(M)$。

证明:略。

此外,还可以要求图灵机按照一定的顺序产生一个字母表上的某些串。一种所谓的规范顺序(canonical order)与图灵机产生的语言的类别有关。设 $\Sigma = \{a_0, a_1, \cdots, a_n\}$ 是一个字母表,Σ^* 上的规范顺序是满足这样要求的顺序,较短的串在前面,较长的串在后面。对于相同长度的串,让它们以"数值顺序"排列,其中,将字符 a_k 想象成是以 n 为基的数字 k。这样一来,一个长度为 m 的字符串就可以视为一个基为 n 的 $0 \sim n^m - 1$ 的数。

定理 9-8 一个语言 L 为递归语言的充分必要条件是存在一个图灵机 M,使得 $L = G(M)$,并且 L 是被 M 按照规范顺序产生的。

证明:略。

4. 多栈机

下推自动机实际上相当于一种非确定的多带图灵机。它有一条只读的输入带,而且此带上的读头不能左移;还有一条为存储带,在此带上,可以印刷一些规定的符号,此带上的读头可以向左和向右移动。但是,当它向左移动时,必须在当前注视的带方格中印刷空白字符 B。因此,该读头所注视的字符的右边都是 B。另外,一般情况下,当它向右移动时,应该在当前注视的带方格上印刷一个非空白字符。在特殊情况下,也可以印刷空白字符,如下面叙述的计数机。满足上述条件的图灵机称为多栈机(multi-stack machine)。

一个确定的双栈机(double stack machine)是一个确定的图灵机,它具有一条只读的输入带和两条存储带。存储带上的读头左移时,只能印刷空白符号 B。

定理 9-9 一个任意的单带图灵机可以被一个确定的双栈机模拟。

证明:略。

5. 计数机

计数机(counter machine)是一种离线图灵机。它除了一条只读输入带之外,还有若干用于计数的单向无穷带。一个拥有 n 个用于计数的带的计数机被称为 n 计数机。

用于计数的带上仅有两种字符:一个为相当于作为栈底符号的 Z,该字符也可以看作计数带的首符号,它仅出现在用于计数的带的最左端;另一个是空白符 B,这个带上所记的数就是从 Z 开始到读头当前位置所含的 B 的个数。

定理 9-10 一个任意的图灵机可以被一个双计数机模拟。

证明:略。

6. 丘奇-图灵论题与随机存取机

在研究可计算性问题时,一种观点认为,算法应该是对于它的任何输入都会终止的,否则只能称其为(计算)过程。根据这一观点,对某些输入不能停机的图灵机就不是算法。也就是说,如果图灵机用永不停机表示对某一个输入串的拒绝,那么它就不是算法。只有那些对所有输入都必定停机的图灵机才是算法。或者说,递归语言对应的图灵机是算法,递归可枚举语言对应的图灵机不一定是算法。另一种观点则忽略在此时考虑停机问题,而扩大可计算问题的范围。我们在本书中不考虑这些问题。

丘奇-图灵论题,又称为丘奇假说,认为对于任何可以用有效算法解决的问题,都存在解决此问题的图灵机。虽然可以用大量的事实来说明这个论题,但是,它仍然无法被证明。这是因为,有效算法说明的可解性概念是非形式化的、不严格的,而图灵机的概念却是形式化的、严格的。无论如何,图灵机的思想虽然是在现代计算机之前形成的,但是,图灵机确实描述了计算机的最根本的计算能力。为了说明这个问题,先定义与现代计算机更接近的随机存取机。

随机存取机(random access machine,RAM)含有无穷多个存储单元,这些存储单元按照 $0,1,2,\cdots$ 进行编号,每个存储单元可以存放一个任意的整数。RAM 还含有有穷个能够保存任意整数的算术寄存器,这些整数可以被译码成通常的各类计算机指令。显然,如果选择一个适当的指令集合,RAM 就可以用来模拟现有的任何计算机。下面的定理指出,图灵机与 RAM 具有相同的能力。

定理 9-11 如果 RAM 的基本指令都能用图灵机来实现,那么就可以用图灵机实现 RAM。

证明:略。

9.3 通用图灵机

直观地,一台通用的计算机,如果不受存储空间和运行时间的限制,那么它应该可以实现所有的有效算法。实际上,在前面的论述中,一直是将图灵机构造成一个算法的实现装置。按照丘奇-图灵论题,图灵机应该是现代计算机的形式化模型。既然如此,应该存在一个图灵机,它可以实现对所有图灵机的模拟。也就是说,它可以实现所有的有效算法。这就是**通用图灵机**(universal Turing machine)。本节将简单地对其进行讨论。

要想使一个图灵机能够实现对所有图灵机的模拟,首先需要设计一种编码系统,它在实现对图灵机的表示的同时,可以实现对该图灵机处理的句子的表示。当考查一个输入串是否可以被一个给定的图灵机接受时,就将这个给定的图灵机和相应的输入串的编码作为通用图灵机的输入,由通用图灵机去模拟给定图灵机的执行。

初始想来,由于通用图灵机需要模拟所有的图灵机,所以,它的字母表可能是非常大的,甚至可能是无穷的。但是,我们首先研究的就是用有穷去表示无穷。一个最简单的思路是用 0 和 1 对除空白符以外的其他带符号进行编码,同时也可以用 0 和 1 对图灵机的移动函数进行编码。这样一来,通用图灵机的带符号集就是 $\{0,1,B\}$,而输入符号集就是 $\{0,1\}$。另外,在任何图灵机中,我们都将终止状态设计成接受并停机的状态,所以,只需要设置一个终止状态。设

$$M=(\{q_1,q_2,\cdots,q_n\},\{0,1\},\{0,1,B\},\delta,q_1,B,\{q_2\})$$

为任意一个图灵机。为了叙述方便,用 X_1,X_2,X_3 分别表示 $0,1,B$,用 D_1,D_2 分别表示 R,

L。那么,对于一般的一个动作

$$\delta(q_i, X_j) = (q_k, X_l, D_m)$$

可以用如下编码表示:

$$0^i 1 0^j 1 0^k 1 0^l 1 0^m$$

这样一来,就可以用如下字符串表示 M:

$$111\ \mathrm{code}_1\ 11\ \mathrm{code}_2\ 11 \cdots 11\ \mathrm{code}_r\ 111$$

其中,code_r 就是动作 $\delta(q_i, X_j) = (q_k, X_l, D_m)$ 的形如 $0^i 1 0^j 1 0^k 1 0^l 1 0^m$ 的编码。图灵机 M 和它的输入串 w 则可以表示成

$$111\ \mathrm{code}_1\ 11\ \mathrm{code}_2\ 11 \cdots 11\ \mathrm{code}_r\ 111w$$

的形式。

例 9-12　设图灵机 $M_2 = (\{q_1, q_2, q_3, q_4\}, \{0,1\}, \{0,1,B\}, \delta, q_4, B, \{q_3\})$,其中,$\delta$ 的定义如下:

$$\delta(q_4, 0) = (q_4, 0, R)$$
$$\delta(q_4, 1) = (q_1, 1, R)$$
$$\delta(q_1, 0) = (q_1, 0, R)$$
$$\delta(q_1, 1) = (q_2, 1, R)$$
$$\delta(q_2, 0) = (q_2, 0, R)$$
$$\delta(q_2, 1) = (q_3, 1, R)$$

该图灵机的编码为

1110000101000010101100001000101001011010101010110100100100101100101001010110010010001001011

如果要用通用图灵机检查 M 是否接受字符串 001101110,则将以下字符串输入到通用图灵机中:

1110000101000010101100001000101001011010101010110100100100101100101001010110010010001001011100110110

在这里,读者可能会担心 001101110 中的子串 11 和子串 111 与通用图灵机编码中的相应分隔符混淆。实际上这个问题是不会出现的。

有了这个编码系统之后,可以用 $0,1$ 符号行表示所有的输入符号行和图灵机。对这些符号行,可以按照 9.2.5 节定义的规范顺序分别对表示图灵机的符号行和表示输入的符号行进行排序。用 i 表示第 i 个图灵机,用 j 表示第 j 个输入串,用一个无穷的二维阵列表示图灵机和输入串之间的关系。其中,i 按照行展开,j 按照列展开。如果第 i 个图灵机接受第 j 个输入串,则阵列中第 i 行第 j 列的元素的值为 1;否则为 0。根据上述定义的阵列,构造这样一个语言:

$$L_d = \{w \mid w \text{ 是第 } j \text{ 个句子,并且第 } j \text{ 个图灵机不接受它}\}$$

容易证明,不存在图灵机,它接受的语言为 L_d。也就是说,该语言不是递归可枚举语言。这也表明,存在非递归可枚举语言。

另外,根据这里给出的编码系统,我们定义如下语言:

$$L_u = \{<M, w> \mid M \text{ 接受 } w\}$$

其中,$<M,w>$为形如

$$111 \ code_1 11 \ code_2 \ 11 \cdots 11 \ code_r 111 w$$

的 0,1 串,表示图灵机 $M=(\{q_1,q_2,\cdots,q_n\},\{0,1\},\{0,1,B\},\delta,q_1,B,\{q_2\})$和它的输入串 w。我们称 L_u 为通用语言(universal language)。可以证明,L_u 是递归可枚举的,但不是递归的。通用图灵机就是接受通用语言的图灵机。

9.4　几个相关的概念

9.4.1　可计算性

可计算性(computability)理论是研究计算的一般性质的数学理论。计算的过程就是执行算法的过程。可计算性理论的中心问题是建立计算的数学模型,进而研究哪些是可计算的,哪些是不可计算的。由于计算是和算法联系在一起的,所以,可计算性理论又称为算法理论(algorithm theory)。1936 年,图灵给出了图灵机模型,并提出图灵机可以等同于各种存储指令的计算机系统。或者说,图灵机等价于直观意义下的算法。然而,对直观意义下的算法,只能列出有限性、机械可执行性、确定性、终止性等特征,这些还不足以给出算法的形式化描述,因此,还无法证明图灵机与直观意义下的算法的等价性。但是,图灵机作为人们普遍接受的计算模型,使得我们将算法集中在可以用图灵机描述的计算上。因此,可计算问题可以等同于图灵可计算问题。

对许多问题,需要给出"是"与"否"的判定。例如,一个语言是空的吗? 一个语言含有某个字符串吗? 只要用某个有穷字母表上的字符串对问题进行编码,就可以将此问题变成判定一个语言是否是递归语言的问题。因此,一个问题,如果它的语言是递归的,则称此问题是可判定的(decidable);否则,称此问题是不可判定的(undecidable)。也就是说,一个问题是不可判定的,如果没有这样的算法,它以问题的实例为输入,并能给出相应的"是"与"否"的判定。以下语言是递归语言:

(1) $L_{DFA}=\{<M,w>|M$ 是一个 DFA,w 是字符串,M 接受 $w\}$。

(2) $L_{NFA}=\{<M,w>|M$ 是一个 NFA,w 是字符串,M 接受 $w\}$。

(3) $L_{RE}=\{<r,w>|r$ 是一个 RE,w 是字符串,w 是 r 的一个句子$\}$。

(4) $E_{DFA}=\{<M>|M$ 是一个 DFA,且 $L(M)=\varnothing\}$。

(5) $EQ_{DFA}=\{<M_1,M_2>|M_1,M_2$ 是 DFA,且 $L(M_1)=L(M_2)\}$。

(6) $L_{CFG}=\{<G,w>|G$ 是一个 CFG,w 是字符串,G 产生 $w\}$。

(7) $E_{CFG}=\{<G>|G$ 是一个 CFG,且 $L(G)=\varnothing\}$。

也存在一些非递归语言。例如,$L_{TM}=\{<M,w>|M$ 是一个 TM,w 是字符串,M 接受 $w\}$。有时将一些不可判定的但是存在图灵机可以识别的语言称为是可识别的。

9.4.2　P 与 NP 相关问题

计算复杂性研究算法的时间复杂性和空间复杂性。有的问题是可判定的,但是其判定算法的复杂性可能是输入规模的指数函数。一般来讲,这种算法在实际应用中是不可取的。一般地,我们考虑算法的时间复杂性是否是具有多项式复杂性的。

P 表示确定的图灵机在多项式时间(步数)内可判定的语言类。这些语言对应的问题称为 **P** 类问题(class of P),这种语言称为多项式可判定的。例如,判定一个有向图中的两个顶点之间是否存在有向路的问题、检查两个数是否互素的问题、判定一个字符串是否为一个上下文无关语言的句子的问题都是 P 类问题。

NP 表示不确定的图灵机在多项式时间(步数)内可判定的语言类。这些语言对应的问题称为 **NP** 类问题(class of NP),也称这些问题是 NP 复杂的,或者 NP 困难的。这种语言称为非确定性多项式可判定的。

由于确定的图灵机是一种特殊的不确定的图灵机,所以,所有的 P 类问题都是 NP 类问题。但是,所有的 NP 类问题都是 P 类问题吗? 也就是说,P=NP 成立吗? 这个问题是理论计算机科学和当代数学中悬而未决的问题之一。如果这两类相等,那么所有的多项式可验证的问题都将是多项式可判定的。大多数研究人员相信它们不相等。

人们发现,NP 类中某些问题的复杂性与整个类的复杂性相关联。如果能找到这些问题中的任何一个的多项式时间判定算法,那么所有的 NP 问题都是多项式时间可判定的。人们称这些问题是 **NP** 完全的(NP complete problem)。TSP(旅行商问题)、划分问题、可满足性问题、带优先次序的调度问题都是典型的 NP 完全问题。

9.5 小 结

TM 是一个计算模型,用 TM 可以完成的计算被称为是图灵可计算的。本章讨论了以下几方面的内容。

(1) TM 的基本概念:形式定义,递归可枚举语言,递归语言,完全递归函数,部分递归函数。

(2) 构造技术:状态的有穷存储功能的利用,多道技术,子程序技术。

(3) TM 的变形:双向无穷带 TM,多带 TM,不确定的 TM,多维 TM,多头 TM,离线 TM,多栈 TM。它们都与基本的 TM 等价。

(4) 丘奇-图灵论题:如果 RAM 的基本指令都能用 TM 实现,则 RAM 就可以用 TM 实现。所以,对于任何可以用有效算法解决的问题,都存在解决此问题的 TM。

(5) 通用 TM 可以实现对所有 TM 的模拟。

(6) 可计算语言,不可判定性,P-NP 问题。

习 题

1. 设 $M=(\{q_0,q_1,q_2\},\{0,1\},\{0,1,B\},\delta,q_0,B,\{q_2\})$,其中,$\delta$ 的定义如下(也可以用表 9-1 表示):

$$\delta(q_0,0)=(q_0,0,R)$$
$$\delta(q_0,1)=(q_1,1,R)$$
$$\delta(q_1,0)=(q_1,0,R)$$
$$\delta(q_1,B)=(q_2,B,R)$$

请根据此定义,给出 M 处理字符串 $00001000,10000$ 的过程中 ID 的变化。

2. 设 $M = (\{q_0, q_1, q_2, q_3, q_4, q_5\}, \{0, 1, 2\}, \{0, 1, 2, X, Y, Z, B\}, \delta, q_0, B, \{q_5\})$,其状态转移函数为

$$\delta(q_0, 0) = (q_1, X, R)$$
$$\delta(q_1, 0) = (q_1, 0, R)$$
$$\delta(q_1, Y) = (q_1, Y, R)$$
$$\delta(q_1, 1) = (q_2, Y, R)$$
$$\delta(q_2, 1) = (q_2, 1, R)$$
$$\delta(q_2, Z) = (q_2, Z, R)$$
$$\delta(q_2, 2) = (q_3, Z, L)$$
$$\delta(q_3, Z) = (q_3, Z, L)$$
$$\delta(q_3, 1) = (q_3, 1, L)$$
$$\delta(q_3, Y) = (q_3, Y, L)$$
$$\delta(q_3, 0) = (q_3, 0, L)$$
$$\delta(q_3, X) = (q_0, X, R)$$
$$\delta(q_0, Y) = (q_4, Y, R)$$
$$\delta(q_4, Y) = (q_4, Y, R)$$
$$\delta(q_4, Z) = (q_4, Z, R)$$
$$\delta(q_4, B) = (q_5, B, R)$$

请根据此定义,给出 M 处理字符串 000011112222 和 0011221 的过程中 ID 的变化。

3. 设 $M = (\{q_0, q_1, q_2, q_3\}, \{0, 1\}, \{0, 1, B\}, \delta, q_0, B, \{q_1\})$,其中,$\delta$ 的定义为

$$\delta(q_0, 1) = (q_1, B, R)$$
$$\delta(q_0, 0) = (q_2, 0, R)$$
$$\delta(q_2, 0) = (q_2, 0, R)$$
$$\delta(q_2, 1) = (q_2, 0, R)$$
$$\delta(q_2, B) = (q_3, B, L)$$
$$\delta(q_3, 0) = (q_1, B, R)$$

请根据此定义,给出 M 计算 $4+3$ 和 $2+2$ 的过程中 ID 的变化。

4. 设 $M = (\{q_0, q_1, q_2, q_3, q_4, q_5, q_6\}, \{0, 1\}, \{0, 1, X, B\}, \delta, q_0, B, \{q_6\})$,其中,$\delta$ 的定义为

$$\delta(q_0, 0) = (q_1, B, R)$$
$$\delta(q_0, 1) = (q_5, B, R)$$
$$\delta(q_1, 0) = (q_1, 0, R)$$
$$\delta(q_1, 1) = (q_1, 1, R)$$
$$\delta(q_1, X) = (q_2, X, R)$$
$$\delta(q_2, X) = (q_2, X, R)$$
$$\delta(q_2, 0) = (q_3, X, L)$$

$$\delta(q_2,B)=(q_4,B,L)$$
$$\delta(q_3,X)=(q_3,X,L)$$
$$\delta(q_3,1)=(q_3,1,L)$$
$$\delta(q_3,0)=(q_3,0,L)$$
$$\delta(q_3,B)=(q_0,B,R)$$
$$\delta(q_4,X)=(q_4,B,L)$$
$$\delta(q_4,1)=(q_6,0,R)$$
$$\delta(q_5,X)=(q_1,B,R)$$
$$\delta(q_5,0)=(q_1,B,R)$$
$$\delta(q_5,B)=(q_6,B,R)$$

请根据此定义,给出 M 处理字符串 00001000,00010000,1000 和 00100 的过程中 ID 的变化。

5. 设计识别下列语言的图灵机。

(1) $\{1^n 0^m \mid n \geqslant m \geqslant 1\}$。

(2) $\{01^n 0^{2m} 1^n \mid n,m \geqslant 1\}$。

(3) $\{1^n 0^n 1^m 0^m \mid n,m \geqslant 1\}$。

(4) $\{0^n 1^m \mid n \leqslant m \leqslant 2n\}$。

(5) 含有相同个数的 0 和 1 的所有的 0,1 串。

(6) $\{w \mid w \in \{0,1\}^* \text{ 且 } w \text{ 中至少有 3 个连续的 1 出现}\}$。

(7) $\{w2w^{\mathrm{T}} \mid w \in \{0,1\}^*\}$。

(8) $\{ww^{\mathrm{T}} \mid w \in \{0,1\}^*\}$。

(9) $\{ww \mid w \in \{0,1\}^*\}$。

6. 设计计算下列函数的图灵机。

(1) $n!$。

(2) n^2。

(3) $f(w)=ww$, 其中,$w \in \{0, 1, 2\}^+$。

(4) $f(w)=ww^{\mathrm{T}}$, 其中,$w \in \{0, 1, 2\}^+$。

7. 怎样理解"下推自动机就是一种特殊的图灵机"?

8. 用一个多道图灵机实现正整数乘法。

9. 用一个多带图灵机实现正整数乘法。

10. 定理 9-5 指出,多头图灵机与基本图灵机等价。请具体给出根据一个 k 头图灵机构造等价的基本图灵机的方法(提示:首先需要严格地给出多头图灵机的形式定义)。

11. 试给出作为枚举器的形式定义。

12. 试给出作为多栈机的形式定义。

13. 试给出作为计数机的形式定义。

14. 在通用图灵机编码中,用子串 111 作为 M 的"括号",用子串 11 作为移动函数的各个函数编码的分隔符。然而,M 的编码后面的 w 中也同样会出现这两种子串,通用图灵机为什么不会将后面出现的 11 和 111 与作为"括号"和分隔符的 111 和 11 混淆。

15. 根据 9.3 节给出的编码系统,可以用 0,1 符号行表示所有的输入符号行和图灵机。对这些符号行,还可以按照 9.2.5 节定义的规范顺序分别对表示图灵机的符号行和表示输入的符号行进行排序。用 i 表示第 i 个图灵机,用 j 表示第 j 个输入串,用一个无穷的二维阵列表示图灵机和输入串之间的关系。其中,i 按照行展开,j 按照列展开。如果第 i 个图灵机接受第 j 个输入串,则阵列中第 i 行第 j 列的元素的值为 1;否则为 0。按照上述定义的阵列,构造这样一个语言:

$L_d = \{w \mid w$ 是第 j 个句子,并且第 j 个图灵机不接受它$\}$

试证明,不存在图灵机,它接受的语言为 L_d。

第 10 章

上下文有关语言

在乔姆斯基体系中,语言被分成短语结构语言(PSL)、上下文有关语言(CSL)、上下文无关语言(CFL)和正则语言(RL)。在前面的章节中,曾经先后给出了 RL 的识别器——有穷状态自动机(FA)和 CFL 的识别器——下推自动机(PDA)。本章将介绍识别 CSL 的装置——线性有界自动机(LBA)。另外,由于 LBA 是一种特殊的图灵机,所以,为了理解方便,先介绍图灵机与短语结构文法的等价性,然后再讨论 LBA 作为 CSL 的识别器的有关问题。

10.1　图灵机与短语结构文法的等价性

从第 9 章可以看出,图灵机在识别语言的过程中,在许多情况下,实际上是在扫描给定的输入串,并且在扫描的过程中根据需要以重新印刷符号的形式给出一些记号,这些记号被用来记录当前已经完成了什么,以后还需要完成什么,以便给后续的处理提供方便。这种方法在许多短语结构语言的文法的构造中是非常有用的。读者在研究构造产生语言 $\{ww \mid w \in \{0,1\}^*\}$ 的文法和语言 $\{1^n 2^n 3^n \mid n \geqslant 1\}$ 的文法时应该有所体会。下面是产生语言 $\{0^n \mid n$ 为 2 的非负整数次幂$\}$ 的文法。

G_1: $S \rightarrow 0$　　　产生句子 0

　　　$S \rightarrow AC0B$　产生句型 $AC0B$,A,B 分别表示左右端点,C 作为向右的倍增"扫描器"

　　　$C0 \rightarrow 00C$　C 向右扫描,将每一个 0 变成 00,实现 0 个数的加倍

　　　$CB \rightarrow DB$　C 到达句型的右端点,变成 D,准备进行从右到左的扫描,以实现句型中 0 的个数的再次加倍

　　　$CB \rightarrow E$　　C 到达句型的左端点,变成 E,表示加倍工作已完成,准备结束

　　　$0D \rightarrow D0$　　D 移回到左端点

　　　$AD \rightarrow AC$　当 D 到达左端点时变成 C,此时已做好进行下一次加倍的准备工作

　　　$0E \rightarrow E0$　　E 向右移动,寻找左端点 A

　　　$AE \rightarrow \varepsilon$　　E 找到 A 后,一同变成 ε,从而得到一个句子

由于产生的句子的长度是 2 的若干次幂,即句子的长度为 $1,2,4,8,\cdots$。其规律是从 1 开始,每次都加倍,因此,顺序地扫描已经出现在句型中的终极符号 0,每遇到一个就再增加

一个,从而达到"倍增"之目的。在上述文法中,C 作为从左到右的"扫描器",D 作为从右到左的"扫描器",它们交替地工作,直到产生出希望个数的 0。其中,C 完成加倍,D 完成将"扫描器"的指针移回左端的工作。A 作为句型的左端点记号,B 作为句型的右端点记号。实际上,如下文法可以产生同样的语言,然而,它却具有更高的效率。我们将对该文法的分析留给读者。

$$
\begin{aligned}
G_2 : \ & S \to AC0B \\
& C0 \to 00C \\
& CB \to DB \\
& 0D \to D00 \\
& CB \to E \\
& AD \to AC \\
& AC \to F \\
& F0 \to 0F \\
& 0E \to E0 \\
& AE \to \varepsilon \\
& FB \to \varepsilon
\end{aligned}
$$

根据乔姆斯基体系的分类,上述两个文法都是短语结构文法,它们产生的语言为短语结构语言。在这两个文法的构造过程中,实际上就像是在构造一个图灵机。因此,很容易将相应的构造思想用于识别这一语言的图灵机的构造。另外,在进行语言类别的划分时,曾经将短语结构文法产生的语言称为 r.e.集合,而在第 9 章中又将图灵机识别的语言定义为递归可枚举语言,也就是 r.e.集合。也就是说,短语结构文法与图灵机应该是等价的,否则这种定义就是不相容的。

定理 10-1 任意一个短语结构文法 $G = (V, T, P, S)$,存在图灵机 M,使得 $L(M) = L(G)$。

证明: 这里不给出它的详细证明,只给出等价的图灵机的构造思路和说明。

让 M 具有两条带,其中,第一条带用来存放输入字符串 w,第二条带用来试着产生 w,即第二条带上存放的将是一个句型。我们希望该句型能够派生出 w。在开始启动时,这个句型就是 S。

设第二条带上的句型为 γ,M 按照某种策略在 γ 中选择一个子串 α,使得 α 为 G 的某个产生式的左部,再按照非确定的方式选择 α 产生式的某一个候选式 β,用 β 替换 α。由于 G 为短语结构文法,所以,β 的长度与 α 的长度可能是相等的,也可能是不等的。无论怎样,在需要时,利用适当的移动技术,图灵机可以实现将句型中的 α 替换成 β 的工作。当第二条带上的内容为一个终极符号行时,就把它与第一条带上的 w 进行比较,如果相等,就接受 w;如果不相等,就去寻找可以产生 w 的派生。

显然,按照这种方式,在第二条带上产生的终极符号行只能是 G 所能够产生的句子。而且如果 w 是 G 的句子,G 中必定存在 w 的派生,这个派生终究会被 M 在第二条带上模拟出来。

由于 G 为短语结构文法,所以,在整个"试派生"过程中,我们无法总能根据当前句型的长度来决定该派生是否需要继续进行下去。这样一来,对于一个给定的输入字符串,如果它

不是 $L(G)$ 的句子,我们构造的图灵机可能会陷入永不停机的工作过程中。这从另一方面说明,短语结构语言不一定是递归语言。

定理 10-2 对于任意一个图灵机 M,存在短语结构文法 $G=(V,T,P,S)$,使得 $L(G)=L(M)$。

证明:设 L 是 $M=(Q,\Sigma,\Gamma,\delta,q_0,B,F)$ 接受的语言。为了构造文法 G,使它产生 M 所识别的字符串,先考虑让 G 产生 Σ^* 中的任意一个字符串的变形,然后让 G 模拟 M 处理这个字符串的变形。如果 M 接受它,则 G 就将此字符串的变形还原成该字符串。实际上,这里讲的变形是让每个字符对应一个二元组。例如,对于 Σ 中的字符 a,生成 $[a,a]$。这样,G 首先生成的是 $(\Sigma\times\Sigma)^*$ 中的元素,对于 $\forall[a_1,a_1][a_2,a_2]\cdots[a_n,a_n]\in(\Sigma\times\Sigma)^*$,可以将其看成 $a_1a_2\cdots a_n$ 的两个副本。因此,也可以将这种形式的字符串称为双副本串 (double-copy string)。然后,G 在一个副本上模拟 M 的识别动作,如果 M 进入终止状态,则 G 将句型中除另一个副本外的所有字符消去,从而得到句子。具体地,G 的构造如下。取

$$G=((\Sigma\cup\{\varepsilon\})\times\Gamma\cup\{A_1,A_2,A_3\}\cup Q,\Sigma,P,A_1)$$

其中,$\{A_1,A_2,A_3\}\cap\Gamma=\varnothing$,$P$ 的定义为

(1) $A_1\to q_0A_2$	准备模拟 M 从 q_0 启动
(2) 对于 $\forall a\in\Sigma$, $A_2\to[a,a]A_2$	A_2 首先生成任意的形如 $[a_1,a_1][a_2,a_2]\cdots[a_n,a_n]$ 的串
(3) $A_2\to A_3$	在预生成双副本子串 $[a_1,a_1][a_2,a_2]\cdots[a_n,a_n]$ 后,准备用 A_3 在该子串之后生成一系列相当于空白符的子串,为 G 能够顺利地模拟 M 在处理相应的输入字符串的过程中,将读头移向输入串右侧的初始为 B 的带方格做准备
(4) $A_3\to[\varepsilon,B]A_3$	由于 M 在处理一个字符时,不知道要用到输入串右侧的多少个初始为 B 的带方格,所以,让 A_3 生成一系列相当于空白符的子串 $[\varepsilon,B][\varepsilon,B]\cdots[\varepsilon,B]$。在派生过程中,其个数依据实际需要而定
(5) $A_3\to\varepsilon$	
(6) 对于 $\forall a\in\Sigma\cup\{\varepsilon\},\forall q,p\in Q$, $\forall X,Y\in\Gamma$,如果 $\delta(q,X)=(p,Y,R)$,则 $q[a,X]\to[a,Y]p$	G 模拟 M 的一次右移
(7) 对于 $\forall a,b\in\Sigma\cup\{\varepsilon\},\forall q,p\in Q$, $\forall X,Y,Z\in\Gamma$,如果 $\delta(q,X)=(p,Y,L)$,则 $[b,Z]q[a,X]\to p[b,Z][a,Y]$	G 模拟 M 的一次左移

(8) 对于 $\forall a \in \Sigma \bigcup \{\varepsilon\}, \forall q \in F$ G 先将句型中的 $[、]$,X 等消除

$$[a, X]q \rightarrow qaq$$

$$q[a, X] \rightarrow qaq \qquad \text{最后再消除句型中的状态 } q$$

$$q \rightarrow \varepsilon$$

根据上述构造,容易证明 $L(G) = L(M)$。相应的推导留给读者作为练习,这里不再详细叙述。

根据定理 10-1 和定理 10-2,我们知道,图灵机是与短语结构文法等价的。

10.2   线性有界自动机及其与上下文有关文法的等价性

线性有界自动机(linear bounded automaton,LBA)是一种非确定的图灵机,该图灵机满足如下两个条件:

(1) 输入字母表包含两个特殊的符号 $\mathbb{C}$ 和 $\$$,其中,$\mathbb{C}$ 作为输入符号串的左端标志,$\$$ 作为输入符号串的右端标志。

(2) LBA 的读头只能在 $\mathbb{C}$ 和 $\$$ 之间移动,且 LBA 不能在端点符号 $\mathbb{C}$ 和 $\$$ 上面打印另外一个符号。

所以,LBA 可以被视为一个八元组

$$M = (Q, \Sigma, \Gamma, \delta, q_0, \mathbb{C}, \$, F)$$

其中,$Q, \Sigma, \Gamma, \delta, q_0, F$ 的意义与图灵机的定义相同,$\mathbb{C} \in \Sigma$,$\$ \in \Sigma$,$M$ 接受的语言

$$L(M) = \{w \mid w \in (\Sigma - \{\mathbb{C}, \$\})^* \text{ 且 } \exists q \in F, \text{使得 } q_0 \mathbb{C} w \$ \vdash^* \mathbb{C} \alpha q \beta \$\}$$

定理 10-3   如果 L 是 CSL,$\varepsilon \notin L$,则存在 LBA M,使得 $L = L(M)$。

证明:该定理的证明与定理 10-1 的证明类似,只不过根据 CSL 可以由 CSG 产生这一重要特征来对 M 加以限制,使之满足 LBA 的要求。

由于 L 是 CSL,所以不妨设 CSG $G = (V, T, P, S)$,使得 $L = L(G)$。用一个两道的图灵机来模拟 G。在 M 的第一道上存放字符串 $\mathbb{C} w \$$,在 M 的第二道上全部是空白符 B。M 启动之后,首先在第二道的与 w 的首字符对应的带方格内印刷上 G 的开始符号 S。然后,按照定理 9-1 证明中所给的方法,在第二道上生成 w 的推导。由于 G 为 CSG,所以,如果第二道上的句型的长度超过 $|w|$ 时,表示本次"试推导"失败。如果某次推导成功,则接受 w;否则,如果所有的产生长度为 $|w|$ 的句型都不是 w,则表明 w 不是 G 的句子。此时,M 拒绝接受它。由于我们将句型的长度限制在 $|w|$ 以内,所以,M 的运行不会超出符号 $\mathbb{C}$ 和 $\$$ 规定的范围。因此,M 就是 LBA。

定理 10-4   对于任意 L,$\varepsilon \notin L$,存在 LBA M,使得 $L = L(M)$,则 L 是 CSL。

证明:与定理 10-2 的证明类似,主要是根据给定的 LBA M 构造出 CSG G。这里的双副本串是形如 $[a_1, q_0 \mathbb{C} a_1][a_2, a_2] \cdots [a_n, a_n \$]$ 的符号行,当长度为 1 时,此符号行为 $[a, q_0 \mathbb{C} a \$]$。下面是 P 的构造:

(1) 对于 $\forall a \in \Sigma - \{\mathbb{C}, \$\}$,

$$A_1 \rightarrow [a, q_0 \mathcal{C} a] A_2$$

准备模拟 M 从 q_0 启动，生成形如 $[a_1, q_0 \mathcal{C} a_1]$ $[a_2, a_2] \cdots [a_n, a_n \$]$ 的双副本串（句型）中的 $[a_1, q_0 \mathcal{C} a_1]$，并将生成子串 $[a_2, a_2] \cdots [a_n, a_n \$]$ 的任务交给 A_2

$$A_1 \rightarrow [a, q_0 \mathcal{C} a \$]$$

生成双副本串 $[a, q_0 \mathcal{C} a \$]$

(2) 对于 $\forall a \in \Sigma - \{\mathcal{C}, \$\}$,

$$A_2 \rightarrow [a, a] A_2$$

A_2 首先生成任意形如 $[a_1, q_0 \mathcal{C} a_1][a_2, a_2] \cdots$ $[a_n, a_n \$]$ 的双副本串中的子串 $[a_2, a_2] \cdots$ $[a_{n-1}, a_{n-1}]$

(3) 对于 $\forall a \in \Sigma - \{\mathcal{C}, \$\}$,

$$A_2 \rightarrow [a, a \$]$$

A_2 最后生成任意形如 $[a_1, q_0 \mathcal{C} a_1][a_2, a_2] \cdots$ $[a_n, a_n \$]$ 的双副本串中的子串 $[a_n, a_n \$]$

(4) 对于 $\forall a \in \Sigma - \{\$\}$, $\forall q, p \in Q$, $\forall X, Y, Z \in \Gamma, X \neq \$$, 如果 $\delta(q, X)$ $= (p, Y, R)$, 则 $[a, qX][b, Z] \rightarrow$ $[a, Y][b, pZ]$

G 模拟 M 的一次右移

(5) 对于 $\forall a, b \in \Sigma - \{\mathcal{C}\}$, $\forall q, p \in Q$, $\forall X, Y, Z \in \Gamma$, 如果 $\delta(q, X) =$ (p, Y, L), 则 $[b, Z][a, qX] \rightarrow$ $[b, pZ][a, Y]$

G 模拟 M 的一次左移

(6) 对于 $\forall a \in \Sigma, \forall q \in F, \forall X, Y \in \Gamma - \{B\}$, $[a, XqY] \rightarrow a$

由于 q 为终止状态，所以可以消除句型中的状态 q

(7) 对于 $\forall a \in \Sigma - \{\mathcal{C}, \$\}, \forall X \in \Gamma - \{B\}$, $[a, X] b \rightarrow ab$ $a[b, X] \rightarrow ab$

在终极符号出现后，其他对应终极符号的变量也可以变成对应的终极符号。

容易证明 $L(G) = L(M)$。

根据上述构造，所得到的文法是 CSG，所以，它产生的语言一定是 CSL。

10.3 小　　结

本章讨论 TM 与短语结构文法的等价性，介绍了识别 CSL 的装置——LBA。

(1) 对于任意一个短语结构文法 $G = (V, T, P, S)$，存在 TM M，使得 $L(M) = L(G)$。

(2) 对于任意一个 TM M，存在短语结构文法 $G = (V, T, P, S)$，使得 $L(G) = L(M)$。

(3) LBA 是一种非确定的 TM，它的输入串用符号 $\mathcal{C}$ 和 $\$$ 括起来，而且读头只能在 $\mathcal{C}$ 和 $\$$ 之间移动。

(4) 如果 L 是 CSL，$\varepsilon \notin L$，则存在 LBA M，使得 $L = L(M)$。

(5) 对于任意 L，$\varepsilon \notin L$，存在 LBA M，使得 $L = L(M)$，则 L 是 CSL。

习　题

1. 对文法 G_2 进行分析，弄清楚它是如何完成产生规定语言的任务的。

2. 构造 LBA M，使得 $L(M) = \{ww \mid w \in \{0,1\}^*\}$。

3. 构造 LBA M，使得 $L(M) = \{1^n 2^n 3^n \mid n \geqslant 1\}$。

4. 完成定理 10-1 的证明。

5. 完成定理 10-2 的证明。

6. 完成定理 10-3 的证明。

7. 完成定理 10-4 的证明。

附录 A

教学设计

本教学设计是按照本科生 48 学时,每学时 50 分钟的要求制定的。实际上,各个学校可以根据本校学生的实际进行适当的调整,建议最少 40 学时。考虑到不少研究生,包括计算机类专业的本科毕业生,在本科阶段并没有学过本课程的内容,一些学生也许在编译原理类课程中涉及一点与编译原理相关的有穷状态自动机和文法的基本知识,而且由于受多重因素的影响,开设编译原理类课程的专业点占比还较小,所以,当面向研究生授课时,可以根据学生的学习能力,适当地增加一些内容,或者提出更高一些的要求,本教材所含的相关内容仍然能够满足要求,也可以参照这个教学设计进行教学活动。

A.1　课程概述

A.1.1　基本描述

　　课程名称:形式语言与自动机理论

　　英文译名:Formal Languages and Automata Theory

　　总学时:48

　　讲课学时:44

　　习题课学时:4

　　实验学时:0

　　分类:技术基础课(学位课)

　　先修课:数学分析(或者高等数学),离散数学

A.1.2　教学定位

本科教育的基本定位是培养学生解决复杂工程问题的能力。复杂工程问题的最基本特征是"必须运用深入的工程原理经过分析才能解决",而许多工程原理,特别是计算机类的工程原理,都是基于形式化描述进行表述和开展分析的。另外,复杂工程问题的重要特征之一是"需要通过建立合适的抽象模型才能解决,在建模过程中需要体现出创造性"。《华盛顿协议》在对本科教育中数学与计算机知识要求(WK2)中指出,"要学习适应本专业的数学、数值分析、数据分析、统计、计算机和信息科学的内容,以支撑相应学科问题的分析和建模"。可见,建立恰当的模型,特别是以数学和计算机的方法,通过形式化建立恰当的抽象模型对

工程教育是多么重要。在计算机领域,无论是一般的问题求解,还是工程设计与开发,追求的是对一类问题的处理,而不是简单地对"实例"进行求解,这就要求系统的处理能力必须覆盖相应的问题空间的全部问题。所以,用一个恰当的模型去表达相应问题空间的所有问题及其处理是非常重要的。再加上计算机问题求解所需要的"符号化表示",更使得培养学生的建模能力和模型计算能力成为提升学生有效地解决(复杂工程)问题的关键。

形式语言与自动机理论含有非常经典的计算模型,其基本内容包括三部分。第一部分是正则语言的描述模型及其等价变换。具体有左线性文法、右线性文法、正则表达式、确定的有穷状态自动机、不确定的有穷状态自动机、带空移动的有穷状态自动机和这些描述模型之间的等价变换,以及正则语言的性质。第二部分是上下文无关语言的描述模型及其等价变换。具体有上下文无关文法、乔姆斯基范式、格雷巴赫范式、用空栈识别的下推自动机、用终态识别的下推自动机和这些描述模型之间的等价变换,以及上下文无关语言的性质。第三部分是一般的计算模型——图灵机和可计算问题。在本科教育阶段,考虑到学时的限制,第三部分的内容可以不考虑。就第一和第二部分内容而言,这些模型确实是很经典、很精致的,对学生建立"高质量的模型"的基本"印象",形成计算机学科"计算模型"的基本概念具有重要意义,其中涉及的等价变换很好地体现了模型计算这一典型计算的特征。

本课程属于学科技术基础课,是计算机科学与技术专业基础理论系列中较后的一门课,它继离散数学后用于培养学生计算思维能力。课程含有语言的形式化描述模型——文法和自动机,其主要特点是抽象和形式化,既有严格的理论证明,又具有很强的构造性,包含一些基本模型、模型的构建、性质的研究与证明等,具有明显的数学特征。

本课程通过对正则语言、下文无关语言及其描述模型和基本性质的讨论向学生传授有关知识和问题求解方法,培养学生的抽象和模型化能力。要求学生掌握有关基本概念、基本理论、基本方法和基本技术。具体知识包括:形式语言的基本概念;文法、推导、语言、句子、句型,乔姆斯基体系;确定的有穷状态自动机、不确定的有穷状态自动机、带空移动的不确定有穷状态自动机,有穷状态自动机作为正则语言的识别器;正则表达式与正则语言,正则表达式作为正则语言的表达模型;正则语言泵引理和封闭性;Myhill-Nerode 定理与有穷状态自动机的极小化;派生树,二义性;上下文无关文法的化简,乔姆斯基范式,格雷巴赫范式;下推自动机,用终态接受和用空栈接受的等价性,下推自动机作为上下文无关语言的识别器;上下文无关语言的泵引理和封闭性。

从整个培养方案来看,本课程是计算机类专业及相关专业的重要核心课程编译原理的先修课程,为学好编译原理打下知识和思想方法的基础,而且还广泛地用于一些新兴的研究领域。

通过该课程的教与学,将对提高学生解决复杂工程问题的能力发挥重要作用。

A.1.3　教学目标

"形式语言与自动机理论"课程主要用于培养学生的抽象思维能力、建模能力、模型计算能力。作为工科院校,将注重抽象,以及抽象描述下的构造思想和方法的学习与探究,使学生了解和初步掌握"问题、形式化描述(抽象)、自动化(计算机化)"这一最典型的计算机问题求解思路,并能够将其运用到具体问题的求解中,实现基本计算思想的迁移。

具体地,本课程主要有两个目标,为基本毕业要求"工程知识:能够将数学、自然科学、计算机、工程基础和专业知识用于解决计算机类专业领域的复杂工程问题"的达成提供支撑。

课程目标 1：建立语言模型描述的基本意识，能够理解对语言进行分类，并以形式化的方法（文法、表达式和自动机）描述语言，进行语言不同描述模型的等价变换。

这个课程目标体现的是相应毕业要求中"能针对计算系统及其计算过程选择或建立适当的描述模型"的内容。

课程目标 2：理解语言的性质，能够基于描述模型和相应类型语言的基本性质进行分析、推理。

这个课程目标体现的是相应毕业要求中"能对计算系统的设计方案和所建模型的正确性进行推理分析并能够得出结论"的内容。

A.1.4 知识点与学时分配

第 1 章 绪论（4 学时）

本课程的教学目的、基本内容，以及学习中应注意的问题；集合、关系、数学证明等基础知识回顾；形式语言及其相关的基本概念，包括字母表、字母及其特性、句子、出现、句子的长度、空语句、句子的前缀和后缀、语言及其运算。为学生运用形式化描述方法刻画拟处理的对象奠定更好的基础，强化问题的形式化描述这一核心专业意识。

第 2 章 文法（6 学时）

语言的文法及其建立，以及在该模型描述下的分类。具体包括文法的直观意义与形式定义，推导、文法产生的句子、句型、语言；文法的构造，乔姆斯基体系，左线性文法、右线性文法及其对应的推导与归约；空语句问题。

第 3 章 有穷状态自动机（6 学时）

识别正则语言的有穷状态自动机（FA）描述模型及其建立，三种不同有穷状态自动机模型之间的等价，有穷状态自动机与正则文法的等价，模型之间等价变换的基本思想和方法，以及这些方法所提供的变换算法的基本思想，特别是其体现出来的典型的模型计算。

确定的有穷状态自动机（DFA）：作为对实际问题的抽象、直观物理模型、形式定义，确定的有穷状态自动机接受的句子、语言，状态转移图，典型确定的有穷状态自动机构造举例。

不确定的有穷状态自动机（NFA）：基本定义，不确定的有穷状态自动机与确定的有穷状态自动机的等价性。

带空移动的有穷状态自动机（ε-NFA）：基本定义，与不确定的有穷状态自动机的等价性。

有穷状态自动机是正则语言的接受器：右线性文法与有穷状态自动机的等价性、相互转换方法，左线性文法与有穷状态自动机的等价性、相互转换方法。

第 4 章 正则表达式（4 学时）

本章讨论正则语言的第 5 种描述模型，由于该模型形式上与读者习惯的"算数表达式"

比较接近,所以,相对更便于计算机表示,在一定的意义上也更易于理解。

正则表达式(RE)与正则语言。正则表达式的定义、等价性证明:与 RE 等价的 FA 的构造方法及其证明;与 DFA 等价的 RE 的构造方法及其等价性证明。

正则语言的 5 种等价描述总结。

第 5 章 正则语言的性质(6 学时)

通过正则语言不同的描述模型,研究正则语言的性质。在研究中,面对相应的问题,在所给的 5 种等价模型中,选择最恰当的描述模型实现问题的求解。同时,使学生知道,建立模型不仅可以描述一类对象,而且可以用来发现一类对象的性质。

正则语言泵引理的证明及其应用;正则语言对并、乘积、闭包、补、交运算的封闭性及其证明。

Myhill-Nerode 定理与 FA 的极小化。右不变的等价关系、DFA 所确定的等价关系与语言确定的等价关系的右不变性,Myhill-Nerode 定理的证明与应用;DFA 的极小化。

第 6 章 上下文无关语言(6 学时)

上下文无关文法(CFG)的派生树模型及其建立,上下文无关文法(CFG)的化简需求及其化简方法,化简的实现,左递归的消除,范式文法的建立,到范式文法的转换思想与方法及其利用。

上下文无关语言与上下文无关文法的派生树,A-子树,最左派生与最右派生,派生与派生树的关系,二异性文法与先天二异性语言。

无用符号的消除,空产生式的消除,单一产生式的消除。

Chomsky 范式(CNF)。

Greibach 范式(GNF):直接左递归的消除,等价 GNF 的构造。

第 7 章 下推自动机(6 学时)

下推自动机模型及其建立,模型之间等价变换的思想与方法,下推自动机与上下文无关文法的等价变换的思想与方法。进一步学习了解模型计算。

下推自动机的基本定义,即时描述,用终态接受的语言和用空栈接受的语言;下推自动机的构造举例。确定的下推自动机。

用终态接受和用空栈接受的等价性;下推自动机是上下文无关语言的接受器:构造与给定的上下文无关文法(GNF)等价的下推自动机,构造与给定的下推自动机等价的上下文无关文法。

第 8 章 上下文无关语言的性质(4 学时)

通过上下文无关语言的不同等价模型,研究上下文无关语言的性质,学习选择恰当的模型去研究一类对象的性质,使学生进一步了解建立模型的重要性,且建立模型并不止于对象的简单描述,还需要用来进一步研究对象的性质。

上下文无关语言泵引理的证明及其应用。

上下文无关语言的封闭性。对并、乘积、闭包、与正则语言的交运算封闭及其证明;对补、交运算不封闭及其证明。

L 是否为空、是否为有穷，以及成员关系的判定算法简介。

第9章 图灵机（0 学时）

图灵机作为一个计算模型，基本定义，即时描述，图灵机接受的语言；基本图灵机的构造；图灵机的变形；通用图灵机。

图灵机的构造技术。

本章内容可选，时间允许，可以用 6 学时进行讨论。

第10章 上下文有关语言（0 学时）

图灵机与短语结构文法的等价性；识别上下文有关语言的装置——线性界限自动机（LBA）。

本章内容可选，若时间允许，可以用 2 学时做适当的介绍，读者可以将重点放在线性界限自动机的概念及其对上下文有关语言的描述上。

总结（2 学时）

习题课（4 学时）

主要内容包括：文法的构造；FA 的构造（要突出讲解 DFA 的状态的有穷存储功能）；RL 的泵引理的应用（有穷状态无法记忆无穷多种情况）；Myhill-Nerode 定理的应用（Σ^* 关于 R_M、$R_{L(M)}$、R_L 的等价分类）；文法的范式（尤其是到 GNF 的特例转换方法与一般转换方法）；空栈接受的 PDA 与终态接受的 PDA 的构造（状态、栈符号结合表达相关信息）；CFL 的泵引理的应用。

具体地，可以穿插在授课的过程中讲解典型的习题，也可以单独安排习题课。如果单独安排习题课，可以分为 4 次，每次 1 学时；也可以分为两次，每次 2 学时。这需要根据学生的学习基本情况确定。根据作者的经验，一般都是穿插在授课的过程中讲解典型的习题，以便进一步与课程内容相结合，甚至发挥其在课程内容的前后衔接的作用。

A.2 课 堂 讲 授

A.2.1 重点与难点

第1章 绪论（2 学时）

重点：教学目的，基本内容，学习本课程应注意的问题。

难点：如何让学生能较好地认识到学习这门课的重要性，如何讲清本课程的教学在计算机高水平人才培养中的地位，特别要讲清楚基础理论系列这一朴素的计算思维能力训练梯级系统的意义以及各门课的联系。

本章主要包括两部分内容，一是本课程内容的特点，它对计算机类专业人才四大专业能力（计算思维能力、算法设计与分析能力、程序设计与实现能力、系统能力）培养的重要性，特别是培养学生认识模型、设计模型、基于模型设计计算系统实现计算功能的能力。提醒学生注意,本门课程中用抽象模型这种高级形式实现对处理对象的形式化描述,并通过对相应模型性质的研究,去揭示一类问题的基本性质,使学生认识到模型分析、模型计算的重要性,并建立起模型分析、模型计算的初步意识。

其次是为后面章节内容的展开做基本准备,包括字母表、字母、句子、语言等基本概念,在讲授过程中,逐步引导学生"习惯"这种抽象表示方法。

需要注意的是,对大多数工科学生来说,他们擅长程序设计、开发系统等,有的甚至在表明自己的专业能力的时候,往往带点"炫耀意味"地说自己会用这样或者那样的语言做开发,但对建立抽象模型、抽象表示问题并基于这种抽象模型去研究问题的性质、进行问题的处理或多或少会有畏难情绪,需要从开始就努力去消除,这对最终实现课程的教学目标是非常重要的。

第 2 章 文法(4 学时)

重点:文法,派生,归约。
难点:文法的形式化概念,文法的构造,基于基本模型的文法构造。

文法是语言的描述模型,本门课程将以研究正则语言和上下文无关语言为载体,培养学生建立模型,并基于建立的模型研究问题和解决问题的能力。文法是各类语言的有穷描述模型之一,也是本课程学生遇到的第一个模型。所以,在教学中,要注意引导学生根据语言有穷描述的需要,如何从对语言的结构特征的描述出发,去建立 $G=(V,T,P,S)$ 模型,并且在该过程中引导学生一起去设计这个模型,而不是直接给出这个模型,叙述它的定义。通过这样的教学,不仅使学生掌握相应的知识,更要强化他们的"设计意识"和"建模能力",让他们体验如何"设计"抽象模型,感觉到"模型"甚至"设计模型"不仅不可怕,而且"也很自然"。

必须清醒地看到,对学生来说,建立文法的抽象模型是比较困难的,特别是这个四元组怎么严格地表达一个语言,要从熟悉的简单的例子开始,逐渐突破。例如,可以以早就熟悉的简单算术表达式的文法描述开始。首先是简单算术表达式的递归定义,强化学生对递归作为用有穷描述无穷的有力工具的认识;然后引入一些符号,将递归定义写成式子;再对式子进行进一步的符号化处理,并在符号化处理的基础上归纳出语法变量(集合)、终极符号(集合)、开始符号、产生式(集合),从而得到文法 $G=(V,T,P,S)$。

建立了文法的概念后,就基于这个概念去发展推导、句子、句型、语言等基本概念。左线性文法、右线性文法及其对应的推导与归约,可以从具体例子出发,逐渐地归纳给出,避免从定义到定理这种灌输式的教学。

Chomsky 体系包括短语结构文法/语言(PSG/PSL)、上下文有关文法/语言(CSG/CSL)、上下文无关文法/语言(CFG/CFL)和正则文法/语言(RG/RL)。对于 Chomsky 体系的学习,关键是使学生体会到,当给予产生式不同的限制时会给出不同性质的语言,而我们根据这些性质的不同将语言分成不同的类型,为后面对不同类型的语言建立不同的描述(识别与产生)模型,并讨论它们之间的关系做准备。

对于给定具体语言的文法的设计,学生学习起来虽然不是很容易,但对他们来说,并不是最难得的。最难的是"模型计算",也就是基于给定的模型构造新的模型。例如,给定正则文法 $G_1=(V_1,T,P_1,S_1)$,$G_2=(V_2,T,P_2,S_2)$,构造正则文法 $G=(V,T,P,S)$,使得 $L(G)$

$=L(G_1)\bigcup L(G_2)$,或者 $L(G)=L(G_1)L(G_2)$,甚至 $L(G)=L(G_1)\bigcap L(G_2)$。因为这也许是学生第一次遇到这种类型的问题,他们甚至还不知道如何去思考该问题。如果还要证明构造的正确性,难度会更大一些。但是,作为对这方面的追求,还是有必要在本章开始对这种性质的问题进行讨论,否则在第 3 章讨论不同的有穷状态自动机之间,以及有穷状态自动机与正则文法之间的等价变换时就会有更大的困难。

第 3 章　有穷状态自动机(8 学时)

重点:确定的有穷状态自动机的概念,确定的有穷状态自动机与正则文法的等价性。

难点:对确定的有穷状态自动机概念的理解,确定的有穷状态自动机、不确定的有穷状态自动机、带空移动的有穷状态自动机的构造方法,确定的有穷状态自动机与正则文法的等价性证明。

有穷状态自动机模型的建立是本章的核心。由于是“模型的建立”,所以,也必须引导学生从“计算机/程序”识别语言的角度抽象出语言的有穷状态自动机描述。顺序是确定的有穷状态自动机、不确定的有穷状态自动机、带空移动的有穷状态自动机,它们逐步放宽对构造的约束,使得人们在设计识别一个语言的有穷状态自动机时越来越方便。与此同时,实现算法的复杂性也越来越高。从而引导学生体会“自动计算”的必要性,并且需要将“自动计算”作为计算机类专业人员的追求。具体地,需要从新引进模型与已有模型的等价而展开。关于等价变换,需要包括等价变换的基本思想、处理过程及其自动化。这部分是很好的“模型计算”的实例。

考虑到课程的容量,关于有穷状态自动机与正则文法的等价,在课堂上可以只讨论有穷状态自动机与右线性文法的等价变换,而将有穷状态自动机与左线性文法的等价变换作为思考题,给学生适当的提示,请学生课后去探索。

这部分要突出等价变换的自动化,而不是几个等价定理的证明,以此来体现对学生建立模型和基于模型进行计算的能力培养。

在第 2 章中已经涉及“模型计算”,本章则包括确定的有穷状态自动机、不确定的有穷状态自动机、带空移动的有穷状态自动机、正则文法之间的等价变换。实际上,为了强化对学生进行“模型计算”的训练,还可以作为讨论题,请学生基于给定的确定的有穷状态自动机 $M_1=(Q_1,\Sigma,\delta_1,q_{01},F_1)$ 和 $M_2=(Q_2,\Sigma,\delta_2,q_{02},F_2)$,构造确定的有穷状态自动机 $M=(Q,\Sigma,\delta,q_0,F)$,使得 $L(M)=L(M_1)\bigcup L(M_2)$,或者 $L(M)=L(M_1)\bigcap L(M_2)$,$L(M)=L(M_1)-L(M_2)$ 等。有了这样的铺垫,后面的内容学生学起来就会顺利一些。当然,从内容相关性来说,也可以将这些留到第 5 章再考虑。只不过在第 5 章中,有理解起来更难一些的 Myhill-Nerode 定理,以及在该定理支持下的有穷状态自动机的极小化。

第 4 章　正则表达式(3 学时)

重点:RE 的概念,RE 与 FA 的等价性。

难点:对 RE 概念的理解,RE 的构造方法,RE 与 FA 的等价性证明。

RE 作为正则语言的一个新描述模型,其建立可以从一个利于理解的恰当有穷状态自动机入手,找到正则表达式中的“运算”,然后根据语言的无限性所要求的“表达式”的无限性,以及递归作为对无穷对象的有穷描述的有力工具,同时基于字母表的非空有穷性,找出最基本的 RE,进而给出 RE 的递归定义。

对于工科学生,重点不是追求 RE 与 FA 等价的严格数学证明,但需要探讨这两种模型之间的等价变换基本思想,而且同时要将等价变换与"计算"关联起来。

第 5 章　正则语言的性质(5 学时)

重点:正则语言的泵引理及其应用,正则语言的封闭性,FA 的极小化。

难点:Myhill-Nerode 定理的证明及其理解。

本章主要是通过语言的描述模型去研究正则语言的性质,而且在研究语言的性质的过程中再次探讨相应的构造方法,进一步培养学生"模型计算"的能力。从这一点看,本课程对培养学生基于模型去解决一类问题的能力是非常重要的。根据这一点,本章的讲授和对学生的要求并不是记住几个定理,而是要学会如何基于模型在多因素背景下构建新的模型,并且在构造的基础上能够完成构造的正确性证明——构造性证明。这样还使得学生在完成系统的基本设计后,能够考虑通过"证明"去评价系统的正确性。

按照 2 次习题课的设计,在这里可以插入第一次习题课。讲授典型语言文法的构造,典型语言的有穷状态自动机的构造,例如状态的有穷存储功能的利用、优先搭建主体框架等典型方法;RL 的泵引理的应用。

第 6 章　上下文无关语言(6 学时)

重点:CFG 的化简,CFG 到 GNF 的转换。

难点:CFG 到 GNF 的转换。

文法化简的着眼点,首先在于培养学生系统地寻求文法的优化,这种优化的需求来自问题的处理。其次是对于这些优化,如何实现自动化。特别是当一系列的自动化被实现以后,学生就会在新的层面体会到"自动计算的乐趣"。

对派生树、CNF、GNF 的讨论,一是为在问题处理过程中建立恰当的描述,这种描述既有可视化的派生树,还有便于探索派生性质的两类范式;二是在对 GNF 的讨论中注意讨论左递归对分析的影响,如何用右递归替换左递归等。相对于对 GNF 的讨论,CNF 的讨论要简单很多。

第 7 章　下推自动机(4 学时)

重点:下推自动机(PDA)的基本定义及其构造方法,下推自动机是 CFL 的等价描述。

难点:根据下推自动机的构造 CFG。

作为本课程重点讨论的另一类语言——上下文无关语言的描述模型。下推自动机的建立,既可以源于有穷状态自动机,也可以源于上下文无关语言的 GNF。GNF 到下推自动机的等价变换比较容易,但下推自动机到上下文无关文法的等价变换要难不少。在这个等价变换中,要求学生考虑多个因素:状态和栈符号,两者的"协同"使得与下推自动机等价的上下文无关文法的构造变得"繁杂"得多。但是,掌握了这个方法后,学生会发现这些工作都是可以自动化的。

注意,不确定的下推自动机与确定的下推自动机是不等价的。

第 8 章　上下文无关语言的性质（4 学时）

重点：CFL 的泵引理。

难点：CFL 的泵引理的应用，Ogden 引理的理解。

本章在对内容的处理上可以参考第 5 章，重点还是放在基于模型构造模型。另外，有了第 5 章的学习基础，一些问题的讨论可以与这些基础关联起来，除了强化学生相关的能力外，也能够使相关的内容变得顺理成章。所以，本章的讲授可以从 RL 的泵引理引出 CFL 的泵引理，引导学生从 RL 的泵引理的证明方法中获得启发，找到证明 CFL 的泵引理的途径，同时使学生更深入地了解 RL 与 CFL 在结构上的联系与区别。

对 Ogden 引理可以只做一般性介绍，不做要求。

对 CFL 的封闭性，可吸取 RL 封闭性证明的经验，分类进行证明，这里主要是引导学生去发现思路。

按照 2 次习题课的设计，在这里可以插入第二次习题课。包括文法的范式，尤其是到 GNF 的特例转换方法与一般转换方法；用空栈接受语言的 PDA 与用终态接受语言的 PDA 的构造（状态、栈符号结合表达相关信息）；CFL 的泵引理的应用。

第 9 章　图灵机

重点：图灵机的定义。

难点：图灵机的构造技术、通用图灵机。

要把图灵机作为一个计算模型来讲授，注意基本定义和图灵机的基本构造方法的讲解。本章不作为重点内容，仅在学时允许的情况下学习。

第 10 章　上下文有关语言

重点：识别上下文有关语言的装置——线性界限自动机（LBA）。

难点：图灵机与短语结构文法的等价性。

对于一般工科本科生而言，如果学时允许，本章的内容一般只作为介绍性内容即可。主要讲清楚什么是图灵机，图灵机是如何实现"计算"的，图灵机与短语结构文法的相互模拟的思想，然后再介绍线性界限自动机及其与上下文有关文法的等价性。

总结

对整门课的总结，要注意以下三方面的问题：

(1) 以串线为主。

(2) 整理思想。

(3) 注意比较、归纳。

习题课

习题课可以安排成 4 次，每次 1 学时；也可以安排成 2 次，每次 2 学时。当安排成 4 次时，可分别放在第 2、4、5、8 章讲完之后进行；当安排成 2 次时，可分别放在第 5 和第 8 章讲完之后进行。

A.2.2 讲授中应注意的方法等问题

该课程的主要特点是抽象和形式化,既有严格的理论证明,又具有很强的构造性,难度非常大,既难讲又难学。其高度的抽象和形式化特点,很容易让教师讲得干干巴巴,使学生听起来枯燥无味,而且还不容易听懂。所以,要想讲好此课程,建议教师要努力做到以下几点:

(1) 深入理解本课程的基本内容,掌握这些内容之间的衔接,并能够与"计算系统的设计开发"活动联系起来。这是基础。

(2) 第一次课,要花时间讲清楚计算机学科的人才特需的抽象思维与逻辑思维能力的训练过程,以及本课程的教学在一个人成长为一个较高水平的计算机工作者的作用,使学生能有所准备,积极地与教师配合,克服困难,上好这门课。

(3) 一个关键的问题是,课程讲授,特别是这类理论性比较强,以抽象描述为主要特征的课程的讲授,不能简单地告诉学生相应的"知识",更不能照本宣科。从提出问题、分析问题,到解决问题,要保持和学生"一同探讨"。做到教师在对问题的研究中"教",学生在对未知的"探索"中学,也就是研究型教学。所以,教师要深入研究各知识点产生的背景和来龙去脉,努力将它们用一条线穿起来,避免对各知识点的孤立讲授,力求对知识发现过程的模拟,引导学生一起去思考、去探讨,实现师生心灵上的互动交流,使抽象的内容活起来,提高学生的学习兴趣。

(4) 牢牢把握本课程的教学目的,除了使学生掌握基本知识外,主要致力于培养学生的形式化描述和抽象思维能力,力求使学生初步掌握"问题、形式化描述、自动化(计算机化)"的解题思路,并尝试用这种思路去解决问题。

特别要提醒的是,对工科学生,要注意面向工程设计开发处理问题的需要,强调设计形态的内容,而不仅仅是数学性的严密推理与证明。例如,RL 对并、交、补等运算封闭。如果单从封闭性证明的角度看,先根据 RE 的定义得到并的封闭性,再通过 DFA 构造证明补的封闭性,基于交和补的封闭性,根据 De Morgan 定律得到交运算封闭,这样很顺利,也很严密。但是,如果要强调设计形态的内容,尤其是基于模型的设计,就应该强调具体如何根据给定的 DFA 去构造要求的 DFA。这样讲,也体现了引导学生在系统设计中如何利用现有资源,如何基于模型进行设计。

(5) 以知识为载体,努力进行学科方法论核心思想的讲授,自然地引导学生学习科学方法,树立科学的态度,强化科学精神和探索、创新意识。进一步提高学生的学习兴趣。

(6) 为了使学生能较好地跟上教师的思维,课堂上要注意适时地提出一些问题,引导学生一起思考。一些难点问题,要尽可能提前铺垫,不要堆积在一起。例如,Myhill-Nerode 定理的证明及其理解可以说是本课程中难度最大的内容之一,加上等价关系,特别是等价分类,对学生来说掌握得一般都不太好,该定理的证明及其理解就更困难了。所以要尽量分散解决这些难点。具体地可以在第 1 章让学生复习等价关系和等价分类,在第 3 章讲解 DFA 时定义

$$set(q) = \{x \mid \delta(q_0, x) = q\}$$

以便提前讨论 DFA M 所确定的等价关系 R_M: $\forall x, y \in \Sigma^*$,

$$xR_My \text{ iff } \delta(q_0, x) = \delta(q_0, y) \text{ iff } \exists q \in Q, x, y \in set(q)$$

让学生知道将 Σ^* 分成了若干等价类,而且由于这些等价类都是与 M 的可达状态是一一对应的:

$$\Sigma^*/R_M = \{set(q) \mid q \in Q \,\&\, q \text{ 是可达状态}\}$$

学生理解起来就比较容易。

（7）要注意多加一些例子,使学生能更容易地理解抽象的概念。例如,关于 NFA 与 DFA 等价,就可以先用一个例子做引导,一来和学生一起探讨如何构造与 NFA 等价的 DFA 的思路;二来让学生先有一定的感性认识,免得他们因一下子接触完全抽象的表达而影响理解。也许这体现的就是如何从"实践"到"理论",如何从"实例计算"到"模型计算",从而得到一类问题的求解方法。

（8）由于学生需要一个适应过程,所以,第 2 章和第 3 章的进度要适当放慢。教师一定要本着一个原则,"授课"的目的不是教师讲了哪些内容,更不是说/读了哪些内容,而是学生学会了什么。所以,不能一股脑地向前推进。要让大多数学生听懂大多数内容,保证学习的信心。此外,要站在专业人才培养的高度上考虑"学生应该学到了什么",这就需要考虑有关内容的教学和"课程目标的达成"有什么关系,而"课程目标的达成"和专业"毕业要求的达成"又是什么关系。

（9）由于本课程对大多数学生来说难度确实比较大,接受起来有较大的困难,因此,讲授中与其他课程不同的另一点是:每次课的开始,要用较多的时间复习上次课的内容。一般要用 6 分钟时间复习,有时用时要多一些,但要控制在 10 分钟内。要追求使学生产生恍然领悟的感觉。每章开始要有说明,结束一定要有总结。章与章之间努力做到平稳过渡。

（10）精选习题和思考题,重视答疑和作业的批改,积极鼓励学生克服困难,完成习题,及时给予学生指导。本课程的习题都比较难,但学生一定要通过学习得到训练,否则无法实现教学目标。所以,要努力落实这样的要求:"必须保证学生受到足够的训练,包括课程作业与专业实践环节。专业课程,特别是基础类课程必须有数量和难度与培养学生解决复杂工程问题能力相适应的作业。"

一定要严要求,一旦放松要求,就难以达到课程的教学目的。

（11）注意要在适当的时机插入习题的讲授。讲解习题,不能简单地告诉学生该如何求解"给定的这个题目",而是要传递一些问题求解的思想和方法。

（12）绪论部分和文法的前一部分可以 PPT 为主,板书为辅;剩余内容均采用板书,这样会收到较好的效果。

总的来说,要努力将该课上成思维体操课。教师自己要在对问题的研究中教,引导学生在对未知的探索中学,要把课堂当成师生共同思考问题的场所,在思考中完成问题的发现、问题的分析和问题的求解,通过对大师们的思维过程的学习,提高学生的思维能力,并掌握相应的方法和知识。

学生要养成探索的习惯,积极思考问题。学着从实际出发,进行归纳,在归纳的基础上进行抽象,最后给出抽象描述,实现形式化。所以,可以要求学生在课堂上不仅要适当地做笔记,甚至要准备好"草稿纸",随时准备"写写画画"。要注意理解基本的抽象模型,并用该模型描述给定的对象,在描述中加深对其理解。要仔细研究概念,掌握解题基本技巧,多想、多练。要特别重视构造和证明的思想、方法和表达。

A.3 作 业

A.3.1 指导思想

作业要包含最基本的习题,而且必须督促学生完成适量的习题。要求学生完成这些习题并提交教师进行批阅。另一部分作业是一些称为"练习"的题目,这些题目相对难度要么比较低,要么比较高,也更灵活,这些练习题引导学生查漏补缺,做更多的思考和练习。这部分作业可以不要求学生正式提交。第三类是随堂的问题,这些问题中的一部分旨在使学生在课内能跟上教师的引导,另外一部分是引导学生在课外进行更广泛、更深入的思考,充分调动学生的"思考"积极性,而那些难题旨在引导学生去寻求更多的"顶峰体验"。

由于本课程的作业需要学生综合地运用教师在课堂上讲述的方法(含思维方法),亲自去想办法求解问题,去体会、去进一步认识。所以,教师在布置作业后,不要一听学生有困难就去讲习题,要给学生足够多的、自我进行问题求解的时间,一定要督促学生自己去想问题,去亲身体验这一过程,哪怕会出现一些错误。但是,由于此课程的习题确实具有相当大的难度,因此,教师要把握火候,在适当的时候安排习题课,选择典型的题,讲解典型的思路和解题方法。例如,文法的构造思路,FA状态的构造思路,泵引理的用法与其中特殊串的取法。

分期中、期末两次,找机会简要地讲解一遍所布置的习题也有一定的作用。在这过程中,注意重点讲思路和典型方法的应用。关于作业,再次强调以下几点:

(1)必须督促学生完成适量的作业。希望老师想办法抽出足够的时间批改学生的作业。

(2)本课程的作业需要学生综合地运用教师在课堂上讲述的方法(含思维方法),亲自去想办法求解问题,去体会、去进一步认识。

(3)要给学生足够多的、自我进行问题求解的时间,一定要督促学生自己去想问题,去亲身体验这一过程,哪怕会出现一些错误。

(4)此课的习题确实具有相当的难度,要把握火候,在适当的时候安排习题课,选择典型的题,讲解典型的思路和解题方法。

(5)精选习题和思考题,重视答疑和作业的批改,积极鼓励学生克服困难,完成习题。及时给予学生指导。

A.3.2 关于大作业和实验

由于本课程是难度很大的基础理论课程,有的习题甚至在当初就是一篇高水平的学术论文,所以,大作业、课程论文、实验等受学时的限制不宜安排,所需实验达到的目的将在后续的其他专业课(如编译原理)中实现,本课程中不做安排。根据本课程的性质,可以认为广义的"实践"体现在"练习"上。所以,需要重视学生的作业。对于学有余力的学生,完成各种模型,尤其是实现等价模型的自动转换系统的设计与实现也是很有意义的。

A.4 课程考试与成绩评定

A.4.1 成绩评定

平时成绩占总成绩的30%,期末考试成绩占总成绩的70%。

平时成绩主要用于督促学生平时就抓紧学习。由于本课程理论性非常强,需要更多的练习,所以,平时的作业对课程基本内容的理解非常重要。所以,作业部分和随堂的练习与测验可以各占平时成绩的 15%。

期末考试采用笔试。期末考试起到复习、总结的作用,要求学生全面梳理课程的全部内容,起到温故知新的作用。考试主要通过对学生掌握所学内容的情况,考查其对知识、方法的掌握,特别是通过学生解题能力的考查,评价其能力的形成。

课程考核方式及主要考核内容参见表 A-1。课程成绩评定标准参见表 A-2。

表 A-1　课程考核方式及主要考核内容

考核方式	所占比例	主要考核内容
作业	15%	引导复习讲授的内容,深入理解相关的内容,锻炼基于基本定义、定理、引理、基本方法等基本原理进行问题求解的能力,通过对相关作业的完成质量的评价,促进学生达成课程教学目标。这部分分数虽然对课程目标的达成情况有一定的体现,但有效性不足,因此不具体用于课程目标达成情况评价
随堂练习与测验	15%	考查课堂参与度,对讲授的基本内容的掌握程度,包括对基本模型和相关性质的掌握情况,以及基本的问题求解能力,根据练习和测验的参与度及其完成质量进行考核,促进学生达成课程教学目标。同样,这部分分数虽然对课程目标的达成情况有一定的体现,但有效性不足,因此不具体用于课程目标达成情况评价
期末考试	70%	通过对规定考试内容掌握的情况,特别是具体的问题求解能力的考核,评价课程目标 1 和课程目标 2 的达成情况。包括对所讲内容(基本定义、定理、引理、基本方法)的掌握情况,对基本模型的理解、选择、设计恰当的模型表述对象,实现模型之间的等价变换等。考查学生依据所学的这些基本原理对有关问题的分析、判定、描述、推理、解决方案设计等能力

表 A-2　课程成绩评定标准

课程目标	成绩分档				
	A 100~90分	B 89~80分	C 79~70分	D 69~60分	E <60分
课程目标 1:建立语言模型描述的基本意识,能够理解对语言进行分类,并以形式化的方法(文法、表达式和自动机)描述语言,进行语言不同描述模型的等价变换	能够很好地理解语言的文法、自动机等基本描述模型;很好地运用这些模型对给定语言进行描述,清晰准确地描述模型刻画的语言;可以准确地根据需要进行模型之间的等价变化	能够很好地理解语言的文法、自动机等基本描述模型;能够正确运用这些模型对给定语言进行描述,正确描述模型刻画的语言;可以准确地根据要求进行模型之间的等价变化	能够理解语言的文法、自动机等基本描述模型;能够按照模型的要求提取给定语言的基本特征,并用模型进行恰当描述,能够正确描述模型刻画的语言;可以根据要求进行模型之间的等价变化	能够较好地理解语言的文法、自动机等基本描述模型;能够提取给定语言的基本特征,并加以描述,理解模型刻画的语言;可以根据要求进行模型之间的等价变化	达不到评定标准 D 档要求

课程目标	成绩分档				
	A 100～90 分	B 89～80 分	C 79～70 分	D 69～60 分	E <60 分
课程目标 2：理解语言的性质，能够基于描述模型和相应类型的语言的基本性质进行分析、推理	准确理解语言的性质，能够基于相应的描述模型和相应类型的语言的基本性质，很好地完成相关的推理分析	正确理解语言的性质，能够基于相应的描述模型和相应类型的语言的基本性质，正确地完成相关的推理分析	理解语言的性质，能够基于相应的描述模型和相应类型的语言的基本性质，完成相关的推理分析	理解语言的性质，能够基于相应的描述模型和相应类型的语言的基本性质，进行相关的推理分析	达不到评定标准 D 档要求

A.4.2　考题设计

考试题要注重督促学生在学习过程中对基本概念、基本方法、基本技术的掌握，尤其要督促学生在期终总结复习的过程中对整个知识系统的全面掌握和灵活运用，希望他们能将这些知识串联起来，要督促学生努力为自己打下坚实的基础理论知识，督促学生建立不怕困难、勇于探索未知的意识。

考试题大体上可分为 3 种类型，重点考查学生对基本概念、基本方法、基本技术的掌握和综合应用。

（1）概念型题：这类题目重点考查学生对基本概念掌握的程度，对于只会死背定义者，是难以准确回答这类问题的，引导学生重视对基本概念的深入理解；同时，还要注意对一些基本术语（如派生、语法树、语言）和基本符号（如→、|、⇒）的掌握，这些均是今后学习、工作所要用到的工具。

这种类型题目的基本形式有判定对错、判定类属、错误改正、填空，占比不宜超过 10%。

（2）构造型题：这部分属于基本功考查。可以有 4 种题型，包括：给定语言的文法、自动机的构造；给出文法、自动机所描述的语言；基于模型设计；进行等价变换。

此类题目用于考查学生灵活运用所讲授的基本方法和课程的基本知识求解问题的能力。包括考查学生对问题进行形式化描述和处理的能力，这是计算机学科的高级人才的基本功之一。

要想较好地求解此类题目，要求学生能够较好地将所学的知识、方法和思维方法与思维能力综合应用。

这类题目可以是给定条件下的直接构造，也可以是等价变换、依条件改造，还可以是映射变换。这类题所占比例可以控制在 60%～70%。

（3）证明型题：严密的思维和严格的证明是计算机学科高级人才的另一个基本功。此类考题考查学生运用所学的定理、重要引理证明有关结论的能力。

证明题中,可以要求学生先依照题目的要求完成构造(相当于给出构造方法),然后去证明自己所给出的构造是正确的。实际上,这种训练对学生在今后设计出一些重要的算法后再去证明算法的正确性是非常有意义的。

另外,也可以给出一些直接的证明题。例如,用 Myhill-Nerode 定理进行 L 是否为 RL 的判断和证明;分别用 RL 和 CFL 的泵引理进行 RL 和 CFL 的判定性证明等。

这类题所占比例可以控制在 $20\% \sim 30\%$。

附录 B

缩写符号

2DFA	确定的双向有穷状态自动机
2NFA	不确定的双向有穷状态自动机
ε-NFA	带空移动的不确定的有穷状态自动机,带 ε 移动的不确定的有穷状态自动机
BNF	巴克斯范式
CFG	上下文无关文法
CFL	上下文无关语言
CNF	乔姆斯基范式,乔姆斯基范式文法
CSG	上下文有关文法
CSL	上下文有关语言
CYK	CYK 算法
DFA	确定的有穷状态自动机
DG	可派生性图表示
DPDA	确定的下推自动机
FA	有穷状态自动机
FSC	有穷状态控制器
GNF	格雷巴赫范式,格雷巴赫范式文法
ID	即时描述
iff	当且仅当
LBA	线性有界自动机
NFA	不确定的有穷状态自动机
NP	不确定图灵机多项式复杂度的
P	确定图灵机多项式复杂度的
PDA	下推自动机
PSG	短语结构文法
PSL	短语结构语言
RG	正则文法
RE	正则表达式

r.e.	递归可枚举集或语言
RL	正则语言
SDG	简化的可派生性图表示
TM	图灵机
TSP	旅行商问题

294

词 汇 索 引

符　　号

二　　画

三　　画

四　　画

五　　画

六　　　画

七　　画

八　　画

九　画

十 二 画

十三画及以上

参 考 文 献

［1］ HOPCROFT J E，MOTWANI R I，ULLMAN J D. Introduction to Automata Theory, Languages, and Computation［M］. 2nd ed. Addison-Wesley Publishing Company，2001.

［2］ HOPCROFT J E，MOTWANI R I，ULLMAN J D.自动机理论、语言和计算导论［M］. 2 版（影印版）.北京：清华大学出版社,2002.

［3］ HOPCROFT J E，ULLMAN J D. Introduction to Automata Theory, Languages, and Computation［M］. Addison-Wesley Publishing Company，1979.

［4］ HOPCROFT J E，ULLMAN J D. 形式语言及其与自动机的关系［M］.莫绍揆，段祥，顾秀芬，译. 北京：科学出版社,1979.

［5］ LEWIS H R，PAPADIMITRIOU C H. 计算理论基础［M］. 张立昂,刘田,译. 2 版.北京：清华大学出版社,2000.

［6］ SIPSER M. 计算理论导引［M］. 张立昂,王捍贫,黄雄,译. 北京：机械工业出版社,2000.

［7］ ROSEN K H. 离散数学及其应用［M］. 袁崇义,屈婉玲,刘田,译. 北京：机械工业出版社,2002.

图书资源支持

感谢您一直以来对清华版图书的支持和爱护。为了配合本书的使用，本书提供配套的资源，有需求的读者请扫描下方的"书圈"微信公众号二维码，在图书专区下载，也可以拨打电话或发送电子邮件咨询。

如果您在使用本书的过程中遇到了什么问题，或者有相关图书出版计划，也请您发邮件告诉我们，以便我们更好地为您服务。

我们的联系方式：

地　　址：北京市海淀区双清路学研大厦 A 座 714

邮　　编：100084

电　　话：010-83470236　010-83470237

客服邮箱：2301891038@qq.com

QQ：2301891038（请写明您的单位和姓名）

资源下载：关注公众号"书圈"下载配套资源。

资源下载、样书申请	图书案例	
书　圈	清华计算机学堂	观看课程直播